高职高专物联网专业规划教材

物联网技术概论

刘 静 师以贺 主 编

刘 健 魏秀丽 张红霞 副主编

化学工业出版社

·北京·

本书紧紧围绕物联网中"感知层、传输层、应用层"所涉及的三大类技术架构组成的物联网技术知识体系安排教学内容。主要内容包括：物联网的基本概念、体系结构、标准化、关键技术以及主要应用领域与发展；感知技术、射频识别（RFID）技术原理及应用；传感器及无线传感网络的基本知识及应用；与物联网相关的通信与网络技术；云计算及智能信息处理技术；物联网的应用和物联网的安全等。本书针对目前物联网在全球蓬勃发展的现状，特别遴选了一些在重点生产与生活领域中的应用案例进行详细分析与介绍，帮助读者拓展思维、开阔视野，为进一步深入学习和研究物联网技术打下坚实的基础。

本书可以作为电子信息、通信、计算机、自动化、物联网、传感网等相关专业的专业基础课教材，还可供物联网相关的工程技术人员参考。

图书在版编目（CIP）数据

物联网技术概论/刘静，师以贺主编 . —北京：
化学工业出版社，2014.6（2017.5 重印）
高职高专物联网专业规划教材
ISBN 978-7-122-20828-6

Ⅰ.①物… Ⅱ.①刘…②师… Ⅲ.①互联网络-应
用-高等职业教育-教材②智能技术-应用-高等职业教
育-教材 Ⅳ.①TP393.4②TP18

中国版本图书馆 CIP 数据核字（2014）第 116082 号

责任编辑：王听讲	文字编辑：余纪军
责任校对：吴　静	装帧设计：王晓宇

出版发行：化学工业出版社（北京市东城区青年湖南街 13 号　邮政编码 100011）
印　　刷：北京云浩印刷有限责任公司
装　　订：三河市瞰发装订厂
787mm×1092mm　1/16　印张 18¾　字数 500 千字　2017 年 5 月北京第 1 版第 2 次印刷

购书咨询：010-64518888（传真：010-64519686）　售后服务：010-64518899
网　　址：http://www.cip.com.cn
凡购买本书，如有缺损质量问题，本社销售中心负责调换。

定　　价：38.00 元

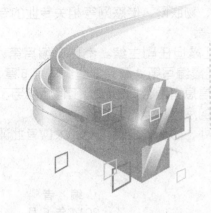

前　言

FOREWORD

在国家大力推进战略性新兴产业发展的大背景下，新一代信息技术的发展，已经成为各地经济发展的倍增器。我国发布的《2006～2020 年国家信息化发展战略》中指出："信息化是当今世界发展的大趋势，是推动经济社会变革的重要力量。大力推进信息化，是覆盖我国现代化建设全局的战略举措，是贯彻落实科学发展观、全面建设小康社会、构建社会主义和谐社会和建设创新型国家的迫切需要和必然选择。"为了实现信息化，必须进行信息化技术与工业化的融合。要实现这些融合，必须高度重视计算机、互联网、物联网技术的开发与应用。

目前，物联网技术的迅速发展，带动了传感器、电子、新一代通信、模式识别、地理空间信息等一系列技术产业的同步发展。因此，物联网产业是国家经济发展的又一个新的增长点。为了满足经济和社会发展的需求，培养高素质的创新型物联网应用技术人才是当务之急。

本书紧紧围绕物联网中"感知层、传输层、应用层"所涉及的三大类技术架构组成的物联网技术知识体系安排教学内容。本书共分为 9 章，主要内容包括：物联网的基本概念、体系结构、标准化、关键技术以及主要应用领域与发展；感知技术、射频识别（RFID）技术原理及应用；传感器及无线传感网络的基本知识及应用；与物联网相关的通信与网络技术；云计算及智能信息处理技术；物联网的应用；物联网的安全等。本书力求理论和具体实例相结合，由浅入深、层层深入，从相关物联网技术的原理和知识，深入到相关技术领域，特别遴选了一些在重点生产与生活领域中的应用案例进行详细的分析与介绍，帮助读者拓展思维、开阔视野，为进一步学习和研究物联网技术打下坚实的基础。

本书结构合理、重点突出，系统全面、突出应用，书中有大量的图片、实物照片和表格，并且充实了新知识、新技术、新设备、新方法。本书很多应用实例来自于实际开发项目，具有鲜明的实用性。本书力求使读者全面、正确地认识和了解物联网相关知识，提高分析、解决实际问题的能力，并有助于读者通过相关升学考试和职业资格证书考试。

我们将为使用本书的教师免费提供电子教案和教学资源，需要者可以到化学工业出版社教学资源网站 http：//www. cipedu. com. cn 免费下载使用。

本书可以作为电子信息、通信、计算机、自动化、物联网、传感网等相关专业的专业基础课教材，还可供物联网相关的工程技术人员参考。

　　本书由刘静、师以贺主编，刘健、魏秀丽、张红霞担任副主编。秦璐璐编写第 1 章，魏秀丽编写第 2 章，师以贺编写第 3、9 章，张红霞编写第 4 章，刘健编写第 5 章，刘静编写第 6、7、8 章，全书由刘静统稿。上海企想信息有限公司的部分工程师参与了本书应用案例的策划与审核，在此，对他们表示衷心的感谢！

　　由于编者水平有限，书中难免存在疏漏和不足之处，恳请各位专家和广大读者批评指正。

编　者

2014 年 5 月

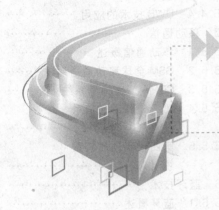

目 录

CONTENTS

Chapter 01

第1章

物联网概述

【本章学习重点】

了解物联网的相关概念、物联网的特点与发展历程，掌握物联网的体系架构组成。

物联网是国家战略性新兴产业中信息产业发展的核心领域，将在国民经济发展中发挥重要作用。目前，物联网是全球研究的热点问题，称为继计算机、互联网之后世界信息产业的第三次浪潮。

物联网是通过各种信息传感设备及系统（传感网、射频识别系统、红外感应器、激光扫描器等）、条码与二维码、全球定位系统，按约定的通信协议，将物与物、人与物联接起来，通过各种接入网、互联网进行信息交换，以实现智能化识别、定位、跟踪、监控和管理的一种信息网络。物联网的主要特征是每一个物件都可以寻址，每一个物件都可以控制，每一个物件都可以通信。显然，它作为"感知、传输、应用"三项技术相结合的产物，是一种全新的信息获取和处理技术。

1.1 物联网相关的概念

由于物联网概念刚刚出现不久，随着对其认识的日益深刻，其内涵也在不断的发展、完善，所以目前人们对于物联网的概念一直未达成统一的意见，存在以下几种相关概念，即物联网、传感网和泛在网。

1.1.1 物联网

物联网的概念最早出现于比尔·盖茨 1995 年《未来之路》一书。在《未来之路》中，比尔·盖茨已经提及 Internet of Things 的概念，只是当时受限于无线网络、硬件及传感设备的发展，并未引起世人的重视。1998 年，美国麻省理工学院（MIT）创造性地提出了当时被称作 EPC 系统的"物联网"的构想；1999 年，美国麻省理工学院成立 Auto-ID 研究中心，进行 RFID 技术的研发，在美国统一代码委员会（UCC）支持下，将 RFID 与互联网结合，提出了产品电子代码（EPC）解决方案。2005 年，在突尼斯举行的信息社会世界峰会（WSIS）上，国际电信联盟（ITU）发布了《互联网报告 2005：物联网》一文，在报告中明确提出了"物联网"（Internet of Things）的概念。提出任何时刻，任何地点，任意物体之间的互联，无所不在的网络和无所不在计算的发展愿景，除 RFID 技术外，传感器技术、纳米技术、智能终端等技术将得到更加广泛的应用。但是 ITU 未针对物联网的概念扩展提出新的物联网定义。

2008 年 5 月 27 日，欧洲智能系统集成技术平台（EPoSS）在发布的《Internet of

Things in 2020》报告中对物联网的定义如下：由具有标识、虚拟个性的物体/对象所组成的网络，这些标识和个性运行在智能空间，使用智慧的接口与用户、社会的和环境的上下文进行连接和通信。EPoSS 的报告分析预测了未来物联网的发展，认为 RFID 和相关的识别技术是未来物联网的基石，因此更加侧重于 RFID 的应用及物体的智能化。

2009 年 9 月 15 日，欧盟第 7 框架下 RFID 和物联网研究项目簇（Cluster of European Research Project on The Internet Of Things：CERP-IOT）在发布的《物联网研究战略路线图》（Internet of Things Strategic Research Roadmap）研究报告中对物联网的定义如下：物联网是未来 Internet 的一个组成部分，可以被定义为基于标准的和可互操作的通信协议且具有自配置能力的动态的全球网络基础架构。物联网中的"物"都具有标识、物理属性和实质上的个性，使用智能接口，实现与信息网络的无缝整合。该项目簇的主要研究目的是：便于欧洲内部不同 RFID 和物联网项目之间的组网；协调包括 RFID 的物联网研究活动；对专业技术、人力资源和资源进行平衡，以使得研究效果最大化；在项目之间建立协同机制。

2010 年我国的政府工作报告所附的注释中对物联网有如下的说明：物联网是指通过信息传感设备，按照约定的协议，把任何物品与互联网连接起来，进行信息交换和通信，以实现智能化识别、定位、跟踪、监控和管理的一种网络。它是在互联网基础上延伸和扩展的网络。

物联网目前没有明确定义，一方面说明了物联网的发展还处于探索阶段；另一方面说明了物联网不是一个简单的技术热点，而是融合了感知技术、通信与网络技术、智能运算技术的复杂信息系统。

从物联网产生的背景及物联网的定义中我们可以大概地总结出物联网的几个特征。

(1) 全面感知

利用 RFID、二维码、传感器等随时随地获取物体的信息。

(2) 可靠传递

通过无线网络与互联网的融合将物体信息实时准确地传递给用户。

(3) 智能处理

利用云计算、数据挖掘以及模糊识别等人工智能，对海量的数据和信息进行分析和处理，对物体实施智能化控制。

1.1.2 传感网

传感器网络（Sensor Network，简称：传感网）的概念最早由美国军方提出，起源于 1978 年美国国防部高级研究计划局（DARPA）开始资助卡耐基梅隆大学进行分布式传感器网络的研究项目。当时局限于由若干具有无线通信能力的传感器节点自组织构成的网络。随着近年来互联网技术和多种接入网络以及智能计算技术的飞速发展，2008 年 2 月，ITU-T 发表了《泛在传感器网络（Ubiquitous Sensor Networks）》研究报告。在报告中，ITU-T 指出传感器网络已经向泛在传感器网络的方向发展，它是由智能传感器节点组成的网络，可以以"任何地点、任何时间、任何人、任何物"的形式被部署。该技术可以在广泛的领域中推动新的应用和服务，从安全保卫和环境监测到推动个人生产力和增强国家竞争力。从以上定义可见，传感器网络已被视为物联网的重要组成部分，如果将智能传感器的范围扩展到 RFID 等其他数据采集技术，从技术构成和应用领域来看，泛在传感器网络等同于现在我们提到的物联网。

传感网的定义为随机分布的集成有传感器、数据处理单元和通信单元的具有无线通信与计算能力的微小节点，通过自组织的方式构成的无线网络。传感网络的节点间距离很短，一般采用多跳（Multi-hop）的无线通信方式进行通信。传感器网络可以在独立的环境下运行，也可以通过网关连接到互联网，使用户可以远程访问。传感网是以感知为目的，实现人与人、人与物、物与物全面互联的网络。传感器网络综合了传感器技术、嵌入式计算技术、网络及无线通信技术和分布式信息处理等技术，能够通过各类集成化的微型传感器协作实时监测、感知和采集各种环境或监测对象的信息，通过嵌入式系统对信息进行处理，并通过随机自组织无线通信网络，以多跳中继方式将所感知的信息传送到用户终端，从而真正实现"无处不在的计算"理念。

1.1.3　泛在网

泛在网是指无所不在的网络，又称泛在网络。

最早提出 U 战略的日韩给出的定义是：无所不在的网络社会将是由智能网络、最先进的计算技术以及其他领先的数字技术基础设施武装而成的技术社会形态。根据这样的构想，U 网络将以"无所不在"、"无所不包"、"无所不能"为基本特征，帮助人类实现"4A"化通信，即在任何时间（anytime）、任何地点（any-where）、任何人（anyone）、任何物（anything）都能顺畅地通信。

泛在网络在网络层的关键技术包括新型光通信、分组交换、互联网管控、网络测量和仿真、多技术混合组网等。泛在网的构建依赖三个实体层的存在和互动：一是无所不在的基础网络；二是无所不在的终端单元；三是无所不在的网络应用。

1.1.4　物联网、传感网与泛在网之间的关系

传感网、物联网与泛在网之间的关系如图 1-1 所示。传感网是物联网的组成部分，物联网是互联网的延伸，泛在网是物联网发展的愿景。

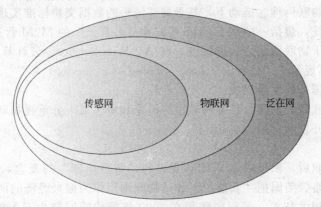

图 1-1　传感网、物联网与泛在网之间的关系

未来泛在网、物联网、传感网各有定位，传感网是泛在网的组成部分，物联网是泛在网发展的物联阶段，通信网、互联网、物联网之间相互协同融合是泛在网发展的目标。传感网最主要的特征是利用各种各样的传感器加上中低速的近距离无线通信技术。

物联网将解决广域或大范围的人与物、物与物之间信息交换需求的联网问题，物联网采用各种不同的技术把物理世界的各种智能物体、传感器接入网络。物联网通过接入延伸技术，实现末端网络（个域网、汽车网、家庭网络、社区网络、小物体网络等）的互联来实现人与物、物与物之间的通信。在这个网络中，机器、物体和环境都将被纳入人类感知的范畴，利用传感器技术、智能技术，所有的物体将获得生命的迹象，从而变得更加智能，实现了数字虚拟世界与物理真实世界的对应或映射。

1.2 物联网的发展和特点

1.2.1 物联网的起源

1999 年麻省理工学院 Auto-ID（自动识别）中心，在美国统一代码委员会的支持下提出了 EPC（Electronic Product Code）的概念。2003 年 11 月 1 日，Auto-ID 中心更名为 Auto-ID 实验室，致力于自动识别技术的开发和研究工作，倡导为能够跨越整个供应链的操作方案制定公共的标准。EPC 系统使用了数据接口组件的方式解决数据的传输和存储问题，用标准化的计算机语言来描述物品的信息。2003 年 9 月，Auto-ID 中心发布的规范 1.0 版中将这个组件命名为 PML（物品标识语言，Physical Markup Language Server）作为 EPC 系统中的信息服务关键组件，PML 成为描述自然物体、过程和环境的统一标准。在其后的一年中，技术小组依照各个组件的不同标准和作用以及它们之间的关系修改了规范，于 2004 年 9 月发布了修订的 EPC 网络结构方案，EPCIS（EPC 信息服务，EPC Information Service）代替了原来的 PML Server。2005 年，突尼斯信息社会世界峰会上，国际电信联盟（ITU）发布了《ITU 互联网报告 2005：物联网》，正式将"物联网"称为"The Internet of Things"。

1.2.2 物联网的发展

物联网的发展主要经历三个阶段。

初级阶段：已存在的一些各行业基于各种行业数据交换和传输标准的联网监测监控，两化融合引领 MAI 应用系统。

中级阶段：在物联网理念推动下，基于局部统一的数据交换标准实现的跨行业、跨业务综合管理大集成系统，包括一些基于 SaaS 模式和"私有云"的 M2M 营运系统。

高级阶段：基于物联网统一数据标准，SOA、Web Service、云计算虚拟服务的 on Demand 系统，最终实现基于"公有云"TaaS（Thing as a Service）。

（1）物联网在国外的发展现状

从国际上看，欧盟、美国、日本和韩国等国家和地区都十分重视物联网的工作，并且已进行了大量的研究开发和应用。

1）美国

奥巴马总统就职后，积极回应了 IBM 提出的"智慧地球"的概念，并很快将物联网的计划升级为国家战略。美国把"新能源"和"物联网"作为振兴经济的两大武器，投入巨资深入研究物联网的相关技术。美国国防部在 2000 年把传感网定为五大国防建设领域之一，仅在美墨边境"虚拟栅栏"（即防入侵传感网）上就投入 470 亿美元。在美国国家情报委员会（NIC）发表的 2025 对美国利益潜在影响的关键技术报告中，将物联网列为 6 种关键技术之一。美国国防部在 2005 年将"智能微尘"（SmartDust）列为重点研发项目。国家科学基金会的"全球网络环境研究"（GENI）把在下一代互联网上组建传感器子网，作为其中重要的一项内容。美国 2009 年所推出 7,870 亿美元经济振兴方案，在《美国经济复苏与再投资法案》（American Recovery and Reinvestment Act，ARRA）提出在智能电网、卫生医疗信息技术应用和教育信息技术等领域进行大量的投资，这些投资建设与物联网技术直接相关。其中，鼓励物联网技术发展政策主要体现在推动能源、宽带与医疗三大领域开展物联网技术的应用。目前，美国已在多个领域中应用物联网，例如：得克萨斯州的电网公司建立了智慧的数字电网。这种数字电网可以在发生故障时自动感知和报告故障位置，并且自动路由，10s 之内就恢复供电。该电网还可以接入风能、太阳能等新能源，大大有利于新能源产业的成长。相配套的智能电表可以让用户通过手机控制家电，给居民提供便捷的服务。

2）欧盟

1999 年，欧盟在里斯本推出了 "E-Europe" 全民信息社会计划。欧盟委员会 2005 年通过了 "I2010：欧洲信息社会 2010" 的 5 年发展规划。"I2010" 作为里斯本会议后的首项重大举措，旨在提高经济竞争力。2006 年 3 月，欧盟召开会议 "From RFID to the Internet of Things"，对物联网做了进一步的描述。2008 年在法国召开的欧洲物联网大会的重要议题包括未来互联网和物联网的挑战、物联网中的隐私权、物联网在主要工业部门中的影响等内容。2009 年，欧盟委员会向欧盟议会、理事会、欧洲经济和社会委员会及地区委员会递交了《欧盟物联网行动计划》，以确保欧洲在构建物联网的过程中起主导作用。2009 年 11 月，欧洲联盟发布了《未来物联网战略》，提出要让欧洲在基于互联网的智能基础设施发展上领先全球，除了通过信息与通信技术研发计划投资 4 亿欧元、90 多个研发项目来提高网络智能化水平外，欧盟委员会还将于 2011～2013 年间每年新增 2 亿欧元，进一步加强研发力度；同时拿出 3 亿欧元专款，支持物联网相关公私合作短期项目建设。2009 年 12 月 15 日，欧盟发布《欧盟物联网战略研究路线图》，将物联网研究分为感知、宏观架构、通信、组网、软件平台及中间件、硬件、情报提炼、搜索引擎、能源管理、安全等 10 个层面，系统地提出了物联网战略研究的关键技术和路径。提出欧盟在 2010、2015、2020 年 3 个阶段的物联网研发路线图，并提出物联网在航空航天、汽车、医药和能源等 18 个主要应用领域和识别、数据处理、物联网架构等 12 个方面需要突破的关键技术。

除了进行大规模的研发外，作为欧盟经济刺激计划的一部分，欧盟物联网已经在智能汽车、智能建筑等领域中得到了应用。在物联网应用方面，欧洲 M2M 市场比较成熟，发展均衡。通过移动定位系统、移动网络、网关服务、数据安全保障技术和短信平台等技术支持，欧洲主流运营商已经实现了安全监测、自动抄表、自动售货机、公共交通系统、车辆管理、工业流程自动化以及城市信息化等领域的物联网应用。欧盟还通过重大项目计划来支撑物联网的发展。欧盟各国的物联网在电力、交通以及物流领域已经形成了一定规模的应用。欧盟已将物联网及其核心技术纳入到欧盟 "第七个科技框架计划（2007～2013 年）" 中，它的总预算高达 500 亿欧元。

3）日本

日本是较早启动物联网应用的国家之一。1999 年日本制定了 E-Japan 战略，大力发展信息化业务。其中的 "e" 是 "electronic"（电子的）的首字母。2004 年日本政府在 E-Japan 战略的基础上，提出了 U-Japan 战略，用 "u"（ubiquitous，意指 "无所不在的"）取代 "e"，成为最早采用 "无所不在" 一词来描述信息化战略并构建泛在信息社会的国家。U-Japan 的战略目标是实现无论何时、何地、何事、何人都可受益于信息通信技术（ICT）的社会。2009 年金融危机后，日本政府也希望通过一系列 ICT 创新计划，实现短期内的经济复苏以及中长期经济可持续增长的目标。作为 U-Japan 战略的后续战略，2009 年 7 月，日本 IT 战略本部发表了 "I-Japan 战略 2015"，目标是 "实现以国民为主角的数字安心、活力社会"。I-Japan 战略中提出重点发展物联网业务。I-Japan 战略中提出重点发展的物联网业务包括：通过对汽车远程控制、车与车之间的通信、车与路边的通信，增强交通安全性的下一代 ITS 应用；老年与儿童监视、环境监测传感器组网、远程医疗、远程教学、远程办公等智能城镇项目；环境的监测和管理，控制碳排放量。通过一系列的物联网战略部署，日本针对国内特点，有重点地发展了灾害防护、移动支付等物联网业务。从 "E-Japan" 到 "U-Japan" 再到 "I-Japan"，随着时代的变化，日本的信息化建设也实现了 "三级跳"。

4）韩国

韩国是目前全球宽带普及率最高的国家，韩国的移动通信、信息家电、数字内容等也居世界前列。2004 年，韩国信息通信产业部（MIC）主导成立了 U-Korea 策略规划小组，提出为期十年的 U-Korea 战略，目标是"在全球领先的泛在基础设施上，将韩国建设成全球第一个泛在社会"。另外，韩国在 2005 年的 U-IT839 计划中，还确定了 8 项需要重点推进的业务，其中 RFID 等物联网业务是实施重点。2008 年又宣布了"新 IT 战略"。2009 年，韩国通过了《物联网基础设施构建基本规划》将物联网市场确定为新增长的动力，计划在 2013 年之前创造 50 万亿韩元的物联网产业规模。同时，韩国通信委员会也树立了到 2012 年"通过构建世界最先进的物联网基础实施，打造未来广播通信融合领域超一流 ICT 强国"的目标。并为实现这一目标，确定了构建物联网基础设施、发展物联网服务、研发物联网技术、营造物联网扩散环境等四大领域、12 项详细课题。韩国目前在物联网相关的信息家电、汽车电子等领域已居全球先进行列。

(2) 物联网在我国的发展

2009 年 8 月 7 日，原国务院总理温家宝在中科院无锡高新微纳传感网工程技术研发中心视察时发表重要讲话。指出"在物联网发展中，要早一点谋划未来，早一点攻破核心技术"，要"尽快建立中国的传感信息中心，或者叫'感知中国'中心"。2009 年 11 月 3 日，温总理在关于科技持续发展的重要讲话中，提出："要着力突破传感网、物联网关键技术，及早部署后 IT 时代关键技术研发，使信息网络产业，成为推动产业升级，迈向信息社会的'发动机'"。这三段文字足以体现出温总理对发展物联网的重视，同时也显示了我国政府对发展物联网的决心。各省也积极响应：江苏提出政府推动、聚焦无锡，努力将无锡建设成"感知中国"中心的目标；北京将打造中国物联网产业发展中心；浙江努力将先发优势转化为领先优势；上海制定顶层规划、示范先行的规划；广东计划构筑物联网产业发展高地；福建提出政府驱动、迎头赶上的口号。此外，山东、四川、重庆、黑龙江等省市也在积极推进物联网技术及产业发展的相关工作。

在"感知中国"的国家战略背景下，物联网发展引起政府、资本、产业等各个层面的高度关注。随之而来的物联网发展政策也渐渐明朗起来。一方面，工业和信息化部明确了物联网产业发展优先选择的应用示范领域。如重点工业领域、基础设施、环保监测、公共安全、工业控制和医疗卫生等领域；另一方面，国家将物联网、传感网纳入了新兴产业发展规划中，国家将在财政、信贷等多方面对物联网/传感网的发展进行大力扶持。

物联网在中国迅速崛起得益于我国在物联网方面的几大优势：第一，我国早在 1999 年就启动了物联网核心传感网技术研究，研发水平处于世界前列；第二，在世界传感网领域，我国是标准主导国之一，专利拥有量高；第三，我国是目前能够实现物联网完整产业链的少数几个国家之一；第四，我国无线通信网络和宽带覆盖率高，为物联网的发展提供了坚实的基础设施支持；第五，我国已经成为世界第三大经济体，有较为雄厚的经济实力支持物联网发展。

物联网创新发展关乎国家安全和未来经济社会发展方向，政府必须予以高度重视。针对我国目前物联网发展现状及存在的问题，应该做好如下工作。

① 政府要进一步加大政策扶持力度，制定出我国物联网发展的宏观规划，引导企业和民间资本的有序参与。

② 企业要加强物联网核心技术的研究与开发，在国际竞争中占据有利位置。

③ 科研机构和高等院校要加强物联网产业化方面的研究，培育相关的专业人才，为我国物联网向产业化方面推进提供人才和智力支持。

④ 科学指导各省各地发展物联网产业。

⑤ 加强在物联网方面的应用，同时多方面培养在物联网方面的优秀人才。

1.2.3 物联网的特征

(1) 各种感知技术的广泛应用

物联网是各种感知技术的广泛应用。物联网上部署了海量的多种类型传感器,每个传感器都是一个信息源,不同类别的传感器所捕获的信息内容和信息格式不同。传感器获得的数据具有实时性,按一定的频率周期性的采集环境信息,不断更新数据。

(2) 建立在互联网上的泛在网络

物联网是一种建立在互联网上的泛在网络。物联网技术的重要基础和核心仍旧是互联网,通过各种有线和无线网络与互联网融合,将物体的信息实时准确地传递出去。在物联网上的传感器定时采集的信息需要通过网络传输,由于其数量极其庞大,形成了海量信息,在传输过程中,为了保障数据的正确性和及时性,必须适应各种异构网络和协议。

(3) 不仅提供了传感器的连接,其本身也具有智能处理的能力

物联网不仅仅提供了传感器的连接,其本身也具有智能处理的能力,能够对物体实施智能控制。物联网将传感器和智能处理相结合,利用云计算、模式识别等各种智能技术,扩充其应用领域。从传感器获得的海量信息中分析、加工和处理出有意义的数据,以适应不同用户的不同需求,发现新的应用领域和应用模式。

1.3 物联网体系架构

物联网是以感知与应用为目的的物物互联系统,涉及传感器、RFID、安全、网络、通信、信息处理、服务技术、标识、定位、同步等众多技术领域。物联网的价值在于让物体也拥有了"智慧",从而实现人与物、物与物之间的沟通。物联网的特征在于感知、互联和智能的叠加。作为一种形式多样的聚合性复杂系统,物联网涉及信息技术自上而下的每一个层面,对它的体系结构划分有比较多的争议,人们普遍认同的体系架构一般可分为以下三层(如图 1-2 所示)。

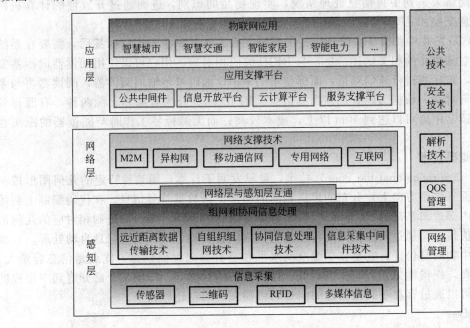

图 1-2　物联网三层体系架构

感知层以二维码、RFID、传感器为主，是物联网的识别系统。网络层是互联网、广电网络、通信网络的融合，是物联网的传输系统。应用层涉及云计算、数据挖掘、中间件等技术，是物联网的智能处理系统。在各层之间，信息不是单向传递的，也有交互、控制等，所传递的信息多种多样，其中关键是物品的信息，包括特定应用系统范围内能唯一标识物品的识别码和物品的静态与动态信息。

为了更好地理解各层的含义，下面对物联网三层结构作一个详细地说明。

1.3.1 感知层

感知层主要用于采集物理世界中发生的物理事件和数据，包括各类物理量、标识、音频、视频数据。物联网数据采集涉及到的技术有多种，主要包括传感器、RFID、二维码技术、Zigbee、蓝牙、多媒体信息采集、实时定位等。传感器网络组网并协同信息处理技术来实现传感器、RFID等数据采集技术所获取数据的短距离传输、自组织组网以及多个传感器对数据进行处理。

感知层处于三层架构的最底层，是物联网发展和应用的基础，具有物联网全面感知的核心能力。感知层由数据采集子层、短距离通信技术和协同信息处理子层组成。主要技术包括以下几种。

(1) 传感器技术

传感器是获取信息的关键器件，它是物联网中不可缺少的信息采集手段。传感器是一种检测和信息采集装置，能感受到被测的信息，并将信息转换成电脑系统能识别的信息形式。如压力传感器、温度传感器、湿度传感器、光传感器、磁性传感器等。

(2) RFID 技术

RFID 是射频识别（Radio Frequency Identification）的英文缩写，作为一种自动识别技术，兴起于 20 世纪 90 年代，RFID 既可以看做是一种设备标识技术，也可以归类为短距离传输技术。它是物联网中非常重要的、能够让物品"开口说话"的一种技术。在"物联网"的构想中，每一个物品都配备一张 RFID 标签，RFID 标签中存储着"物"的信息，通过无线数据通信网络采集到中央信息处理系统，实现物品的识别，进而通过开放性的计算机网络，实现信息交换和共享，实现对物品的管理与控制。

每个 RFID 芯片中都有一个全球唯一的编码，在为物品贴上 RFID 标签后，需要在系统服务器中建立该物品的相关描述信息，与 RFID 编码相对应。用户可以使用阅读器向标签发出电磁信号，与标签进行通信对话，而标签中的 RFID 编码被传输回阅读器，阅读器再与系统服务器进行对话，根据编码查询该物品信息。RFID 标签分为有源和无源两种，有源标签工作时与阅读器距离可以达到 10m 以上，成本较高；而无源标签工作时与阅读器的距离在 1m 左右。

(3) 二维码技术

二维码（2-dimensional bar code）技术，最早发明于日本，用某种特定的几何图形按一定规律在平面（二维方向上）分布的黑白相间的图形记录数据符号信息。在代码编制上利用构成计算机内部逻辑基础的"0"和"1"比特流的概念，使用若干与二进制相对应的几何形体来表示数值信息，通过图像输入设备或光电扫描设备自动识读以实现信息自动处理。二维码是物联网中物的身份证，它是在二维空间水平和竖直方向存储信息，优点是信息容量大，译码可靠性高，纠错能力强，制作成本低，保密与防伪性能好，即使某个部分遭到一定程度的损坏，也可以通过存在于其他位置的纠错码将损失的信息还原出来。

(4) ZigBee

ZigBee 是一种介于无线标记技术和蓝牙之间的无线传输技术，具有短距离、低功耗的显著特点。ZigBee采用分组交换和跳频技术，可使用 3 个频段，分别是 2.4GHz 的公共通用频段、欧洲的 868MHz 频段和美国的 915MHz 频段。主要应用在短距离且数据传输速率不高的各种电子设备之间。与蓝牙相比，它更简单、速率更慢、功率及费用也更低，因此只适合承载低速率、通信范围较小、数据量较小的业务。

（5）蓝牙

蓝牙是一种无线数据与话音通信技术，也是一种短距离的无线传输技术。它采用高速跳频和时分多址等技术，支持点对点及点对多点通信。其传输频段为全球公共通用的 2.4GHz 频段，能提供 1Mbit/s 的传输速率和 10m 的传输距离。除具有全球通用、低功耗、成本低、抗干扰能力强等特点外，还有可同时传输话音和数据、可建立临时性的对等连接、开放的接口标准等特点。我们日常生活中所使用的手机，笔记本电脑已普遍集成了蓝牙模块。

1.3.2　网络层

物联网的发展是基于其他网络基础上的，特别是三网融合中的三网（电信网、电视网、互联网），还包括通信网、卫星网、行业专网等。网络层将来自感知层的各类信息通过基础承载网络传输到应用层，网络层中的感知数据管理与处理技术是实现以数据为中心的物联网的核心技术。感知数据管理与处理技术包括物联网数据的存储、查询、分析、挖掘、理解以及基于感知数据决策和行为的技术。

物联网的网络层的主要技术包括 Internet 技术、移动通信网技术、无线传感器网络技术等。Internet 技术即互联网技术，是把分布于世界各地不同结构的计算机网络用各种传输介质互相连接起来的成为一个网络的技术。移动通信技术就是通信双方至少有一方在运动状态中进行信息交换，它包括移动用户之间的通信、固定用户与移动用户的通信。

无线传感器网络主要由节点、网关和软件三部分组成。空间分布的测量节点通过与传感器连接，对周围环境进行监控。监测到的数据无线发送至网关，网关可以与有线系统相连接，这样就能使用软件对数据进行采集、加工、分析和显示。路由器是一种特别的测量节点，使用它在 WSN 中延长距离以及增加可靠性。

云计算平台作为海量感知数据的存储、分析平台，将是物联网网络层的重要组成部分，也是应用层中众多应用的基础。网络层不仅是互联网功能，它能够实现更加广泛的互联功能。理想中的物联网中，网络层可以把感知层感知到的信息无障碍、高可靠性、高安全性地传输。为了实现这一宏伟目标，需要传感器网络与移动通信技术、互联网等技术相融合。随着技术的发展，这些功能将会更加完善。

1.3.3　应用层

应用层主要包括服务支撑层和应用服务子集层。服务支撑层的主要功能是根据底层采集的数据，形成与业务需求相适应、实时更新的动态数据资源库；应用服务子集层的主要功能是把感知和传输来的信息进行分析和处理，做出正确的控制和决策，实现智能化的管理、应用和服务。

物联网应用层利用经过分析处理的感知数据，为用户提供丰富的特定服务。物联网的应用可分为监控型（物流监控、污染监控）、查询型（智能检索、远程抄表）、控制型（智能交通、智能家居、路灯控制）、扫描型（手机钱包、高速公路不停车收费）等。应用层是物联网发展的目的，软件开发、智能控制技术将会为用户提供丰富多彩的物联网应用。各种行业和家庭应用的开发将会推动物联网的普及，也给整个物联网产业链带来利润。

应用层的主要技术如下。

（1）M2M

M2M 是 Machine-to-Machine（机器对机器）的缩写，有时候也被解释为 Man-to-Machine（人对机器）。物联网就是物与物的相连，M2M 就是物联网的第一步，它将多种不同类型的通信技术有机地结合在一起，将数据从一台终端传送到另一台终端。

（2）**云计算**

云计算（Cloud Computing）通过共享基础资源（硬件、平台、软件）的方法，将巨大的系统池连接在一起以提供各种 IT 服务。企业与个人用户无需再投入昂贵的硬件购置成本，只需要通过互联网来租赁计算能力等资源。云计算意味着计算能力也可以作为一种商品进行流通，就像煤气、水电一样，取用方便，费用低廉。用户可以在多种场合，利用各类终端，通过互联网接入云计算平台来共享资源。

（3）**人工智能**

人工智能（Artificial Intelligence，AI）有时也称作机器智能，是指由人工制造出来的系统所表现出来的智能。通常人工智能是指通过普通计算机实现的智能，也指研究这样的智能系统是否能够实现以及如何实现的科学领域。

人工智能的研究是高度技术性和专业的，各分支领域都是深入且各不相通的。AI 的核心问题包括推理、知识、规划、学习、交流、感知、移动和操作物体的能力等。目前比较流行的方法包括统计方法、计算智能和传统意义的 AI。目前有大量的工具应用了人工智能，其中包括搜索、数学优化、逻辑、基于概率论和经济学的方法等。人工智能目前在计算机领域内得到了愈加广泛的发挥，并在机器人、经济政治决策、控制系统、仿真系统中得到应用。

（4）**数据挖掘**

随着信息技术的高速发展，人们积累的数据量急剧增长，如何从海量的数据中提取有用的知识成为当务之急。数据挖掘（Data Mining）就是为顺应需要应运而生发展起来的数据处理技术。数据挖掘就是从大量的、不完全的、有噪声的、模糊的、随机的实际应用数据中，提取隐含在其中的、人们事先不知道的、但又是潜在有用的信息和知识的过程。数据挖掘的任务主要是关联分析、聚类分析、分类、预测、时序模式和偏差分析等。根据信息存储格式，用于挖掘的对象有关系数据库、面向对象数据库、数据仓库、文本数据源、多媒体数据库、空间数据库、时态数据库、异质数据库以及 internet 等。

（5）SOA

面向服务的体系结构（service-oriented architecture，SOA）是一个组件模型，它将应用程序的不同功能单元称为服务，通过这些服务之间定义良好的接口和契约联系起来，为物联网提供一种接口。接口是采用中立的方式进行定义的，它应该独立于实现服务的硬件平台、操作系统和编程语言。这使得构建在各种系统中的服务可以以一种统一和通用的方式进行交互。

除此之外，应用层还包括一些公共技术，如网络管理、服务质量（Quality Of Service，QOS）管理、技术安全、解析标识等。

1.4　物联网标准化

物联网自身能够打造一个巨大的产业链，在当前经济形势下对调整经济结构、转变经济增长方式具有积极意义。目前，我国物联网产业和应用还处于起步阶段，只有少量专门的应用项目，零散地分布在独立于核心网络的领域，而且多数还只是依托科研项目的示范应用。它们采用的是私有协议，尚缺乏完善的物联网标准体系，缺乏对如何采用现有技术标准的指导，在产品设计、系统集成时无统一标准可循。因此，严重制约了技术应用和产业的迅速发展。而为了实现无处不在的物联网，要实现与核心网络的融合，关键技术尚需突破。

为解决此问题，必须要对物联网的定义、特点、范围、技术架构等关键问题进行研究，并结合我国物联网标准的实际需求提出自主创新的物联网标准体系，具体规划物联网的标准化工作，以求通过标准体系的指导，将国内龙头企业和相关单位纳入到物联网的标准化工作中，极大地促进物联网产业的发展，并为今后选择方向实现物联网国际标准的重点突破奠定基础。

1.4.1　国际物联网标准制定现状

国际上针对不同技术领域的标准化工作早已开展。由于物联网的技术体系庞杂，因此物联网的标准化工作分散在不同标准化组织，各有侧重。

① RFID：标准已经比较成熟，ISO/IEC、EPCglobal 标准应用最广。

② 传感器网络：ISO/IEC JTC1/WG7（传感器网络工作组）负责标准化工作。

③ 架构技术：ITU-T SG13 对 NGN 环境下无所不在的泛在网需求和架构进行了研究和标准化。

④ M2M：ETSI M2M TC（欧洲电信标准化协会 M2M TC 小组）开展了对 M2M 需求和 M2M 架构等方面的标准化研究制定，3GPP 在 M2M 核心网和无线增强技术方面正开展一系列研究和标准化工作。

⑤ 通信和网络技术：重点由 ITU、3GPP、IETF、IEEE 等组织开展标准化工作。目前 IEEE 802.15.4 近距离无线通信标准被广泛应用，IETF 标准组织也完成了简化 IPv6 协议应用的部分标准化工作。

⑥ SOA：相关标准规范正由多个国际组织，如 W3C、OASIS、WS-I、TOG、OMG 等研究制定。

⑦ 智能电网：国际上主要有 IEC、NIST、ITU-T、IEEE P2030、CEN/CENELEC/ETSI（欧洲标准化委员会/欧洲电工标准化委员会/及欧洲电信标准协会）等组织进行智能电网标准化工作。

⑧ 智能交通：国际上主要有 ISO TC204、ITU、IEEE 以及欧洲的 ETSI 等组织开展智能交通标准化工作。

⑨ 智能家居：能家居相关国际标准化组织包括 X-10、CEBus（即 EIA-600 协议）、LonWorks、DLNA、UPnP、Broadband Forum 等。

各标准组织都比较重视应用方面的标准制订。在智能测量、E-Health、城市自动化、汽车应用、消费电子应用等领域均有相当数量的标准正在制订中，这与传统的计算机和通信领域的标准体系有很大不同，传统的计算机和通信领域标准体系一般不涉及具体的应用标准。这也说明了"物联网是由应用主导的"观点在国际上已成为共识。下面介绍一些在物联网领域重要的有一定影响力的标准组织。

(1) ITU-T 物联网标准进展

ITU-T 的中文名称是国际电信联盟远程通信标准化组织（ITU-T for ITU Telecommunication Standardization Sector），它是国际电信联盟管理下的专门制定远程通信相关国际标准的组织。由 ITU-T 指定的国际标准通常被称为建议（Recommendations）。由于 ITU-T 是 ITU 的一部分，而 ITU 是联合国下属的组织，所以由该组织提出的国际标准比其他的组织提出的类似的技术规范更正式一些。ITU-T 早在 2005 就开始进行泛在网的研究，可以说是最早进行物联网研究的标准组织。

ITU-T 的研究内容主要集中在泛在网总体框架、标识及应用三方面。研究工作已经从需求阶段逐渐进入到框架研究阶段，目前研究的框架模型还处在高层层面。ITU-T 在标识研究方面和 ISO 通力合作，主推基于对象标识（OID）的解析体系。ITU-T 包含下列相关研究课题组：

SG13 主要从 NGN（下一代网络，Next Generation Network）角度展开泛在网相关研究，标准主导是韩国。目前标准化工作集中在基于 NGN 的泛在网络/泛在传感器网络需求及架构研究、支持标签应用的需求和架构研究、身份管理（IDM）相关研究、NGN 对车载通信的支持等方面。

SG16 组成立了专门的问题组展开泛在网应用相关的研究，日、韩共同主导，内容集中在业务和应用、标识解析方面。SG16 组研究的具体内容有：Q.25/16 泛在感测网络（USN）应用和业务、Q.27/16 通信/智能交通系统（ITS）业务/应用的车载网关平台、Q.28/16 电子健康（E-Health）应用的多媒体架构、Q.21 和 Q.22 标识研究（主要给出了针对标识应用的需求和高层架构）。

SG17 组成立有专门的问题组展开泛在网安全、身份管理和解析的研究。SG17 组研究的具体内容有：Q.6/17 泛在通信业务安全，Q.10/17 身份管理架构和机制，Q.12/17 抽象语法标记（ASN.1）、OID 及相关注册。

SG11 组成立有专门的问题组"NID 和 USN 测试规范"，主要研究节点标识（NID）和泛在感测网络（USN）的测试架构、H.IRP 测试规范以及 X.oid-res 测试规范。

（2）ETSI 物联网标准进展

欧洲电信标准化协会（ETSI，European Telecommunications Standards Institute）是由欧共体委员会 1988 年批准建立的一个非赢利性的电信标准化组织，总部设在法国南部的尼斯。ETSI 的标准化领域主要是电信业，并涉及与其他组织合作的信息及广播技术领域。ETSI 作为一个被 CEN（欧洲标准化协会）和 CEPT（欧洲邮电主管部门会议）认可的电信标准协会，其制定的推荐性标准常被欧共体作为欧洲法规的技术基础采用并被要求执行。

ETSI 采用 M2M 的概念进行总体架构方面的研究，相关工作的进展非常迅速，是在物联网总体架构方面研究得比较深入和系统的标准组织。ETSI 成立了一个专项小组 M2M TC，从 M2M 的角度进行相关标准化研究。ETSI M2M TC 小组的主要研究目标是从端到端的全景角度研究机器对机器通信，并与 ETSI 内 NGN 的研究及 3GPP 已有的研究展开协同工作。

（3）3GPP/3GPP2 物联网标准进展

第三代合作伙伴计划（3GPP）是领先的 3G 技术规范机构，是由欧洲的 ETSI、日本的 ARIB 和 TTC、韩国的 TTA 以及美国的 T1 在 1998 年底发起成立的，旨在研究制定并推广基于演进的 GSM 核心网络的 3G 标准，即 WCDMA，TD-SCDMA，EDGE 等。中国无线通信标准组（CWTS）于 1999 年加入 3GPP。

3GPP2 主要工作是制订以 ANSI-41 核心网为基础，CDMA2000 为无线接口的移动通信技术规范。该组织于 1999 年 1 月成立，由美国 TIA、日本的 ARIB、日本的 TTC、韩国的 TTA 四个标准化组织发起，中国无线通信标准研究组（CWTS）于 1999 年 6 月在韩国正式签字加入 3GPP2，成为这个当前主要负责第三代移动通信 CDMA 2000 技术的标准组织的伙伴。中国通信标准化协会（CCSA）成立后，CWTS 在 3GPP2 的组织名称更名为 CCSA。

3GPP 和 3GPP2 采用 M2M 的概念进行研究。作为移动网络技术的主要标准组织，3GPP 和 3GPP2 关注的重点在于物联网网络能力增强方面，是在网络层方面开展研究的主要标准组织。

3GPP 针对 M2M 的研究主要从移动网络出发，研究 M2M 应用对网络的影响，包括网络优化技术等。3GPP 研究范围为：只讨论移动网的 M2M 通信，只定义 M2M 业务，不具体定义特殊的 M2M 应用。在 Verizon、Vodafone、三星、高通等公司推动下，3GPP 对 M2M 的研究在 2009 年开始加速，以解决大量 M2M 终端对网络的冲击、系统控制面容量的不足等问题。目前基本完成了需求分析，转入网络架构和技术框架的研究，但核心的无线接入网络（RAN）研究工作还未展开。

（4）IEEE 物联网标准进展

在物联网的感知层研究领域，IEEE（Institute of Electrical and Electronics Engineers，电气和电子工程师协会）重要地位显然是毫无争议的。目前无线传感网领域用得比较多的 Zigbee 技术就基于 IEEE 802.15.4 标准。

IEEE 802 系列标准是 IEEE 802 LAN/MAN 标准委员会制订的局域网、城域网技术标准。1998 年，IEEE 802.15 工作组成立，专门从事无线个人局域网（WPAN）标准化工作。在 IEEE 802.15 工作组内有 5 个任务组，分别制订适合不同应用的标准。这些标准在传输速率、功耗和支持的服务等方面存在差异。

① TG1 组制订 IEEE 802.15.1 标准，即蓝牙无线通信标准。标准适用于手机、PDA 等设备的中等速率、短距离通信。

② TG2 组制订 IEEE 802.15.2 标准，研究 IEEE 802.15.1 标准与 IEEE 802.11 标准的共存。

③ TG3 组制订 IEEE 802.15.3 标准，研究超宽带（UWB）标准。标准适用于个人局域网中多媒体方面高速率、近距离通信的应用。

④ TG4 组制订 IEEE 802.15.4 标准，研究低速无线个人局域网（WPAN）。该标准把低能量消耗、低速率传输、低成本作为重点目标，旨在为个人或者家庭范围内不同设备之间的低速互联提供统一标准。

⑤ TG5 组制订 IEEE 802.15.5 标准，研究无线个人局域网（WPAN）的无线网状网（MESH）组网。该标准旨在研究提供 MESH 组网的 WPAN 的物理层与 MAC 层的必要的机制。

传感器网络的特征与低速无线个人局域网（WPAN）有很多相似之处，因此传感器网络大多采用 IEEE 802.15.4 标准作为物理层和媒体存取控制层（MAC），其中最为著名的就是 ZigBee。因此，IEEE 的 802.15 工作组也是目前物联网领域在无线传感网层面的主要标准组织之一。中国也参与了 IEEE 802.15.4 系列标准的制订工作，其中 IEEE 802.15.4c 和 IEEE 802.15.4e 主要由中国起草。IEEE 802.15.4c 扩展了适合中国使用的频段，IEEE 802.15.4e 扩展了工业级控制部分。

1.4.2　我国物联网标准制定现状

中国物联网标准的制订工作还处于起步阶段，但发展迅速。目前中国已有涉及物联网总体架构、无线传感网、物联网应用层面的众多标准正在制订中，并且有相当一部分的标准项目已在相关国际标准组织立项。

物联网国家标准的制定主要由中国物联网标准联合工作组进行统筹组织，该联合工作组包含全国 11 个部委及下属的 19 个标准工作组，其中电子标签标准工作组和传感器网络标准工作组（WGSN）是我国物联网标准研制的核心力量。此外，中国通信标准化协会（CCSA）泛在网技术工作委员会（TC10）、中国 RFID 产业联盟等一批产业联盟和协会，它们积极开展联盟标准的研制工作，推进联盟标准向行业标准、国家标准转化。

WGSN 是由中国国家标准化管理委员会批准筹建，中国信息技术标准化技术委员会批准成立并领导，从事传感器网络（简称传感网）标准化工作的全国性技术组织。WGSN 于 2009 年 9 月正式成立，由中国科学院上海微系统与信息技术研究所任组长单位，中国电子技术标准化研究所任秘书处单位，成员单位包括中国三大运营商、主要科研院校、主流设备厂商等。目前 WGSN 已有一些标准正在制订中，并代表中国积极参加 ISO、IEEE 等国际标准组织的标准制订工作。由于成立时间尚短，目前 WGSN 还没有形成可发布的标准文稿。

CCSA 于 2002 年 12 月 18 日在北京正式成立。CCSA 的主要任务是为了更好地开展通信标准研究工作，把通信运营企业、制造企业、研究单位、大学等关心标准的企事业单位组织起来，按照公平、公正、公开的原则制订标准，进行标准的协调、把关，把高技术、高水平、高质量的标准推荐给政府，把具有中国自主知识产权的标准推向世界，支撑中国的通信产业，为世界通信做出贡献。2009 年 11 月，CCSA 新成立了泛在网技术工作委员会（即TC10），专门从事物联网相关的研究工作。目前 CCSA 有多个与物联网相关的标准正在制订中，但尚未发布标准文稿。

与物联网相关的，还有 2009 年 4 月成立的 RFID 标准工作组。RFID 工作组在信息产业部科技司领导下开展工作，专门致力于中国 RFID 领域的技术研究和标准制订，目前已有一定的工作成果。

《2012～2016 年中国物联网市场分析预测与投资方向研究报告》显示：我国处于物联网标准化的初始阶段，现阶段主要任务是进行国内外物联网相关标准全面梳理，开展物联网标准化体系架构建设。物联网标准体系影响着整个物联网发展的规模、内容和形式，体系的全面性、先进性直接影响着物联网产业的发展方向和发展速度。

1.4.3 我国物联网标准

我国《物联网"十二五"发展规划》指出"以构建物联网标准化体系为目标，依托各领域标准化组织、行业协会和产业联盟，重点支持共性关键技术标准和行业应用标准的研制，完善标准信息服务、认证、检测体系，推动一批具有自主知识产权的标准成为国际标准。"在"十二五"规划的指导下，在不断完善我国物联网标准化体系的同时，推进我国物联网标准化工作，建议如下。

(1) 把握国际物联网标准发展趋势，积极参与国际标准制定

紧跟相关物联网国际标准发展，深入研究国际物联网标准工作，如参与 ISO/IEC JTC1 的传感器网络标准工作组、ITU 的 SG13 工作组的泛在网络标准研究、IEEE802.15.4 工作组的短距离通信标准研究等。结合我国物联网关键技术项目研究以及物联网应用示范项目的开展，制定相应的物联网基础技术标准和应用标准。

(2) 重点突破，提高我国在物联网国际标准化的影响力

借鉴韩国利用国内移动通信的发展优势为突破口，把 RFID 和移动通信结合起来主导国际标准的制定的做法。找准我国的物联网技术存在的突破方向，有计划地开展标准研制工作，形成标准体系，提高我国在物联网国际标准化的影响力。

(3) 加快共性关键技术标准的建设

加快对物联网标识和解析、应用接口、数据格式、信息安全、网络管理等基础共性标准等基础标准的立项和研制。以标准为纽带，产学研结合，在最大范围内形成合力，推动物联网标准研制和产业发展。

(4) 明确我国采用国际标准存在的专利风险，开展国家标准研制工作

对物联网国际标准开展知识产权分析，通过分析，一方面可以选择合适的技术路线避免不必要的专利技术使用，即进行专利规避设计；另一方面可以评估国外相关专利许可费用将会对我国自主制造相关芯片、设备成本的影响，尽早与各专利权人进行接触，达成妥协，力争使国家标准涉及的专利许可总体费用维持在一个制造厂商可以接受，有利于符合国家标准产品推广应用的水平。

（5）推进联盟标准建设

推动联盟标准向行业标准、国家标准转化。从物联网 RFID 标准的发展可以看出，各种区域、国家、行业组织制定了与 RFID 相关的区域、国家及行业组织标准，并通过不同的渠道提升为国际标准。联盟标准既是国家标准、行业标准的补充，又是转化为国家标准、行业标准的有效方式。

（6）建立标准技术公共服务平台，为物联网标准化以及标准的应用推广提供保障

公共平台的建设，一方面为标准研制过程中，对各个标准提案中进行定性和定量的评估提供技术手段，为标准融合方案和参数的确定提供技术支持，尤其是在物联网设备互联互通的接口协议标准的研制过程中，需要对协议关键技术的性能进行全面的分析，提供支持。另一方面，公共平台的建设在标准推广应用的时候，提供协议、接口、中间件一致性、互操作性等的测试，为我国物联网标准的应用推广提供保障。

本 章 小 结

物联网是全球研究的热点问题，称为继计算机、互联网之后世界信息产业的第三次浪潮。

本章主要介绍了物联网的相关概念、物联网的特点与发展历程。对物联网的体系架构从感知层、网络层、应用层分别进行了介绍。通过介绍三个组成部分的关键技术、在物联网中的功能及相关标准，帮助读者更好地了解和研究物联网。

习 题

一、选择题

1. 下列选项中不属于物联网网络层主要技术的是_____。

A. Internet 技术   B. 移动通信网技术

C. 无线传感器网络技术   D. 数据挖掘技术

2. 下列选项中不属于 ZigBee 特点的是_____。

A. 无线传输技术   B. 短距离、低功耗的

C. 通信范围较大、数据量较大   D. 采用分组交换和跳频技术

二、填空题

1. 物联网通常被公认为有 3 个层次，从下到上依次是_____、_____和_____。

2. 物联网的三个特征是：_____、_____、_____。

三、简答题

1. 中国对物联网是怎样定义的？

2. 简述物联网、传感网与泛在网之间的关系。

3. 简述物联网的体系架构及各层次的功能。

4. 简述物联网的技术体系架构及各层次的关键技术。

Chapter **02**

第2章

RFID 技术

【本章学习重点】

了解 RFID 技术的概念、原理、特点及应用，掌握 RFID 的结构与工作原理，了解 RFID 国内外的标准及应用实例。

物联网的感知层是基础层，承担着信息采集的功能。在物联网中，自动识别系统可以对物品自动进行标识和识别，并可以将数据实时更新，是全球物品信息实时共享的重要组成部分。在目前的发展阶段来看，物联网发展的瓶颈就在感知层。

射频识别是一种非接触式的自动识别技术，也是目前最重要的自动识别系统。它通过射频信号自动识别目标对象并获取相关数据，识别工作无须人工干预，可工作于各种恶劣环境。自动识别系统技术可识别高速运动物体并可同时识别多个标签，操作快捷方便。

2.1 RFID 技术概述

2.1.1 射频识别技术

射频识别技术（Radio Frequency Identification，RFID）是 20 世纪 80 年代发展起来的一种非接触式的自动识别技术，常称为感应式电子晶片或近接卡、感应卡、非接触卡、电子标签、射频标签、射频识别、电子条码等。是一项利用射频信号通过空间耦合（交变磁场或电磁场）实现无接触信息传递并通过所传递的信息达到识别目的的技术，识别工作无须人工干预。RFID 技术具有防水、耐高温、使用寿命长、读取距离远、标签数据可以加密、存储数据容量大、存储信息可以随意修改、可以识别高速运动中的物体，可识别多个标签，可以在恶劣环境下工作等优点。随着物联网概念的兴起，RFID 正在成为全球热门的技术。目前 RFID 应用范围越来越广，涉及商品防伪、国防军事、智能交通、电子门票、身份识别和一卡通等多个领域。

(1) RFID 的分类

按照不同的分类标准，RFID 电子标签有许多不同的分类。

① 依据电子标签供电方式的不同，电子标签可以分为有源电子标签（Active tag）、无源电子标签（Passive tag）和半无源电子标签（Semi-passive tag）。

据专家估计，目前市场上 80％为无源电子标签，不到 20％为有源电子标签。有源电子标签内装有电池，无源射频标签没有内装电池。

a. 有源电子标签又称主动标签（Active tag），标签的工作电源完全由内部电池供给，同时标签电池的能量供应也部分地转换为电子标签与读写器通信所需的射频能量。半有源射频标签又称为半被动标签（Semi-passive tag），可以使用微型纽扣电池给芯片供电，而天线接收发射仍然通过阅读器发射的电磁波获取能量，因此本身耗电很少。

b. 半无源射频标签内的电池供电仅对标签内要求供电维持数据的电路或者标签芯片工作所需电压的辅助支持、本身耗电很少的标签电路供电。标签未进入工作状态前，一直处于休眠状态，相当于无源标签，标签内部电池能量消耗很少，因而电池可维持几年，甚至长达10年有效；当标签进入读写器的读出区域时，受到读写器发出的射频信号激励，进入工作状态时，标签与读写器之间信息交换的能量支持以读写器供应的射频能量为主（反射调制方式），标签内部电池的作用主要在于弥补标签所处位置的射频场强不足，标签内部电池的能量并不转换为射频能量。

c. 无源电子标签又称为被动标签（Passive tag），没有内部电池，当标签处在阅读器的读出范围之外时，电子标签处于无源状态，而在阅读器的读出范围之内时，电子标签从阅读器发出的射频能量中提取其工作所需的电源能量。无源电子标签在接收到读写器发出的微波信号后，将部分微波能量转化为直流电供自己工作，一般可做到免维护，成本很低并具有很长的使用寿命，比主动标签更小也更轻，读写距离则较近（在 1～30mm），也称为无源标签。例如：CY-RMZ-209。

② 电子标签依据频率的不同可分为低频电子标签、高频电子标签、超高频电子标签和微波电子标签。RFID 标签如图 2-1 所示。RFID 手腕带标签见图 2-2。

 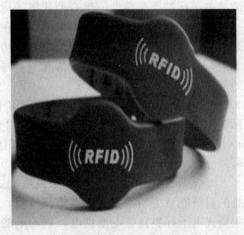

图 2-1　MB89R112（FRAM 高频 RFID 标签）芯片　　　　图 2-2　RFID 手腕带标签

a. 低频段电子标签　低频段电子标签，简称为低频标签，其工作频率范围为 30～300kHz。典型工作频率有：125kHz、133kHz（也有接近的其他频率的，如 TI 公司使用134.2kHz）。低频标签一般为无源式电子标签，其工作能量通过电感耦合方式从读写器耦合线圈的辐射近场中获得。低频标签与读写器之间传送数据时，低频标签需位于读写器天线辐射的近场区内。低频标签的阅读距离一般情况下小于 1m。低频标签的典型应用有：动物识别、容器识别、工具识别、电子闭锁防盗（带有内置应答器的汽车钥匙）等。低频标签的主要优势体现在标签芯片一般采用普通的 CMOS 工艺，具有省电、廉价的特点，工作频率不受无线电频率管制约束，可以穿透水、有机组织、木材等。

b. 中高频段电子标签　中高频段电子标签的工作频率一般为 3～30MHz。该频段的电子标签，一方面从射频识别应用角度来看，因其工作原理与低频标签完全相同，即采用电感耦合方式工作，所以宜将其归为低频标签类中；另一方面，根据无线电频率的一般划分，其工作频段又称为高频，所以也常常将其称为高频标签。

c. 高频电子标签　一般也采用无源方式，其工作能量同低频标签一样，也是通过电感（磁）耦合方式从读写器耦合线圈的辐射近场中获得。标签与读写器进行数据交换时，标签必须位于读写器天线辐射的近场区内。中频标签的阅读距离一般情况下也小于 1m（最大读取距离为 1.5m）。高频标签由于可方便地做成卡状，典型应用包括：电子车票、电子身份证、电子闭锁防盗（电子遥控门锁控制器）等。相关的国际标准有：ISO 14443、ISO 15693、ISO 18000-3（13.56MHz）等。高频标准的基本特点与低频标准相似，由于其工作频率的提高，可以选用较高的数据传输速率。

d. 超高频和微波标签　超高频与微波频段的电子标签，简称为微波电子标签，其典型工作频率为 433.92MHz、862（902）～928MHz、2.45GHz、5.8GHz。微波电子标签可分为有源式电子标签与无源式电子标签两类。工作时，电子标签位于读写器天线辐射场的远区场内，标签与读写器之间的耦合方式为电磁耦合方式。读写器天线辐射场为无源式电子标签提供射频能量，将有源式电子标签唤醒。相应的射频识别系统阅读距离一般大于 1m，典型情况为 4～7m，最大可达 10m 以上。读写器天线一般均为定向天线，只有在读写器天线定向波束范围内的电子标签才可被读写。433.92MHz，862（902）～928MHz，2.45GHz，5.8GHz。微波电子标签的典型应用包括移动车辆识别、电子身份证、仓储物流应用、电子闭锁防盗（电子遥控门锁控制器）等。以目前技术水平来说，无源微波电子标签比较成功的产品相对集中在 902～928MHz 工作频段上。2.45GHz 和 5.8GHz 射频识别系统多以半有源微波电子标签产品面世。半有源式电子标签一般采用钮扣电池供电，具有较远的阅读距离。

微波电子标签的典型特点主要集中在是否无源、无线读写距离、是否支持多标签读写、是否适合高速识别应用、读写器的发射功率容限、电子标签及读写器的价格等方面。对于可无线写的电子标签而言，通常情况下，写入距离要小于识读距离，其原因在于写入要求更大的能量。

③ 依据封装形式的不同可分为信用卡标签、线形标签、纸状标签、玻璃管标签、圆形标签及特殊用途的异形标签等。如图 2-2 所示。

④ 按照技术方式分类　按照读写器读取电子标签数据的技术实现方式，射频识别系统可以分为主动广播式、被动倍频式和被动反射调制式三种方式。

a. 主动式电子标签　一般来说主动式 RFID 系统为有源系统，即主动式电子标签用自身的射频能量主动地发送数据给读写器，在有障碍物的情况下，只需穿透障碍物一次。由于主动式电子标签自带电池供电，它的电能充足，工作可靠性高，信号传输距离远。主要缺点是标签的使用寿命受到限制，而且随着标签内部电池能量的耗尽，数据传输距离越来越短，从而影响系统的正常工作。主动标签读/写距离较远（在 100～1500m），体积较大，与被动标签相比成本更高，也称为有源标签，一般具有较远的阅读距离，能量耗尽后需更换电池。例如：CY-RMZ-206、CY-RMZ-208、CY-RMZ-210。

b. 被动式电子标签　被动式电子标签必须利用读写器的载波来调制自身的信号，标签产生电能的装置是天线和线圈。标签进入 RFID 系统工作区后，天线接收特定的电磁波，线圈产生感应电流供给标签工作，在有障碍物的情况下，读写器的能量必须来回穿过障碍物两次。这类系统一般用于门禁或交通系统中，因为读写器可以确保只激活一定范围内的电子标签。

c. 半主动式电子标签　在半主动式 RFID 系统里，电子标签本身带有电池，但是标签并不通过自身能量主动发送数据给读写器，电池只负责对标签内部电路供电。标签需要被读写器的能量激活，然后才通过反向散射调制方式传送自身数据。

⑤ 按照耦合方式分类　根据耦合方式、工作频率和作用距离的不同，无线信号传输分电感耦合方式和电磁反向散射方式两种。

⑥ 按照工作方式分类

a. 全双工（Full Duplex）系统：全双工表示射频标签与读写器之间可在同一时刻互相传送信息。

b. 半双工（Half Duplex）系统：半双工表示射频标签与读写器之间可以双向传送信息，但在同一时刻只能向一个方向传送信息。

c. 在全双工和半双工系统中，射频标签的响应是在读写器发出的电磁场或电磁波的情况下发送出去的。因为与阅读器本身的信号相比，射频标签的信号在接收天线上是很弱的，所以必须使用合适的传输方法，以便把射频标签的信号与阅读器的信号区别开来。在实践中，人们对从射频标签到阅读器的数据传输一般采用负载反射调制技术将射频标签数据加载到反射回波上（尤其是针对无源射频标签系统）。

d. 时序（SEQ）系统：时序系统中阅读器辐射出的电磁场短时间周期性地断开。这些间隔被射频标签识别出来，并被用于从射频标签到阅读器的数据传输。其实，这是一种典型的雷达工作方式。时序方法的缺点是：在阅读器发送间歇时，射频标签的能量供应中断，这就必须通过装入足够大的辅助电容器或辅助电池进行补偿。

RFID 的种类及特点如表 2-1 所示。

表 2-1　RFID 的种类及特点

分类方式	种类	说明
供电方式	无源卡	卡内无电池,利用波束供电技术将收到的射频能量转化为直流电源为卡内电路供电,作用距离短,寿命长,对工作环境要求不高
	有源卡	卡内有电池提供电源,作用距离较远,寿命有限、体积较大、成本高,且不适合在恶劣环境下工作
载波频率和作用距离的区别	低频射频卡(LF)	主要有 125kHz 和 123.2kHz 两种,常用于短距离、低成本的应用中,如门禁、货物跟踪等
	高频射频卡(HF)	13.56MHz,用于门禁控制和需传送大量数据的应用系统
	超高频射频卡(UHF)	主要为 433MHz、915MHz、2.45GHz、5.8GHz 等,应用于需要较长读写距离和高读写速度的场合,如火车监控、高速公路收费,以及供应链管理
调制方式	主动式	主动式射频卡用自身的射频能量主动地发送数据给读写器
	被动式	被动式射频卡使用调制散射方式数据,它必须利用读写器的载波来调制自己的信号
作用距离	密耦合卡	作用距离小于 1cm
	近耦合卡	作用距离小于 15cm
	疏耦合卡	作用距离约 1m
	远距离卡	作用距离从 1m 到 10m,甚至更远
芯片	只读卡	只读,唯一且无法修改的标识,价格低
	读写卡	可擦写,可反复使用,价格较高
	CPU 卡	芯片内部包含微处理器单元(CPU)、存储单元、输入/输出接口单元,价格高

(2) RFID 电子标签的相关术语

a. 射频：一般指微波。

b. 微波：波长为 0.1~100cm 或频率在 1~100GHz 的电磁波。

c. 电子标签：以电子数据形式存储标识物体代码的标签，也叫射频卡。

d. 被动式电子标签：内部无电源、靠接收微波能量工作的电子标签。

e. 主动式电子标签：靠内部电池供电工作的电子标签。

f. 微波天线：用于发射和接受微波信号。

g. 读出装置：用于读取电子标签内电子数据。

h. 阅读器：用于读取电子标签内电子数据。

i. 编程器：用于将电子数据写入电子标签或查阅电子标签内存储数据。

j. 波束范围：指天线发射微波的照射功率范围。

k. 标签容量：电子标签编程时所能写入的字节数或逻辑位数。

l. 振幅（Amplitude）：无线电波最高点和零值之间的距离。

m. 只读存储（Read-only memory，ROM）：一种将信息存储在芯片上的形式，不能被覆盖。只读芯片要比读写芯片便宜得多。

n. 自动数据采集（Automatic data capture，ADC）：用于收集数据并直接将其导入（不涉及人工参与）计算机系统的方法（见自动识别与数据采集）。

o. 智能卡（Smart Card）：内嵌有微芯片的塑料卡（通常是一张信用卡的大小）的通称。一些智能卡包含一个 RFID 芯片，所以它们不需要与读写器的任何物理接触就能够识别持卡人。RFID 智能卡常常被称为"遥控"智能卡。

2.1.2　RFID 技术的组成与特点

(1) RFID 系统的组成

最简单的 RFID 系统由标签、读写器和天线三部分组成。RFID 系统主要由电子标签、天线、读写器和主机组成。RFID 系统结构图如图 2-3 所示。

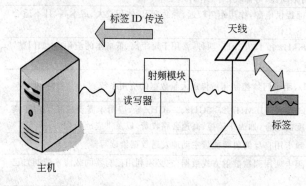

图 2-3　RFID 系统结构图

a. 标签（Tag）：由耦合元件及芯片组成，每个标签具有唯一的电子编码，附着在物体上标识目标对象。

b. 读写器（Reader）：读取（有时还可以写入）标签信息的设备，可设计为手持式或固定式。

c. 天线（Antenna）：在标签和读取器间传递射频信号。

d. 主机（PC）：根据应用的要求，对读写器进行控制。

射频识别系统的一般工作流程如下：

a. 读写器通过发射天线发送一定频率的射频信号；

b. 当电子标签进入读写器天线的工作区时，电子标签天线产生足够的感应电流，电子标签获得能量被激活；

c. 电子标签将自身信息通过内置天线发送出去；

d. 读写器天线接收到从电子标签发送来的载波信号；

e. 读写器天线将载波信号传送到读写器；

f. 读写器对接收信号进行解调和解码，然后送到计算机网络进行后续的处理；

g. 数据处理系统根据逻辑运算判断该电子标签的合法性；

h. 计算机网络针对不同的设定做出相应的处理，发出指令控制执行的动作。

(2) RFID 的特点

和传统条形码识别技术相比，RFID 有以下特点。

a. 快速扫描　条形码一次只能有一个条形码受到扫描，RFID 辨识器可同时辨识读取数个 RFID 标签。

b. 体积小型化、形状多样化　RFID 在读取上并不受尺寸大小与形状限制，不需为了读取精确度而配合纸张的固定尺寸和印刷品质。此外，RFID 标签更可往小型化与多样形态发展，以应用于不同产品。

c. 抗污染能力和耐久性　传统条形码的载体是纸张，因此容易受到污染，但 RFID 对水、油和化学药品等物质具有很强抵抗性。此外，由于条形码是附于塑料袋或装纸箱上，所以特别容易受到折损；RFID 卷标是将数据存在芯片中，因此可以免受污损。

d. 可重复使用　现今的条形码印刷上去之后就无法更改，RFID 标签则可以重复地新增、修改、删除 RFID 卷标内储存的数据，方便信息的更新。RFID 技术与互联网和通信技术相结合，可实现提高管理与运作效率，降低成本。

e. 穿透性和无屏障阅读　在被覆盖的情况下，RFID 能够穿透纸张、木材和塑料等非金属或非透明的材质，并能够进行穿透性通信。而条形码扫描机必须在近距离而且没有物体阻挡的情况下，才可以辨读条形码。

f. 数据的记忆容量大　一维条形码的容量是 50Bytes，二维条形码最大的容量可储存 2 至 3000 字符，RFID 最大的容量则有数 MegaBytes。随着记忆载体的发展，数据容量也有不断扩大的趋势。未来物品所需携带的资料量会越来越大，对卷标所能扩充容量的需求也相应增加。

g. 安全性　由于 RFID 承载的是电子式信息，其数据内容可经由密码保护，使其内容不易被伪造及变造。近年来，RFID 因其所具备的远距离读取、高储存量等特性而备受瞩目。它不仅可以帮助一个企业大幅提高货物、信息管理的效率，还可以让销售企业和制造企业互联，从而更加准确地接收反馈信息，控制需求信息，优化整个供应链。

RFID 的应用非常广泛，目前典型应用有动物晶片、汽车晶片防盗器、门禁管制、停车场管制、生产线自动化、物料管理等。

2.1.3　RFID 技术的发展

RFID 技术起源于第二次世界大战时期，最初的目的是利用无线电数据技术识别敌方和盟军的飞机。在 20 世纪 30 年代，美国陆军和海军都面临着在陆地、海上和空中对目标的识别的问题。1937 年，美国海军研究试验室（Naval Research Laboratory，NRL）开发了敌我识别系统（Identification Friend-or-Foe system，IFFS）将盟军和敌方的飞机区分开。这种技术在 50 年代成为现代空中交通管制的基础，也是早期 RFID 技术的萌芽，主要应用在军事、实验室等。20 世纪 50 年代是 RFID 技术研究和应用的探索阶段，远距离信号转发器的发明扩大了敌我识别系统的识别范围。随着集成电路、可编程存储器、微处理器以及软件技术和编程语言的发展，促进了 RFID 技术的部署和推广。

20 世纪 60 年代后期，先讯美资防盗标签（Sensormatic）和保点系统（Checkpoint Systems）等公司开始推广 RFID 系统的商用，主要用于电子物品监控（electronic article surveillance，EAS），即保证仓库、图书馆等的物品安全和监视。此系统称为 1-bit 标签系统，相对容易构建、部署和维护。特点是只能检测被表示的目标是否在场，不能有更大的数据容量，不能区分被标识目标之间的差别。

在 20 世纪 70 年代，制造、运输、仓储等行业都试图研究和开发基于 IC 的 RFID 系统的应用。比如、工业自动化、动物识别、车辆跟踪等。在此期间，基于 IC 的标签体现出了可读写存储器、更快的速度、更远的距离等优点。在 80 年代早期，更加完善的 RFID 技术和应用出现，比如铁路车辆的识别、农场动物和农产品的跟踪。

20 世纪 90 年代，自美国俄克拉河马州出现了世界上第一个开放式公路自动收费系统以后，道路电子收费系统在大西洋沿岸得到了广泛应用。这些系统提供了更完善的访问控制特征，集成了支付功能，也成为综合性的集成 RFID 应用的开始。从 90 年代开始，多个区域和公司开始注意这些系统之间的互操作性，即运行频率和通信协议的标准化问题。只有标准化，才能将 RFID 的自动识别技术得到更广泛的应用。

在美国，德州仪器（Texas Instruments）是 RFID 应用的推动先锋。TI 从 1991 年开始建立德州仪器注册和识别系统（Texas Instruments Registration and Identification Systems，TIRIS）。该系统如今叫 TI-RFid（Texas Instruments Radio Frequency Identification System），已经是一个主要的 RFID 应用开发平台。

在欧洲，微型电路（EM Microelectronic-Marin）从 1971 年开始研究超低功率的集成电路。1982 年，米克朗集成微电子学（Mikron Integrated Microelectronics）开始了 ASIC（专用集成电路，Application Specific Integrated Circuit）技术，并在 1987 年由其奥地利分公司开始开发识别和智能卡芯片。1995 年，飞利浦半导体公司（Philips Semiconductors）收购了 Mikron Graz。如今微型电路和飞利浦半导体公司是欧洲的主要 RFID 厂商。从技术上看，数年前，所部署的 RFID 应用基本上都是低频（LF）和高频（HF）的被动式 RFID 技术。LF 和 HF 系统都具有优先的数据传输速度和有效距离。因此，有效距离限制了可部署性。数据传输速度则限制了其可伸缩性。因此，90 年代后期，开始出现甚高频（UHF）的主动式标签技术，提供更远的传输距离，更快的传输速度。基于此，重载的企业应用才开始使用这种技术，比如供应链管理中的托盘和包装跟踪、存货和仓库管理、集装箱管理、物流管理等。

到 21 世纪初，RFID 迎来了一个崭新的发展时期，其在民用领域的价值开始得到世界各国的广泛关注，RFID 产品种类更加丰富，有源电子标签、无源电子标签及半无源电子标签均得到发展，电子标签成本不断降低，规模应用行业扩大。RFID 技术的理论得到丰富和完善。单芯片电子标签、多电子标签识读、无线可读可写、无源电子标签的远距离识别、适应高速移动物体的 RFID 正在成为现实。RFID 技术大量应用于生产自动化、门禁、公路收费、停车场管理、身份识别、货物跟踪等民用领域中，其新的应用范围还在不断扩展，层出不穷。

21 世纪初，RFID 已经开始在中国进行试探性的应用，并得到政府的大力支持，2006 年 6 月，中国发布了《中国 RFID 技术政策白皮书》，标志着 RFID 的发展已经提高到国家产业发展战略层面。到 2008 年底，中国参与 RFID 的相关企业达数百家，已经初步形成了从标签及设备制造到软件开发集成等一个较为完整的 RFID 产业链。据专家估计，2008 年中国 RFID 相关产值达到 80 亿元左右，并将在未来 5～10 年保持快速发展。

目前 RFID 标签天线制造以蚀刻/冲压天线为主，其材料一般为铝或铜，随着新型导电油墨的开发，印刷天线的优势越来越突出。RFID 标签封装以低温倒装键合工艺为主，也出现了流体自装配、振动装配等新的标签封装工艺。中国低成本、高可靠性的标签制造装备和封装工艺正在研发中。RFID 读写器产品类型较多，部分先进产品可以实现多协议兼容。中国已经推出了系列 RFID 读写器产品，小功率读写模块已达到国外同类水平，大功率读写模块和读写器片上系统（SOC）尚处于研发阶段。在应用系统集成和数据管理平台等方面，某些国际组织提出基于 RFID 的应用体系架构，各大软件厂商也在其产品中提供了支持 RFID 的服务及解决方案，相关的测试和应用推广工作正在进行中。中国在 RFID 应用架构、公共服务体系、中间件、系统集成以及信息融合和测试工作等方面取得了初步成果，建立国家 RFID 测试中心已经被列入科技发展规划。

目前，我国的 RFID 产业链已经逐步形成，产业链中包括七大主要环节。第一是标准的制定。现在 RFID 标准在国家标准委的主持下正在紧锣密鼓地推进中；第二是 RFID 的芯片制造和设计；第三是天线设计和制造；第四是封装，把天线和芯片封装到一块，能够读写；第五是标签材料的后续加工；第六是系统和数据管理软件平台的构建；最后是 RFID 应用系统的开发。而标签制造商主要使用封装完毕后的标签材料进行后续加工。处于产业链中的第五个环节。

  RFID 技术在中国的很多领域都得到实际应用，让人们感受到 RFID 给生活带来的便利。包括物流、烟草、医药、奥运门票、宠物管理等等，最常见的就是二代身份证，在新一代身份证中将嵌入 RFID 标签。目前中国人口已经超过了 13 亿，无疑中国第二代身份证更换项目将是全球最大的 RFID 标签应用项目。尽管 RFID 正快速在各个领域得到实际应用，但相对于我们国家的经济规模，其应用范围还远未达到广泛的程度。随着中国企业信息化的进程，RFID 的应用将会由点到面，逐步拓展到更广的领域。

  在未来的几年中，RFID 技术将在电子标签、读写器、系统集成软件、公共服务体系、标准化等方面都将取得新的进展。RFID 技术与条码、生物识别等自动识别技术，以及与互联网、通信、传感网络等信息技术融合，构筑一个无所不在的网络环境。海量 RFID 信息处理、传输和安全对 RFID 的系统集成和应用技术提出了新的挑战。RFID 系统集成软件将向嵌入式、智能化、可重组方向发展，通过构建 RFID 公共服务体系，将使 RFID 信息资源的组织、管理和利用更为深入和广泛。

2.2 RFID 工作原理

2.2.1 RFID 工作原理

  RFID 技术的基本工作原理并不复杂：当标签进入磁场后，通过天线接收读写器发出的射频信号，凭借感应电流的能量将储存在芯片中的产品信息（Passive Tag，无源标签或被动标签）发送出去，或是以自身能量源主动发送某频率的信号（Active Tag，有源标签或主动标签）；读写器接收标签信息并译码后，送至中央信息系统进行相关处理。

  以 RFID 卡片读写器及电子标签之间的通信及能量感应方式来看大致上可以分成，电感耦合（Inductive Coupling）及反向散射耦合（Backscatter Coupling）两种，一般低频的 RFID 大都采用第一种方式，而较高频大多采用第二种方式。

  电感耦合方式也称磁耦合，一般适用于中低频的近距离 RFID 系统，这种近距离的电感耦合系统通过空间高频交变磁场实现耦合，依据的是电磁感应定律。

  电磁反向散射耦合采用雷达原理模型，读写器发射出去的电磁波碰到目标后一部分被目标吸收，一部分以不同的强度散射到各个方向，其中一小部分携带目标信息反射回发射天线，并被天线吸收（读写器的发射天线也是接收天线），对接收信号进行处理和放大，即可获得目标的相关信息。

  读写器根据使用的结构和技术不同可以是读或读/写装置，是 RFID 系统信息控制和处理中心。应答器是 RFID 系统的信息载体，目前应答器大多是由耦合原件（线圈、微带天线等）和微芯片组成无源单元。RFID 内部电路结构如图 2-4 所示。

2.2.2 读写器原理

(1) RFID 读写器组成

  RFID 读写器通过天线与 RFID 电子标签进行无线通信，可以实现对标签识别码和内存数据的读出或写入操作。典型的读写器包含有高频模块（发送器和接收器）、微处理器、存储器、外部传感器/执行器、报警器的输入/输出接口、通信接口及读写器天线等部件组成，

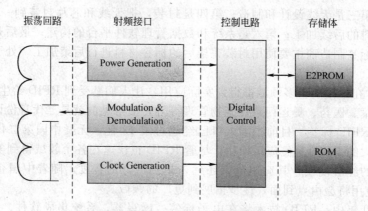

图 2-4　RFID 内部电路结构

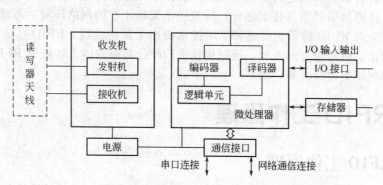

图 2-5　RFID 读写器组成示意图

如图 2-5 所示。

RFID 读写器（Radio Frequency Identification 的缩写）即无线射频识别，通过射频识别信号自动识别目标对象并获取相关数据，无须人工干预，可识别高速运动物体并可同时识别多个 RFID 标签，操作快捷方便。RFID 读写器有固定式的和手持式的，手持 RFID 读写器包含有低频、高频、超高频、有源等。如图 2-6、图 2-7、图 2-8 所示。

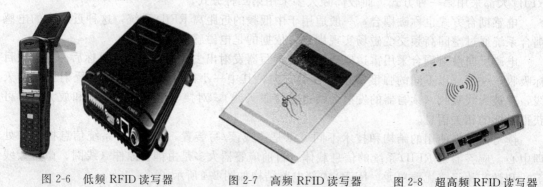

图 2-6　低频 RFID 读写器　　图 2-7　高频 RFID 读写器　　图 2-8　超高频 RFID 读写器

(2) RFID 读写器的发展

随着 RFID 技术的发展、应用案例的增加，RFID 系统的结构和性能会不断更新，读写器的价格会进一步降低，性能会进一步提高。从技术角度来说，读写器设备的发展主要体现在以下几个方面。

a. 模块化、标准化：读写器射频处理模块与基带信号处理模块的标准化设计及相关集成设计日益完善、品种也日益丰富，随着集成模块的推出，读写器的设计将更加简单，功能将完善。

b. 低成本、智能化的多天线接口：智能天线相位控制技术，天线 MIMO（多输入多输出）技术。

c. 多种数据接口：RS232、RS422/RS485、USB、红外接口、以太网口、韦根接口、集成无线传输模块，如：GSM、GPRS、CDMA 等。

d. 多制式兼容、多频段兼容：不同标准电子标签的兼容读写，不同工作频段电子标签的兼容读写。

e. 更强的防碰撞能力：多标签读写更有效、更快捷。

f. 新的读写器设计思想和技术的出现：随着技术的不断进步和应用的不断深入，一些新的方法会渗透到读写器技术中。

多目标识别技术已经取得了极大地进步，特别在目标跟踪、管理、自动盘存、访问控制等操作中，RFID 对黏附在不同目标上的标签快速可靠地进行读取大大提高了定位、追踪、管理等应用的处理速度，广泛应用于工业自动化、商业自动化和交通运输控制管理等众多领域。要实现多目标识别，必然要解决下述问题，即在一个读写器的作用范围内有多个电子标签时，由于所有的电子标签都采用同一个工作频率，故当多个电子标签同时传输数据时就会产生数据冲突，使各电子标签之间的传输相互干扰，进而导致信息的丢失，这就是通常所说的碰撞问题。另外，衡量 RFID 系统性能的一个重要指标就是系统的吞吐率。由于电子标签碰撞造成的标签识别效率下降而使系统吞吐率很低，尤其是当标签处于运动状态时。解决的方法主要有两个：

a. 通过扩大频率带宽增加数据传输速率；

b. 通过减少碰撞以增大标签鉴别率。

由于可用频率带宽的限制，实现第一种方法的可能性很小。因此，这就要求必须通过降低碰撞以增大标签识别率。在电子标签和读写器的通信过程之中，通常会有 3 种形式的碰撞：

标签碰撞、读卡器干扰、标签干扰。其中读卡器的干扰和标签的干扰都属于读写器的碰撞问题，实质上就是读写器之间的协调问题。而 RFID 标签碰撞问题实质上就是无限通信系统的多路存取问题。解决多路存取问题的方法一般有：FDMA、SDMA、CDMA 以及 TDMA。

(3) 电子标签与读写器之间的耦合类型

电子标签与读写器之间通过耦合元件实现射频信号的空间（无接触）耦合、在耦合通道内，根据时序关系，实现能量的传递、数据的交换。

发生在读写器和电子标签之间的射频信号的耦合类型有电感耦合和电磁反向散射耦合两种。

电感耦合。变压器模型，通过空间高频交变磁场实现耦合，依据的是电磁感应定律。电感耦合方式一般适合于中、低频工作的近距离射频识别系统。典型的工作频率有：125kHz、225kHz 和 13.56MHz。识别作用距离小于 1m，典型作用距离为 10～20cm。

电磁反向散射耦合：雷达原理模型，发射出去的电磁波，碰到目标后反射，同时携带回目标信息，依据的是电磁波的空间传播规律。电磁反向散射耦合方式一般适合于高频、微波工作的远距离射频识别系统。典型的工作频率有：433MHz，915MHz，2.45GHz，5.8GHz。识别作用距离大于 1m，典型作用距离为 3～10m。

2.2.3　读写器天线

(1) RFID 读写器天线的特点

天线是一种以电磁波形式把前端射频信号功率接收或辐射出去的设备，是电路与空间的界面器件，用来实现导行波与自由空间波能量的转化。在 RFID 系统中，天线分为电子标签天线和读写器天线两大类，分别承担接收能量和发射能量的作用。

RFID 系统读写器天线的特点如下。

① 足够小以至于能够贴到需要的物品上。

② 有全向或半球覆盖的方向性。

③ 能够给标签的芯片提供最大可能的信号。

④ 无论物品什么方向，天线的极化都能与读卡机的询问信号相匹配。

⑤ 具有鲁棒性。

⑥ 价格便宜。

(2) 天线的设计类型

天线的设计分对称型和非对称型两种，要结合读写器的设计要求进行。对称型天线适用于对称型的电路接口，天线用的连接线不能很长，不适合作多天线场合。非对称天线适用于非对称的电路接口，天线阻抗多调整为 50Ω，适用于长连接线及多天线工作场合。

在选择读写器天线时应考虑的主要因素有：天线的类型、天线的阻抗、应用到物品上的 RF 的性能、在有其他物品围绕贴标签物品时 RF 的性能。

2.3 RFID 标准

2.3.1 RFID 标准体系

近年来由于集成电路的快速发展，RFID 标签的价格持续降低，因而在各个领域的应用迅速普及。目前 RFID 产品工作在多个无线频段内，每个无线频段都有不同的标准。有时即使在同一无线频段内也存在着不同的标准。针对 RFID 标签的数据内容和编码规则，国际上也有不同的标准。使用不同频率和编码规则的 RFID 产品互不兼容对全球化的商品流通十分不利。RFID 标准的不统一是制约 RFID 技术发展的一大因素。

RFID 标准化的主要目的在于：通过制定、发布和实施标准，解决编码通信、空中接口和数据共享等问题，最大程度地促进 RFID 技术与相关系统的应用。

RFID 标准可以处理以下几个问题。

a. 接口和转送技术等技术问题。例如，RFID 中间件扮演着 RFID 标签和应用程序之间的中介角色，从应用程序端使用中间件所提供的一组通用的应用程序接口，就可以连接到 RFID 读写器，读取电子标签数据。RFID 中间件采用程序逻辑及存储转发的功能来提供顺序的消息流，具有数据流设计与管理的能力。

b. 一致性。主要指能支持多种编码格式，如支持 EPC、DOD 等规定的编码格式。RFID 标准也包括 EPCglobal 所规定的标签数据格式标准。

c. 性能问题。性能主要是指数据结构和内容，即数据编码格式及其内存的分配。

d. 与传感器的融合问题。目前，RFID 技术与传感器系统正逐步融合，物品定位已采用 RFID 三角定位法及更多复杂的技术，还有一些 RFID 技术中采用了传感器来代替芯片。

(1) RFID 标准分类

目前和 RFID 技术领域相关的标准可分为以下四大类：技术标准、数据内容标准、一致性标准和应用标准。

① 技术标准（如符号、射频识别技术、IC 卡标准等），定义了应该如何设计不同种类的硬件和软件。这些标准提供了读写器和电子标签之间通信的细节、模拟信号的调制、数据信号的编码、读写器的命令及标签的响应；定义了读写器和主机系统之间的接口；定义了数

据的语法、结构和内容。

② 数据内容标准（如编码格式、语法标准等），定义了从电子标签输出的数据流的含义，提供了数据可在应用系统中表达的指导方法；详细说明了应用系统和标签传输数据的指令；提供了数据标识符、应用标识符和数据语法的细节。

③ 一致性标准（如印刷质量、测试规范等标准），定义了电子标签和读写器是否遵循某个特定标准的测试方法。

④ 应用标准（如船运标签、产品包装标准等），定义了实现某个特定应用的技术方法。例如，集装箱装箱识别系统，RFID 标签贴标的位置；提供标签、产品封装和编号方式的详细资料。

(2) RFID 标准化组织

目前影响全球 RFID 标准的有五大标准化组织，分别是 GS1/EPCglobal、AIM global、ISO、UID、IP-X。

① GS1/EPCglobal GS1（国际物品编码协会）的前身是 EAN International，成立于 1977 年，是一个在比利时注册的非营利性、非政府间国际机构，它致力于建立"全球统一标识系统和通用商务标准-EAN·UCC 系统"，通过向供应链参与方及相关用户提供增值服务，优化全球供应链的管理效率。2005 年 2 月，该协会正式向全球发布了更名信息，将组织名称由 EAN International 正式变更为 GS1。目前，GS1 已有遍及世界 100 多个国家和地区的 100 余个系统成员，负责组织实施当地的 EAN/UCC 系统推广应用工作。

EPCglobal 是由美国统一代码协会（UCC）和国际物品编码协会（EAN）于 2003 年 9 月共同成立的非营利性组织，其主要职责是在全球范围内对各个行业建立和维护 EPCglobal 网络，保证供应链各环节信息的自动、实时识别，采用全球统一标准。目的是通过发展和管理 EPCglobal 网络标准来提高供应链上贸易单元信息的透明度与可视性，以此来提高全球供应链的运作效率。EPCglobal 网络是实现自动、即时识别和供应链信息共享的网络平台，通过 EPCglobal 网络，各机构组织将会更有效运行。

EPCglobal 的前身是 1999 年 10 月 1 日在美国麻省理工学院成立的非营利性组织 Auto-ID 中心，物联网的概念即是由 Auto-ID 中心所提出。目前 EPCglobal 属于国际物品编码协会（GS1）。其核心成员包括美国的沃尔玛、德国的麦德龙、硅谷的思科、欧洲的吉列公司等世界 500 强企业。

② AIM global 组织 国际自动识别制造商协会（AIM global, Automatic Identification Manufacturers global）是国际自动识别技术领域最具影响力的国际组织，AIM 在全球有 13 个国家与地区性的分支，且目前其全球会员数已快速累积到 1000 多个。AIM 标准和很多国际知名的协会、学会标准一样，被认为是事实上的国际标准，所有自动识别技术领域的专家都聚集在这个国际组织中，参与相关国际标准的制修订工作，并为 ISO 标准的制定提供技术支持。中国自动识别技术协会是国际自动识别制造商协会（AIM Global）的国家级会员。

③ ISO ISO 即为国际标准化组织（International Organization for Standardization）简称 ISO，是世界上最大的非政府性标准化专门机构，是国际标准化领域中一个十分重要的组织。ISO 的任务是促进全球范围内的标准化及其有关活动，以利于国际间产品与服务的交流，以及在知识、科学、技术和经济活动中发展国际间的相互合作。ISO 与国际电工委员会（IEC）有密切的联系，中国参加 IEC 的国家机构是国家质量监督检验检疫总局。ISO 和 IEC 作为一个整体担负着制订全球协商一致的国际标准的任务，ISO 和 IEC 有约 1000 个专业技术委员会和分委员会，各会员国以国家为单位参加这些技术委员会和分委员会的活动。

④ UID（Ubiquitous ID） UID 即为日本泛在技术核心组织。UID 规范由日本泛在 ID 中心负责制定。日本泛在 ID 中心由 T-Engine 论坛发起成立，其目标是建立和推广物品自动

识别技术并最终构建一个无处不在的计算环境。

⑤ IP-X　IP-X 主要在南非南美、澳大利亚、瑞士等国家推行，为中性主权国的第三世界标准组织。

地区性的组织有欧洲标准化委员会（CEN）等；地区性的标准化机构有美国国家标准化组织（ANSI）、英国标准化组织（BSI）、加拿大标准化协会（SCC）、法国工业标准化协会（AFNOR）和 DIN；产业联盟有汽车工业行动组（AIAG）、美国统一代码协会（UCC/EAN）、ATA 和 EIA。这些机构均在制定与 RFID 相关的国家和地区或产业的联盟标准，并希望通过不同的渠道提升为国际标准。

(3) RFID 标准体系

为了更好地推动这一新产业的发展，国际标准化组织 ISO、EPCglobal、日本 UID 等标准化组织纷纷制定 RFID 相关标准，并在全球积极推广这些标准。以下简要介绍三个标准体系。

① ISO 制定的 RFID 标准体系　RFID 标准化工作最早可以追溯到 20 世纪 90 年代。1995 年国际标准化组织 ISO/IEC 联合技术委员会 JTC1 设立了子委员会 SC31（以下简称 SC31），负责 RFID 标准化研究工作。SC31 委员会由来自各个国家的代表组成。他们既是各大公司内部咨询者，也是不同公司利益的代表者。因此在 ISO 标准化制定过程中，有企业、区域标准化组织和国家三个层次的利益代表者。

ISO 是公认的全球非营利工业标准组织。与 EPC global 只专注于 860～960MHz 频段不同，ISO/IEC 对各个频段的 RFID 都颁布了标准。ISO/IEC 已出台的 RFID 标准如表 2-2 所示，这些标准涉及到 RFID 标签、空中接口、测试标准、读写器与到应用程序之间的数据协议，它们考虑的是所有应用领域的共性要求。具体可以分为技术标准、数据结构标准、性能标准及应用标准 4 个方面。

表 2-2　ISO RFID 标准体系

类型	标准号	标准名称、内容
技术标准	ISO 18000-1	空中接口的一般参数
	ISO 18000-2	低于 135MHz 频率下的空中接口参数
	ISO 18000-3	13.56MHz 频率下的空中接口参数
	ISO 18000-4	2.45MHz 频率下的空中接口参数
	ISO 18000-6	860～960MHz 频率下的空中接口参数
	ISO 18000-7	433.92MHz 频率下的空中接口参数
	ISO 10536	(Close coupled cards)非接触集成电路卡
	ISO 15693	(Vicinity cards)非接触集成电路卡近程卡
	ISO 14443	(Proximity cards)非接触集成电路卡近程卡
数据结构标准	ISO 15424	数据载体/特征标识符
	ISO 15418	EAN. UCC 应用标识符 ASC MH10 数据标识符
	ISO 15434	大高容量 ADC 媒体用的传送语法
	ISO 15459	物品管理的唯一 ID(第 1 部分：技术标准；第 2 部分：规程标准)
	ISO 15961	数据协议：应用接口
	ISO 15962	数据编码规则和逻辑存储功能的协议
	ISO 15963	RF 标签的唯一标识

类型	标准号	标准名称、内容
性能标准	ISO 18046	RFID 设备性能试方法
	ISO 18047	(有源及无源的)RFID 设备一致性测试方法
应用标准	ISO 10374	货运集装箱标签(自动标识)
	ISO 18185	货运集装箱电子封条 RF 通信协议
	ISO 11784	基于动物的无线射频识别代码结构
	ISO 11785	基于动物的无线射频识别技术准则
	ISO 17358	应用需求
	ISO 17363	货运集装箱
	ISO 17364	可回收运输单品
	ISO 17365	运输单元
	ISO 17363	运输单元
	ISO 17364	产品标识

② EPC global 标准体系　EPC global 是由 UCC 和 EAN 联合发起并成立的非盈利性机构，全球最大的零售商沃尔玛连锁集团和英国 Tesco 等 100 多家美国和欧洲的流通企业都是 EPC global 的成员。同时，EPC global 由美国 IBM 公司、微软公司和 Auto-ID 实验室等进行技术研究支持。此组织除发布工业标准外，还负责 EPC gobal 号码注册管理。EPC 系统是一种基于 EAN/UCC 编码的系统，作为产品与服务流通过程信息的代码化表示，EAN/UCC 编码具有一整套涵盖贸易流通过程各种有形或无形产品所需的全球唯一标识代码，包括贸易项目、物流单元、服务关系、商品位置和相关资产等标识代码。EAN/UCC 标识代码随着产品或服务的产生在流通源头建立，并伴随着该产品或服务的流动贯穿全过程。

EPC 的全称是 Electronic Product Code，中文称为产品电子代码。EPC 的载体是 RFID 电子标签，并借助互联网实现信息的传递。EPC 旨在为每一件产品建立全球的、开放的标识标准，实现全球范围内对单件产品的跟踪与追溯，从而有效提高供应链管理水平、降低物流成本。EPC 是一个完整的、复杂的、综合的系统。

EPC global 的 RFID 标准体系框架包含硬件、软件、数据标准，以及由 EPC global 运营的网络共享服务标准等多个方面的内容。其目的是从宏观层面列举 EPC global 硬件、软件、数据标准，以及它们之间的联系，定义网络共享服务的顶层架构，并指导最终用户和设备生产商实施 EPC 网络服务。EPC global 标准框架包括数据识别、数据获取和数据交换三个层次，其中数据识别层的标准包括 RFID 标签数据标准和协议标准，目的是确保供应链上的不同企业间数据格式和说明的统一性；数据获取层的标准包括读写器协议标准、读写器管理标准、读写器组网和初始化标准，以及中间件标准等，定义了收集和记录 EPC 数据的主要基础设施组件，并允许最终用户使用具有互操作性的设备建立 RFID 应用；数据交换层的标准包括 EPC 信息服务标准（EPCIS）、核心业务词汇标准（CBV）、对象名解析服务标准（ONS）、发现服务标准（Discovery Services）、安全认证标准（Certificate Profile），以及谱系标准（Pedigree）等，提高广域环境下物流信息的可视性，目的是为最终用户提供可以共享的 EPC 数据，并实现 EPC 网络服务的接入。

EPC 编码体系是新一代与 GTIN（Global Trade Item Number 是为全球贸易提供唯一标识的一种代码，GTIN 由 14 位数字构成，是 EAN 与 UCC 的统一代码）兼容的编码标准，是对现行编码体系的拓展和延伸，也是 EPC 系统的核心与关键。EPC 的目标是为物理世界的对象提供唯一的标识，从而达到通过计算机网络来标识和访问单个物体的目标，就如在互联网中使用 IP 地址来标识和通信一样。

在 EPC 系统中，EPC 编码与现行 GTIN 相结合，因而 EPC 并不是取代现行的条形码标准，而是由现行的条形码标准逐渐过渡到 EPC 标准或者是在未来的供应链中 EPC 和 EAN/UCC 系统共存。EPC 是存储在射频标签中的唯一信息，且已经得到 UCC 和 EAN 两个主要国际标准监督机构的支持。

EPC 中码段的分配是由 EAN/UCC 来管理的。在我国，EAN/UCC 系统中 GTIN 编码是由中国物品编码中心负责分配和管理。同样，中国物品编码中心（ANCC）也已启动 EPC 服务来满足国内企业使用 EPC 的需求。

EPC 编码的特点如下。

a. 唯一性。EPC 提供给物理对象的唯一标识。即一个 EPC 编码仅仅分配给一个物品使用。同种规格同种产品对应同一个产品代码，同种产品不同规格对应不同的产品代码。根据产品的不同性质，如重量、包装、规格、气味、颜色、形状等，赋予不同的商品代码。为了确保实体对象进行唯一标识的实现，EPC global 采取了三项基本措施：其一，足够的编码容量。从世界人口总数（大约 60 亿）到大米总粒数（粗略估计 1 亿亿粒），EPC 有足够大的地址空间来标识所有这些对象。其二，组织保证。必须保证 EPC 编码分配的唯一性并寻求解决编码碰撞的方法。EPC global 通过全球各国编码组织来负责分配本国的 EPC 代码，并建立相应的管理制度。其三，使用周期。对一般实体对象，使用周期和实体对象的生命周期一致。对特殊的产品，EPC 代码的使用周期是永久的。

b. 永久性。产品代码一经分配，终身不再更改。当此种产品不再生产时，其对应的产品代码只能搁置起来，不得重复起用或分配给其他的商品。

c. 简单性。EPC 的编码既简单同时又能提供实体对象的惟一标识。以往的编码方案，很少能被全球各国和各行业广泛采用，原因之一是编码的复杂导致不适用。

d. 可扩展性。EPC 编码留有备用空间，具有可扩展性。EPC 地址、空间是可扩展的，具有足够的冗余，从而确保了 EPC 之系统的升级和可持续发展。

e. 保密性与安全性。与安全和加密技术相结合，EPC 编码具有高度的保密性和安全性。保密性和安全性是配置高效网络的首要问题之一。安全的传输、存储和实现是 EPC 能否被广泛采用的基础。

f. 无含义。为了保证代码有足够的容量以适应产品频繁更新换代的需要，最好采用无含义的顺序码。

EPC global 的 RFID 标准和 EPC 系统的标准内容如表 2-3、表 2-4 所示。

表 2-3   EPC 系统的标准内容

系统构成	标准内容	注释
EPC 编码体系	EPC 码	用来识别目标的特定代码
EPC 射频识别体系	EPC 标签	贴在物品之上或内嵌在物品之中
	EPC 读写器	识别 EPC 标签
EPC 信息网络体系	EPC 中间件	EPC 系统软件和网络的支持系统
	对象名称解析服务 ONS	
	信息发布服务 EPCIS	

表 2-4 EPC global 的 RFID 标准

层次	标准名称	发布时间	版本号	备注
数据识别层	UHF Class 0 Gen 1 Tag Air Interface 第一代 UHF Class 0 标签空中接口	2003 年 11 月	V1.0	由 AutoID 中心发布,未纳入 EPC global 标准体系中,于 2004 年 12 月被第二代 UHF Class 1 标签空中接口替代
	UHF Class 1 Gen 1 Tag Air Interface 第一代 UHF Class 1 标签空中接口	2003 年 11 月	V1.0	
	HF Class 1 Gen 1 Tag Air Interface 第一代 HF Class 1 标签空中接口	2003 年 11 月	V1.0	由 AutoID 中心发布,将被 HF Class 1 标签空中接口第二版替代
	UHF Class 1 Gen 2 Tag Air Interface 第二代 UHF Class 1 标签空中接口	2008 年 5 月	V1.2.0	替代 2007 年 10 月发布的 V1.1.0
	HF Class 1 Version 2 Tag Air Interface HF Class 1 标签空中接口第二版	开发中		
	Tag Data Standard RFID 标签数据标准	2008 年 6 月	V1.4	替代 2007 年 9 月发布的 V1.3.1
	Tag Data Translation RFID 标签格式标准	2009 年 6 月	V1.4	替代 2006 年 1 月发布的 V1.0
数据获取层	Low Level Reader Protocol 底层读写器协议	2007 年 8 月	V1.0.1	替代 2007 年 4 月发布的 V1.0
	Reader Protocol 读写器协议	2006 年 6 月	V1.1	
	Reader Management 读写器管理	2007 年 5 月	V1.0.1	
	Discovery, Configuration, and Initialization (DCI) for Reader Operations 读写器组网和初始化	2009 年 6 月	V1.0	
	Application Level Events(ALE)中间件	2009 年 3 月	V1.1.1	替代 2008 年 2 月发布的 V1.1
数据交换层	EPC Information Services (EPCIS) EPC 信息服务	2007 年 9 月	V1.0.1	替代 2007 年 4 月发布的 V1.0
	Core Business Vocabulary(CBV) 核心业务词汇	开发中		
	Pedigree Standard 谱系标准	2007 年 1 月	V1.0	
	EPC global Certificate Profile 安全认证标准	2008 年 5 月	V1.0.1	替代 2006 年 3 月发布的 V1.0
	Object Name Service (ONS) 对象名解析服务	2008 年 5 月	V1.0.1	替代 2005 年 10 月发布的 V1.0
	Discovery Services 发现服务	开发中	—	

③ UID RFID 标准体系 Ubiquitous ID Center 是由日本政府的经济产业省牵头,主要由日本厂商组成,目前有日本电子厂商、信息企业和印刷公司等达 300 多家参与。该识别中心是日本有关电子标签的标准化组织。UID Center 的泛在识别技术体系架构由泛在识别码(Ucode)、信息系统服务器、泛在通信器和 Ucode 解析服务器四部分构成。UID 标准体系的构成如表 2-5 所示。

表 2-5　UID 标准体系的构成

标准体系的构成	标准内容	注释
UID 编码标准体系	Ucode 识别码	物品编码的标准
UID 射频识别标准体系	UID 标签	标签的标准
	UID 读写器	读写器的标准
UID 信息网络标准体系	信息传输网络多种多样,包括电话网和互联网等	

Ucode 是赋予现实世界中任何物理对象的唯一识别码。它具备了 128 位的充裕容量,并可以用 128 位为单元进一步扩展至 256、384 或 512 位。Ucode 的最大优势是能包容现有编码体系的元编码设计,可以兼容多种编码。Ucode 标签具有多种形式,包括条码、射频标签、智能卡、有源芯片等。泛在识别中心把标签进行分类,设立了 9 个级别的不同认证标准。

泛在通信器主要由 IC 标签、标签读写器和无线广域通信设备等部分构成,用来把读到的 Ucode 送至 Ucode 解析服务器,并从信息系统服务器获得有关信息。信息系统服务器存储并提供与 Ucode 相关的各种信息。Ucode 解析服务器确定与 Ucode 相关的信息存放在哪个信息系统服务器上。Ucode 解析服务器的通信协议为 UcodeRP 和 eTP,其中 eTP 是基于 eTron (PKI) 的密码认证通信协议。

泛在识别中心对网络和应用安全问题非常重视,节点进行信息交换时需要相互认证,而且通信内容是加密的,避免非法阅读。

④ 三大标准体系空中接口协议的比较　目前,ISO/IEC18000、EPC global、日本 UID 三个空中接口协议正在完善中。这三个标准相互之间并不兼容,主要差别在通信方式、防冲突协议和数据格式这三个方面,在技术上差距其实并不大。这三个标准都按照 RFID 的工作频率分为多个部分。在这些频段中,以 13.56MHz 频段的产品最为成熟,处于 860～960MHz 内的 UHF 频段的产品因为工作距离远且最可能成为全球通用的频段而最受重视,发展最快。

ISO/IEC 18000 标准是最早开始制定的关于 RFID 的国际标准,按频段被划分为 7 个部分。目前支持 ISO/IEC18000 标准的 RFID 产品最多。EPC global 是由 UCC 和 EAN 两大组织联合成立、吸收了麻省理工 Auto ID 中心的研究成果后推出的系列标准草案。EPC Global 最重视 UHF 频段的 RFID 产品,极力推广基于 EPC 编码标准的 RFID 产品。目前,EPC Global 标准的推广和发展十分迅速,许多大公司如沃尔玛等都是 EPC 标准的支持者。日本的泛在中心 (Ubiquitous ID) 一直致力于本国标准的 RFID 产品开发和推广,拒绝采用美国的 EPC 编码标准。与美国大力发展 UHF 频段 RFID 不同的是,日本对 2.4GHz 微波频段的 RFID 似乎更加青睐,目前日本已经开始了许多 2.4GHzRFID 产品的实验和推广工作。表 2-6 列出了 EPC global 和 uID Center 的概要对比。

表 2-6　EPC global 和 uID Center 的概要对比

类别		EPC global	uID Center
编码体系	名称	EPC 编码	ucode 编码
	位数	通常为 64 位或 96 位,也可扩展为 256 位	码长为 128 位,并可以用 128 位为单元进一步扩展至 256,384 或 512 位
	特点	对不同的应用,规定有不同的编码格式,主要存放企业代码、商品代码和序列号等。最新的 GEN2 标准的 EPC 编码可兼容多种编码	ucode 的最大优势是能包容现有编码体系的元编码设计,可以兼容多种编码

类别		EPC global	uID Center
技术支撑体系	对象名解析服务	ONS 技术支撑体系	ucode 解析服务器
	中间件	EPC 中间件	泛在通信器
	网络信息共享	EPCIS 服务器	信息系统服务器
	安全认证	基于互联网的安全认证	提出了可用于多种网络的安全认证体系 eTron

2.3.2 RFID 技术标准

通用技术标准提供的是一个基本框架，而应用标准是对它的补充和具体规定，这样既保证了不同应用领域 RFID 技术具有互联互通与互操作性，又兼顾了应用领域的特点，能够很好地满足应用领域的具体要求。应用技术标准是在通用技术标准基础上，根据各个行业自身的特点而制定，它针对行业应用领域所涉及的共同要求和属性。应用技术标准与用户应用系统的区别，应用技术标准针对一大类应用系统的共同属性，而用户应用系统针对具体的一个应用。如果用面向对象分析思想来比喻的话，把通用技术标准看成是一个基础类，则应用技术标准就是一个派生类。

(1) 货运集装箱系列标准

ISO TC 104 技术委员会专门负责集装箱标准制定，是集装箱制造和操作的最高权威机构。与 RFID 相关的标准，由第四子委员会（SC4）负责制定。包括如下标准。

a. ISO 6346 集装箱-编码、ID 和标识符号，1995 制订。该标准提供了集装箱标识系统。集装箱标识系统用途很广泛，比如在文件、控制和通信（包括自动数据处理）。在集装箱标识中的强制标识以及在自动设备标识 AEI（Automatic Equipment Identification）和电子数据交换 EDI（Electronic Data Interchange）应用的可选特征。该标准规定了集装箱尺寸、类型等数据的编码系统以及相应标记方法，操作标记和集装箱标记的物理展示。

b. ISO 集装箱自动识别标准，1991 制订，1995 年修订。该标准基于微波应答器的集装箱自动识别系统，是把集装箱当作一个固定资产来看。应答器为有源设备，工作频率为 850MHz～950MHz 及 2.4GHz～2.5GHz。只要应答器处于此场内就会被活化并采用变形的 FSK 副载波通过反向散射调制做出应答。信号在两个副载波频率 40kHz 和 20kHz 之间被调制。由于它在 1991 年制定，还没有用 RFID 这个词，实际上有源应答器就是今天的有源 RFID 电子标签。此标准和 ISO 6346 共同应用于集装箱的识别，ISO 6346 规定了光学识别，ISO 10374 则用微波的方式来表征光学识别的信息。

c. ISO 18185，集装箱电子关封标准草案（陆、海、空）。该标准是海关用于监控集装箱装卸状况，包含 7 个部分，它们是：空中接口通信协议、应用要求、环境特性、数据保护、传感器、信息交换的消息集、物理层特性要求。

以上两个标准涉及到的空中接口协议并没有引用 ISO/IEC 18000 系列空中接口协议，主要原因是它们的制定时间早于 ISO/IEC 18000 系列空中接口协议。

(2) 物流供应链系列标准

为了使 RFID 能在整个物流供应链领域发挥重要作用，ISO TC 122 包装技术委员会和 ISO TC 104 货运集装箱技术委员会成立了联合工作组 JWG，负责制定物流供应链系列标准。工作组按照应用要求、货运集装箱、装载单元、运输单元、产品包装、单品五级物流单元，制定了六个应用标准。

a. ISO 17358 应用要求   这是供应链 RFID 的应用要求标准，由 TC 122 技术委员会主持，目前正在制订过程中。该标准定义了供应链物流单元各个层次的参数，定义了环境标识和数据流程。

b. ISO 17363~17367 系列标准   供应链 RFID 物流单元系列标准分别对货运集装箱、可回收运输单元、运输单元、产品包装、产品标签的 RFID 应用进行了规范。该系列标准内容基本类同，如空中接口协议采用 ISO/IEC 18000 系列标准。在具体规定上存在差异，分别针对不同的使用对象做了补充规定，如使用环境条件、标签的尺寸、标签张贴的位置等特性，根据对象的差异要求采用电子标签的载波频率也不同。货运集装箱、可回收运输单元和运输单元使用的电子标签一定是重复使用的，产品包装则要根据实际情况而定，而产品标签来说通常是一次性的。另外还要考虑数据的完整性、可视识读标识等。可回收单元在数据容量、安全性、通信距离要求较高。这个系列标准目前正在制订过程中。

这里需要注意的是 ISO 10374、ISO 18185 和 ISO 17363 三个标准之间的关系，它们都针对集装箱，但是 ISO 10374 是针对集装箱本身的管理，ISO 18185 是海关为了监视集装箱，而 ISO 17363 是针对供应链管理目的而在货运集装箱上使用可读写的 RFID 标识标签和货运标签。

(3) 动物管理系列标准

ISO TC 23/SC 19 负责制订动物管理 RFID 方面标准，包括 ISO 11784/11785 和 ISO 14223 三个标准。

a. ISO 11784 编码结构   它规定了动物射频识别码的 64 位编码结构，动物射频识别码要求读写器与电子标签之间能够互相识别。通常由包含数据的比特流以及为了保证数据正确所需要的编码数据。代码结构为 64 位，其中的 27 至 64 位可由各个国家自行定义。

b. ISO 11785 技术准则   它规定了应答器的数据传输方法和读写器规范。工作频率为 134.2kHz，数据传输方式有全双工和半双工两种，读写器数据以差分双相代码表示，电子标签采用 FSK 调制，NRZ 编码。由于存在较长的电子标签充电时间和工作频率的限制，通信速率较低。

c. ISO 14223 高级标签   它规定了动物射频识别的转发器和高级应答机的空间接口标准，可以让动物数据直接存储在标记上。通过简易、可验证以及廉价的解决方案，每只动物的数据就可以在离线状态下直接取得，进而改善库存追踪以及提升全球的进出口控制能力。通过符合 ISO14223 标准的读取设备，可以自动识别家畜，而它所具备的防碰撞算法和抗干扰特性，即使家畜的数量极为庞大，识别也没有问题。ISO 14223 标准包含空中接口、编码和命令结构、应用三个部分，它是 ISO 11784/11785 的扩展版本。

2.3.3   中国 RFID 标准

我国的 RFID 标准研究工作相对起步较晚。应用还不是十分广泛，发展潜力很大。在 RFID 技术发展的前 10 年中，有关 RFID 技术的国际标准的研讨空前热烈，国际标准化组织 ISO/IEC JTC1 SC31 下级委员会成立了 RFID 标准化研究工作组 WG4。而中国 RFID 有关的标准化活动，由信标委自动识别与数据采集分委会对口国际 ISO/IEC JTC1 SC31，负责条码与射频部分国家标准的统一归口管理。

条码与物品编码领域国家标准主管部门是国家标准化管理委员会，射频领域国家标准主管部门是信息产业部和国家标准化管理委员会，该领域的技术归口由信标委自动识别与数据采集技术分委会负责。中国 ISO/IEC JTC1 SC31 秘书处设在中国物品编码中心。挂靠在中国物品编码中心的中国自动识别技术协会，于 2003 年开始组织其射频工作组的业内资深专家开始跟踪和进行 ISO/IEC18000 国际标准的研究。

2005 年 11 月，在国家高技术研究发展计划（2005AA420050）的支持下，中国标准化协会完成了《我国 RFID 标准体系框架报告》和《我国 RFID 标准体系表》两份报告文件，深入分析了国际 RFID 技术标准，考虑标准技术环节、互联互通性和信息安全等方面的因素，提出了我国的 RFID 标准体系参考模型和 RFID 标准体系优先级列表。

我国 RFID 标准体系包括基础技术类标准和应用技术类标准两大类，其中基础技术标准体系包括基础类、管理类、技术类和信息安全类的标准，涉及 RFID 技术术语、编码、频率、空中接口协议、中间件标准、测试标准等多个方面；应用技术标准体系涵盖公共安全、生产管理与控制、物流供应链管理、交通管理方面的应用领域，它们是在 RFID 关于 RFID 标签编码、空中接口协议、读写器协议等基础技术标准之上，针对不同应用对象和应用场合，在使用条件、标签尺寸、标签位置、标签编码、数据内容和格式、使用频段等方面的特定应用要求的具体规范。

目前，中国已经从多个方面开展了相关标准的研究制定工作。制定了《集成电路卡模块技术规范》、《建设事业 IC 卡应用技术》等应用标准，并且得到了广泛应用；在频率规划方面，已经做了大量的试验；在技术标准方面，依据 ISO/IEC15693 系列标准已经基本完成国家标准的起草工作，参照 ISO/IEC 18000 系列标准制定国家标准的工作已列入国家标准制订计划。此外，中国 RFID 标准体系框架的研究工作也已基本完成。

发展 RFID 技术与应用是一项复杂的系统工程，涉及众多行业和政府部门，影响社会、经济、生活的诸多方面，需要在广泛开展国际交流与合作的基础上实现自主创新，需要政府、企业、研发机构间的统筹规划、大力协同，最大限度的实现资源合理配置和优势互补。为此，科技部会同国家发展改革委员会、商务部、信息产业部、交通部、海关总署、铁道部、公安部、教育部、建设部、农业部、国家质量监督检验检疫总局、国家标准化管理委员会、国家邮政局、国家食品药品监督管理局以及中国标准化协会、中国物流与采购联合会等共同组织各部门的专家经历近一年的时间，于 2006 年 6 月，共同出台了《中国射频识别（RFID）技术政策白皮书》。白皮书本着科学性、前瞻性和指导性原则，为中国 RFID 技术与产业未来几年的发展提供系统性指南。

白皮书共分为五章，分别阐述 RFID 技术发展现状与趋势、中国发展 RFID 技术战略、中国 RFID 技术发展及优先应用领域、推进产业化战略和宏观环境建设。中国发展 RFID 产业的总体思路是：企业为主，政府推动，构建产业联盟，形成掌握自主知识产权技术的 RFID 产业链；通过产业基地建设，发挥群体优势，打造具有国际竞争力的民族品牌；开展国际交流与合作，提高中国 RFID 产业整体水平。

研究 RFID 技术，关注 RFID 领域各种新技术和新应用模式，加强自主创新，开展 RFID 新的关键技术和应用的研究，发展 RFID 产业对提升社会信息化水平、促进经济可持续发展、提高人民生活质量、增强公共安全与国防安全等方面产生深远影响，具有战略性的重大意义。

2.4 RFID 应用实例

RFID 的应用非常广泛，主要应用于物流、医疗、货物和危险品追踪管理监控、民航行李和包裹管理、强制性检验产品、证件防伪、不停车收费、电子门票等领域。RFID 的应用领域如表 2-7 所示。从产业链的角度来看，RFID 产业链包括：芯片、标签、天线、读写器、中间件、系统集成以及实施咨询等环节。RFID 产业链如图 2-9 所示。

表 2-7 RFID 的应用领域

领域	应用
物流	物流过程中的货物清点、查询、发货、追踪、仓储、港口、邮政、快递
零售业	商品的销量数据实时统计、补货、防盗、结账
制造业	生产数据的实时监控、质量追踪、自动化生产
服装业	自动化生产、仓储管理、品牌管理、单品管理、渠道管理
医疗	医疗器械管理、病人身份识别、婴儿防盗
身份识别	电子护照、身份证、学生证等各种电子证件
防伪	贵重物品(烟、酒、药品)的防伪、票证的防伪等
资产管理	各类资产(贵重的或数量大相似性高的或危险品等)
交通	智能交通管理、高速不停车、出租车管理、公交车枢纽管理、铁路机车识别
食品	水果、蔬菜、生鲜、食品等保鲜度管理
动物	驯养动物、畜生牲口、宠物等识别管理
图书	书店、图书馆、出版社等应用
汽车	制造、车辆防盗、定位、车钥匙
航空	制造、旅客机票、行李包裹追踪
军事	弹药、枪支、物质、人员、卡车等识别与追踪

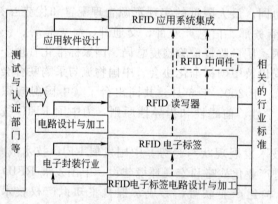

图 2-9 中国 RFID 的产业链构成

(1) EMID 智慧图书馆系统应用

EMID 卡简称 EM 卡,又称射频 ID 卡,是最近几年发展起来的一项新技术。现在市场采用的多是一种无源唯一序列号的 ID 卡片,制造厂家在产品出厂前已将此序列号固化,不可更改。它的工作原理是卡上有环行线圈,线圈连接 IC 组成谐振电路,其频率与读写的发射频率相同。

读写器发送电磁波使 ID 卡谐振电路产生共振并产生电流作用于 ID 芯片,这就是 ID 卡的读写原理。片内可靠性高非接触式 ID 卡与读写器之间无机械接触,避免了由于接触读写而产生的各种故障。此外,非接触式 ID 卡表面无裸露的芯片,无须担心芯片脱落、静电击穿、弯曲、损坏等问题,既便于卡片的印刷,又提高了卡片使用的可靠性。

航天信息作为国内 RFID 行业领导者,率先在国内推出 EM 磁条+RFID 标签(简称 EMID)智慧图书馆系统解决方案,该方案得到国内外专家高度认可,是图书馆智能化建设的趋势。系统采用国际领先的 EMID 技术,将标签转换子系统、馆员工作站子系统、图书盘点子系统、图书馆安全防盗子系统、监控中心子系统以及自动借还书子系统完美的结合在一起,实现了目前最便捷的图书管理功能。EMID 智慧图书馆系统分为"两个平台,七个子系统",并实现与管理软件的无缝链接。应用在公共图书馆、高校图书馆、档案馆、资料馆等具有大量文献、书籍管理需求的单位及场所。

系统特点如下。

a. 快速流通:可以对多本书进行借还,极大地提高了流通效率。

b. 图书定位：可以通过网络，在任何地方查询每本图书的位置，方便读者借阅。

c. 轻松盘点：该功能用于图书盘点，新书上架，图书剔除，架位、层位变更，错架管理等功能，极大减轻了馆员的工作强度。

d. 双频防盗：系统实现磁条和 RFID 标签的双重防盗，解决了单一的 RFID 不能有效防盗的问题。

e. 良好兼容：系统拥有 RFID 系统和 EM 磁条系统的所有功能，可以兼容原有的条码系统和 RFID 系统，方便图书馆分批次升级改造。

(2) 中国移动 RFID-SIM 卡

① RFID-SIM 卡　外型尺寸与传统的标准手机 SIM 卡完全一致，它复合了传统的电信功能（电话、短信等）和基于 2.4G 频段的 RFID 功能，RFID-SIM 卡对外存在接触和非接触两大完全隔离的接口。RFID-SIM 卡的接触式接口用于实现传统的电信功能，如：移动电话、短信、彩信等。RFID-SIM 卡的非接触式接口用于无线射频功能（RFID），实现一卡通、手机票、手机支付三大类电子商务全网应用。两大接口完全隔离，电信功能与 RFID 功能互不影响，如话费不足等电信功能异常不影响 RFID 功能的正常使用。RFID-SIM 卡内具备 COS（卡内操作系统），属于 CPU 卡的范畴，它区别于逻辑加密卡，具备各种主/被动高级别安全管理措施。

RFID-SIM 企业一卡通应用是中国移动三大电子商务全网应用之一，主要应用于中国移动的集团客户。RFID-SIM 企业一卡通应用中，门禁、消费、考勤是中国移动三大规范应用，停车、售检票、访客、梯控等其他一卡通的传统应用也可开展。如图 2-10 所示。

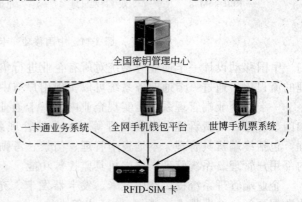

图 2-10　中国移动 RFID-SIM 卡

② 中国移动一卡通业务　中国移动一卡通业务是以（U）SIM 卡为核心，以 RFID 非接触技术为基础，为中国移动的集团客户提供的包含门禁、考勤、内部消费等功能在内的企业信息化解决方案。一卡通业务面向政府机关、企事业单位、大中专院校、中小型单位中具有对员工内部管理、门禁考勤需求的客户。通过实施 RFID-SIM 企业一卡通，中国移动能用较低的成本达到用户数量的长期稳定与增长，对比传统的维稳手段，企业一卡通具有投入产出高、紧密、稳定周期长、业务整合能力强等特点。RFID-SIM 一卡通特点如表 2-8 所示。

表 2-8　RFID-SIM 一卡通

卡类	RFID-SIM 卡是 CPU 卡，支持双向认证，具有高安全性
便捷性	有移动通信网络支持，可实现空中发卡和空中充值等，提升管理效率，客户感知更好
应用丰富	支持在线消费、离线消费，并提供考勤、消费的短信账单提醒等增强型服务
提升管理	手机的随身行可有效杜绝代打卡或卡转借他人的漏洞
便携性	手机是个人随身携带必不可少的用品，用户不需再带卡片，为用户带来极大方便
多应用	采用多应用设置，可在您的单位、住宅小区、俱乐部等多家单位使用，实现一卡通用
可视性	用户可通过 STK 菜单随时查询卡信息，并可对卡做相应的操作

③ RFID-SIM 一卡通系统 RFID-SIM 一卡通系统是中国移动建立的，对企业一卡通应用进行开通、注销以及密钥管理的系统。主要分为两大部分：中国移动一卡通业务系统（部署在移动侧）一和卡通企业端管理系统（部署在企业侧）。如图 2-11 所示。

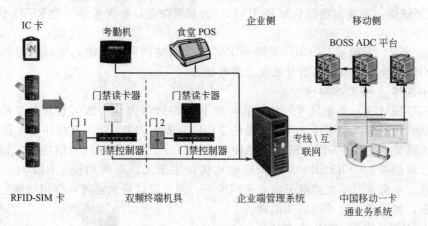

图 2-11　中国移动一卡通系统

中国移动设计一卡通业务系统对所有企业进行集中、统一的管理，以实现一卡通业务办理的流程化，通过一卡通业务系统可以实现用户与中国移动的深度绑定。

一卡通企业端管理系统是实现企业内部一卡通业务管理的系统，实现具体的业务管理，如门禁管理、消费管理、考勤管理等。企业端管理系统实现集团客户内部一卡通业务的管理，包括终端机具管理、本地发卡管理、门禁、考勤、内部消费的应用管理；同时提供单位内部用户管理、系统管理、终端机具监控等功能。

企业端管理系统提供空中发卡、发卡器发卡、充值、挂失/解挂、注销、补换卡、个人化数据更新、企业洗卡、制作 SAM 卡等功能；空中发卡功能是通过企业端管理系统与一卡通业务系统的连接通道向一卡通业务系统发出空中发卡请求，具体的空中指令由移动侧的业务系统完成；企业洗卡即企业二次洗卡，将中国移动分配的密钥替换为企业自己的密钥。

（3）不停车收费系统（ETC）

ETC（Electornic Toll Collection system）又称为不停车收费或全自动收费，即收费全过程不需要人工参与，完全自动地、不停车地完成。ETC 是电子技术、计算机技术、射频应用技术以及信息通信技术的产物。通过安装在汽车上的车载装置（即电子标签，存储与车辆有关的大量信息，如车辆型号、车辆号码、车主的有关资料等）与安装在收费车道旁的读写收发器，以微波的方式进行快速的数据交换，系统按相应的标准计算费额，通过联网的银行和提前预缴的储值卡进行结算，实现车辆的不停车收费。如图 2-12、图 2-13 所示。

国际上，美国、欧洲、日本很早就对不停车收费系统中的研发技术、工程实施、标准规范进行了深入研究，并向国际标准化组织提交了有关不停车收费标准的草案，欧洲和日本提出的标准较为成熟，获得了较广泛的厂商支持。在美国，电子不停车收费方式已经成为美国回收公路投资和养护费用的高效率手段，最著名的联网运行电子不停车收费系统是 E-Zpass 系统。

葡萄牙的 Via Varde 电子收费系统可以算作欧洲具有代表意义的联网电子收费系统之一，由葡萄牙最大的公路运营商 BRISA 公司管理。收费系统采用封闭式和开放式相结合的模式。事实已证明：Via Varde 电子收费系统是既有利于道路使用者又有利于道路运营商的有效收费手段。

为规范和促进不停车收费在国内的应用，交通部于 1998 年组织交通部公路科学研究所

图 2-12　ETC 卡

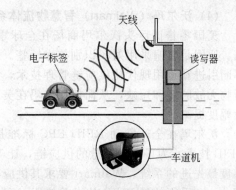

图 2-13　ETC 不停车收费系统

等有关单位开展网络环境下不停车收费系统的研究，对有关接口规范和技术指标给出了指导性意见，并在 1999 年组织北京、广东、江苏、四川的交通厅开展示范工程建设。同时，也计划在更多的省、市开展推广工作，以充分发挥不停车收费系统的优势。为大范围和大规模地推广 ETC，特别是区域联网运行，交通部于 2007 年 5 月最新推出国家标准，并开展 ETC 不停车收费系统区域联网（"长三角"、"珠三角"、"京津冀"）试点示范工程。

　　ETC 不停车收费系统，采用射频识别技术 RFID、基于微波短程通信（DSRC）的电子收费技术，符合国家标准，包括关键产品-车载电子标签 OBU 及路侧天线 RSU，以及核心应用系统-客户服务系统、联网收费结算中心系统、运营公司中央管理系统、收费站管理系统、收费车道控制系统。系统在基于 ISO/IEC 7816 以及 ISO/IEC 14443TYPE-A 标准的 IC 技术、ETC/MTC 混合车道组合式收费处理技术，基于多种机制、多层面复合的高速公路联网收费系统安全保障机制，基于车载单元的统一信息管理平台。

　　不停车电子收费的关键在于车辆电子自动识别和快速通信，整个收费系统由四个部分组成。

　　a. 电子标识卡是一种有源电子射频卡，功率约为 1/1000 瓦，其内存可存储包括车辆括号、车辆型号、车牌照号、车主的相关资料等各种信息，是一个完善的汽车身份卡和信用卡。

　　b. 收发器是一种带有微波线路的装置，用它与标识卡之间建立高方向性的高频微波通信，它有很强的抗干扰性能和快速的通信能力。

　　c. 进行通信处理的微处理器。它将来自标识卡的信息进行解释并传至车道控制器，从而取得该车的有关资料并进行相应处理，对来自车道控制器的数据信息进行分析后可对标识卡内的数据进行必要的修改。

　　d. 车道控制器。根据卡上的信息，判定通过车辆是否有正常通过的权力，还可判断卡的有效性，并起动相应的交通标志，也给车主发出必要的提示。如果发生违章闯关现象也可驱动抓拍系统进行违章取证等。

　　一辆贴有标识卡的汽车进入不停车收费车道前，会有标志牌提示其降低车速（低于 50 公里/小时）。当汽车通过第一个装有收发器的门架（还装有摄像机和红外线探测器）时，收发器与电子标识卡通过高频的微波进行双向确认。收发器首先验证电子标识卡的有效性，并读取卡内的数据计算费额。如果该卡无法被识别（包括无效）或余额不足，门架前方的栏杆将无法自动升起。汽车在通过第二个装有收发器的门架时电子标识卡内的信息被修改，完成收费过程。

　　ETC 有如下优点：节省时间，提高收费效率，节约能源，提高环保质量，降低收费管理费用和基建费用提供交通管理数据和手段。

（4）沃尔玛（Walmart）智慧物流体系

美国零售商巨头沃尔玛商场在全球零售行业中享有的最大优势就是其配送系统效率最高。原因是普遍采用射频识别技术标签。同时，不断革新其持续快速补充货架的物流战略，不断引进和运用现代化供应链管理技术，货架持续保持足够的商品数量、种类和质量，避免货物无故脱销和短缺，从而使沃尔玛在美国和世界各地的商场供应链的经济效益和服务效率大幅度提高。

沃尔玛在全球推动 RFID EPC 标准是众所周知的，而且在它的管理体系中已经应用RFID 技术，为了实现智慧的供应链，让 Walmart 的物流体系，成为世界上最快速，反应敏感度最先进的系统。Walmart 要求其供应商的商品能够"提供出自己的身份和信息"。这里Walmart 采用的是 RFID 技术并使用 GEN2 标签，履行 EPC 标准。通过每个物流单元从单品到包装，以及托盘的跟踪，实现供应链全程追踪、追溯以及及时响应。

2003 年 6 月 19 日，在美国芝加哥召开的"零售业系统展览会"上，沃尔玛宣布将采用RFID 的技术以最终取代目前广泛使用的条形码，成为第一个公布正式采用该技术时间表的企业。作为沃尔玛历史上最年轻的 CIO 凯文·特纳，曾说服了公司创始人山姆·沃顿建立了全球最大的移动计算网络，并推动沃尔玛引进电子标签。

沃尔玛的这项 RFID 标签技术是在美国阿肯萨斯大学帮助下开发出来的，事实证明，在RFID 标签技术和其他电子产品代码技术的大力支持下，避免了订货和货物发送的重复操作和遗漏，更不会出现产品或者商品供应链经营操作规程中的死角和黑箱。沃尔玛商场的工作人员手持射频识别标签技术机读器，定时走进商场销售大厅或者货物仓库，用发射天线对着所有的货物一扫，各种货物的数量、存量等动态信息全部自动出现在机读器的荧光屏幕上，已经缺货和即将发生短缺的货物栏目会发出提示警告声光信号，无一漏缺。

分布在美国和世界各地的沃尔玛零售商场的 FRID 网络，可以通过卫星通信网络技术实施全球一体化经营管理。沃尔玛有自己发射的专用通信卫星系统，也就是说，沃尔玛集团的各个零售商场，各家供货商、制造商、运输服务上和中间商等的存货、销售和售后服务、金融管理等信息动态均被美国沃尔玛零售商总部全面掌握。

沃尔玛标签符合 ISO 18000-6C 标准，工作频率在 860~960MHz，一般为纸质不干胶粘贴标签，符合标准 EPC G2，读取距离与读写器配置和现场环境有关，可读写工作模式。如图 2-14 所示。

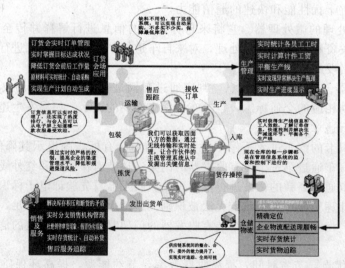

图 2-14　沃尔玛智慧物流

(5) 生产线自动化

用 RFID 技术在生产流水线上实现自动控制、监视，提高生产率，改进生产方式，节约成本。

德国宝马汽车公司在汽车装配流水线上应用射频卡，以尽可能大量地生产用户定制的汽车。宝马汽车的生产是基于用户提出的要求式样而生产的。用户可以从上万种内部和外部选项中，选定自己所需车的颜色、引擎型号和轮胎式样等。这样一来，汽车装配流水线上就得装配上百种式样的宝马汽车，如果没有一个高度组织的、复杂的控制系统是很难完成这样复杂的任务的。宝马公司在其装配流水线上配有 RFID 系统，使用可重复使用的射频卡。该射频卡上带有汽车所需的所有详细的要求，在每个工作点处都有读写器，这样可以保证汽车在各个流水线位置，能准确地完成装配任务。

摩托罗拉公司（Motorola）、意法半导体公司（SGS-Thomson）等集成电路制造商在竞争激烈的半导体工业中采用了加入了射频识别技术的自动识别工序控制系统。半导体生产对于超净的特殊需要，使得 RFID 应用在此非常理想，而其他自动识别系统，如条形码在如此苛刻的化学条件和超净要求下就不适用。

晶片是集成电路生产的关键。一片 8 英寸的晶片可以制造出 100～1000 个芯片。假如每片芯片零售价为 ＄100，那么一片晶片上所包含的芯片价值至少就是 ＄10000。一个晶片容器可装 25 个晶片，四个晶片容器可同时进行处理，那么一次误操作造成的损失就达 ＄1000000。显然，跟踪每个晶片容器并消除误操作是非常必要的。在一个超净车间里、通常能有 800 位点。晶片容器要从一处位点移动到下一位点。有时，晶片会因进入了错误的堆而造成损失。射频识别系统将核查晶片堆、设备、工序和操作人员。如果其中任何一项的身份不对，设备将不能开始工作，同时向操作人员显示指示。

(6) RFID 标签在运动计时中的应用

射频技术的使用使上万个马拉松参赛者的比赛时间变得简单，而不像以往的方式花费大量的人力和物力。运动计时系统是基于 TI-RFID 技术，可以收集所有来自世界各地的马拉松运动员的数据。ChampionChip 的计时系统是将一个 TI-RFID 感应器固定在运动员的鞋子上，当运动员通过在起跑线和终点线的地面或地下埋藏的感应天线时进行计时。从而保证每一个运动员的信息都可以被记录下来。这一应用已经被世界许多重要的比赛项目所接受。同时还可以对个别的运动员在比赛中的时间进行跟踪，在一些临时检测地点放置感应天线可以防止欺骗行为。同时也可以应用到铁人三项、自行车比赛和滑冰比赛，比赛数据可以放在因特网上使每一个人都可以看到。

波士顿在 1999 年的马拉松比赛中使用 TI-RFID 技术进行计时管理，并将参赛者的信息放在因特网上。感应器通过一个塑料的固定装置固定在每一个运动员的鞋带上，使得每一个运动员的比赛时间都可以简单的记录下来并发送到因特网上。运动员的朋友和家人可以登录波士顿马拉松的官方网站，输入运动员的名字或比赛号码，就可以查看由每 3 英里设置的检测站检测的运动员的比赛时间，并随时更新。

(7) 门禁保安

门禁保安系统应用射频卡，一卡可以多用。比如，可以作工作证、出入证、停车卡、饭店住宿卡甚至旅游护照等。目的都是识别人员身份、安全管理、收费等。优点是简化出入手续、提高工作效率、安全保护。只要人员佩戴了封装成 ID 卡大小的射频卡、进出入口有一台读写器，人员出入时自动识别身份，非法闯入会有报警。安全级别要求高的地方、还可以结合其他的识别方式，将指纹、掌纹或颜面特征存入射频卡。公司还可以用射频卡保护和跟踪财产。将射频卡贴在物品上面，如计算机、传真机、文件、复印机或其他实验室用品上。该射频卡使得公司可以自动跟踪管理这些有价值的财产，可以跟踪一个物品从某一建筑离开，或是用报警的方式限制物品离开某地。结合 GPS 系统利用射频卡，还可以对货柜车、货舱等进行有效跟踪。

(8) 汽车防盗

目前已经开发出了足够小的、能够封装到汽车钥匙当中含有特定码字的射频卡。它需要在汽车上装有读写器。当钥匙插入到点火器中时。读写器能够辨别钥匙的身份。如果读写器

图 2-15　汽车晶片防盗器

接收不到射频卡发送来的特定信号，汽车的引擎将不会发动。用这种电子验证的方法，汽车的中央计算机也就能容易防止短路点火。另一种汽车防盗系统是，司机自己带有一射频卡，其发射范围是在司机座椅 45～55cm，读写器安装在座椅的背部。当读写器读取到有效的 ID 号时，系统发出三声鸣叫，然后汽车引擎才能启动。该防盗系统还有另一强大功能，倘若司机离开汽车并且车门敞开引擎也没有关闭，这时读写器就需要读取另一有效 ID 号，假如司机将该射频卡带离汽车，这样读写器不能读到有效 ID 号，引擎就会自动关闭，同时触发报警装置。汽车晶片防盗器如图 2-15 所示。

本 章 小 结

物联网（Internet of Things）指的是将各种信息传感设备，如射频识别（RFID）、二维码、全球定位系统等与互联网结合起来而形成的一个巨大网络，方便识别和管理，RFID 电子标签是核心技术。一条完整的 RFID 产业链包括标准、芯片、天线、标签封装、读写设备、中间件、应用软件、系统集成等，其中最关键的技术是芯片的设计与制造。目前 RFID 的应用正在从闭环市场到开环市场，类似互联网初期的局域网到互联网的过程。

RFID 可以应用的领域很多，标签成本是推广的主要障碍，RFID 还在寻找新的盈利模式。沃尔玛是物流与供应链行业 RFID 发展的强有力推动者。RFID 提高供应链效率，成本由供应商承担，并最终受益。中国目前还是政府和大型企业推动，应用领域还比较狭窄。

本章首先介绍射频识别技术的基本概念、发展简史和工作原理，在全面认识射频识别技术的基础之上，对 RFID 技术的标准、应用实例等方面进行了介绍。

习　　题

一、名词解释

1. 射频标签
2. 识读器

二、填空题

1. 射频识别技术的基本原理是＿＿＿＿＿＿＿＿。
2. RFID 系统通常由＿＿＿＿＿、＿＿＿＿＿和＿＿＿＿＿部分组成。
3. 射频识别系统是由＿＿＿＿＿和信息获取装置组成的。其中信息载体是＿＿＿＿＿，获取信息装置为＿＿＿＿＿。
4. 根据射频标签工作方式分为＿＿＿＿＿、＿＿＿＿＿和＿＿＿＿＿三种类型。根据射频标签的读写方式可以分为：＿＿＿＿＿和＿＿＿＿＿两类。
5. EPC 系统由＿＿＿＿＿、＿＿＿＿＿和＿＿＿＿＿三部分组成。
6. EPC 信息网络系统通过＿＿＿＿＿以及对象命名解析服务 ONS 和＿＿＿＿＿实现全球"实物互联"。

三、简答题

1. 简述射频识别系统的工作流程。
2. 在建立射频识别系统时，要注意解决哪些问题？
3. RFID 标准有哪三大类型？
4. 读写器的结构组成有哪些？
5. 移动一卡通的系统组成分为哪几部分？各有什么功能？
6. 简述 EPC global 的特点。

第3章

传感器技术

【本章学习重点】

掌握传感器的组成及传感器的工作原理，了解传感器和微控制器的接口技术及智能传感器的应用。

传感器和传感网是物联网的基石。在物联网的感知层中，信息的获取与数据的采集主要采用自动识别技术和传感器技术。传感器技术和自动识别技术完全不同，传感器技术是涉及物理学、化学、生物学、材料科学、电子学以及通信与网络技术等多学科交叉的高新技术，是能感受被测量的敏感元件或转换元件，按照一定的规律，将人类无法直接获取或识别的信息转换成可识别的信息数据的技术。

3.1 传感器概述

新技术革命的到来，世界开始进入信息时代。在利用信息的过程中，首先要获取准确可靠的信息，而传感器是获取自然和生产领域中信息的主要途径与手段。随着现代科学技术的发展，人们的研究和应用已经进入了许多新领域，要获取大量人类感官无法直接获取的信息，没有相适应的传感器是不可能的。目前，传感器早已渗透到诸如工业生产、智能家居、宇宙开发、海洋探测、环境保护、资源调查、医学诊断、生物工程甚至文物保护等广泛的领域，物联网传感器技术在发展经济和推动社会进步方面具有非常重要的地位。

3.1.1 传感器的概念

《中华人民共和国国家标准 GB 7665—1987》中对传感器的定义为：能感受规定的被测量并按照一定的规律转换成可用信号的器件或装置。

《韦式大词典》中对传感器的定义为：从一个系统接受功率，通常以另一种形式将功率送到第二个系统中的器件。

一般来讲，传感器是一种检测装置，能感受被测量的信息，并能将感受到的信息按一定规律变换成电信号或其他形式的信号输出，以满足信息的传输、处理、存储、显示、记录和控制等要求，它是实现自动检测和自动控制的首要环节。这里所谓的"可用信号"是指便于处理、传输的信号，一般为电信号，如电压、电流、电阻、电容、频率等。社会进步到今天，人们周围使用着各种各样的传感器，如电冰箱、微波炉、空调机有温度传感器；电视机有红外传感器；录像机和摄像机有湿度传感器、光传感器；液化气灶有气体传感器；汽车有速度、压力、湿度、流量、氧气等多种传感器。这些传感器的共同特点是利用各种物理、化学、生物效应等实现对被检测量的测量。可见，在传感器中包含着两个必不可少的概念：一是检测信号；二是能把检测的信息变换成一种与被测量有确定函数关系的而且便于传输和处理的量。

3.1.2　传感器的组成

通常，传感器由敏感元件（Sensitive Element）、转换元件（Transduction Element）和电子线路（Electronic Circuit）等组成。但是由于传感器输出信号一般都很微弱，需要有转换电路将其放大或变换为容易传输、处理、记录和显示的形式。随着半导体器件和集成技术在传感器中的应用，传感器的转换电路可以安装在传感器的壳体里或与敏感元件集成在一个芯片上，因此，转换电路和辅助电源也应作为传感器的组成部分，如图 3-1 所示。

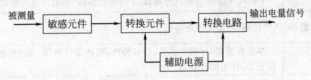

图 3-1　传感器的组成框图

在图 3-1 中：敏感元件直接感受被测量，并输出与被测量成一定关系的其他物理量的元件；如弹性敏元件将力转换为位移或应变输出。转换元件也叫换能元件，是将敏感元件的输出量转换成电参量的元件，如将非电物理量（如位移、应变、光强）转换成电量参数（如电阻、电感、电容）等。有些传感器的敏感元件和转换元件合二为一；转换电路将转换元件输出的电参量转换成电压、电流或频率等电量，常见的转换电路有放大器、电桥、振荡器、电荷放大器等，它们分别于相应的传感器相配合。辅助电源为转换元件和转换电路提供电源。

3.1.3　传感器的分类

在实际应用中，传感器种类很多，同一被测量可以用不同的传感器来测量，而同一原理的传感器又可以测量多种被测量，所以，目前传感器的分类方法比较多，分类方法如表 3-1、表 3-2、表 3-3 所示。

表 3-1　传感器的分类

分类方法	传感器的种类
按工作原理分类	应变式、电容式、电感式、压电式、热电式等
按输出信号形式分类	模拟式传感器、数字式传感器
按作用形式分类	主动型、被动型
按被测物理量分类	位移量、力量、运动量、热学量、光学量、气体量等
按能量关系分类	能量转换型、能量控制型

表 3-2　传感器按工作原理分类

变换原理	传感器种类
变换电阻	电位器式、压阻式、光导式热电式、应变（计）式、光敏式、热敏式
变换磁阻	电感式、差动变压器式、涡流式
变换电容	电容式、湿敏式
变换谐振频率	谐振式
变换电荷	压电式
变换电势	霍耳式、感应式、热电耦式

表 3-3　传感器按被测量分类

物理量传感器	力学量	压力传感器、力传感器、力矩传感器、速度传感器、加速度传感器、流量传感器、位移传感器、位置传感器、尺度传感器、密度传感器、黏度传感器、硬度传感器、浊度传感器
	热学量	温度传感器、热流传感器、热导率传感器
	光学量	可见光传感器、红外光传感器、紫外光传感器、照度传感器、色度传感器、图像传感器、亮度传感器
	磁学量	磁场强度传感器、磁通传感器
	电学量	电流传感器、电压传感器、电场强度传感器
	声学量	声压传感器、噪声传感器、超声波传感器、声表面波传感器
	射线	x 射线传感器、β 射线传感器、γ 射线传感器、辐射剂量传感器
化学量传感器		离子传感器、气体传感器、湿度传感器
生理量传感器	生物量	体压传感器、脉搏传感器、心音传感器、体温传感器、血流传感器、呼吸传感器、血容量传感器、体电图传感器
	生化量	酶式传感器、免疫血型传感器、微生物型传感器、血气传感器、血液电解质

3.1.4　传感器的性能参数

传感器的性能指标可以在一定程度上表征传感器的质量，因此，评价传感器的质量好坏，离不开其性能指标。在检测控制系统和科学实验中，需要对各种参数进行检测和控制，而要达到比较优良的控制性能，则必须要求传感器能够感测被测量的变化并且不失真地将其转换为相应的电量，这种要求主要取决于传感器的基本特性。传感器的基本特性主要分为静态特性和动态特性。

(1) 静态特性

静态特性是指检测系统的输入为不随时间变化的恒定信号时，系统的输出与输入之间的关系。主要包括线性度、灵敏度、迟滞、重复性、漂移等。

① 线性度：指传感器输出量与输入量之间的实际关系曲线偏离拟合直线的程度。

② 灵敏度：灵敏度是传感器静态特性的一个重要指标。其定义为输出量的增量 Δy 与引起该增量的相应输入量增量 Δx 之比。它表示单位输入量的变化所引起传感器输出量的变化，显然，灵敏度 S 值越大，表示传感器越灵敏。

③ 迟滞：传感器在输入量由小到大（正行程）及输入量由大到小（反行程）变化期间其输入输出特性曲线不重合的现象称为迟滞。也就是说，对于同一大小的输入信号，传感器的正反行程输出信号大小不相等，这个差值称为迟滞差值。

④ 重复性：重复性是指传感器在输入量按同一方向作全量程连续多次变化时，所得特性曲线不一致的程度。

⑤ 漂移：传感器的漂移是指在输入量不变的情况下，传感器输出量随着时间变化的现象。产生漂移的原因有两个方面：一是传感器自身结构参数；二是周围环境（如温度、湿度等）。最常见的漂移是温度漂移，即周围环境温度变化而引起输出量的变化，温度漂移主要表现为温度零点漂移和温度灵敏度漂移。温度漂移通常用传感器工作环境温度偏离标准环境温度（一般为 20℃）时的输出值的变化量与温度变化量之比。

⑥ 测量范围：传感器所能测量到的最小输入量与最大输入量之间的范围称为传感器的测量范围。

⑦ 量程：传感器测量范围的上限值与下限值的代数差，称为量程。

⑧ 精度：传感器的精度是指测量结果的可靠程度，是测量中各类误差的综合反映，测

量误差越小，传感器的精度越高。传感器的精度用其量程范围内的最大基本误差与满量程输出之比的百分数表示，其基本误差是传感器在规定的正常工作条件下所具有的测量误差，由系统误差和随机误差两部分组成。

工程技术中为简化传感器精度的表示方法，引用了精度等级的概念。精度等级以一系列标准百分比数值分档表示，代表传感器测量的最大允许误差。

⑨ 分辨率和阈值：传感器能检测到输入量最小变化量的能力称为分辨力。当分辨力以满量程输出的百分数表示时则称为分辨率。阈值是指能使传感器的输出端产生可测变化量的最小被测输入量值，即零点附近的分辨力。有的传感器在零位附近有严重的非线性，形成所谓"死区"（dead band），则将死区的大小作为阈值；更多情况下，阈值主要取决于传感器噪声的大小，因而有的传感器只给出噪声电平。

⑩ 稳定性：稳定性表示传感器在一个较长的时间内保持其性能参数的能力。理想的情况是不论什么时候，传感器的特性参数都不随时间变化。但实际上，随着时间的推移，大多数传感器的特性会发生改变。这是因为敏感元件或构成传感器的部件，其特性会随时间发生变化，从而影响了传感器的稳定性。

稳定性一般以室温条件下经过一规定时间间隔后，传感器的输出与起始标定时的输出之间的差异来表示，称为稳定性误差。稳定性误差可用相对误差表示，也可用绝对误差来表示。

（2）动态特性

动态特性是指检测系统的输入为随时间变化的信号时，系统的输出与输入之间的关系。主要动态特性的性能指标有时域、单位阶跃、响应性能指标和频域频率特性性能指标。

传感器的输入信号是随时间变化的动态信号，这时就要求传感器能时刻精确地跟踪输入信号，按照输入信号的变化规律输出信号。当传感器输入信号的变化缓慢时，是容易跟踪的，但随着输入信号的变化加快，传感器随动跟踪性能会逐渐下降。输入信号变化时，引起输出信号也随时间变化，这个过程称为响应。动态特性就是指传感器对于随时间变化的输入信号的响应特性。

传感器的动态特性与其输入信号的变化形式密切相关，在研究传感器动态特性时，通常是根据不同输入信号的变化规律来考察传感器响应的。实际传感器输入信号随时间变化的形式可能是多种多样的，最常见、最典型的输入信号是阶跃信号和正弦信号。

对于阶跃输入信号，传感器的响应称为阶跃响应或瞬态响应，是指传感器在瞬变的非周期信号作用下的响应特性。如传感器能复现这种信号，那么就能很容易地复现其他种类的输入信号，其动态性能指标也必定会令人满意。

对于正弦输入信号，传感器的响应称为频率响应或稳态响应。是指传感器在振幅稳定不变的正弦信号作用下的响应特性。稳态响应的重要性，在于工程上所遇到的各种非电信号的变化曲线都可以展开成傅里叶（Fourier）级数或进行傅里叶变换，即可以用一系列正弦曲线的叠加来表示原曲线。当知道传感器对正弦信号的响应特性后，就可以判断它对各种复杂变化曲线的响应了。

为便于分析传感器的动态特性，必须建立动态数学模型。建立动态数学模型的方法有多种，如微分方程、传递函数、频率响应函数、差分方程、状态方程、脉冲响应函数等。建立微分方程是对传感器动态特性进行数学描述的基本方法。在忽略了一些影响不大的非线性和随机变化的复杂因素后，可将传感器作为线性定常系统来考虑，因而其动态数学模型可用线性常系数微分方程来表示。能用一、二阶线性微分方程来描述的传感器分别称为一、二阶传感器，虽然传感器的种类和形式很多，但它们一般可以简化为一阶或二阶环节的传感器（高阶可以分解成若干个低阶环节），因此一阶和二阶传感器是最基本的。

3.2 常用传感器

3.2.1 温度传感器及热敏元件

温度传感器（temperature transducer）是指能感受温度并转换成可用输出信号的传感器，利用热敏元件的参数随温度变化而变化的特性来达到测量温度的目的。用来度量物体温度数值的标尺叫温标。它规定了温度的读数起点（零点）和测量温度的基本单位。目前，国际上用得较多的温标有华氏温标、摄氏温标、热力学温标和国际实用温标。温度传感器如图3-2、图3-3所示。

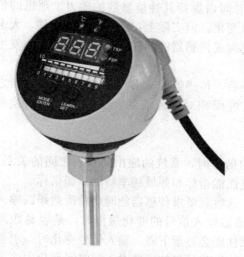

图 3-2　温度传感器

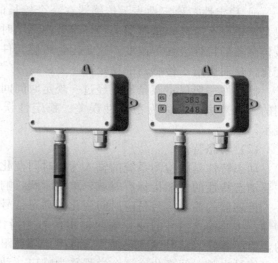

图 3-3　温度传感器

温度传感器是温度测量仪表的核心部分，品种繁多。按敏感元件与被测介质接触与否，分为接触式和非接触式两大类，按照传感器材料及电子元件特性分为热电阻、热敏电阻和热电偶三类。

（1）热电阻

热电阻（thermal resistor）是中低温区最常用的一种温度检测器。热电阻测温是基于金属导体的电阻值随温度的增加而增加这一特性来进行温度测量的。它的主要特点是测量精度高，性能稳定。并不是所有的金属都能作为测量温度的热电阻，应具有如下特性：电阻温度系数大，电阻率大，热容量小；在整个测温范围内应具有稳定的物理和化学性质；电阻与温度的关系最好近似于线性关系或为平滑的曲线；容易加工，复制性好，价格便宜。

从物理学中知道，导体（或半导体）的电阻值是随着温度的变化而变化的，通常用电阻温度系数 α 来描述电阻值随着温度变化而变化这一特性，它的定义是：在某一温度间隔内，温度变化1℃时的电阻相对变化量，单位为 1/℃。金属导体的电阻一般随温度升高而增大，α 为正值，称为正的电阻温度系数。用于测温的半导体材料的 α 为负值，即具有负的电阻温度系数。

目前应用最广泛的热电阻材料是铂和铜，除铂和铜之外，还有镍、铁、锰等。因为铂热电阻具有耐高温，性能稳定，抗氧化能力强，电阻率高，且材料易于提纯等优点，在国际实用温标中以铂电阻作为标准；铜热电阻具有价格低廉，互换性好，固有电阻小，高于100℃时易被氧化，所以在温度范围为 -50～100℃ 时，用铜只做热电阻传感器。镍热电阻

（－60～180℃）镍热电阻的温度系数大，灵敏度比铂和铜的高，常用来测量－60～＋180℃范围的温度。由于镍热电阻的制造工艺较复杂，很难获得 α 相同的镍丝，因此它的测量准确度低于铂热电阻，我国目前规定的标准化热电阻的分度号有 Ni100，Ni300，Ni500。

① 热电阻的基本参数有：

a. 标称电阻 R_0：热电阻在 0℃时的电阻值；

b. 分度表：以表格形式来表示热电阻的电阻-温度表；

c. 分度号：分度表的代号，一般用热电阻金属材料的化学符号和 0℃时的电阻值表示，如 Pt100，表示金属材料为铂，标称电阻为 100Ω；

d. 热响应时间：当温度发生阶跃变化时，热电阻的电阻值变化至相当于该阶跃变化的某个规定百分比所需要的时间，响应时间越小，表明热电阻的响应特性越好；

e. 额定工作电流：连续工作时所允许通过的最大电流，一般为 2～5mA；

f. 热电阻的温度特性：指热电阻的阻值 R_t 与温度 t 之间的关系，以铂热电阻为例，在 0～850℃范围内用式（3-1）表示，在－200～0℃范围内则用式（3-2）表示。

$$R_t = R_0(1+At+Bt^2) \tag{3-1}$$
$$R_t = R_0[1+At+Bt^2+C(t-100)^3] \tag{3-2}$$

式中，R_t 为 t℃时的铂电阻的阻值；R_0 为 0℃时的铂电阻的阻值；$A = 3.940 \times 10^{-3}/℃$；$B = -5.802 \times 10^{-7}/℃$；$C = -4.274 \times 10^{-12}/℃$。

根据国家从 1988 年开始采用的 IEC 标准，工业用标准铂电阻 R_0 有 100Ω 和 50Ω 两种，并将电阻值 R_t 与温度 t 的对应关系列成表格，称为铂电阻分度表，分度号分别为 Pt100 和 Pt50。热电阻传感器通常是将金属电阻丝绕在云母片上，为了避免电感分量，电阻丝常采用双线并绕，制成无感电阻。同时，为了安装的方便以及防止电阻丝损坏，常用保护套管对热电阻进行保护。

② 热电阻传感器的结构　热电阻传感器通常都由电阻体、绝缘子、保护套管和接线盒四个部分组成。除电阻体外，其余部分的结构和形状与热电偶的相应部分相同。

铂电阻体是用很细的铂丝绕在云母、石英或陶瓷支架上做成的，形状有平板形、圆柱形及螺旋形等。常用的 WZB 型铂电阻体是由直径 0.03～0.07mm 的铂丝绕在云母片制成的平板形支架上。云母片的边缘上开有锯齿形的缺口，铂丝绕在齿缝内以防短路。铂丝绕成的绕组两面盖以云母片绝缘。

铜电阻体是一个铜丝绕组（包括锰铜补偿部分），它是由直径为 0.1mm 的高强度漆包铜线用双线无感绕法绕在圆柱形塑料支架上而成，为了防止铜丝松散，加强机械固紧以及提高其导热性能，整个元件经过酚醛树脂（或环氧树脂）的浸渍处理，而后还必须进行烘干（同时也起老化作用），烘干温度为 120℃，保持 24h，然后冷却至常温，再把铜丝绕组的出线端子与镀银铜丝制成的引出线焊牢，并穿以绝缘套管，或直接用绝缘导线与其焊接。

铠装热电阻是将陶瓷骨架或玻璃骨架的感温元件装入细不锈钢管内，其周围用氧化镁牢固填充，保证它的 3 根引线与保护管之间，以及引线相互之间良好绝缘。充分干燥后，将其端头密封再经模具拉制成坚实的整体，称为铠装热电阻。

薄膜铂热电阻是利用真空镀膜法将纯铂直接蒸镀在绝缘的基板上而制成。它的测温范围是－50～600℃。国产元件精度可达到德国标准中的 B 级，由于薄膜热容量小，热导率大，因此薄膜铂热电阻能够快速准确地测出表面的真实温度。

厚膜铂热电阻是用高纯铂粉与玻璃粉混合，加有机载体调成糊状浆料，用丝网印刷在刚玉基片上，再烧结安装引线，调整电阻值。最后涂玻璃釉作为电绝缘保护层。厚膜铂电阻与线绕铂电阻的应用范围基本相同。在表面温度测量及在机械振动环境下应用明显优于线绕式热电阻。

（2）热敏电阻

热敏电阻按照温度系数不同分为正温度系数热敏电阻 PTC 和负温度系数热敏电阻 NTC。热敏电阻的典型特点是对温度敏感，不同的温度下表现出不同的电阻值。正温度系数热敏电阻在温度越高时电阻值越大，负温度系数热敏电阻在温度越高时电阻值越低，它们同属于半导体器件。

制造热敏电阻的材料很多，通常采用重金属锰、钛、铜、镍等氧化物，按一定比例混合后压制成型，然后在高温下焙烧而成。用半导体材料制成的热敏电阻，与金属制成的热电阻相比，有如下特点：电阻温度系数大，灵敏度高，比金属电阻大 10～100 倍；结构简单，体积小；电阻率高，热惯性小，适宜动态测量；阻值与温度变化呈非线性关系；稳定性和互换性相对较差。

热敏电阻主要有以下 3 种特性。

① 电阻-温度特性　电阻和温度之间的关系是热敏电阻的最基本特性，这一关系充分体现了热敏电阻的性质，当温度不超过规定值时，保持着本身特性，超过时特性被破坏。在工作温度范围，应在微小工作电流条件下，使之不存在自身加热现象。电阻和温度之间的关系用式（3-3）表示。

$$R = A \times e^{B/T} \tag{3-3}$$

式中，A 为与热敏电阻尺寸形状以及它的半导体物理性能有关的常数；B 为与半导体物理性能有关的常数；T 为热敏电阻的绝对温度。

② 伏安特性　伏安特性表征热敏电阻在恒温介质下流过的电流 I 与其上电压降 U 之间的关系，研究伏安特性有助于正确选择热敏电阻的工作状态。

③ 电流-时间特性　热敏电阻在施加电压的过程中，电流随时间变化的特性。开始加电瞬间的电流称为起始电流，达到热平衡时的电流称为残余电流。

各种热敏电阻器的工作条件一定要在其出厂参数允许范围之内。热敏电阻的主要参数有十余项：标称电阻值、使用环境温度（最高工作温度）、测量功率、额定功率、标称电压（最大工作电压）、工作电流、温度系数、材料常数、时间常数等。其中标称电阻值是在 25℃零功率时的电阻值，实际上总有一定误差，应在 ±10％ 之内。普通热敏电阻的工作温度范围较大，可根据需要从 −55℃ 到 +315℃ 选择，值得注意的是，不同型号热敏电阻的最高工作温度差异很大，实验时应注意（一般不要超过 50℃）。

（3）热电偶

热电偶是温度测量中最常用的温度传感器，其主要特点是宽温度范围和适应各种大气环境，而且结实、价低、无需供电。热电偶由两种不同成份的导体（称为热电偶丝材或热电极）两端接合成回路，当两个接合点的温度不同时，在回路中就会产生电动势，这种现象称为热电效应，而这种电动势称为热电势。热电偶就是利用这种原理进行温度测量的，其中，直接用作测量介质温度的一端叫做工作端（也称为测量端），另一端叫做冷端（也称为补偿端）；冷端与显示仪表或配套仪表连接，显示仪表会指出热电偶所产生的热电势。

由于电压和温度间是非线性关系，因此需要为参考温度作第二次测量，并利用测试设备软件或硬件在仪器内部处理电压-温度变换，以最终获得热偶温度。简而言之，热电偶是最简单和最通用的温度传感器，但热电偶并不适合高精度的测量和应用。

热电偶传感器有自己的优点和缺陷，它灵敏度比较低，容易受到环境干扰信号的影响，也容易受到前置放大器温度漂移的影响，因此不适合测量微小的温度变化。由于热电偶温度传感器的灵敏度与材料的粗细无关，用非常细的材料也能够做成温度传感器。也由于制作热电偶的金属材料具有很好的延展性，这种细微的测温元件有极高的响应速度，可以测量快速变化的过程。

选用时注意：被测对象的温度是否需记录；报警和自动控制，是否需要远距离测量和传送；测温范围的大小和精度要求；测温元件大小是否适当；在被测对象温度随时间变化的场合，测温元件的滞后能否适应测温要求；被测对象的环境条件对测温元件是否有损害；价格如何，使用是否方便。

3.2.2 光电式传感器及光敏元件

光电式传感器是一种将光信号转换成电信号的一种设备，光电式传感器的基础是光电转换元件的光电效应。光电式传感器具有结构简单、响应速度快、高精度、高分辨率、高可靠性、抗干扰能力强（不受电磁辐射影响，本身也不辐射电磁波）、可实现非接触式测量等特点，可以直接检测光信号，间接测量温度、压力、位移、速度、加速度等参数，由于光电测量方法灵活多样，发展速度快、应用范围广，具有很大的应用潜力。

(1) 光电式传感器的分类

光电式传感器按工作原理可分为光电效应传感器、红外热释电探测器、固体图像传感器、光纤传感器等类型。

① 光电效应传感器是应用光敏材料的光电效应制成的光敏器件。光照射到物体上使物体发射电子，或电导率发生变化，或产生光电电动势等，这些因光照引起物体电学特性改变的现象称为光电效应。

② 红外热释电探测器主要是利用辐射的红外光（热）照射材料时引起材料电学性质发生变化或产生热电动势原理制成的一类器件。

③ 固体图像传感器结构上分为两大类，一类是用 CCD 电荷耦合器件的光电转换和电荷转移功能制成 CCD 图像传感器，一类是用光敏二极管与 MOS 晶体管构成的将光信号变成电荷或电流信号的 MOS 金属氧化物半导体图像传感器。

④ 光纤传感器利用发光管（LED）或激光管（LD）发射的光，经光纤传输到被检测对象，被检测信号调制后，光沿着光导纤维反射或送到光接收器，经接收解调后变成电信号。由光路及电路两大部分组成。光路部分实现被测信号对光量的控制和调制，电路部分完成从光信号到电信号的转换。

(2) 光电效应和光电器件

所谓光电效应即是由于物体吸收了能量为 E 的光后产生的电效应。从传感器的角度看，光电效应分为两种，外光电效应和内光电效应。光电式传感器如图 3-4、图 3-5 所示。

图 3-4 光传感器（一）

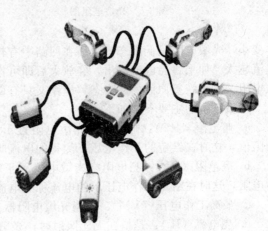

图 3-5 光传感器（二）

外光电效应指在光线的照射下，材料中的电子逸出表面的现象，光电管和光电倍增管均属这一类。内光电效应指在光的照射下，材料的电阻率发生改变的现象，典型的器件有光敏电阻、光敏二极管和光敏三极管。

① 光电管　光电管分为真空光电管和充气光电管两种，光电管的典型结构是将球形玻璃壳抽成真空，在内半球面上涂一层光电材料作为阴极，球心放置小球形或小环形金属作为阳极。若球内充低压惰性气体就成为充气光电管。光电子在飞向阳极的过程中与气体分子碰撞而使气体电离，可增加光电管的灵敏度。用作光电阴极的金属有碱金属、汞、金、银等，可适合不同波段的需要。光电管灵敏度低、体积大、易破损，已被固体光电器件所代替。

光电管的特性有两种特性：光谱特性指由于不同材料的光电阴极对不同波长的入射光有不同的灵敏度，因此光电管对光谱也有选择性。伏安特性指当入射光的频谱及光通量一定时，光电流与阳极电压之间的关系。

② 光电倍增管　光电倍增管是进一步提高光电管灵敏度的光电转换器件。管内除光电阴极和阳极外，两极间还放置多个瓦形倍增电极。使用时相邻两倍增电极间均加有电压用来加速电子。光电阴极受光照后释放出光电子，在电场作用下射向第一倍增电极，引起电子的二次发射，激发出更多的电子，然后在电场作用下飞向下一个倍增电极，又激发出更多的电子。如此电子数不断倍增，阳极最后收集到的电子可增加 $10^4 \sim 10^8$ 倍，这使光电倍增管的灵敏度比普通光电管要高得多，可用来检测微弱光信号。光电倍增管高灵敏度和低噪声的特点使它在光测量方面获得广泛应用。

③ 光敏电阻　光敏电阻是用具有内光电效应的光导材料制成的，为纯电阻元件，其阻值随光照增强而减小。光敏电阻具有很多优点：灵敏度高，体积小、重量轻，光谱效应范围宽，机械强度高、耐冲击和振动，寿命长，所以被广泛应用在自动化技术中作为开关式光电信号传感元件。但是，使用时需要有外部电源，同时当有电流通过它时，会产生热的问题。

光敏电阻由一块两边带有金属电极的光电半导体组成，电极和半导体之间呈欧姆接触，使用时在它的两电极上施加直流或交流工作电压。图3-6为光敏电阻图。

在无光照射，光敏电阻呈高阻，回路中仅有微弱的暗电流通过；在有光照时，光敏材料吸收光能，使电阻

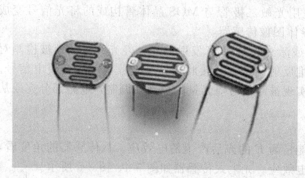

图 3-6　光敏电阻图

率变小，光敏电阻呈低阻态，从而在回路中有较强的亮电流通过。光照越强，阻值越小，亮电流越大。如果将亮电流取出，经放大后即可作为其他电路的控制电流。当光照停止时，光敏电阻又逐渐恢复原值呈高阻态，电路又只有微弱的暗电流通过。

光敏电阻的主要参数如下。

a. 暗电阻（RD）：暗电阻指光敏电阻置于室温、全暗条件下，经一段时间稳定后测得的阻值，这时在给定的工作电压下测得的电流叫暗电流。

b. 亮电阻（RL）：亮电阻指光敏电阻置于室温和一定光照条件下测得的稳定电阻值称为电阻，这时在给定工作电压下的电流称亮电流。

c. 最高工作电压（VM）：是指光敏电阻器在额定功率下所允许承受的最高电压。

d. 亮电流（IL）：是指在无光照射时，光敏电阻器在规定的外加电压受到光照时所通过的电流。

e. 暗电流（ID）：是指在无光照射时，光敏电阻器在规定的外加电压下通过的电流。

f. 时间常数：是指光敏电阻器从光照跃变开始到稳定亮电流的 63% 时所需的时间。

g. 电阻温度系数：是指光敏电阻器在环境温度改变 1℃ 时，其电阻值的相对变化。

h. 灵敏度：灵敏度是指光敏电阻器在有光照射和无光照射时电阻值的相对变化。

光敏电阻的暗电阻越大，而亮电阻越小，则性能越好。也就是说，暗电流越小，光电流越大，这样的光敏电阻的灵敏度就越高。实际上，大多数光敏电阻的暗电阻往往超过 $1M\Omega$，甚至高达 $100M\Omega$，而亮电阻即使在正常白昼条件下也可降到 $1k\Omega$ 以下，可见光敏电阻的灵敏度是相当高的。

④ 光敏二极管　光敏二极管的工作原理基于内光电效应，光敏二极管结构与一般二极管相似，它们都有一个 PN 结。光敏二极管与普通二极管相比，虽然都属于单向导电的非线性半导体器件，但在结构上为了提高转换效率大面积受光，PN 结面积比一般二极管大。

光敏二极管在电路中的符号如图 3-7 所示，光敏二极管的 PN 结装在透明管壳的顶部，可以直接受到光的照射，使用时要反向接入电路中，即正极接电源负极，负极接电源正极，即光敏二极管在电路中处于反向偏置状态。

无光照时，与普通二极管一样，反向电阻很大，电路中仅有很小的反向饱和漏电流，称暗电流。当有光照射时，PN 结受到光子的轰击，激发形成光生电子-空穴对，因此在反向电压作用下，反向电流大大增加，形成光电流。光照越强，光电流越大，即反向偏置的 PN 结受光照控制。光电流方向与反向电流一致。

⑤ 光敏三极管　如图 3-8 所示，光敏三极管与普通晶体管结构相似，与普通晶体管不同的是，光敏晶体管是将基极-集电极结作为光敏二极管，集电结做受光结，另外发射极的尺寸做得很大，以扩大光照面积。

图 3-7　光敏二极管

图 3-8　光敏三极管

大多数光敏晶体管的基极无引线，集电结加反偏。玻璃封装上有个小孔，让光照射到基区。硅光敏晶体管一般都是 NPN 结构，当入射光子在基区及集电区被吸收而产生电子-空穴对时，便形成光生电压。由此产生的光生电流由基极进入发射极，从而在集电极回路中得到一个放大了 β 倍的信号电流。因此，光敏三极管是一种相当于将基极、集电极光敏二极管的电流加以放大的普通晶体管，比光敏二极管有更高的灵敏度。

（3）光纤传感器

光纤传感器具有极高的灵敏度和精度、固有的安全性好、抗电磁干扰、高绝缘强度、耐腐蚀、集传感与传输于一体、能与数字通信系统兼容等的特点，光纤传感器受到世界各国的广泛重视。光纤传感器已用于位移、振动、转动、压力、速度、加速度、电流、磁场、电压、温度等 70 多个物理量的测量，在生产过程自动控制、在线检测、故障诊断、安全报警等方面有广泛的应用前景。

由于外界因素（温度、压力、电场、磁场、振动等）对光纤的作用，会引起光波特征参量（振幅、相位、频率、偏振态等）发生变化，只要能测出这些参量随外界因素的变化关系，就可以用它作为传感元件来检测对应物理量的变化。

① 光纤传感器的组成　光纤传感器由光源、光纤耦合器、光纤、光探测器等组成。

a. 光源　一般要求光源的体积尽量小，以利于它与光纤耦合；光源发出的光波长应合适，以便减少光在光纤中传输的损失；光源要有足够亮度，以便提高传感器的输出信号。另外还要求光源稳定性好、噪声小、安装方便和寿命长等。

光纤传感器使用的光源种类很多，按照光的相干性可分为相干光和非相干光。非相干光源有白炽光、发光二极管；相干光源包括各种激光器，如氦氖激光器、半导体激光二极管等。

b. 光纤耦合器　光纤耦合器（Coupler）又称分歧器（Splitter）、连接器、适配器、法兰盘，是用于实现光信号分路/合路，或用于延长光纤链路的元件，属于光被动元件领域，在电信网路、有线电视网路、用户回路系统、区域网路中都会应用到。光纤耦合器可分标准耦合器、直连式耦合器、星状/树状耦合器以及波长多工器，制作方式则有烧结、微光学式、光波导式三种，而以烧结式方法生产占多数，约有90%。烧结方式的制作法，是将两条光纤并在一起烧融拉伸，使核芯聚合一起，以达光耦合作用，而其中最重要的生产设备是光纤熔接机，也是其中的重要步骤，虽然重要步骤部分可由机器代工，但烧结之后，仍须人工作检测封装，采用人工检测封装须保品质的一致性。

c. 光纤　光导纤维简称为光纤，是采用石英玻璃丝所制成，在光纤中，光的传输限制在光纤中，并随光纤能传送到很远的距离，光纤的传输是基于光的全内反射。光纤传感器所用光纤有单模光纤和多模光纤。单模光纤直径较小，通常为 $2\sim12\mu m$，很细的纤芯半径接近于光源波长的长度，只能传输一种模式，一般相位调制型和偏振调制型的光纤传感器采用单模光纤。具有信号畸变小、信息容量大、线性好、灵敏度高的优点，缺点是纤芯较小，制造、连接、耦合较困难。

多模光纤直径较大，传输模式不止一种，光强度调制型或传光型光纤传感器多采用多模

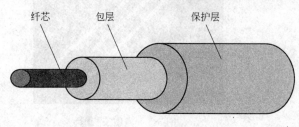

纤芯　　　包层　　　保护层

图 3-9　光纤结构

光纤。具有纤芯面积较大，制造、连接、耦合容易的优点；缺点是性能较差。为了满足特殊要求，出现了保偏光纤、低双折射光纤、高双折射光纤等。所以采用新材料研制特殊结构的专用光纤是光纤传感技术发展的方向。光纤结构如图 3-9 所示。

d. 光探测器　光探测器的作用是把传送到接收端的光信号转换成电信号，以便作进一步的处理。它和光源的作用相反，常用的光探测器有光敏二极管、光敏三极管、光电倍增管等。

② 光纤传感器的分类　光纤传感器按照光纤在传感器中所起的作用，可以分为两大类：一类是功能型（传感型）传感器；另一类是非功能型（传光型）传感器。

a. 功能型（传感型）　功能型传感器又称为传感型光纤传感器，全光纤传感器。利用光纤本身的特性把光纤作为敏感元件，被测量对光纤内传输的光进行调制，使传输的光的强度、相位、频率或偏振等特性发生变化，再通过对被调制过的信号进行解调，从而得出被测信号。光纤在其中不仅是导光媒质，而且也是敏感元件，光在光纤内受被测量调制，多采用多模光纤。典型应用有光纤陀螺、光纤水听器等。具有结构紧凑、灵敏度高的优点，缺点是须用特殊光纤，成本高。

b. 非功能型（传光型）　利用其他敏感元件感受被测量的变化，与其他敏感元件组合而成的传感器，光纤只作为光的传输介质。光照在光纤型敏感元件上受被测量调制。实用化的大都是非功能型的光纤传感器。优点是具有无需特殊光纤及其他特殊技术，比较容易实现，成本低；缺点是灵敏度较低。光纤传感器其他的分类如表 3-4 所示。

表 3-4　光纤传感器其他的分类

依据	名称	特点
测量范围	点式光纤传感器	单点光纤传感器，只能对某一点做连续测量
	分布式光纤传感器	理想的结构应变分布的监测器，它能在对结构无损伤的情况下，利用光导纤维具有的传感运输双重特性，迅速实现对待测场沿光纤分布的多点甚至连续点测量，以达到取代多台独立点传感器的目的
调制的光波参数	强度调制光纤传感器	光源发射的光经入射光纤传输到调制器（由可动反射器等组成），经反射器把光反射到出射光纤，通过出射光纤传输到光电接收器。可动反射器的动作受到被测信号的控制，因此反射器射出的光强是随被测量变化的。光电接收器接收到光强变化的信号，经解调得到被测物理量的变化
	相位调制光纤传感器	光纤相位调制是光纤比较容易实现的调制形式，所有能够影响光纤长度、折射率和内部应力的被测量都会引起相位变化，例如压力、应变、温度和磁场等。相位调制型光纤传感器比强度型复杂一些，一般采用干涉仪检测相位的变化，因此，这类传感器灵敏度非常高
	时分调制光纤传感器	外界物理量通过不同传感元件，使光纤中光的基带频谱的延迟时间及幅度发生相应变化的过程称为时分调制
	偏振调制光纤传感器	常用电光、磁光、光弹等物理效应进行调制。可用于温度、压力、振动、机械形变、电流和电场等检测
	波长（频率）调制	利用外界因素改变光纤中光的波长（频率），通过检测波长的变化来测量各种物理量，称为波长（频率）调制。常采用传光型光纤传感器，即光纤只起传光作用。光频率调制是基于被测物体的入射光频率与其反射光的多普勒效应
检测对象	光纤温度传感器	利用部分物质吸收的光谱随温度变化而变化的原理，分析光纤传输的光谱了解实时温度，它属于非接触式测温
	光纤位移传感器	反射式光纤位移传感器是一种非接触式测量，具有探头小、响应速度快、测量线性化（在小位移范围内）等优点，可在小位移范围内进行高速位移检测
	光纤电流传感器	用磁光晶体的法拉第效应，通过对法拉第旋转角的测量，可得到电流所产生的磁场强度，从而可以计算出电流大小
	光纤流速传感器	有光纤涡流流速和光纤多普勒速度传感器等类型，具有极高的灵敏度、耐高压耐腐蚀、频带宽等特点

3.2.3　气敏传感器及气敏元件

　　气敏传感器主要用来监测气体中的特定成分，并将其变成相应的电信号输出。须满足以下条件：能够检测爆炸气体、有害气体的允许浓度和其他基准设定浓度，并能及时给出报警、显示和控制信号；对被测气体以外的共存气体或物质不敏感；性能长期稳定好；响应迅速，重复性好；维护方便，价格便宜。气敏传感器如图 3-10、图 3-11 所示。

　　气体传感器可分为干式气体传感器和湿式传感器，其中干式气体传感器包括接触燃烧式、半导体式、固体电解质式、红外线吸收式及热导率变化式，湿式传感器包括极谱式及原电池式。其中常见的是半导体气体传感器。

　　对于半导体气体传感器，按照半导体与气体的相互作用是在其表面还是其内部，可以分

图 3-10　气敏传感器（一）

图 3-11　　气敏传感器（二）

为表面控制型和体控制型两种；按照半导体变化的物理性质，分为电阻型和非电阻型两种。

气体敏感元件大多是以金属氧化物半导体为基础材料，当被测气体在该半导体表面吸附后，引起其电学特性（如电导率）发生变化。表 3-5 所示为气敏元件。

表 3-5　气敏元件种类

名称	检测原理、现象		具有代表性的气敏元件及材料	检测气体
半导体气敏元件	电阻	表面控制型	有机半导体、金属	可燃性气体、CO、NO_2
		体控制型	FeO_3	可燃性气体 O_2（空燃比）
	二极管整流作用		TiO_2	H_2
FET 气敏元件	二极管栅极		MOSFET	NH_3
	静电电容		MOSFET	H_2O
固体电解质气敏元件	电池、电动势		K_2SO_4	卤素、O_2
	混合电位		有机电解质	CO、H_2
	电解电流		CaO	O_2
	电流		Sb_2O_3	H_2
接触燃烧式	燃烧热（电阻）		Pt＋催化剂	可燃性气体

3.2.4　力敏传感器及力敏元件

力敏传感器是用来检测气体、固体、液体等物质间相互作用力的传感器。力敏传感器的种类很多，有直接将力变换为电量的如压电式、压阻式等，有经弹性敏感元件转换后再转换成电量的如电阻式、电容式和电感式等。主要用于两个方面：测力和称重。主要分为以下四种：电阻式传感器、电感式传感器、电容式传感器、压电式传感器。力敏传感器如图 3-12、图 3-13 所示。

（1）电阻式传感器

电阻式传感器基本原理是将被测物理量的变化转换成电阻值的变化，再经相应的测量电路而最后显示被测量值的变化，可以测量的物理量有力、压、重量、位移、加速度、扭矩。

电阻式传感器又可分为电位器式电阻传感器和应变片式电阻传感器，力敏元件有线性电

| 图 3-12　力敏传感器（一） | 图 3-13　力敏传感器（二） |

位器、非线性电位器、电阻应变片，其中电阻应变片的工作原理是基于电阻应变效应，即在导体产生机械变形时，它的电阻值相应发生变化。

（2）电感式传感器

电感式传感器是利用线圈自感或互感的变化来实现测量的一种装置，可以用来测量位移、振动、压力等多种物理量。核心部分是可变电感或互感，主要特征是具有线圈绕组，故是力敏元件。

（3）电容式传感器

电容式传感器是利用电容器的原理，将非电量转化为电容量，进而实现非电量到电量的转化的器件。已在位移、压力、厚度等测量得到了广泛的应用。

（4）压电式传感器

压电式传感器是一种有源的双向机电传感器，工作原理是基于压电材料的压电效应，主要有石英晶体、压电陶瓷以及高分子材料的压电效应，可以把加速度、压力、位移等非电量转换为电量。

3.2.5　磁敏传感器及磁敏元件

磁敏传感器中，霍尔元件及霍尔传感器的生产量是最大的。它主要用于无刷直流电机（霍尔电机）中，这种电机用于磁带录音机、录像机、XY记录仪、打印机、电唱机及仪器中的通风风扇等。另外，霍尔元件及霍尔传感器还用于测转速、流量、流速及利用它制成高斯计、电流计、功率计等仪器。磁敏传感器如图3-14、图3-15所示。

磁敏传感器是传感器产品的一个重要组成部分，随着我国磁敏传感器技术的发展，其产品种类和质量将会得到进一步发展和提高，汽车、民用仪表等这些量大面广的应用领域即将实现，国产的电流传感器、高斯计等产品目前已经开始走入国际市场，与国外产品的差距正在快速缩小。

磁敏传感器，顾名思义就是感知磁性物体的存在或者磁性强度（在有效范围内），这些磁性材料除永磁体外，还包括顺磁材料（铁、钴、镍及其他的合金），当然也可包括感知通电（直、交）线包或导线周围的磁场。

（1）敏感元件

传统的磁检测中首先被采用的是电感线圈为敏感元件。特点是无须在线圈中通电，一般

图 3-14 磁敏传感器（一）

图 3-15 磁敏传感器（二）

仅对运动中的永磁体或电流载体起敏感作用。后来发展为用线圈组成振荡槽路的，如探雷器、金属异物探测器、测磁通的磁通计等（磁通门，振动样品磁强计）。

（2）霍尔传感器

霍尔传感器是依据霍尔效应制成的器件。

霍尔效应指通电的载体在受到垂直于载体平面的外磁场作用时，载流子受到洛伦兹力的作用，并有向两边聚集的倾向，由于自由电子的聚集（一边多一边必然少）从而形成电势差，在经过特殊工艺制备的半导体材料这种效应更为显著，从而形成了霍尔元件。早期的霍尔效应的材料锑化铟（Insb），为增强对磁场的敏感度，在材料方面半导体 III、V 元素族都有所应用。近年来，除锑化铟之外，有硅衬底的，也有砷化镓的。霍尔器件由于其工作机理的原因都制成全桥路器件，其内阻都在 $150 \sim 500\Omega$ 之间。对线性传感器工作电流在 $2 \sim 10mA$，一般采用恒流供电法。

锑化铟与硅衬底霍尔器件典型工作电流为 10mA。而砷化镓典型工作电流为 2mA。作为低弱磁场测量，希望传感器自身所需的工作电流越低越好。因为电源周围即有磁场，就不同程度引进误差。另外，目前的传感器对温度很敏感，通的电流大了，有一个自身加热问题。温升就造成传感器的零漂。这些方面除外附补偿电路外，在材料方面也在不断地进行改进。

霍尔传感器主要有两大类，一类为开关型器件，一类为线性霍尔器件，从结构形式及用量、产量前者大于后者。

（3）磁阻传感器

磁阻传感器是继霍尔传感器后派生出的另一种磁敏传感器。采用的半导体材料于霍尔传感器大体相同。但这种传感器对磁场的作用机理不同，传感器内载流子运动方向与被检磁场在一平面内。在磁阻器件应用中，温度漂移的控制也是主要矛盾，在器件制备方面，磁阻器件由于与霍尔传感器不同，因此，早期的产品为单只磁敏电阻。由于温度漂移大，现在多制成单臂（两只磁敏电阻串联）主要是为补偿温度漂移。目前也有全桥产品，但用法与霍尔器件略有差异。

磁阻传感器由于工作机理不同于霍尔，因而供电也不同，而是采用恒压源（但也需要一定的电流）供电。当后续电路不同对供电电源的稳定性及内部噪声要求高低有所不同。

（4）磁敏器件应用的体积问题

磁敏元件作为检测磁场而设计和制造的，在磁场检测中，由于磁场的面积、体积、缝隙大小等都是有限面积，因此我们希望磁敏元件之面积与被测磁场面积相比也应该是越小越准确。在磁场成像的技术中，元件体积越小，在相同的面积内采集的像素就越多。分辨率、清晰度越高。在表面磁场测量与多级磁体的检测中，在磁栅尺中，必然有如此要求。从磁敏元件工作机理看，为提高灵敏度在几何形状处于磁场中的几何尺寸都有相应要求，这与点的要求是相矛盾的。在与国外专家技术交流中得知，1999年俄罗斯专家说他们制成了体积0.6mm的探头。美国也有相应的产品，售价约70美元一只。

3.2.6 超声波传感器

超声波传感器是利用超声波的特性研制而成的传感器。超声波是一种振动频率高于声波的机械波，由换能晶片在电压的激励下发生振动产生的，它具有频率高、波长短、绕射现象小，特别是方向性好、能够成为射线而定向传播等特点。超声波对液体、固体的穿透本领很大，尤其是在阳光不透明的固体中，它可穿透几十米的深度。超声波碰到杂质或分界面会产生显著反射形成反射成回波，碰到活动物体能产生多普勒效应。因此超声波检测广泛应用在工业、国防、生物医学等方面。超声波传感器如图3-16、图3-17所示。

图3-16 超声波传感器（一）　　　　　　　图3-17 超声波传感器（二）

人们能听到声音是由于物体振动产生的，它的频率在20Hz～20kHz范围内，超过20kHz称为超声波，低于20Hz的称为次声波。常用的超声波频率为20kHz～20MHz。超声波的传播波型主要可分为纵波、横波、表面波等几种。

（1）超声波传感器的种类

超声波传感器习惯上称为超声换能器，或者超声探头。超声波探头主要由压电晶片组成，既可以发射超声波，也可以接收超声波。小功率超声探头多作探测作用。超声波换能器的工作原理有压电式、磁致伸缩式、电磁式等数种，在检测技术中主要采用压电式。它有许多不同的结构，可分直探头（纵波）、斜探头（横波）、表面波探头（表面波）、兰姆波探头（兰姆波）、聚焦探头、冲水探头、水浸探头、高温探头、空气传导探头以及其他专用探头等。

a. 接触式直探头：纵波垂直入射到被检介质，外壳用金属制作，保护膜用硬度很高的耐磨材料制作，防止压电晶片磨损。

b. 接触式斜探头：为了使超声波能倾斜入射到被测介质中，可使压电晶片粘贴在与底面成一定角度（如30、45等）的有机玻璃斜楔块上，当斜楔块与不同材料的被测介质（试件）接触时，超声波产生一定角度的折射，倾斜入射到试件中去。可产生多次反射，而传播到较远处去。常用频率范围为1～5MHz。

c. 接触法双晶直探头：将两个单晶探头组合装配在同一壳体内，其中一片发射超声波，另一片接收超声波。两晶片之间用一片吸声性能强、绝缘性能好的薄片加以隔离。双晶探头的结构虽然复杂些，但检测精度比单晶直探头高，且超声信号的反射和接收的控制电路较单晶直探头简单。

d. 水浸探头：可用自来水作为耦合剂。选择声透镜形状，可决定聚焦形式为点聚焦或线聚焦。

e. 聚焦探头由于超声波的波长很短（毫米数量级），所以它也类似光波，可以被聚焦成十分细的声束，其直径可小到1mm左右，可以分辨试件中细小的缺陷，这种探头称为聚焦探头。聚焦探头采用曲面晶片来发出聚焦的超声波；也可以采用两种不同声速的塑料来制作声透镜；也可以利用类似光学反射镜的原理制作声凹面镜来聚焦超声波。

（2）超声波传感器的工作原理

超声波传感器主要材料有压电晶体（电致伸缩）及镍铁铝合金（磁致伸缩）两类。电致伸缩的材料有锆钛酸铅（PZT）等。压电晶体组成的超声波传感器是一种可逆传感器，逆压电效应将高频电振动转换成高频机械振动，而产生超声波，可作为发射探头；利用正压电效应，将超声振动波转换成电信号，可用为接收探头。有的超声波传感器既作发送，也能作接收。

小型超声波传感器，发送与接收略有差别，它适用于在空气中传播，工作频率一般为23～25kHz及40～45kHz。这类传感器适用于测距、遥控、防盗等用途。

超声波传感器利用声波介质对被检测物进行非接触式无磨损的检测。超声波传感器对透明或有色物体、金属或非金属物体、固体、液体、粉状物质均能检测。其检测性能几乎不受任何环境条件的影响，包括烟尘环境和雨天。

超声探头与被测物体接触时，探头与被测物体表面间存在一层空气薄层，空气将引起三个界面间强烈的杂乱反射波，造成干扰，并造成很大的衰减。为此，必须将接触面之间的空气排挤掉，使超声波能顺利地入射到被测介质中。在工业中，经常使用一种称为耦合剂的液体物质，使之充满在接触层中，起到传递超声波的作用。常用的耦合剂有自来水、机油、甘油、水玻璃、胶水、化学糊糊等。

（3）超声波传感器的主要性能指标包括

a. 工作频率。工作频率就是压电晶片的共振频率。当加到它两端的交流电压的频率和晶片的共振频率相等时，输出的能量最大，灵敏度也最高。

b. 工作温度。由于压电材料的居里点一般比较高，特别时诊断用超声波探头使用功率较小，所以工作温度比较低，可以长时间地工作而不失效。医疗用的超声探头的温度比较高，需要单独的制冷设备。

c. 灵敏度。主要取决于制造晶片本身。机电耦合系数大，灵敏度高；反之，灵敏度低。

（4）超声波传感器的应用

超声波传感技术在医学上的应用主要是诊断疾病，它已经成为了临床医学中不可缺少的诊断方法。超声波诊断的优点是：对受检者无痛苦、无损害、方法简便、显像清晰、诊断的准确率高等。超声波诊断可以基于不同的医学原理，其中有代表性的一种所谓的A型方法。这个方法是利用超声波的反射。当超声波在人体组织中传播遇到两层声阻抗不同的介质界面是，在该界面就产生反射回声。每遇到一个反射面时，回声在示波器的屏幕上显示出来，而两个界面的阻抗差值也决定了回声的振幅的高低。

在工业方面，超声波的典型应用是对金属的无损探伤和超声波测厚两种。过去，许多技术因为无法探测到物体组织内部而受到阻碍，超声波传感技术的出现改变了这种状况。当然更多的超声波传感器是固定地安装在不同的装置上，"悄无声息"地探测人们所需的信号。

在未来的应用中，超声波将与信息技术、新材料技术结合起来，将出现更多的智能化、高灵敏度的超声波传感器。

超声波遥控开关可控制家用电器及照明灯。采用小型超声波传感器（$\phi12\sim\phi16$），工作频率在 40kHz，遥控距离约 10m。超声波传感器可用于探测液位、探测透明物体和材料，控制张力以及测量距离，主要为包装、制瓶、物料检验煤的设备搬运、塑料加工以及汽车行业等。超声波传感器可用于流程监控以提高产品质量、检测缺陷、确定有无以及其他方面。

3.3 传感器和微控制器接口

标准接口总线是计算机和各种测量仪器之间进行信息交换而设立的连接设备，用以解决各种产品接口不统一的问题。为此，设计一种适合自动测试系统的通用接口标准，其最终目标是：世界各国都按同一标准来设计程控仪器的接口电路，可将任何厂家生产的任何型号的仪器用一条无源标准总线电缆连接起来，并通过一个与计算机相适应的接口与计算机相连接，组成一个符合用户要求的自动测试系统。一般来说，实现程控仪器的数据传输和通信，经常采用的标准接口有 RS-232、HP-IB（或 GP-IB）、USB、SPI、I2C 等类型。

3.3.1 RS-232 标准串行接口总线

RS-232C（又称 EIA RS-232C）是串行异步通信中应用最广的串行总线标准，1969 年由美国 EIA（电子工业协会）颁发，其中 RS 是 Recommended Standard 的编写，232 是标准的标识号。RS-232C 的前身是 RS-232A 和 RS-232B，这前两种接口标准现在已很少使用。RS-232C 主要用于使用模拟信道传输数字信号的场合，推出这种标准的最初目的是在数据终端设备 DTE（Data Terminal Equipment）与数据通信设备 DCE（Data Communication Equipment）之间建立接口标准。RS-232C 标准接口使用标准的 ±12V 电压脉冲来实现信息传输。

(1) RS-232C 标准接口性能

a. 机械特性　RS-232C 采用 25 脚 D 型连接器（含插头/插座）作为 DTE 与 DCE 之间通信电缆的连接口，通常插头在 DCE 端，插座在 DTE 端。但在实际进行异步通信时，RS-232C 的 25 条引线中有许多是很少使用的，在计算机与终端通信中一般只使用 3～9 条引线。只需 9 个信号即够用，因此也可以采用 9 脚 D 型连接器。一些设备与 PC 机连接的 RS-232C 接口，因为不使用对方的传送控制信号，只需三条接口线，即"发送数据"、"接收数据"和"信号地"。传输线采用屏蔽双绞线。

b. 电气特性　在 RS-232C 中任何一条信号线的电压均为负逻辑关系。即逻辑"1"用负电平表示，有效电平范围是 $-3\sim-15$V。逻辑"0"用正电平表示，有效电平范围是 $+3\sim+15$V。$-3\sim+3$V 为过渡区，逻辑状态不定，为无效电平。

(2) RS-232C 接口标准的交换功能

RS-232C 接口标准规定为 25 根连接线，每根都给予明确的定义。RS-232C 主引脚信号功能如表 3-6 所示。

表 3-6　RS-232C 主引脚信号

引脚号		信号名称	缩写	传送方向与功能说明
25 脚	9 脚			
2	3	发送数据	TXD	DTE → DCE 输出数据到 Modem
3	2	接收数据	RXD	DTE ← DCE 由 Modem 输入数据

引脚号		信号名称	缩写	传送方向与功能说明
25 脚	9 脚			
4	7	请求发送	RTS	DTE→ DCE DTE 请求发送数据
5	8	清除发送	CTS	DTE← DCE Modem 表明同意发送
6	6	数据传输就绪	DSR	DTE← DCE 表明 Modem 已准备就绪
7	5	信号地	GND	无方向 所有信号的公共地线
8	1	载波检测	DCD	DTE← DCE Modem 正在接收载波信号
20	4	数据终端就绪	DTR	DTE→ DCE 通知 Modem DTE 已准备好
22	9	振铃指示	RI	DTE← DCE 表明 Modem 已收到拨号呼叫

(3) RS 232 串行接口基本接线原则

设备之间的串行通信接线方法,取决于设备接口的定义。设备间采用 RS 232 串行电缆连接时有两类连接方式。

a. 直通线即相同信号(Rxd 对 Rxd、Txd 对 Txd)相连,用于 DTE(数据终端设备)与 DCE(数据通信设备)相连。如计算机与 MODEM(或 DTU)相连。

b. 交叉线即不同信号(Rxd 对 Txd、Txd 对 Rxd)相连,用于 DTE 与 DTE 相连。如计算机与计算机、计算机与采集器之间相连。

以上两种连接方法可以认为同种设备相连采用交叉线连接,不同种设备相连采用直通线连接。在少数情况下会出现两台具有 DCE 接口的设备需要串行通信的情况,此时也用交叉方式连接。当一台设备本身是 DTE,但它的串行接口按 DCE 接口定义时,应按 DCE 接线。一般地,RS 232 接口若为公头,则该接口按 DTE 接口定义;若为母头,则该接口按 DCE 接口定义。但注意也有反例,不能一概而论。一些 DTE 设备上的串行接口按 DCE 接口定义而采用 DB9 或 DB25 母接口的原因主要是因为 DTE 接口一般都采用公头,当人用手接触时易接触到针脚;采用母头时因不易碰到针脚,可避免人体静电对设备的影响。

对于某些设备上的非标准 RS 232 接口,需要根据设备的说明书确定针脚的定义。如果已知 Txd、Rxd 和 Gnd 三个针脚,但不清楚哪一个针脚是 Txd,哪一个针脚是 Rxd,可以通过用万用表测量它们与 Gnd 之间的电压来判别,如果有一个电压为－10V 左右,则万用表红表笔所接的是 DTE 的 Txd 或 DCE 的 Rxd。如图 3-18 所示。

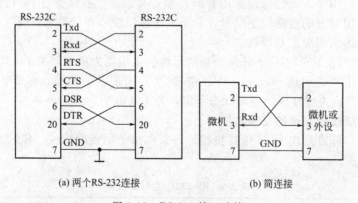

(a) 两个RS-232连接   (b) 简连接

图 3-18 RS-232 接口连接

3.3.2 USB 总线技术

USB(Universal Serial Bus)即通用串口总线,是由康柏公司(Conpaq)、数字设备公

司 (DEC)、国际商业机器公司 (IBM)、英特尔公司 (Inter)、微软公司 (Microsoft)、日本电气股份有限公司 (NEC) 和北方电讯 (Northen Telecom) 等公司为简化 PC 与外设之间的互联而共同研究开发的一种免费的标准化连接器，它支持各种 PC 与外设之间的连接，还可实现数字多媒体集成。目前 USB 接口有三种：USB1.1 和 USB2.0，以及近年来出现的 USB3.0。理论上 USB1.1 的传输速度可以达到 12Mbps，而 USB2.0 则可以达到速度 480Mbps，并且可以向下兼容 USB1.1。

USB 总线的特点。

a. 连接简单。USB 为所有的 USB 外设提供了单一的、易于操作的连接类型。

b. 结构简单。USB 排除了对鼠标、调制解调器、键盘和打印机不同接口的需求，采用四线电缆，两根作为数据传输线，其余两根用来为设备提供电源，从而减少了硬件设计的复杂性。

c. USB 支持热插拔。即在不关 PC 机的情况下可以安全地插上和断开 USB 设备。热插拔能力 USB 的安全、可靠和智能。其他普通的外部设备连接标准，如 SCSI 等必须在关掉主机的情况下才能增加或移走外围设备。

d. USB 支持 PNP (Plug and Play)，也就是即插即用。当插入 USB 设备的时候，主计算机设备检测该外设并通过加载相关的驱动程序对该设备进行配置。

e. 使用灵活。USB 在设备供电方面提供了灵活性。USB 直接连接的设备可以通过 USB 电缆供电，USB 传输线中的两条电源线可以提供 5V 电源供 USB 设备使用。USB 传输线能够提供 100mA 的电流，而带电源的 USB Hub 使得每个接口可以提供 500mA 的电流。

f. 速度快。USB V1.1 规范提供全速 12Mbps 的模式和低速 1.5Mbps 的模式，USB V2.0 规范提供高达 480Mbps 的数据传输速率，可以适应各种不同类型的外设。

g. 容错性强。针对突然发生的非连续传输设备，如音频和视频设备，USB 在满足带宽的情况下才进行该类型的数据传输。

h. 性价比较高。USB 使得多个外围设备可以跟主机通信，最多支持 127 个设备。电脑的 USB 接口有限，必须使用 USB Hub 增加分支，根据 USB 规范，USB Hub 最多提供 7 个分支。

(1) USB 的硬件结构

USB 采用四线电缆，其中两根是用来传送数据的串行通道，另两根为下游设备提供电源，对于高速且需要高带宽的外设，USB 以全速 12Mbps 的传输数据；对于低速外设，USB 则以 1.5Mbps 的传输速率来传输数据。USB 总线会根据外设情况在两种传输模式中自动地动态转换。USB 是基于令牌的总线。类似于令牌环网络或 FDDI 基于令牌的总线。USB 主控制器广播令牌，总线上设备检测令牌中的地址是否与自身相符，通过接收或发送数据给主机来响应。USB 通过支持悬挂/恢复操作来管理 USB 总线电源。

USB 系统采用级联星型拓扑，该拓扑由三个基本部分组成：主机 (Host)，集线器 (Hub) 和功能设备 (Function)。

主机也称为根，根结或根 Hub，它做在主板上或作为适配卡安装在计算机上，主机包含有主控制器和根集线器 (Root Hub)，控制着 USB 总线上的数据和控制信息的流动，每个 USB 系统只能有一个根集线器，它连接在主控制器上。

集线器是 USB 结构中的特定成分，它提供叫做端口 (Port) 的点将设备连接到 USB 总线上，同时检测连接在总线上的设备，并为这些设备提供电源管理，负责总线的故障检测和恢复。集线器可为总线提供能源，亦可为自身提供能源（从外部得到电源），自身提供能源的设备可插入总线提供能源的集线器中，但总线提供能源的设备不能插入自身提供能源的集线器或支持超过四个的下游端口中，如总线提供能源设备的需要超过 100mA 电源时，不能

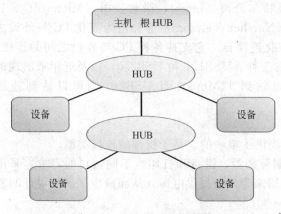

图 3-19　USB 总线拓扑结构

同总线提供电源的集线器连接。USB 总线拓扑结构如图 3-19 所示。

(2) 传输数据模式

对于不同的外设，USB2.0 可根据速度要求在电缆上采取三种模式传输数据：

a. 高速模式（High-speed）：传输速率 25～480Mbps，主要适用于大容量移动硬盘，光驱和视频传输等具有高速特征的外设。

b. 全速模式（Full-speed）：传输速率 500kbps～10Mbps，主要适用于电话、宽带设备、音频设备等中速外部设备。

c. 低速模式（Low-speed）：传输速率 10～100kbps，主要用于人机接口设备，例如鼠标、键盘、游戏杆等对传输速度要求不高的外部设备。

3.3.3　SPI 接口

SPI（Serial Peripheral Interface，串行外设接口）总线系统是一种同步串行外设接口，它可以使 MCU（微控制单元，又称单片微型计算机）与各种外围设备以串行方式进行通信以交换信息。SPI 接口是 Motorola 首先在其 MC68HCXX 系列处理器上定义的，主要应用在 EEPROM、FLASH、实时时钟、AD 转换器，还有数字信号处理器和数字信号解码器之间。

(1) SPI 接口结构

SPI 有三个寄存器分别为：控制寄存器 SPCR，状态寄存器 SPSR，数据寄存器 SPDR。外围设备包括 FLASHRAM、网络控制器、LCD 显示驱动器、A/D 转换器和 MCU 等。SPI 接口结构如图 3-20 所示。

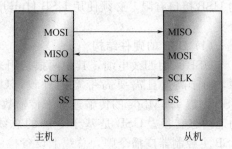

图 3-20　SPI 接口结构

SPI 总线系统可直接与各个厂家生产的多种标准外围器件直接接口，称为 4 线串行总线，以主/从方式工作，数据传输过程由主机初始化。其使用的 4 条信号线分别为：

a. SCLK：串行时钟线。用来同步数据传输，由主机输出；

b. MOSI：主机输出从机输入数据线；

c. MISO：主机输入从机输出数据线；

d. SS：片选线，低电平有效，由主机输出。

在 SPI 总线上，某一时刻可以出现多个从机，但只能存在一个主机，主机通过片选线来确定要通信的从机。这就要求从机的 MISO 口具有三态特性，使得该口线在器件未被选通时表现为高阻抗。

SPI 接口是在 CPU 和外围低速器件之间进行同步串行数据传输，在主器件的移位脉冲下，数据按位传输，高位在前，低位在后，为全双工通信，数据传输速度总体来说比 I2C 总线要快，速度可达到几 Mbps。当 SPI 工作时，在移位寄存器中的数据逐位从输出引脚（MOSI）输出（高位在前），同时从输入引脚（MISO）接收的数据逐位移到移位寄存器

（高位在前）。发送一个字节后，从另一个外围器件接收的字节数据进入移位寄存器中。主 SPI 的时钟信号（SCK）使传输同步。

(2) SPI 接口特点

SPI 一共有 11 位有用信号，每位信号差分成两个信号用来提高传输抗干扰性，在物理连接上用标准 25 芯 D 型插头座（DB25）传输，因此连线多且复杂，传输距离短，容易出现故障。具有可以同时发出和接收串行数据、可以当作主机或从机工作、支持全双工操作、提供频率可编程时钟、发送结束中断标志、写冲突保护、总线竞争保护、数据传输速率较高等特点。同时，也具有需要占用主机较多的端口线（每个从机都需要一根接口线）、只支持单个主机等缺点。

3.3.4　I2C 接口

(1) I2C 接口概述

I2C（Inter—Integrated Circuit，集成电路总线）接口是 Philips 推出的一种串行总线方式，用于 IC 器件之间的通信，它通过 SDA（串行数据线）和 SCL（串行时钟线）两根线再连到总线上的器件之间传送信息，并通过软件寻址识别每个器件，而不需要片选线。

I2C 总线产生于在 80 年代，最初为音频和视频设备开发，如今主要在服务器管理中使用，其中包括单个组件状态的通信。例如管理员可对各个组件进行查询，以管理系统的配置或掌握组件的功能状态，如电源和系统风扇。可随时监控内存、硬盘、网络、系统温度等多个参数，增加了系统的安全性，方便了管理。

I2C 总线优点主要如下。

a. 简单性和有效性。由于接口直接在组件之上，因此 I2C 总线占用的空间非常小，减少了电路板的空间和芯片管脚的数量，降低了互联成本。总线的长度可高达 25 英尺，并且能够以 10kbps 的最大传输速率支持 40 个组件。

b. 支持多主控（Multimastering）。其中任何能够进行发送和接收的设备都可以成为主总线。一个主控能够控制信号的传输和时钟频率。在任何时间点上只能有一个主控。

c. 每个接到 I2C 总线上的器件都有唯一的地址。主机与其他器件间的数据传送可以是由主机发送数据到其他器件，这时主机即为发送器。由总线上接收数据的器件则为接收器。在多主机系统中，可能同时有几个主机企图启动总线传送数据。为了避免混乱，I2C 总线要通过总线仲裁，以决定由哪一台主机控制总线。

(2) I2C 总线的硬件结构

I2C 总线是由数据线 SDA 和时钟 SCL 构成的串行总线，可发送和接收数据。在 CPU 与被控 IC 之间、IC 与 IC 之间进行双向传送，最高传送速率 100kbps。每个电路和模块都有唯一的地址，在信息的传输过程中，I2C 总线上并接的每一模块电路既是主控器（或被控器），又是发送器（或接收器），这取决于它所要完成的功能。CPU 发出的控制信号分为地址码和控制量两部分，地址码用来选址，即接通需要控制的电路，确定控制的种类；控制量决定该调整的类别（如对比度、亮度等）及需要调整的量。这样，各控制电路虽然挂在同一条总线上，却彼此独立，互不相关。其结构如图 3-21 所示。

I2C 总线上允许连接多个微处理器以及各种外围设备，如存储器、LED 及 LCD 驱动器、A/D 及 D/A 转换器等。为了保证数据可靠地传送，任一时刻总线只能由某一台主机控制，各微处理器应该在总线空闲时发送启动数据，为了妥善解决多台微处理器同时发送启动数据的传送（总线控制权）冲突，以及决定由哪一台微处理器控制总线的问题，I2C 总线允许连接不同传送速率的设备。多台设备之间时钟信号的同步过程称为同步化。

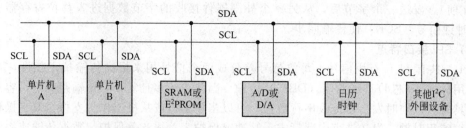

图 3-21　I2C 总线的硬件结构

（3）I2C 总线的数据传输

I2C 总线在传送数据过程中共有三种类型信号，它们分别是开始信号、结束信号和应答信号。

a. 开始信号：SCL 为高电平时，SDA 由高电平向低电平跳变，开始传送数据。

b. 结束信号：SCL 为低电平时，SDA 由低电平向高电平跳变，结束传送数据。

c. 应答信号：接收数据的 IC 在接收到 8bit 数据后，向发送数据的 IC 发出特定的低电平脉冲，表示已收到数据。CPU 向受控单元发出一个信号后，等待受控单元发出一个应答信号，CPU 接收到应答信号后，根据实际情况作出是否继续传递信号的判断。若未收到应答信号，由判断为受控单元出现故障。

主器件产生串行时钟（SCL）控制总线的传输方向，并产生起始和停止条件。SDA 线上的数据状态仅在 SCL 为低电平的期间才能改变，SCL 为高电平的期间，SDA 状态的改变被用来表示起始和停止条件。

3.3.5　GP-IB 标准接口

GP-IB 即通用接口总线（General Purpose Interface Bus）是国际上通用的仪器接口标准。目前生产的智能仪器几乎无例外的配有 GP-IB 标准接口。

国际通用的仪器接口标准最初由美国 Hewlett Packard 公司研制，称为 HP-IB 标准，1975 年 IEEE 在此基础上加以改进，将其规范化为 IEEE-488 标准予以推荐。1977 年 IEC 又通过国际合作命名为 IEC-625 国际标准。此后，同一标准便在文献资料中使用了 HP-IB，IEEE-488，GP-IB，IEC-IB 等多种称谓，但日渐普遍使用的名称是 GP-IB。GPIB 是专为测试测量和仪器控制应用设计的；GPIB 是一种数字的、8 位并行通信接口，数据传输速率高达 8Mb/s。

（1）GP-IB 标准接口的基本特性

GP-IB 标准包括接口和总线两部分。接口部分由各种逻辑电路组成，与各仪器装置安装在一起，用于对传送的信息进行发送、接收、编码和译码。总线部分是一条无源的多芯电缆，用作传输各种消息。

在自动测试系统中，GP-IB 仪器之间的通信是通过接口系统发送"仪器消息"和"接口消息"来实现的。总线上传递的各种信息称为消息。接口消息是指用于管理接口部分完成各种接口功能的信息，它由控者发出而只被接口部分所接收和使用。通常称之为命令或命令消息。仪器消息是与仪器自身工作密切相关的信息，它只被仪器部分所接收和使用，虽然仪器消息通过接口功能进行传递，但它不改变接口功能的状态。GP-IB 标准接口如图 3-22 所示。

在一个 GP-IB 标准接口总线系统中，要进行有效的通信联络，至少有"讲者"、"听者"、"控者"三类仪器装置。

讲者是通过总线发送仪器消息的仪器装置。如测量仪器、数据采集器、计算机等。听者是通过总线接受由讲者发出消息的装置。如打印机、信号源等。控者是数据传输过程中的组

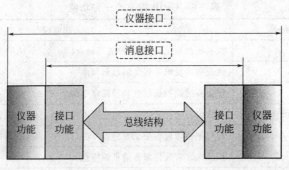

图 3-22　GP-IB 标准接口

织者和控制者。如计算机。对于系统中的某一台装置可以具有三要素（讲者，听者，控者）中的一个，二个或全部。GP-IB 系统中的计算机一般同时具有讲者、听者、控者的功能。

GP-IB 标准接口系统的基本特性如下。

a. 可以用一条总线互相连接若干台装置，以组成一个自动测试系统。系统中装置的数目最多不超过 15 台，互连总线的长度不超过 20m。

b. 数据传输采用并行、串行、三线联锁挂钩技术、双向异步传输方式，其最大传输率不超过 1MB/s。

c. 总线上传输的消息采用负逻辑。低电平（≤＋0.8V）为逻辑 1，高电平（≥＋2.0V）为逻辑 0。

d. 一般适用于电气干扰轻微的实验室和生产现场。

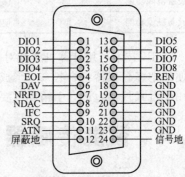

图 3-23　GP-IB 标准接口的总线

(2) GP-IB 标准接口的总线结构

总线是一条 24 芯电缆，其中 16 条为信号线，其余为地线和屏蔽线。电缆两端是双列 24 芯叠式结构插头。GP-IB 标准接口的总线结构如图 3-23 所示。功能如表3-7、表 3-8 所示。

表 3-7　HP-IB 引脚说明

功能	符　号	说　明
数据输入输出线	DIO1～DIO8	传递仪器消息和大部分接口消息，包括数据、命令和地址
信号联络线（握手线）	DAV（数据有效线）	当数据线上出现有效的数据时，讲者置 DAV 线为低（负逻辑），示意听者从数据线上接收数据
	NRFD（未准备好接收数据线）	只要被指定为听者中有一个尚未准备好接收数据，NRFD 线就为低，示意讲者暂不要发出信息
	NDAC（数据未到线）	只要被指定为听者中有一个尚未从数据总线上接收完数据，NDAC 就为低，示意讲者暂不要撤掉数据总线上的信息
接口管理线	IFC（接口清除线）	此线由控者使用，当 IFC 为 1 时，整个接口系统恢复到初始状态
	ATN（注意线）	控制器输出的初始化信息，当它为 L 时，全部发送器和接收器全停止工作
	SRQ（服务请求线）	所有设备都与这条线"线或"在一起，任一设备将此线变为低态（SRQ=1），即表示向控者提出服务请求，然后控者再通过依次查询确定提出请求的设备
	REN（远地使能线）	此线由控者使用，当 REN 为 1 时，仪器可能处于远程工作状态，从而封锁设备面板的手工操作。当 REN 为 0 时，仪器处于本地方式
	EOI（结束识别线）	此线与 ATN 配合使用，当 EOI 为 1，ATN 为 0 时，表示讲者已传递完一组数据；当 EOI 为 1，ATN 为 1 时，表示控者要进行识别操作，要求设备把他们的状态放在数据线上

表 3-8   GPIB 标准的十种功能

名称	符号	功能说明
控者功能	C	使系统初始化,发布各种通用命令
讲者功能	T	使设备可发出要传送的数据和命令
听者功能	L	使设备接收数据信息和程控命令信息
源联络功能	SH	在数据传输过程中源方向受方进行联络,保证多线消息正确可靠传输
受联络功能	AH	在数据传输过程中受方向源方进行联络,保证仪器能够正确接收多线消息
服务请求功能	SR	仪器向控者发出服务请求的信息
并行查询功能	PP	快速查询多个请求服务设备
远地/本地功能	R/L	保证远地/本地工作方式的转换
设备清除功能	DC	保证控者命令将设备初始化
设备触发功能	DT	使听者、讲者可接收控者发来的命令

GPIB 技术可用计算机实现对仪器的操作和控制,替代传统的人工操作方式,可以很多方便地把多台仪器组合起来,形成自动测量系统。GPIB 测量系统的结构和命令简单,主要应用于台式仪器,适合于精确度要求高的,但不要求对计算机高速传输状况时应用。

3.4   智能传感器

3.4.1   智能传感器概述

(1) 智能传感器的概念

20 世纪 70 年代,微处理器举世瞩目的成就带来了数字化的发展,对仪器仪表的发展起了巨大的推动作用。80 年代末期,人们又将微机械加工技术应用到传感器,从而产生了智能传感器的概念。90 年代的虚拟仪器 (virtual instrument,VI) 技术的飞速发展,使以微型计算机为基础的测控系统需要传感器来提供数据,以便作出实时的决策。随着系统自动化程度的提高和复杂性的增加,对传感器的综合精度、稳定可靠性、互换性、智能水平、远程可维护性和新的加工工艺水平要求越来越高。传统的传感器技术已达到其技术极限,因此,人们用将微处理器智能技术用于传感器。智能传感器是具有信息处理功能的传感器。智能传感器带有微处理机,具有采集、处理、交换信息的能力,是传感器集成化与微处理机相结合的产物。与一般传感器相比,智能传感器具有以下三个优点:通过软件技术可实现高精度的信息采集,而且成本低;具有一定的编程自动化能力;功能多样化。

智能传感器系统是一门现代综合技术,是当今世界正在迅速发展的高新技术,至今还没有形成规范化的定义。目前,关于智能传感器的中、英文称谓尚未完全统一。英国人将智能传感器称为 "Intelligent Sensor";美国人则习惯于把智能传感器称作 "Smart Sensor",直译就是 "灵巧的、聪明的传感器"。

智能传感器就是将传统的传感器和微处理器及相关电路组成一体化结构,使之具备信息检测、信息处理、信息记忆、逻辑思维与判断功能等类似人的某些智能的新概念传感器。需要指出,一方面可以将传感器与微处理器集成在一个芯片上构成所谓的 "单片智能传感器",另一方面,传感器能够配微处理器。显然,后者的定义范围更宽,但二者均属于智能传感器的范畴。智能传感器组成如图 3-24 所示。

智能传感器具有如下功能:

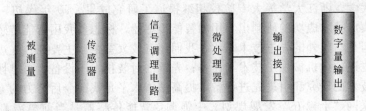

图 3-24 智能传感器组成

a. 具有自校零、自标定、自校正功能；

b. 具有自动补偿功能和计算功能；

c. 能够自动采集数据，并对数据进行预处理；

d. 能够自动进行检验、自选量程、自寻故障；

e. 具有数据存储、记忆与信息处理功能；

f. 具有双向通信、标准化数字输出或者符号输出功能；

g. 具有判断、决策处理功能。

(2) 智能传感器的发展

电子自动化产业的迅速发展促使传感器技术、特别是集成智能传感器技术日趋活跃。国外一些著名的公司和高等院校正在大力开展有关集成智能传感器的研制，国内一些著名的高校和研究所以及公司也积极跟进，集成智能传感器技术取得了令人瞩目的发展。

世界上第一个智能传感器是美国霍尼韦尔（Honeywell）公司在 1983 年开发的 ST3000 系列智能压力传感器。它具有多参数传感（差压、静压和温度）与智能化的信号调理功能。

目前，智能传感器技术正处于蓬勃发展时期，具有代表意义的典型产品是美国霍尼韦尔公司的 ST-3000 系列智能传感器和德国斯特曼公司的二维加速度传感器，以及另外一些含有微处理器（MCU）的单片集成压力传感器、具有多维检测能力的智能传感器和固体图像传感器等。与此同时，基于模糊理论的新型智能传感器和神经网络技术在智能化传感器系统的研究和发展中的重要作用，也日益受到了相关研究人员的极大重视。

根据透明市场研究公司（Transparency Market Research）测算，集成智能传感器可达到每年 10% 的递增速度，并有望在 2018 年达到 69 亿美元。为了更好地应用在各类终端产品中，智能传感器的体积在不断缩小，甚至有的小似针头。对于未来智能传感器的发展，市场咨询公司 WinterGreen 公司给出了充满希望的预测：集成处理器的智能传感器将在 2019 年达到 2.8 万亿个，远远高于 2013 年的 6500 万个。

智能传感器的制造基础是微机械加工技术，将硅进行机械、化学、焊接加工，再采用不同的封装技术来封装，近几年又发展了一种 LIGA 工艺（深层 X 射线光刻电镀成敏感膜）用于制造传感器。

智能传感器一般具有实时性很强的功能，尤其动态测量时常要求在几微秒内完成数据采集、计算、处理和输出。智能传感器的一系列功能都是在程序支持下进行，其产品功能、基本性能、工作可靠性等等在一定程度上依赖于软件设计质量。智能传感器的软件主要有五大类，包括标度换算、数字调零、非线性补偿、温度补偿、数字滤波技术等。

目前智能传感器系统本身都是数字式的，但其通信规定仍采用 4～20mA 的标准模拟信号。国际上有关标准化研究机构正在积极推出国际规格的数字标准（现场总线）。在现在的过渡阶段采用了 HART 协议（Highway Addressable Remote Transducer，寻址远程传感器数据线）。这是一种智能传感器的通信协议，与现有的 4～20mA 的系统兼容，模拟与数字数据可以同时进行通信，不同生产厂家的产品具有通用性。

我国对智能传感器的研究始于 20 世纪 80 年代中期。80 年代末，中国国防科技大学、北京航空航天大学、浙江大学等大专院校相继报道了研究成果。90年代初，国内几家研究机构采用混合集成技术成功的研制出实用的智能传感器，标志着我国智能传感器的研究进入了国际行列，但是与国外的先进技术相比，我们还有较大差距。主要在：先进的计算、模拟和设计方法；先进的微机械加工技术与设备；先进的封装技术于设备；可靠性技术研究等方面。所以加强技术的研究和引进先进设备，提高整体水平是我国今后努力的方向。

中国《物联网"十二五"发展规划》中强调：智能传感器是当前急需要攻克的核心技术。智能传感器的性能决定物联网性能，智能传感器是物联网发展的瓶颈，智能传感器产业化决定物联网市场应用前景。由江苏物联网研究发展中心、无锡微纳产业发展有限公司和华润微电子等三方共建的国内首个完备MEMS智能传感器公共技术平台目前已进入实际运行阶段。依托该平台技术辐射，多家国内顶尖研发机构和企业已入驻，成为当地物联网产业的重要引擎。MEMS（微机电系统）被认为是继微电子之后又一个对国民经济和军事具有重大影响的技术领域，具有体积小、功耗低、性能稳定等优点，也是物联网产业链中的最核心环节。

智能传感器已广泛应用于航空、航天、石油、化工、矿山、机械、大坝、地质、水文等行业中。例如：它在机器人领域中有着广阔应用前景，智能传感器使机器人具有类人的五官和大脑功能，可感知各种现象，完成各种动作。智能传感器将扩展到化学、电磁、光学和核物理等领域，可以预见，越来越多的智能传感器将会在我国国民经济的各个领域发挥作用。

(3) 智能传感器标准体系

IEC标准化管理局（SMB）于2009年9月在SMB/4010A/DC文件中提出了17项IEC潜在新技术领域，其中第14项明确指出智能传感器归口IEC/TC65（工业过程测量、控制和自动化），并且IEC/SC65B（装置与过程分析）在相关方面已经开展了多项标准的制修订工作。我国智能传感器技术发展很快，但相应的国家标准欠缺。机械工业仪器仪表综合技术经济研究所作为IEC/TC65的国内归口单位，在充分调研国内外智能传感器技术发展现状的基础上，初步建立智能传感器系统标准体系构架（如图3-25所示），以规范国内智能传感器市场，服务于各相关应用领域，奠定我国物联网体系建设的基础。

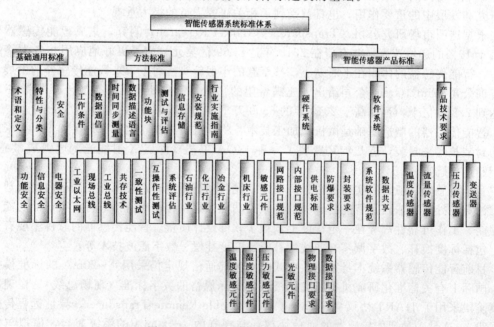

图 3-25　智能传感器系统标准体系构架

智能传感器系统标准构架基于工业领域的自身特点，以现有标准和技术为补充，并融合了智能传感器的智能化特点，例如时间同步测量、信息存储等，从基础通用标准、方法标准、智能传感器产品标准三部分进行详细的解析。标准体系中最重要的就是第三部分智能传感器产品标准。按照智能传感器的构成，分成硬件系统、软件系统和产品技术要求。

a. 硬件系统包括敏感元件、网络接口规范、内部接口规范、供电标准、防爆要求、封装要求。其中，敏感元件按照其物理特性分为温度、湿度、压力、流量、加速度等，并对各种不同原理产品的特性指标、封装形式给出具体要求。网络接口规范分别规定了智能传感器的物理接口和数据接口要求。内部接口规范指智能传感器实现 IEEE 1451 标准时的通信接口要求。

b. 软件系统包括系统软件规范和数据共享。其中，系统软件规范指智能传感器的编程规范等，数据共享指源数据和编码的格式要求、信息分类等，是与物联网衔接时的重要组成部分。

c. 产品技术要求按照被测参数不同，分为对温度传感器、流量传感器、压力传感器、变送器等的具体技术要求，比如自校验、自诊断、信息决策等。

为配合国家物联网产业政策的实施，解决物联网产业应用对技术标准、基础标准和产品标准的重大需求，受国家标准化管理委员会委托，全国工业过程测量和控制标准化技术委员会于 2013 年 9 月，开始组织实施物联网智能传感器与工业生产应用两领域 19 项国家标准的起草工作。为保证标准起草工作的顺利进行，全国工业过程测量和控制标准化技术委员会发布公告广泛征集专家成员以及从事物联网智能传感器及工业生产应用相关工作的单位，成立标准起草工作组，并制定了《关于物联网智能传感器及工业生产应用等 19 项国家标准标准起草工作组的有关规定》。物联网智能传感器国家标准的制定，将加快物联网发展的速度。

3.4.2 智能传感器实现途径

智能传感器的实现是沿着传感器技术发展的三种途径进行的，包括非集成化实现、集成化实现和混合实现。

(1) 非集成化实现

非集成化智能传感器是将传统的经典传感器、信号调理电路、带数字总线接口的微处理器组合为整体而构成的一个智能传感器系统，其框图如图 3-26 所示。

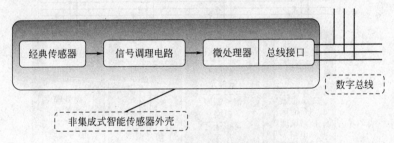

图 3-26 非集成化智能传感器框图

信号调理电路的作用是来调理传感器输出信号的，即将传感器输出信号进行放大并转换为数字信号后送入微处理器，再由微处理器通过总线接口接数字总线上。

这种方式是在现场总线控制系统发展形势的推动下迅速发展起来的，因为这种控制系统要求挂接的传感器/变送器必须是智能型的。在原来传感器基础上，增加一个带数字总线接口的微处理器模块，配备能进行通信、控制、自校正、自补偿、自诊断等智能化软件，从而实现智能传感器功能。对于自动化仪表生产厂家来说，非集成化实现是一种建立智能传感器系统最经济、最快捷的途径与方式。初级的智能传感器，集成度不高，体积较大，是比较实用的智能传感器。

（2）集成化实现

这种智能传感器系统是采用微机械加工技术和大规模集成电路工艺技术，利用硅作为基本材料来制作敏感元件、信号调理电路、微处理器单元，并把它们集成在一块芯片上而构成的。故又可称为集成智能传感器（Integrated Smart/Intelligent Sensor）。

专用集成微型传感器技术的特点是：微型化、结构一体化、精度高、多功能、阵列式、全数字化、使用方便、操作简单。根据以上特点可以看出：通过集成化实现的智能传感器，为达到高自适应性、高精度、高可靠性与高稳定性，其发展主要有以下两种趋势：其一是多功能化与阵列化，加上强大的软件信息处理功能；其二是发展谐振式传感器，加软件信息处理功能。如图 3-27 所示。

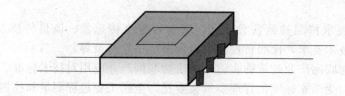

图 3-27　专用集成微型传感器

（3）混合实现

根据需要与可能，将系统各个集成化环节，如：敏感单元、信号调理电路、微处理器单元、数字总线接口，以不同的组合方式集成在两块或三块芯片上，并装在一个外壳里。集成化敏感单元包括弹性敏感元件及变换器。

信号调理电路包括多路开关、仪用放大器、基准、模/数转换器（ADC）等。微处理器单元包括数字存储器（EPROM、ROM、RAM）、I/O 接口、微处理器、数/模转换器（DAC）等。如图 3-28 所示。

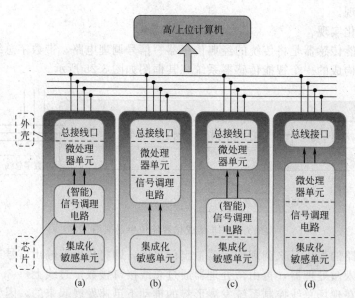

图 3-28　在一个封装中可能的混合集成实现方式

（4）智能传感器通用通信接口标准

为了给传感器配备一个通用的软硬件接口，使其方便地接入各种现场总线以及 Internet 和 Intranet，从 1993 年开始，美国国家标准技术研究所和 IEEE 仪器与测量协会的传感技术委员会联合制定了智能传感器通用通信接口标准，即 IEEE1451 的智能变送器标准接口。针对变送器工业各个领域的要求，多个工作组先后建立并开发了接口标准的不同部分。2010年发布了最新的 IEEE1451 第 7 部分，即"变送器与射频标识（RFID）系统通信协议和变送器电子数据表格式"。

IEEE 1451 系列标准的目的是开发一种软硬件连接方案，将智能变送器连接到网络或直接支持现有的各种网络技术，包括各种现场总线、因特网等；为不同厂家生产的传感器提供具有即插即用能力的智能传感器接口。通过定义一整套通用的通信接口，使变送器在现场级采用有线或无线的方式实现网络连接，大大简化由变送器构成的各种网络控制系统，解决不同网络之间的兼容性问题，最终实现各个厂家产品的互换性与互操作性。

IEEE 1451 标准可以分为面向软件的接口与面向硬件的接口两大部分。软件接口部分借助面向对象模型来描述网络化智能变送器的行为，定义了一套使智能变送器顺利接入不同测控网络的软件接口规范；同时通过定义一个通用的功能、通信协议和电子数据表格式，以达到加强 IEEE 1451 族系列标准之间的互操作性。软件接口部分主要由 IEEE 1451.1 和 IEEE 1451.0 组成。硬件接口部分是由 IEEE 1451.2、IEEE 1451.3、IEEE 1451.4 和 IEEE1451.5 组成，主要是针对智能传感器的具体应用而提出来的。需要指出的是，IEEE1451.X 虽然是互相协同工作的，但它们也可以彼此独立发挥作用。IEEE 1451.1 可以不需要任何 IEEE 1451.X 硬件接口而使用，IEEE 1451.X 硬件接口也可以不需要 IEEE 1451.X 软件接口，但其软件必须要提供相应的功能如传感器数据或信息的网络传输。

IEEE1451.0 标准即通用的功能、通信协议和变送器电子数据表格式（Common Functions, Communication Protocols, and Transducer Electronic Data Sheet Formats）。IEEE P1451.0 标准通过定义一个包含基本命令设置和通信协议的独立于网络适配器（NCAP）到智能变送器接口模块（STIM）接口的物理层，为不同的物理接口提供通用、简单的标准，提高 IEEE1451 系列标准之间的互操作性。

IEEE1451.1 标准，即智能变送器网络应用处理器信息模型（Network Capable Application Processor Information Model for smart transducer），1999 年 7 月通过了 IEEE 认可。该标准采用面向对象的方法精确地定义了通用的智能传感器信息模型，涵盖了网络化变送器的各种应用，通过一个标准的应用编程接口（API）来实现从模型到网络协议的映射，采用一系列功能模块比如 I/O 驱动硬件抽象等来支持各种各样的变送器。IEEE1451.1 定义一个简单的编程模型封装了传感器硬件实现的细节，规定了不同网络适配器与智能变送器接口模块物理层版本在具体实现时的软件接口规范。

IEEE 1451.2 标准即变送器与微处理器通信协议和变送器电子数据表格式（Transducer to Microprocessor Communication Protocols and Transducer Electronic Data Sheet (TEDS) Formats），1997 年 9 月通过了 IEEE 认可。它提供了将传感器和变送器连接到网络的接口标准，主要用于实现传感器的网络化。该标准具体定义了电子数据表格式 TEDS 和一个连接 NCAP 与 STIM 之间的 RS232 串口以及变送器与微处理器通信协议，使智能传感器/执行器模块具有了即插即用能力，测控网络也可以通过访问 TEDS 来监测和配置传感器/执行器通道。该标准结构模型提供了一个连接智能变送器的接口模型 STIM（Smart Transducer Interface Module）NCAP 的 10 线标准接口—变送独立接口 TII（Transducer Independence Interface）。在这个标准中并没有对信号调理、信号转换和 TEDS 如何应用做出相应的规定，而是由各个传感器制造商自主实现，以保持各制造商在性能、质量、特性、价格等方面的竞争力。

IEEE1451.3 标准即分布式多点系统数字通信和变送器电子数据表格式（Digital Communication and Transducer Electronic Data Sheet（TEDS）Formats for Distributed Multidrop System），2003 年 10 月通过了 IEEE 认可。该标准利用展布频谱技术（spread spectrum technique），在一根信号电缆上实现数据同步采集、通信和对连接在变送器总线上的电子设备供电。IEEE1451.3 分布式多点变送器接口。

IEEE1451.4 主要针对于传感器和变送器的混合模式通信协议及传感器电子数据表格式。IEEE1451.4 标准即混合模式通信协议和变送器电子数据表格式（Mixed-mode Communication Protocols and Transducer Electronic Data Sheet（TEDS）Formats）。IEEE 1451.1、IEEE 1451.2 和 IEEE 1451.3 标准主要针对可数字方式读的具有网络处理能力的传感器和执行器。IEEE P1451.4 标准主要致力于基于已存在的模拟量变送器连接方法提出一个混合模式智能变送器通信协议：混合模式接口一方面支持数字接口对 TEDS 的读写，另一方面也支持模拟接口对现场仪器的测量；同时使用紧凑的 TEDS 对模拟传感器的简单、低成本的连接。混合模式接口的智能型传感器定义了一种为传统模拟模式的传感器和变送器增加自我识别技术的机制。

IEEE 1451.5 标准即无线通信与变送器电子数据表格式（Wireless Communication and Transducer Electronic Data Sheet（TEDS）Formats）。该标准于 2001 年 6 月最新推出，旨在现有的 IEEE P1451 框架下，构筑一个开放的标准无线传感器接口，以适应工业自动化等不同应用领域的需求。标准采用了三种无线通信技术：无线局域网技术（IEEE 802.11）、蓝牙技术（IEEE 802.15.1）和 ZigBee 技术（IEEE 802.15.4）。标准定义了无线传感器通信以及 TEDS 格式，定义了无线变送器模块 WTIM（Wireless Transducer Interface Module）与 NCAP 之间通过无线方法建立连接的有关事项。

IEEE 1451.6 标准定义 TEDS 和 CAN 总线的接口。IEEE 1451.6 是为在每一个层次上有多个控制器的变送器和闭环控制器提供本质安全的操作级联网络环境的标准。网络的传输层是一个串行 CAN 总线，在各种微控制家族和几个公司制造的单机 CAN 控制芯片中作为一个串行接口被实现的。应用层可以在没有许可和版税的情况下实现。IEEE1451.6 标准在没有本质安全（IS）定义的情况下已经在许多传感器和闭环控制器里被实现已经有十多年了，因此，这种方法可以被认为是经过了测试和检验的。IEEE 1451.6 标准进一步的定义了一个作为本质安全的开放物理层。

IEEE1451.7 标准即无线射频识别（RFID）系统通信协议传感器和传感器电子数据表单（Wireless Communication Protocols and Transducer Electronic Data Sheets（TEDS）Formats）IEEE 1451.7 规定了换能器到 RFID 系统通信协议和 TEDS 格式。

3.4.3 智能传感器应用举例

(1) PPT 系列精密智能压力传感器

PPT 系列精密智能压力传感器是霍尼威尔公司生产的高品质压力传感器，可广泛用于工业、航天、军事、医疗器械、大气环保检测及家电等领域。

① 压力传感器的选型　在选用压力传感器时，要考虑其测量兼容性和影响压力传感器性能的误差因素。

影响压力传感器的选择因素有材料、化学物质、浓度、温度、暴露时间、暴露形式、故障准则和一般信息等。同时还应考虑应用环境、器件保护和在该区域的其他设备器件，以保证工作环境能够满足使用要求。对压力传感器性能误差的影响主要包括零点偏置、零点温度漂移、灵敏度偏移、线性误差和重复性误差五个方面。

② PPT 系列智力压力传感器的特点　霍尼威尔分司的精密智能压力传感器有 PPT 型和

PPT-R 型两种系列，其中 PPT 适用于干性气体，PPT-R 则带有不锈钢隔膜，适用于对腐蚀性介质的测量。PPT 系列传感器综合了模拟传感器的技术特点，可由用户自己决定是否使用和怎样使用智能功能。每个 PPT 传感器均可在全温区和全压强范围内对其数字输出和模拟输出进行精确定标。因此，它是一个非常精确标准的模拟电压输出装置，也是一个完善的、具有地址的数字传感器，并可在 RS232 总线上和许多传感器一起联网使用。PPT 传感器可以帮助用户向数字测量系统过渡，而不用增加新的昂贵的硬件设备。该系列传感器的内部电路框图如图 3-29 所示。

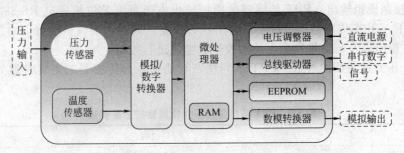

图 3-29　PPT、PPTR 系列智能压力传感器的内部电路框图

PPT 系列精密智能压力传感器的主要特点如下。

a. 可组态的传感器：PPT 传感器具有优异的重复性和稳定性。其压力信号可由单片机设置为数字输出模式，也可以设置为模拟输出模式。这些特点使得 PPT 传感器可作为一个高精度的标准模拟装置而不需要连接数字通信线路。作为一个用户可组态的模拟传感器，用户可通过 RS-232 总线给 PPT 组态，然后在现场作为模拟传感器使用，而作为一个智能型且具有地址的数字输出传感器，它可进行双向通信。该压力传感器可单独工作，也可作为传感器网络上的一个节点。

b. 标准的模拟压力传感器：在许多应用中，PPT 传感器加上 5.5～30V 的电压和压力源即可直接作为一个标准的模拟传感器。由于其内部压力敏感器件的重复性好，可利用单片机进行数字补偿，因而具有很高的稳定性和精度。在 -40～+85℃ 的温度范围内，PPT 传感器具有 0.05%FS（Full Scale，满量程）的典型精度。

c. 用户可组态的模拟传感器：利用 RS-232 串口总线，用户可通过 PC 发布指令改变 PPT 传感器的参数。所有组态的变化均可存放在 PPT 传感器内部的 EEPROM 中，并由用户任意设计或取消。同时，可以根据各种不同的需要，通过简单的指令对模拟输出进行修改。如进行最大和最小模拟输出电压的调节以及压力量程的压缩等。

d. 带有地址的智能传感器：在数字串口通信模式下工作时，PPT 传感器具有更多的方法解决压力测量中的问题。由于压力信号首先需要经过数字化处理，所以数字输出模式的组态可能会影响到模拟输出的模式。

e. 压力单位可选择：除基本单位 PSI（Pounds per square inch，每平英寸承受的压力）外，PPT 传感器具有 12 种压力单位可供选择，其中包括大气压、巴（bar）、厘米汞柱、英尺水柱、英尺汞柱、英寸水柱、kg/cm² 、毫巴、毫米汞柱、MPa 等。另外，它还有一个用户自定义单位，因此，用户不必为单位换算进行额外的浮点运算。

f. 采样速率可调：PPT 传感器可对每次测量的压力信号进行积分，积分时间可在 8ms 至 12s 之间选择。这样可以提高数字控制系统在不同环境条件下的适应性和抗干扰能力。

g. 跟踪输入变化：当用户需要在压力发生快速变化时采样速率会随之加速，该 PPT 可以设定 2 倍加速。用户可设置一个阀值，当压力在阀值范围内波动时，采样速率自动加速，当压力在一个新的水平上稳定下来后采样速率可以恢复原样。

h. 降低压力读数速率：当压力缓慢变化或者不变时，用户可以降低输出读数速率。这样 PPT 传感器可以跳过 255 个读数而使两次输出时间相隔 51 分，这种功能称为空闲计数功能。PPT 传感器还可以设置为只有在压力变化时（超过认定阀值）才输出或只有当上位机查询时才输出等其他工作模式。

i. PPT 通过 RS-232 总线联网：一台 PC 机最多可挂接 89 个 PPT 传感器，每个 PPT 传感器具有一个独立的地址。利用这种网络模式，用户可以和一个传感器、一组传感器或网络上所有的传感器通信。

j. 外部控制模拟输出：PPT 传感器的模拟输出电压可由上位机通过 RS-232 串口控制，在这种模式下，PPT 传感器通过数字口输出压力数据，同时，上位机也可以对 PPT 压力传感器的 D/A 输出以及与测量压力无关的模拟、电压进行控制。

③ PPT 压力传感器的参数　PPT 系列精密智能型压力传感器的主要参数如表 3-9、表 3-10 所示。

表 3-9　PPT 系列智能压力传感器的主要参数

参数	说明
温度输出精度	±0.5℃以内
电源电压范围	5.5～30VDC(直流电压)
量程	表 3-10 所列
模拟输出电压范围	0～5V(用户可调节)
短路电流	最大 10mA
工作输出电流	最大 0.5mA
负载电阻	最小 10kΩ
数字输出波特率	1200、2400、4800、9600、14400、19200、28800
数据格式	1 位起始位、8 位数据位、1 位停止位
奇偶校验	无奇偶校验、奇校验、偶校验
握手协议	不支持
可接触的介质	PPT 的 P1 口（压力口）适用于所有玻璃、304 不锈钢、Sn/Ag 焊剂、环氧树脂、黄铜、硅型 O 型环的液体及气体。其管内径为 0.6mm。而 PPT 传感器的 P2 口（参考口）则适用于非常接触、不易燃、非腐蚀性气体。PPT-R 的压力口与介质的接触面为 316 不锈钢

表 3-10　PPT 系列智能压力传感器的量程

名称	PPT	PPT-R
表压	0～1psi 至 0～500psi	0～20psi 至 0～2500psi
差压	−1～1psi 至 −500～500psi	没有差压型
绝对压力	0～15psi 至 0～500psi	0～20psi 至 0～2500psi

④ PPT 系列智能压力传感器的应用　在具体使用时，模拟输出的 PPT 传感器要接地，即测量模拟输出的仪器（如数字电压表）的参考地应该直接连接到 PPT 的信号地。另外，电源地也必须直接到 PPT 传感器的信号地。这样可以减小噪声，对于 PPT 传感器的大多数测量参数和输出特性，用户都可以重新进行定义。

PPT 系列传感器采用钢膜片，带 RS-232 接口，传感器距离不超过 18m，适合测量快速变化或缓慢变化的各种不易燃、无腐蚀性气体或液体的压力（即表压）、压差及绝对压力，测量精度高达 ±0.05%（满量程时的典型值），而过去的集成压力变送器最高只能达到 ±0.1% 的精度。PPTR 系列产品带 RS-485 接口，传输距离可达几千米，它采用不锈钢膜片，能测量具有腐蚀性的液体或气体，测量精度为±0.1％。

PPT 系列属于网络传感器。构成网络时能确定每个传感器的全局地址、组地址和设备识别号 ID 地址，能实现各传感器之间、传感器与系统之间的数据交换和资源共享，用户可通过网络获取任何一个传感器的数据并对该传感器的参数进行设置，所设定的参数就保存在 E2PROM 中。

（2）DSTJ-3000 型智能式压力传感器

美国 Honeywell 公司研制的 DSTJ-3000 型智能式差压、压力传感器，是在同一块半导体基片上用离子注入法配置扩散了差压、静压和温度三种传感元件，其组成包括变送器、现场通信器、传感器、脉冲调制器等。传感器的内部由传感元件、电源、输入、输出、存储器和微处理器组成，组件可以互换，成为一种固态的二线制压力变送器。现场通信器的作用是发信息，使变送器的监控程序开始工作。传感器脉冲调制器是将变送器的输出变为脉宽调制信号。

DSTJ-3000 型智能压力传感器的量程宽，可调到 100：1（一般模拟传感器仅 10：1），用一台仪器可覆盖多台传感器的量程；精度高，可达 0.1％。

（3）可穿戴式传感器

应用穿戴式技术对日常穿戴进行智能化设计、开发出可以穿戴的设备称为穿戴式智能设备（Wearable tech），如眼镜、手套、手表、服饰及鞋等。可穿戴智能设备成为当下市场热点，也是未来科技发展的趋势。面对着巨大的发展空间和市场潜力，谷歌、苹果、微软、索尼、奥林巴斯等诸多科技公司开始在这个全新领域深入探索，纷纷研发可穿戴设备，谷歌眼镜、智能手表更是备受关注。一般来说，可穿戴设备主要包括处理器和存储器、电源、无线通信，以及传感器和执行器。而可穿戴智能设备的各类功能，都有赖各类传感器功能性融合和创新来实现，尤其是 MEMS（Micro-Electro-Mechanic System，微机电系统）传感器的创新应用，可以说传感器成为穿戴设备的要点。随着传感器集成性、功能性和智能化的提升，可穿戴设备已经不仅仅局限在人身体的某个部位，正在向全身布局。

MEMS 传感器是采用微电子和微机械加工技术制造出来的新型传感器。与传统的传感器相比，它具有体积小、重量轻、成本低、功耗低、可靠性高、适于批量化生产、易于集成和实现智能化的特点。同时，在微米量级的特征尺寸它可以完成某些传统机械传感器所不能实现的功能。广泛应用于医疗、汽车电子和运动追踪系统中。

① 谷歌眼镜（Google Project Glass） 2012 年谷歌眼镜（Google Project Glass）问世，如图 3-30 所示。具有智能手机、声音控制拍照、视频通话、辨明方向 GPS、上网冲浪、处理文字信息和电子邮件等的功能。谷歌眼镜相当于智能手机、GPS 和相机的组合。如果用户对着谷歌眼镜的麦克风说"好了，眼镜（OK Glass!）"，一个菜单即在用户右眼上方的屏幕上出现，显示多个图标，拍照片、录像、使用谷歌地图或打电话。

② Nike＋FuelBand 运动腕带 2008 年 Nike 推出微型传感器与 iPod 相连接；带有传感器的 Nike＋跑步鞋来跟踪脚步，然后将数据发送到 iPod。在 2012 年 2 月，第一代 Nike＋FuelBand 问世，如图 3-31 所示。Nike＋FuelBand 是一款由耐克公司研发的高科技运动腕带，它可以用独特的方式记录下您每天的运动量，内含的强大功能让人们更好地享受运动。Nike＋FuelBand 2.0 用户可以为自己设定每日活跃程度的目标以及希望达成的数量，通过 20 个 LED 彩灯来进行记录。FuelBand 内置的 USB 接口可以与 Nike＋网站相同步，或通过蓝牙与免费的 iPhone 应用同步，从而记录并跟踪每一天的活动和进展。将腕带与安装在电脑内的 Nike＋应用程序连接后，可检查是否已升级至最新固件版本，可提升数据同步的速度；支持多个 Nike＋FuelBand 联机工作。新版的移动应用可以将所有的数据都同步至 Nike＋的文件夹中。如图 3-31 所示。

图 3-30 谷歌眼镜

图 3-31 Nike＋FuelBand 运动腕带

③ 百度咕咚手环　咕咚手环是首款基于百度云开发的便携式可穿戴设备，主打"运动状况提醒"、"睡眠监测"、"智能无声唤醒"三大功能。2013 年 10 月 29 日咕咚手环上线，如图 3-32 所示。用户可以在官网上进行数据承载、展示，并可在社交网站上进行分享。当处于运动模式时，该手环能 24 小时记录佩戴者的活动情况，以里程、步数和卡路里为单位，令佩戴者明晰一整天内，运动了多少距离，消耗了多少卡路里，为热衷减肥和运动的用户提供了实时监测服务。切换至睡眠模式时，除了能监测睡眠质量，手环还将根据使用者睡眠深浅状态，在应该叫醒的时间段中的浅睡状态下通过震动来唤醒佩戴者。

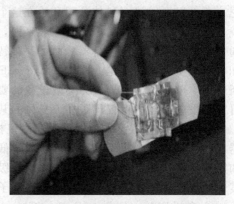

图 3-32 百度咕咚手环　　图 3-33 GolfSense 手套　　图 3-34 测试脉搏可穿戴传感器

④ GolfSense 手套　除了手套上的传感器，GolfSense 与普通的高尔夫手套别无二致。如图 3-33 所示。GolfSense 可以监测到佩戴者挥杆时的加速度、速率、速度、位置以及姿势，可以以每秒钟 1000 次的运算速度来分析传感器所记录的数据。因此，GolfSense 可以计算出佩戴者是否发力过猛，击球位置是否正确、姿势是否规范等问题，从而提升佩戴者的高尔夫球技。

⑤ 测试脉搏可穿戴传感器　斯坦福大学的研究人员开发了一种全新的可穿戴传感器，它可以提高在心脏监测中的精确度以及实用性。如图 3-34 所示。这种只有纸片一样薄、跟邮票一样大的传感器是由几种灵活的有机材料打造而成，使用者只需要把它粘在胶带上然后贴到手腕上即可测试脉搏。为了能够让这种传感器面积够小、感应灵敏度够高，研究人员专门采用了压缩橡胶的中间薄层。在它的上面覆盖有金字塔状的隆起物。当给这些隆起物施加压力之后，它们会发生轻微的变形，进而可以检测到设备中电磁场以及电流的变化。

市场研究机构 Juniper Research 在其报告中认为，除了谷歌、苹果和三星之外，宏碁、英特尔、微软、LG 都有望试水这一领域。据其预测，2014 年可穿戴智能产品市场规模将达到 8 亿美元,而明年这一数值将增长近一倍至 15 亿美元,到 2017 年,可穿戴智能设备的年销量将从目前的 1500 万件增至 7000 万件。美国咨询公司高德纳(Gartner)的预计更为乐观,认为 2016 年可穿戴智能设备的市场规模将达到 100 亿美元。美国科技博客 Business Insider 也有文章指出,到 2018 年,这一领域的市场规模将突破 120 亿美元。

本 章 小 结

本章主要介绍了传感器的基础知识,包括概念、组成、分类,并列举了几种常用的传感器,如温度传感器、气敏传感器、力敏传感器、磁敏传感器,并介绍了传感器和微控制器之间的几种接口,最后介绍了智能传感器,内容涉及到概念、实现途径及应用举例。通过本章学习,可使读者系统的学习到传感器的相关知识。

习 题

一、选择题

1. 环境温度变化后,光敏元件的光学性质也将随之改变,这种现象称为_____。

A. 光谱特性   B. 光照特性   C. 频率特性   D. 温度特性

2. 静态误差是指传感器在全量程内任一点的输出值与其_____的偏离程度。

A. 平均值   B. 实际值   C. 理论输出值   D. 标定值

3. _____是测试系统的第一个环节,将被测系统或过程中需要观测的信息转化为人们所熟悉的各种信号。

A. 敏感元件   B. 转换元件   C. 传感器   D. 被测量

4. 利用_____制成的光电元件有光敏二极管、光敏三极管和光电池等。

A. 压电效应   B. 光生伏特效应   C. 外光电效应   D. 光电导效应

二、简答题

1. 什么是传感器?

2. 画出传感器的组成框图,并说明各环节的作用。

3. 简述温度传感器的工作原理及常用的热敏原件。

4. 简述光传感器的工作原理及常用的光敏原件。

5. 何为 SPI 接口?

6. 什么是智能传感器?

7. RS-232C 标准的接口信号有哪几类?其主要信号是什么?

8. 什么是同步通信方式和异步通信方式?它们各有何缺点?

9. 在 GPIB 接口系统中有哪三种基本接口功能要素?它们各自的功能是什么?

10. GPIB 接口总线共有哪几条信号线?它们各自的作用是什么?

第4章

无线传感器网络技术

【本章学习重点】

了解无线传感器网络的概念和特征，掌握无线传感器网络的体系结构，特别是传感器节点的组成部分及功能，掌握协议栈的整体结构和支撑技术。

4.1 无线传感器网络概述

4.1.1 无线传感器网络的定义

无线传感器网络（Wireless Sensor Network）是由大量的静止或移动的传感器以自组织和多跳的方式构成的无线网络，随着微机电系统（Micro-Electro-Mechanism System，MEMS）、片上系统（System on Chip，SoC）、无线通信和低功耗嵌入式技术的飞速发展而出现的一种新的信息获取和处理模式。

传感器网络实现了数据的采集、处理和传输的三种功能，而这正对应着现代信息技术的三大基础技术，即传感器技术、计算机技术和通信技术。无线传感器网络所具有的众多类型的传感器，可探测包括地震、电磁、温度、湿度、噪声、光强度、压力、土壤成分、移动物体的大小、速度和方向等周边环境中多种多样的现象。广泛应用在军事、航空、防爆、救灾、环境、医疗、保健、家居、工业、商业等领域。

4.1.2 无线传感器网络的标准

无线传感器网络主要有下列的标准。

（1）IEEE 802.15.4

IEEE 802.15.4 属于物理层和 MAC 层标准，由于 IEEE 组织在无线领域的影响力，以及 TI（德州仪器公司），ST（意法半导体公司），Ember（无线网状网络公司），Freescale（飞思卡尔），NXP（恩智浦半导体）等著名芯片厂商的推动，已成为 WSN 的事实标准。

（2）Zigbee

该标准在 IEEE 802.15.4 之上，重点制定网络层、安全层、应用层的标准规范，先后推出了 Zigbee 2004、Zigbee 2006、Zigbee 2007/ Zigbee PRO 等版本。此外，Zigbee 联盟还制定了针对具体行业应用的规范，如智能家居、智能电网、消费类电子等领域，旨在实现统一的标准，使得不同厂家生产的设备相互之间能够通信。值得说明的是，Zigbee 在新版本的智能电网标准 SEP 2.0 已经采用新的基于 IPv6 的 6Lowpan 规范，随着智能电网的建设，Zigbee 将逐渐被 IPv6/6Lowpan 标准所取代。与 Zigbee 类似的标准还有 z-wave、ANT、Enocean 等，相互之间不兼容，不利于产业化的发展。

(3) ISA100.11a

国际自动化协会 ISA 下属的工业无线委员会 ISA100 发起的工业无线标准。

(4) Wireless HART

HART 是可寻址远程传感器高速通道的开放通信协议，是美国罗斯蒙特公司于 1985 年推出的一种用于现场智能仪表和控制设备之间的通信协议，是智能仪器通信的全球标准，其最新版本为 7.0。无线 HART 是专门为过程测量和控制应用而设计的第一个开放的无线通信标准，作为 HART7 规范的一部分于 2007 年 9 月正式发布。无线 HART 协议是一种安全的基于 TDMA（时分多址）的无线网格网络技术，工作于 2.4GHz 的 ISM 频段，采用直接序列扩频技术（DSSS）和信道跳频技术。

(5) WIA-PA

面向工业过程自动化的工业无线网络标准技术（Wireless Networks for Industrial Automation Process Automation）标准是中国工业无线联盟针对过程自动化领域制定的 WIA 子标准，是基于 IEEE 802.15.4 标准的用于工业过程测量、监视与控制的无线网络系统。WIA-PA 标准是具有我国自主知识产权、符合我国工业应用国情的一种无线标准体系。

(6) IETF 6LoWPAN

基于 IEEE 802.15.4 实现 IPv6 通信的 IETF 6LoWPAN 标准，将 IEEE 802.15.4 完善为支持 IP 通信连接，使其成为一类真正开放标准，最终完全实现与其他 IP 设备的互操作。目的是消除复杂的网关支持（只需一道本地 802.15.4 协议网关），解决应用单一及网关安全问题，简化管理进程。6LoWPAN 所具有的低功率运行的潜力使它很适合应用在从手持机到仪器的设备中，而其对 AES-128 加密的内置支持为强健的认证和安全性打下了基础。

IP 目前仅限于有线网，因为它的地址及标题信息量过大，要将这些信息"填入"相对小得多的 802.15.4 包中进行传输是很困难的。6LoWPAN 工作组的任务就是解决这一难题，采用将 IP 标题进行压缩的方式，基本上只承载有效数据信息。

IPv6/6Lowpan 的优势是：可以运行在多种介质上，如低功耗无线、电力线载波、WiFi和以太网，有利于实现统一通信；IPv6 可以实现端到端的通信，无需网关，降低成本；6Lowpan 中采用 RPL 路由协议，路由器可以休眠，也可以采用电池供电，应用范围广；低功率支持，几乎可运用到所有设备，包括手持设备和高端通信设备；内置有 AES-128 加密标准，支持增强的认证和安全机制。6Lowpan 已经有了大量开源软件实现，最著名的是Contiki、TinyOS 系统，已经实现完整的协议栈，全部开源，完全免费，已经在许多产品中得到应用。

4.2 无线传感器网络的体系结构

4.2.1 无线传感器网络体系结构

(1) 无线传感器网络体系结构

无线传感器网络的体系结构是指传感器网络的节点布置与通信结构。无线传感器网络主要包括 4 类基本实体对象：目标、传感器节点（sensor node）、汇聚节点（sink）和监测区域。但对于整个系统来说，还需定义与外部网络连接的网关、外部传输网络、基站、外部数据处理网络、远程任务管理单元和用户等。如图 4-1 所示。

在网络中，大量的传感器节点随机部署在目标的邻近区域，通过自组织方式构成网络，形成对目标的监测区域。传感器节点对目标进行检测，获取的数据经本地简单处理后，再通过邻近传感器节点采用多跳的方式传输到汇聚节点，该节点同时又是无线传感器网络与外部

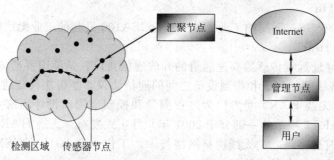

图 4-1　无线传感器网络体系结构

网络通信的网关节点。网关节点通过一个单跳链接或一系列的无线网络节点组成的传输网络，把数据从监测区域发送到提供远程连接和数据处理的基站，基站再通过外部网络（比如Internet 或卫星通信网络）传输到远程数据库。最后，利用各种应用软件对采集到的数据进行分析处理，通过各种显示方式提供给终端用户。用户和远程任务管理单元也可以通过外部网络，与汇聚节点进行交互，汇聚节点可向传感器节点发布查询请求和控制指令，并接收传感器节点返回的目标信息。用户通过管理节点对传感器网络进行配置和管理，发布监测任务以及收集监测数据。

① 传感器节点　处理能力、存储能力和通信能力相对较弱，通过小容量电池供电。从网络功能上看，每个传感器节点除了进行本地信息收集和数据处理外，还要对其他节点转发来的数据进行存储、管理和融合，并与其他节点协作完成一些特定任务。

② 汇聚节点　当节点作为汇聚节点时，其主要功能是连接传感器网络与外部网络（如Internet），实现两种协议栈之间的通信协议转换，发布管理节点的监测任务，将传感器节点采集到的数据通过互联网或卫星发送给用户。

汇聚节点的处理能力、存储能力和通信能力相对较强，它是连接传感器网络与 Internet 等外部网络的网关，实现两种协议间的转换，同时向传感器节点发布来自管理节点的监测任务，并把 WSN 收集到的数据转发到外部网络上。汇聚节点可以是一个具有增强功能的传感器节点，有足够的能量供给和更多的、Flash 和 SRAM 中的所有信息传输到计算机中，通过汇编软件，可很方便地把获取的信息转换成汇编文件格式，从而分析出传感节点所存储的程序代码、路由协议及密钥等机密信息，同时还可以修改程序代码，并加载到传感节点中。

③ 管理节点　管理节点用于动态地管理整个无线传感器网络。传感器网络的所有者通过管理节点访问无线传感器网络的资源。

(2) 无线传感器网络节点结构图

无线传感器网络节点一般由传感器模块、处理器模块、无线通信模块和能量供应模块等四部分组成，如图 4-2 所示。传感器模块包括传感器和模数转换模块，负责监测区域内信息的采集和数据转换；处理器模块由嵌入式系统构成，包括 CPU、存储器、嵌入式操作系统等，负责控制整个传感器节点的操作，存储和处理本身采集的数据以及其他节点发来的数据；无线通信模块由网络、MAC、收发器等组成，负责与其他传感器节点进行无线通信，交换控制信息和收发采集数据；能量供应模块为传感器节点提供运行所需的能量，通常采用微型电池。

4.2.2　无线传感器网络的特征

(1) 大规模网络

为了获取精确信息，在监测区域通常部署大量传感器节点，可能达到成千上万，甚至更

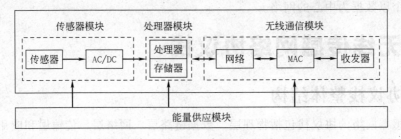

图 4-2 无线传感器网络节点结构图

多。传感器网络的大规模性包括两方面的含义：一方面是传感器节点分布在很大的地理区域内；另一方面，传感器节点部署很密集，在面积较小的空间内，密集部署了大量的传感器节点。

(2) 自组织网络

在传感器网络应用中，通常情况下传感器节点被放置在没有基础结构的地方。传感器节点的位置不能预先精确设定，节点之间的相互邻居关系预先也不知道，这样就要求传感器节点具有自组织的能力，能够自动进行配置和管理，通过拓扑控制机制和网络协议自动形成转发监测数据的多跳无线网络系统。

(3) 动态性网络

传感器网络的拓扑结构可能因为下列因素而改变：①环境因素或电能耗尽造成的传感器节点故障或失效；②环境条件变化可能造成无线通信链路带宽变化，甚至时断时通；③传感器网络的传感器、感知对象和观察者这三要素都可能具有移动性；④新节点的加入。这就要求传感器网络系统要能够适应这种变化，具有动态的系统可重构性。

(4) 可靠的网络

WSN 特别适合部署在恶劣环境或人类不宜到达的区域，节点可能工作在露天环境中，遭受日晒、风吹、雨淋，甚至遭到人或动物的破坏。传感器节点往往采用随机部署，如通过飞机撒播或发射炮弹到指定区域进行部署。这些都要求传感器节点非常坚固，不易损坏，适应各种恶劣环境条件。

(5) 应用相关的网络

传感器网络用来感知客观物理世界，获取物理世界的信息量。客观世界的物理量多种多样，不可穷尽。不同的传感器网络应用关心不同的物理量，因此对传感器的应用系统也有多种多样的要求。

不同的应用对传感器网络的要求不同，其硬件平台、软件系统和网络协议必然会有很大差别。所以传感器网络不能像因特网一样，有统一的通信协议平台。对于不同的传感器网络应用虽然存在一些共性问题，但在开发传感器网络应用中，更关心传感器网络的差异。只有让系统更贴近应用，才能做出最高效的目标系统。针对每一个具体应用来研究传感器网络技术，这是传感器网络设计不同于传统网络的显著特征。

(6) 以数据为中心的网络

传感器网络是任务型的网络，脱离传感器网络谈论传感器节点没有任何意义。传感器网络中的节点采用节点编号标识，节点编号是否需要全网唯一取决于网络通信协议的设计。由于传感器节点随机部署，构成的传感器网络与节点编号之间的关系是完全动态的，表现为节点编号与节点位置没有必然联系。用户使用传感器网络查询事件时，直接将所关心的事件通告给网络，而不是通告给某个确定编号的节点。网络在获得指定事件的信息后汇报给用户。这种以数据本身作为查询或传输线索的思想更接近于自然语言交流的习惯。所以通常说传感器网络是一个以数据为中心的网络。

4.3 无线传感网络协议栈

4.3.1 协议栈整体结构

无线传感器网络的协议栈包括物理层、数据链路层、网络层、传输层和应用层,还包括能量管理、移动管理和任务管理等平台。这些管理平台使得传感器节点能够按照能源高效的方式协同工作,在节点移动的传感器网络中转发数据,并支持多任务和资源共享。

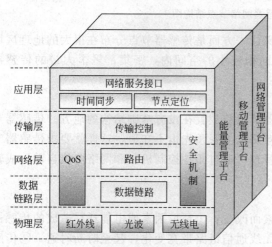

图 4-3   协议栈模型

图 4-3 所示为协议栈模型,节点定位和时间同步子层在协议栈中的位置比较特殊,它们既要依赖于数据传输通道进行协作定位和时间同步协商,同时又要为各层网络协议提供信息支持。

(1) 物理层

物理层负责数据传输的介质规范,规定了工作频段、工作温度、数据调制、信道编码、定时、同步等标准。为了确保能量的有效利用,保持网络生存时间的平滑性能,物理层与介质访问控制(MAC)子层应密切关联使用。在物理层面上,无线传感器网络遵从的主要是 IEEE 802.15.4 标准。

(2) 数据链路层

它用于解决信道的多路传输问题。数据链路层的工作集中在数据流的多路技术,数据帧的监测,介质的访问和差错校验,它保证了无线传感器网络中点到点或一点到多点的可靠连接。

(3) 网络层

大量的传感器节点散布在监测区域中,需要设计一套路由协议来供采集数据的传感器节点和基站节点之间的通信使用。网络层具有确定最佳路径和通过网络传输信息两个基本功能。

(4) 传输层

传输层用于维护传感器网络中的数据流,保证通信服务质量。传输层提供无线传感器网络内部以数据为基础的寻址方式变换为外部网络的寻址方式,也就是完成数据格式的转换。当传感器网络需要与其他类型的网络连接时,例如基站节点与任务管理节点之间的连接就可以采用传统的 TCP 或者 UDP 协议。但在传感器网络的内部不能采用这些传统协议,因为传感器节点的能源和内存资源都非常有限,它需要一套代价较小的协议。

(5) 应用层

根据应用的具体要求不同,不同的应用程序可以添加到应用层中,它包括一系列基于监测任务的应用软件。

管理平台包括能量管理平台、移动管理平台和任务管理平台。这些管理平台用来监控传感器网络中能量的利用、节点的移动和任务的管理。它们可以帮助传感器节点在较低能耗的前提下协作完成某些监测的任务。管理平台可以管理一个节点怎样使用它的能量。例如,一个节点接收到它的一个邻近节点发送过来的消息之后，它就把它的接收器关闭，避免收到重复的数据。同样，一个节点的能量太低时，它会向周围节点发送一条广播消息，以表示自己已经没有足够的能量来帮它们转发数据，这样它就可以不再接收邻居发送过来的需要转发的消息，进而把剩余能量留给自身消息的发送。

移动管理平台能够记录节点的移动，监测并注册传感器节点的移动，维护到汇聚节点的路由，使 node 能动态跟踪其邻居节点的位置。任务管理平台用来平衡和规划某个监测区域的感知任务，因为并不是所有节点都要参与到监测活动中，在有些情况下，剩余能量较高的节点要承担多一点的感知任务，这时需要任务管理平台负责分配与协调各个节点的任务量的大小，有了这些管理平台的帮助，节点可以以较低的能耗进行工作，可以利用移动的节点来转发数据，可以在节点之间共享资源。在一个给定的区域内平衡和调度监测任务能量管理平台：管理传感器节点如何使用能源，各个协议层都要考虑节省。

4.3.2　无线传感器网络 MAC 协议

(1) MAC 协议概述

MAC 协议处于数据链路层，是无线传感器网络协议的底层部分，主要用于为数据的传输建立连接，以及在各节点之间合理有效地共享通信资源。MAC 协议对无线传感器网络的性能有较大的影响，是保证网络高效通信的关键协议之一。

MAC 协议就是通过一组规则和过程来有效、有序和公平地使用共享介质。目前无线传感器网络 MAC 协议可以按照采用固定分配信道方式还是随机访问信道方式进行分为以下三种：时分复用无竞争接入方式，随机竞争接入方式，竞争与固定分配相结合的接入方式。

a. 采用时分复用（TDMA）方式给每个节点分配了一个固定的无线信道使用时段，可以有效避免节点间的干扰。

b. 基于竞争的随机访问 MAC 协议采用按需使用信道的方式，它的基本思想是当节点需要发送数据时，通过竞争方式使用无线信道，如果发送的数据产生了碰撞，就按照某种策略重发数据，直到数据发送成功或放弃发送。

c. 典型的基于竞争的随机访问 MAC 协议是载波侦听多路访问（CSMA）接入方式。在无线局域网 IEEE 802.11MAC 协议的分布式协调工作模式中，就采用了带冲突避免的载波侦听多路访问（CSMA with Collision Avoidance，CSMA/CA）协议，它是基于竞争的无线网络 MAC 协议的典型代表。所谓的 CSMA/CA 机制是指在信号传输之前，发射机先侦听介质中是否有同信道载波，若不存在，意味着信道空闲，将直接进入数据传输状态；若存在载波，则在随机退避一段时间后重新检测信道。这种介质访问控制层的方案简化了实现自组织网络应用的过程。

(2) IEEE 802.11 MAC 协议

IEEE 802.11 MAC 协议是 IEEE 802.11 无线局域网（WLAN）标准的一部分。其主要功能是信道分配、协议数据单元（PDU）寻址、组帧、纠检错、分组分片和重组等。IEEE 802.11 MAC 协议有两种工作方式：一种是分布式协调功能（Distributed Coordination Function，DCF）；另一种是中心点协调功能（Point Coordination Function，PCF）。

① 分布式协调功能　在 DCF 方式下，节点采用 CSMA/CA 机制和随机退避等待时间算法实现无线信道共享。对于单向通信，采用立即主动确认机制（ACK 帧），即当没有收到 ACK 帧，发送方会继续重传数据。由于 DCF 是采用竞争接入信道的方式，而且目前 IEEE 802.11 WLAN 有比较成熟的标准和产品，所以目前在无线传感器网络研究领域，很多的测试和仿真分析都基于这种方式。

DCF 的载波侦听有两种实现方法：第一种实现是在空中接口，称为物理载波侦听；第二种实现是在 MAC 层，称为虚拟载波侦听。物理载波侦听通过检测来自其他节点的信号强度，判别信道的忙闲状况。节点通过将 MAC 层协议数据单元（MPDU）的持续时间放到数据帧头部来实现虚拟载波侦听。MPDU 是指从 MAC 层传到物理层的一个完整的数据单元，它包含头部、净荷和 32bit 的 CRC（循环冗余校验）码。持续期（Duration）字段表示目前的帧结束以后，信道用来成功完成数据发送的时间。移动节点通过这个字段调节网络分配矢量（Network Allocation Vector，NAV）。NAV 表示目前发送完成需要的时间。无论是物理载波侦听还是虚拟载波侦听，只要其中一种方式表明信道忙，就将信道标注为"忙"。

无线信道的接入优先级通过使用各帧传输之间的帧间间隔 IFS（Inter Frame Space）来控制。IFS 是传输信道上的空闲时间，有下列四种类型。

a. 短间隔 SIFS（short IFS）：帧间间隔最短。最高优先级帧使用 SIFS 传输，如接收站发送 ACK 给发送站时使用 SIFS，以保证没有其他站干扰介入。

b. 集中协调功能间隔 PIFS（PCF IFS）：帧间间隔居中。用于实时性要求强的数据帧的情况。

c. 分布式协调功能间隔 DIFS（DCF IFS）：帧间间隔长。用于一般异步数据传输帧。

d. 扩展帧间隔 EIFS（Extended IFS）：帧间间隔最长。发送站在进行重送帧时所必须等待的时间。当接收到坏帧或未知帧的站点才会使用这个间隔。可以给发送站点足够的时间提出出错理由并重新发送出错帧。

对于 DCF 基本接入方式，如果移动节点侦听到信道空闲，它还需要等待 DIFS 时间，然后继续侦听信道。如果此时信道继续空闲，那么移动节点就可以开始 MAC 协议数据单元的发送。接收节点计算校验和确定收到的分组是否正确无误。一旦接收节点正确地接收到了分组，将等待 SIFS 时间后回复一个确认帧（ACK）给发送节点，以此表明已经成功接收到数据帧。当一个数据帧发送出去的时候，其持续期字段让听到这个帧的节点（目的节点除外）知道信道的忙时间，然后调整各自的网络分配矢量 NAV。

② PCF　DCF 提供尽力而为（Best-Effort）的服务，无法满足实时业务对时延和抖动等指标的需求。为了提供延迟受限的服务，802.11 标准在 DCF 的基础上定义了 PCF。PCF 基本原理是利用点协调器 PC 对节点进行轮询，集中控制介质的访问。PCF 方式是基于优先级的无竞争访问，通过访问接入点协调节点的数据收发，通过轮询方式查询当前哪些节点有发送数据请求，并在适当时候给予节点数据发送权。

4.3.3　无线传感器网络的路由协议

路由协议是 WSN 的关键技术之一，它负责将数据分组从源节点通过网络转发到目的节点。传统计算机网络对路由协议要求具有正确性、健壮性、稳定性、最优性和公平性功能。除此之外，无线传感器网络对路由协议更注重能源有效性、简单性和多路性等特殊要求。与有线网络和蜂窝式无线网络不同，WSN 中没有基础设施和全网统一的控制中心。在这种无中心的环境下，路由可以看成分布式地获取网络拓扑信息，以一定准则计算路径并对路径进行维护的过程。

（1）路由协议概述

路由协议主要包括两个方面的功能：其一是寻找源节点和目的节点的优化路径，其二是将数据分组沿着优化路径正确转发。WSN 路由具有如下特点：

形式多样的信息报告模式引发路由触发机制的不同。WSN 中信息报告模式分为事件触发、周期性、基于查询及混合模式。当节点采集信息后判断，若超过一定的阈值，则认为发生了某种事件，需要立即上报，即为事件触发模式，从节能的角度，按需建立路由更恰当。如用于预警的 WSN。节点定期把采集到的信息报告给汇聚节点，即周期报告模式采，用先应式的方法建立路由更加合适。如野生动植物和环境监测 WSN。节点不主动向汇聚节点上报采集到的信息，而是等待用户查询，根据用户需要反馈信息，即基于查询模式。查询信息的本身就可以辅助建立路由。混合模式是前三种的综合，如智能交通的 WSN。

多对一和一对多为主的业务模式。WSN 的主要业务是传感器节点把采集到的信息传给汇聚节点和汇聚节点向 WSN 下达查询命令，这是典型的多对一和一对多的模式。为了支持这种通信模式，WSN 中很多路由协议建立具有树状结构的路由。

节点能量受限、结构简单。节点大都由电池供电，电池体积小，能量有限且难以更换许多场合需要 WSN 连续工作数年甚至更长。节点结构简单，存储、处理、通信能力低，单个节点可靠性差。要求协议尽可能简单，具有容错性。由于 WSN 的资源有限性，路由协议在传输数据的同时，必须考虑能量节省以延长网络寿命。

动态变化的网络拓扑。大部分的 WSN 中节点并不移动，造成网络拓扑变化的主要原因是节点的失效和存在不可靠性、非对称链路。为了节能和延长网络寿命，需要对网络进行休眠调度，会在一定程度上增加网络拓扑的动态性。在有些 WSN 中为了弥补节点失效造成的性能损失，进行再布设（re-deployment），也会使网络拓扑发生变化。有些 WSN 中的节点是可移动的，如医疗监测 WSN，候鸟迁徙 WSN，网络拓扑变化比较快。

根据路由转发的原理不同，传感器网络的路由协议又可分为平面路由和层次路由两种。

平面路由是指对于传感器网络的任何节点来说，它们都是相互平等的，在一个有限的区域内只有唯一的一个对内数据汇聚和对外的通信的汇聚节点。协议有扩散（泛洪）法、SPIN、定向扩散等协议。

层次路由与平面路由不同，大多数传感器节点的地位都是平等的，但是存在少数比普通节点级别高的簇头节点。普通节点先将数据发送给簇头节点，再由簇头节点将数据发送给汇聚节点。根据网络的需要，又可将簇头节点进一步划分为几个等级，LEACH、TEEN、PEGAGIS 和多层聚类算法是几种典型的层次路由算法。

(2) 典型路由协议

① 泛洪（Flooding）法　泛洪（Flooding）法又称扩散法，是一种传统的网络通信路由协议，也是最简单的平面路由算法，中间节点只需将数据沿所有相邻节点的可能路径转发，必然可以到达目的节点。但由于泛洪路由在数据传输过程中存在大量无用的重复广播信息，造成了广播信息的内爆和重叠，使得传感器节点的能量很快就被耗尽，网络生存时间很短。尽管扩散法协议简单，健壮性好，但是并不适合要求能量高效利用的无线传感器网络。

② 闲聊法　闲聊法是扩散法的改进版本。为克服扩散法的不足，S. hedetniemi（赫德特涅米）等人提出了闲聊（Gossiping）策略，某一节点不是向所有相邻节点广播信息，而是仅随机选择一个节点进行"闲聊"，向它发送数据信息。这样就大大的抑制了无用的重复广播信息。但是，仍无法解决部分重叠现象和盲目使用有限资源问题，而且数据传输平均时延拉长，传输速度变慢。

③ SPIN　SPIN（sensor protocol for information via negotiation，协商式传感器信息分发）是一种以数据为中心的自适应通信路由协议。它通过使用节点间的协商制度和资源自适应机制，解决了传统协议所存在的内爆、重叠以及盲目使用资源问题。SPIN 协议有 3 种数据包类型，即 ADV、REQ 和 DATA。ADV 用于元数据的广播，REQ 用于请求发送数据，DATA 为传感器采集的数据包。

④ 定向扩散（Directed Diffusion）算法　它是一种以数据属性为中心的路由协议，是一种基于查询的路由机制。它在通信的源和目的节点间建立起梯度场，使数据沿着梯度最大的路径传输，并采用了数据融合、梯度加强和反向削弱等机制保证数据传输的高效性，是当今传感器网络研究的一个热点。定向扩散中定义了兴趣和梯度两个概念。兴趣是对监测区域

内感兴趣的信息的描述，用来表示查询任务。例如监测区域内的温度、湿度和光照等数据。梯度一般定义为属性值和方向。属性值可以依据数据速率、功率或者地理信息确定，方向由接收节点指向发送兴趣的邻节点，引导数据扩散。

定向扩散路由机制可以分为周期性的兴趣扩散、梯度建立和路径加强三个阶段。

a. 兴趣扩散阶段　兴趣扩散阶段是为了建立源节点到汇聚节点的数据传输路径，数据源节点以较低速率来采集和发送数据，我们称这个阶段建立的梯度为探测梯度。在兴趣扩散阶段，汇聚节点采用洪泛的方法周期性地向邻居节点广播兴趣消息。兴趣消息中含有任务类型、目标区域、数据发送速率和时间戳等参数。每个节点在本地保存一个兴趣列表，对于每一个兴趣内容，列表中都有一个表项记录发来兴趣消息的邻居节点、数据发送速率和时间戳等任务相关信息，以建立该节点向汇聚节点传递数据的梯度关系。每个兴趣可能对应多个邻居节点，每个邻居节点对应一个梯度信息。

b. 数据传播阶段　当传感器探测节点采集到与兴趣匹配的数据时，把数据发送到梯度上的邻居节点，并按照梯度上的数据传输速率，设定传感器模块采集数据的速率。由于可能从多个邻居节点收到兴趣消息，节点向多个邻居发送数据，汇聚节点可能收到经过多个路径的相同数据。

c. 路径加强阶段　定向扩散路由机制通过正向加强机制来建立优化路径，并根据网络拓扑的变化来修改数据转发的梯度关系。定向扩散路由在路由建立时需要一个兴趣扩散的洪泛传播，在能量和时间方面开销较大，尤其是当底层 MAC 协议采用休眠机制时，可能造成兴趣建立的不一致，因而在网络设计时需要注意避免这些问题。

⑤ LEACH　LEACH（Low-Energy Adaptive Clustering Hierarchy，低能量自适应聚簇分层）协议是层次式路由协议中最具代表性的路由协议，是第一个提出数据聚合的层次路由协议。其他层次式的路由协议如 TEEN、APTEEN、PEGASIS 等大都由 LEACH 发展而来。LEACH 协议分为两个操作阶段，即簇准备阶段（set-up phase）和就绪阶段（ready phase）。为了使能耗最小化，就绪阶段持续的时间比簇准备阶段长。两阶段所持续的时间总和称为一轮（round）。

该协议随机选取簇头的方式避免簇头过分的消耗能量，提高了网络生命周期。数据聚合能有效地减少通信量，采用一跳通信，要求节点具有较大功率通信能力，扩展性差，不适合大规模网络；由于采用大功率通信，即使在小规模网络中，距离汇聚节点较远的节点也会导致生存时间较短；而且频繁簇头选举引发的通信量增加了能耗。仅适用于每个节点在单位时间内需要发送的数据量基本相同的情况，而不适合突发数据通信。

⑥ PEGASIS 协议　PEGASIS（Power-Efficient Gathering in Sensor Information System，传感器信息系统高效能量收集算法）是在 LEACH 的基础上改进的协议，它采用动态选举簇头的思想，为了避免频繁选举簇头所带来的通信开销，采用无通信量的簇头选举方法，且网络中所有节点只形成一个簇，称为链。该协议通过避免 LEACH 协议频繁选举簇头所带来的通信开销以及自身有效的链式数据融合，极大地减少了数据传输次数和通信量，整个网络的功耗比 LEACH 要小很多。研究结果表明，PEGASIS 支持的传感器网络的生命周期是 LEACH 的近两倍。但固定不变的簇头使得簇头成为关键点，其失效会导致路由失效；且要求节点都具有与汇聚节点通信的能力；如果链过长，会增加传输时延，不利于实时应用；成链算法要求知道其他节点的位置信息，开销非常大。

⑦ TEEN 协议　TEEN（Threshold Sensitive Energy Efficient sensor Network）协议利用过滤方式来减少数据传输量。该协议采用与 LEACH 相同的聚簇方式，但簇头根据与汇聚节点距离的不同形成层次结构。聚簇完成后，汇聚节点通过簇头向全网节点通告两个门限值（分别称为硬门限和软门限）来过滤数据发送。在节点第 1 次监测到数据超过硬门限时，

节点向簇头上报数据，并将当前监测数据保存为监测值（sensed value，简称 SV），此后只有在监测到的数据比硬门限大且其与 SV 之差的绝对值不小于软门限时，节点才向簇头上报数据，并将当前监测数据保存为 SV。该协议利用硬、软门限减少了数据传输量，且层次性簇头结构不要求节点具有大功率通信能力。但由于门限设置阻止了某些数据上报，如果某个节点的检测数据始终达不到硬门限，用户将无法得到任何数据，也无法知道这个节点是否失效，不适合需要周期性上报数据的应用。

⑧ TTDD 协议　TTDD（Two-tier Data Dissemination，两层数据分发）协议是一个层次路由协议，主要是解决网络中存在多汇聚节点及汇聚节点移动问题。当多个节点探测到事件发生时，选择一个节点作为发送数据的源节点，源节点以自身作为格状网（grid）的一个交叉点构造一个格状网。其过程是：源节点先计算出相邻交叉点位置，利用贪心算法请求最接近该位置的节点成为新交叉点；新交叉点继续该过程直至请求过期或到达网络边缘。交叉点保存了事件和源节点信息，进行数据查询时，汇聚节点本地洪泛查询请求到最近的交叉节点，此后查询请求在交叉点间传播，最终源节点收到查询请求，数据反向传送到汇聚节点，汇聚节点在等待数据时，可继续移动，并采用代理机制保证数据可靠传递。

与定向扩散协议相比，该协议采用单路径，能够提高网络生存时间，但计算与维护格状网的开销较大；节点必须知道自身位置；非汇聚节点位置不能移动。要求节点密度较大。

4.4　无线传感网络的支撑技术

无线传感器网络具有大规模、高密度等特点，但其资源有限，能量、存储能力、计算能力都低于传统无线网络中的移动设备，因此传统无线网络的各种应用支撑技术很多都不再适用。当前无线传感器网络的支撑技术，一部分是在原有无线网络相关技术的基础上改进而来，另一部分是根据无线传感器网络的特点，重新设计的低耗方案。

4.4.1　定位技术

无线传感器网络作为一种全新的信息获取和处理技术，在目标跟踪、入侵监测及一些定位相关领域有广泛的应用前景。然而，无线传感器网络中的节点一般都是随机放置在需要探测的区域，很多获取的监测信息需要附带相应的位置信息，否则，这些数据就是不确切的，没有采集的意义的。所以定位技术是无线传感器网络中一项关键技术。

(1) 传感器网络定位的概念与相关术语

① 定位的概念　定位是指自组织的网络通过特定方法提供节点的位置信息。这种自组织网络定位分为节点自身定位和目标定位。节点自身定位是确定网络节点的坐标位置的过程。目标定位是确定网络覆盖区域内一个事件或者一个目标的坐标位置。

② 定位方法的相关术语

a. 锚节点（anchors）：也称为信标节点、灯塔节点等，可通过某种手段自主获取自身位置的节点。

b. 普通节点（normal nodes）：也称为未知节点或待定位节点，预先不知道自身位置，需使用锚节点的位置信息并运用一定的算法得到估计位置的节点。

c. 邻居节点（neighbor nodes）：传感器节点通信半径以内的其他节点。

d. 跳数（hop count）：两节点间的跳段总数。

e. 跳段距离（hop distance）：两节点之间的每一跳距离之和。

f. 连通度（connectivity）：一个节点拥有的邻居节点的数目。

g. 基础设施（infrastructure）：协助节点定位且已知自身位置的固定设备，如卫星基站、GPS 等。

（2）定位性能评价标准

无线传感器网络定位性能的评价标准主要有定位精度、覆盖范围、锚节点密度、网络的容错性和鲁棒性以及功耗位置精度指标以外，还有刷新速度、功耗和定位实时性等指标。

① 定位精度。定位精度是定位系统最重要的指标，精度越高，则技术要求越严，成本也越高。定位精度指提供的位置信息的精确程度，它分为相对精度和绝对精度。绝对精度是测量的坐标与真实坐标的偏差，一般用长度计量单位表示。相对误差一般用误差值与节点无线射程的比例表示，定位误差越小，定位精确度越高。

② 覆盖范围。不同的定位系统或算法可以在一栋楼房、一层建筑物或仅仅是一个房间内实现定位。另外，给定一定数量的基础设施或一段时间，一种技术可以定位多少目标也是一个重要的评价指标。

③ 锚节点密度。锚节点定位通常依赖人工部署或使用 GPS 实现。人工部署锚节点的方式不仅受网络部署环境的限制，还严重制约了网络和应用的可扩展性。而使用 GPS 定位，锚节点的费用会比普通节点高两个数量级，这意味着即使仅有 10％ 的节点是锚节点，整个网络的价格也将增加 10 倍，另外，定位精度随锚节点密度的增加而提高的范围有限，当到达一定程度后不会再提高。因此，锚节点密度也是评价定位系统和算法性能的重要指标之一。

④ 节点密度。节点密度通常以网络的平均连通度来表示，许多定位算法的精度受节点密度的影响。节点密度增大会增加网络部署费用，而且会因为节点间的通信冲突问题带来有限带宽的阻塞。

⑤ 容错性和自适应性。定位系统和算法都需要比较理想的无线通信环境和可靠的网络节点设备。而真实环境往往比较复杂，会出现节点失效或节点硬件受精度限制而造成距离或角度测量误差过大等问题，此时，物理地维护或替换节点或使用其他高精度的测量手段常常是困难或不可行的。因此，定位系统和算法必须有很强的容错性和自适应性，能够通过自动调整或重构纠正错误，对无线传感器网络进行故障管理，减小各种误差的影响。

⑥ 功耗。功耗是对无线传感器网络的设计和实现影响最大的指标之一。由于传感器节点的电池能量有限，因此在保证定位精确度的前提下，与功耗密切相关的定位所需的计算量、通信开销、存储开销、时间复杂性是一组关键性指标。

⑦ 代价。定位系统或算法的代价可从不同的方面来评价。时间代价包括一个系统的安装时间、配置时间、定位所需时间；空间代价包括一个定位系统或算法所需的基础设施和网络节点的数量、硬件尺寸等；资金代价则包括实现一种定位系统或算法的基础设施、节点设备的总费用。

⑧ 定位实时性更多的是体现在对动态目标的位置跟踪。上述的性能指标不仅是评价无线传感器网络自身定位系统和算法的标准，也是其设计和实现的优化目标。这些性能指标相互关联，必须根据应用的具体需求做出权衡以设计合适的定位技术。在设计定位系统的时候，要根据预定的性能指标，在众多方案之中选择能够满足要求的最优算法，采取最适宜的技术手段来完成定位系统的实现。通常设计一个定位系统需要考虑两个主要因素，即定位机制的物理特性和定位算法。在 WSN 定位中，通常使用三边测量法、三角测量法和极大似然估计法等算法计算节点位置。

（3）基于测距的定位技术

WSN 中的定位技术可以从以下不同角度分类。

① 基于测距的（range-based）定位技术和不基于测距的（range-free）定位技术　基于测距的定位技术需要测量相邻节点间的绝对距离或方位来计算未知节点的位置，包括信号强

度测距法、到达时间差测距法、时间差定位法和到达角定位法等。该类技术需要设计算法来减小测距误差对定位的影响，包括多次测量、循环定位求精等。虽然此算法可以获得相对精确的定位结果，但是其计算和通信消耗较大，不适合 WSN 低功耗的特点。

不基于测距的定位技术利用节点间的估计距离计算节点位置，包括质心定位算法、凸规划定位算法、基于距离矢量计算跳数的算法、无定形算法和以三角形内的点近似定位算法等。不基于测距的技术虽然精度较低，但是对大多数应用已经足够，因为其拥有造价低、低功耗的显著优势，所以在 WSN 中备受关注。

② 基于锚节点的定位技术和无锚节点的定位技术　基于锚节点的定位技术在定位过程中，以锚节点作为参考点，各节点定位后产生整体的绝对坐标系统。无锚节点的定位技术只关心节点间的相对位置，在定位过程中各节点先以自身作为参考点，将邻近的节点纳入自己定义的坐标系中，相邻的坐标系依次转换合并，最后产生整体相对坐标系统。

③ 粗粒度定位技术和细粒度定位技术根据计算所需信息的力度划分　细粒度定位计算所需的信息包括信号强度、时间等，而基于跳数和与锚节点的接近度来度量的，则是粗粒度定位。

4.4.2　时间同步

(1) 传感器网络的时间同步机制

无线传感器网络的同步管理主要是指时间上的同步管理。时钟同步对于无线传感器网络非常重要，如安全协议中的时间戳、数据融合中数据的时间标记、带有睡眠机制的 MAC 层协议等都需要不同程度的时间同步。无线传感器网络作为一个分布式网络系统，每个传感器节点都有自己的本地时钟。不同节点的晶体振荡器频率存在偏差，以及湿度和电磁波的干扰等都会造成网络节点之间的运行时间偏差。由于传感器网络的单个节点的能力有限，基于某些应用的需要，整个系统所要实现的功能要求网络内所有节点相互配合来共同完成。系统的协同工作需要节点间的时间同步，因此，时间同步机制是分布式系统基础框架的一个关键机制。

典型时间同步算法，主要可以分为以下几类：基于发送者-接收者的双向同步算法，典型算法如 TPSN；基于发送者-接收者的单向时间同步算法，典型算法如 FTSP、DMTS；基于接收者-接收者的同步算法，典型算法有 RBS。

(2) 典型时间同步协议

下面介绍三种成熟的传感器网络时间同步协议 RBS、TINY/MINI-SYNC 和 TPSN。

① RBS（Reference Broadcast Synchronization，参考广播同步协议）　RBS 参考广播时钟同步协议是利用无线链路层广播信道的特点，一个节点发送广播消息，在同一广播域的其他节点同时接收广播消息，并记录该节点的时间戳，之后接收节点通过消息交换它们的时间戳，通过比较和计算，达到高度精确时钟同步的目的。

影响 RBS 机制性能的因素有时钟偏差、接收点非确定性因素以及接收点的个数。

对于传统的时钟同步协议，关键路径是指从发送端读取时钟到接收端读取时钟所经过的时间，其中包含了信息包在进入信道之前在网络适配器（NIC）内的停留时间。而 RBS 的关键路径指从信息包进入信道到最后一个接收端读取时钟所经过的时间，消除了发送和访问时间，从而提高了精度。RBS 协议和传统的基于发送/接收方式的时钟同步协议在影响非决定性误差上有着明显的差异。特点如下。

a. RBS 算法中广播的时间同步消息与真实的时间戳信息并无多大关系，它也不关心准确的发送和接收时间，而只关心报文传输的差值，RBS 同步算法完全排除了发送时间和接收时间的干扰。

b. 在 RBS 算法中，接收节点只比较接收节点接收报文的时间之差，因此在发送节点发送的参考报文中无须携带发送节点的本地时间。

c. 同步误差只与接收者们是否在同一时刻记录本地时间有关，为了减小时间同步的误差，RBS 采用了统计技术，同时广播多个时间同步消息，求相互之间消息到达的时间差的平均值，这样就能在最大程度上消除非同时记录的影响。

d. 对于节点间的时钟漂移情况，RBS 采用最小平方误差的线性回归方法，对从某时刻开始的节点间的时钟偏移数据进行线性拟合。

② TPSN（Timing-sync Protocol for Sensor Networks，传感器网络时间同步协议） 传感器网络 TPSN 时间同步协议是基于发送者—接收者的双向同步算法。目的是提供传感器网络全网范围内节点间的时间同步。在网络中有一个与外界可以通信，从而获取外部时间的节点称为根节点。根节点可装配诸如 GPS 接收机这样的复杂硬件部件，并作为整个网络系统的时钟源。TPSN 协议采用层次型网络结构，首先将所有节点按照层次结构进行分级，然后每个节点与上一级的一个节点进行时间同步，最终所有节点都与根节点时间同步。

每个传感器节点都有唯一的标识号 ID，节点间的无线通信链路是双向的，通过双向消息交换实现节点间的时间同步，整个网络内所有节点按层次结构管理，由 TPSN 协议生成和维护。包括两个阶段。

a. 第一个阶段：层次发现阶段（Level Discovery Phase）。本阶段的目的是生成节点层次结构。每个节点被赋予一个级别，根节点为 0 级，第 i 级的节点至少能够与一个第 $(i-1)$ 级的节点通信。网络部署后，由根节点广播级别发现分组来启动层次发现阶段，级别发现分组包含节点的 ID 和级别。邻居节点收到分组后，将自己的级别设置为分组中的级别加 1，然后广播新的级别。发现分组节点收到第 i 级节点的广播分组后，记录发送这个广播分组的节点 ID，设置自己的级别为 $(i+1)$，广播级别为 $(i+1)$ 的分组，这个过程持续到网络内每个节点都被赋予一个级别。节点一旦建立自己的级别，就忽略任何其他级别发现分组，防止网络产生洪泛拥塞。

b. 第二阶段：同步阶段（Synchronization Phase）。本阶段的目的是实现所有树节点的时间同步。第 1 级节点同步到根节点，第 i 级的节点同步到第 $(i-1)$ 级的一个节点，最终所有节点同步到根节点，实现整个网络的时间同步。层次结构建立以后，根节点通过广播时间同步分组启动同步阶段，第 1 级节点收到分组后，各自分别等待一段随机时间，再通过与根节点交换消息同步到根节点。第 2 级节点侦听到第 1 级节点的交换消息后，等待一段随机时间，再与它记录的上一级别的节点交换消息，进行同步，网络中的节点依次与上一级节点同步，最终都同步到根节点。等待一段随机时间是为了保证该级节点在上一级节点同步完成后，才启动消息交换。

优点是减少同步误差。TPSN 同步协议在 MAC 层消息开始发送到无线信道时，才给消息添加时标，消除了访问时间带来的时间同步误差；提高同步精度，考虑了传播时间和接收时间，利用双向消息交换计算消息的平均延迟，提高了时间同步的精度。缺点是在基于层次模型的情况下不利于网络的动态变化，新的节点加入时，需要初始化层次发现阶段，级别的静态特性减少了算法的鲁棒性。

③ TINY/MINI-SYNC Tiny-sync/Mini-sync 是由 Sichitiu 和 Veerarittipahan 于 2003 年提出的基于双向消息传递的发送者和接收者之间的轻量级时间同步机制。该算法的前提是假设每个时钟可近似为一个频率固定的晶振，节点的时钟漂移遵循线性变化，那么两个节点之间的时间偏移也是线性的，可通过交换时标分组来估计两个节点间的最优匹配偏移量。

算法仍采用双向信息传递，不同之处在于 Tiny-sync 和 Mini-sync 发送多次探测信息，探测信息与以往的同步请求不同，接收节点收到探测信息后立即返回消息。Tiny-sync 是每次获得新数据点后与先前的进行比较，误差小于先前的误差时才采用新数据点，否则抛弃。Mini-sync 是 Tiny-sync 的优化，修正了 Tiny-sync 可能抛弃有用数据点的缺憾，留下了可能在后面提供较好边界条件的数据点。Tiny-sync 和 Mini-sync 为满足无线传感器网络低能耗的要求，交换少量信息，利用夹逼准则和线性规划估算频偏和相偏，提高了同步精度，降低了通信开销。

4.4.3 安全技术

网络安全一直是网络技术的重要组成部分，加密、认证、防火墙、入侵检测、物理隔离等都是网络安全保障的主要手段。无线传感器网络作为一种起源于军事应用领域的新型无线网络，主要采用了射频无线通信组网，传感器网络存在窃听、恶意路由、消息篡改等安全问题。无线传感器网络的安全性需求主要来源于通信安全和信息安全两个方面。

通信安全需求包括节点的安全保证、被动抵御入侵的能力和主动反击入侵的能力等三个方面。传感器节点是构成无线传感器网络的基本单元，节点的安全性包括节点不易被发现和节点不易被篡改。被动防御是指当网络遭到入侵时具备的对抗外部攻击和内部攻击的能力，它对抵御网络入侵至关重要。主动反击能力是指网络安全系统能够主动地限制甚至消灭入侵者，为此需要至少具备以下三种能力：入侵检测能力，隔离入侵者的能力，消灭入侵者的能力。

信息安全就是要保证网络中传输信息的安全性。对于无线传感器网络而言，具体的信息安全需求内容包括数据的机密性，保证网络内传输的信息不被非法窃听；数据鉴别，保证用户收到的信息来自己方节点而非入侵节点；数据的完整性，证数据在传输过程中没有被恶意篡改；数据的实效性，保证数据在时效范围内被传输给用户。

(1) 攻击防范技术

无线传感器网络极易受到各种形式的攻击。针对 WSN 的攻击问题，大致分为内外两类：外部攻击，指各类来自外部攻击者的攻击行为，包括物理破坏、入侵节点及外部设备冒充基站等；外部攻击者是指那些没有得到密钥，无法接入网络的节点。外部攻击者虽然无法有效地注入虚假信息，但可以通过窃听、干扰、分析通信量等方式，为进一步的攻击行为收集信息，因此对抗外部攻击首先需要解决保密性问题。内部攻击，指来自内部攻击者的攻击行为。内部攻击者是指那些获得了相关密钥，并以合法身份混入网络的攻击节点。由于传感器网络不可能阻止节点被篡改，而且密钥可能被对方破解，因而总会有入侵者在取得密钥后以合法身份接入网络。由于至少能取得网络中一部分节点的信任，内部攻击者能发动的网络攻击种类更多，危害性更大，也更隐蔽。

a. 拒绝服务攻击。可以由通过物理层的信号干扰、链路层（CSMA）的碰撞、网络层的拒绝转发篡改和传输层的大量连接请求等，在通信栈的各层中实现。

b. Sybil 攻击（女巫攻击）。指恶意节点冒充多个身份，对分布式数据存储、路由、数据融合等都会造成影响。在 WSN 中，基站、汇聚节点以及基站周边的节点都有大量的信息流，而且作用极其重要。可以通过流量分析找到这些节点并加以破坏、冒充。

c. 隐私攻击。WSN 的应用使人们获得了更多的方便，同时也给人们带来了隐私安全问题，因为 WSN 使得大量的远程获得信息变得更容易。

针对上述各种攻击，必须利用有效的防御措施加以防范。其中最主要的就是加密机制，利用加密机制进行身份鉴别。密钥管理是无线传感器网络安全中的研究热点之一。针对 sybil 攻击，采用各种方式使节点不能伪造身份信息，如可以通过为成员节点随机分配专有信道，将成员 ID 与信道绑定，伪装不同 ID 必须知道专有信道而且可以在多个信道上传送信息。抵抗流量分析攻击，可以用随机漫步（random walk），即节点偶尔会用父节点之外的节点进行路由，这样就不会有明显的传输路径。还可以间或产生伪装包，发往任意节点，设置 TTL 以防伪装包的转发耗费过多能量。

(2) 路由安全协议

无线传感器网络路由协议的安全研究是 WSN 研究的重点，对无线传感器网络的性能起着至关重要的作用。安全路由协议的目标就是提供路由功能的可用性，即维持节点之间的通信链路畅通。

当前在路由安全领域的研究主要集中在两大方面：一是根据无线传感器网络的特点，针对已知的路由协议建立攻击模型，以改进已知路由协议的安全性能，以适应 WSN；另一方面是设计创新的适合于无线传感器网络的安全路由协议。无线传感器网络需要轻量级的路由协议，也同时成为其安全脆弱性的一个主要原因。另外，基于优先级的路由选择，即根据不同的安全需求级别对传输数据的优先级别进行设置，以作为路由选择的依据，也是 WSN 安全路由中一项重要技术。

SPINS 安全协议包括 SNEP（Secure Network Encryption Protocol，安全网络加密协议）和 μTESLA（micro Timed Efficient Streaming Loss-tolerant Authentication Protocol，基于时间的高效的容忍丢包的流认证协议）两个部分。SPINS 提供了数据的机密性、完整性及认证，它的设计目标是控制被毒化的节点，防止它扩大破坏后果。SPINS 安全协议基于四个假设：基站是可信的；单个节点信任自己；节点之间不互相信任；基站与节点之间的通信链路是不可信任的。在此假设基础上，协议采用了轻量级的对称密钥以及简单的加解密算法（如 Hash、MAC）来实现数据的加解密与广播认证。但是 SPINS 没有考虑 DoS 攻击的可能性，安全机制的实现过分依赖基站，却没有考虑密钥更新的问题。

SNEP 通过一个链接加密功能实现加密作用。这个技术在发送者和接收者之间使用一个共有的计数器，建立一个一次性密钥的接收器防止重放攻击并且保证数据新鲜。SNEP 也使用一个信息验证代码保证两方认证和数据完整性。

SNEP（网络安全加密协议）是一个低通信开销的、实现了数据机密性、通信机密性、数据认证、完整性认证、新鲜性保护的简单高效的安全协议。SNEP 本身只描述安全实施的协议过程，并不规定实际的使用算法，具体的算法在具体实现时考虑。

μTESLA 是 TESLA 的优化形式，μTESLA 协议是基于时间的高效的容忍丢包的流认证协议，用以实现点到多点的广播认证。μTESLA 需要在广播节点和接收器之间实现宽松同步。该协议的主要思想是先广播一个通过密钥 Kmac 认证的数据包，然后公布密钥 Kmac。这样就保证了在密钥 Kmac 公布之前，没有人能够得到认证密钥的任何信息，也就没有办法在广播包正确认证之前伪造出正确的广播数据包。这样的协议过程恰好满足主流认证广播的安全条件。

SPINS 协议框架在数据机密性、完整性、新鲜性、可认证性等方面定义了完整有效的机制和算法。安全管理方面目前以密钥预分布模型作为安全初始化和维护的主要机制，其中随机密钥对模型、基于多项式的密钥对模型等是目前最有代表性的算法。

4.4.4　数据融合

数据融合也称作信息融合，是一种多源信息处理技术，它通过对来自同一目标的多源数据进行优化合成，获得比单一信息源更精确、完整的估计或判决，消除噪声与干扰，实现对观测目标的连续跟踪和测量等一系列问题的处理方法。数据融合是对多传感器信息进行处理的最关键技术，在军事和非军事领域的应用都非常广泛。

安全的数据融合也是无线传感器网络安全中需要研究的一个方面。WSN 中安全的数据融合主要有两个功能：一是获得贴近事实的更为准确的数据；二是发现及丢弃被攻陷节点发送的包含篡改信息的数据包。

当前，WSN 中的数据融合主要有两种方式：一种是节点把原始数据传送到基站，在基站进行数据融合；一种是融合节点（aggregator）先在本地收集周边节点的信息进行融合，然后再传送给基站，进行最终的数据融合，融合节点可以多重级联。其中，后一种数据融合机制通常与路由协议相联系，以减少网络中的通信负载，但是会使安全问题更加复杂。中间的融合节点本身有可能篡改、伪造或者丢弃信息，也可能转发错误的信息。解密算法也变得更为复杂，因为中间节点必须能够理解传送过来的数据，才能够进行有效的数据融合，所以需要结合安全路由协议的研究以及密钥管理问题的研究，来进行带有网内数据融合的安全的数据融合方法的研究。有的路由协议为了保证协议的安全性而禁止数据融合，这种做法不应推荐。被攻陷节点发送的错误信息的识别，可以与被攻陷节点的发现相结合，建立节点间的信任体系，通过计算节点的信誉度对其发送信息进行加权计算。信誉度低的节点发送的信息在融合时所起的作用小，被认为是被攻陷节点发送的信息，可以直接丢弃。

4.5 IPv6 传感器网络

4.5.1 IPv6 传感器网络概述

无线传感器网络具有广阔的应用前景，可以应用到安全、生态环境、智能交通、智能家居和家庭医疗护理等领域。无线传感器网络常伴随着大量的传感器设备，如果将各种设备连接到互联网中，则需要海量的 IP 地址，目前 IPv4 已经无法满足其需求，而 IPv6 具有丰富的地址资源，因此可以保证未来的所有设备都可获得唯一的 IP 地址，实现端到端的安全应用。将 IPv6 技术与无线传感器网络相结合的 IPv6 传感网受到国内外越来越多的研究机构和组织的重视。

(1) IPv6 的主要优势

IPv6（Internet Protocol Version 6，互联网协议第 6 版）是 IETF（互联网工程任务组，Internet Engineering Task Force）设计的用于替代现行版本 IP 协议（IPv4）的下一代 IP 协议。IPv6 是为了解决 IPv4 所存在的一些问题和不足而提出的，同时它还在许多方面提出了改进，IPv6 的主要优势体现在以下几个方面。

a. 扩展地址空间：IPv6 产生的初衷主要是针对 IPv4 地址短缺问题，即从 IPv4 的 32bit 地址，扩展到了 IPv6 的 128bit 地址，充分解决了地址匮乏问题。同时 IPv6 地址是有范围的，包括链路本地地址、站点本地地址和任意传播地址，进一步增加了地址应用的扩展性。

b. 简化报头格式：通过简化固定的基本报头、采用 64 比特边界定位、取消 IP 头的校验和域等措施，以提高网络设备对 IP 报文的处理效率。引入灵活的扩展报头，按照不同协议要求增加扩展头种类，按照处理顺序合理安排扩展头的顺序，其中网络设备需要处理的扩展头在报文头的前部，需要宿端处理的扩展头在报文头的尾部。

c. 层次网络区划：IPv6 极大的地址空间使层次性的地址规划成为可能，同时国际标准中已经规定了各个类型地址的层次结构，这样既便于路由的快速查找，也有利于路由聚合，缩减 IPv6 路由表大小，降低网络地址规划的难度。

d. 支持即插即用：IPv6 引入自动配置以及重配置技术，对于 IP 地址等信息实现自动增删更新配置，提高 IPv6 的易管理性。

e. 提高网络安全：IPv6 集成了 IPSec，用于网络层的认证与加密，为用户提供端到端安全，使用起来比 IPv4 简单、方便，可以在迁移到 IPv6 时同步发展 IPSec。

f. 改善服务质量（QoS）：IPv6 包头中有一个业务类别域（Traffic Class），利用该域可以实现对关键用户和应用的优先服务；IPv6 包头中的流标记域（flow label）则为流量工程（Traffic Engineering）和负载平衡以及区分端到端的数据流提供了一个强有力的工具；全球唯一的地址可以更详细地区分数据流，而结构化的地址则可以很容易地在边缘网络上实现数据流的聚合。

g. 便捷移动服务：Mobile IPv6 增强了移动终端的移动特性、安全特性、路由特性，降低了网络部署的难度和投资，为用户提供了永久在线的服务。

综上所述，IPv6 的特点充分迎合了未来网络向 IP 融合统一的发展方向，并提升了 IP 网络的可运营可管理性。

(2) IPv6 无线传感器网络的特点

IPv6 无线传感器网络是一种新兴的网络形态，它把 IPv6 技术融入无线传感器网络，采用分层结构构建开发式的网络体系，不仅能解决无线传感器网络间、无线传感器网络与 Internet 间的互联互通问题，同时克服了无线传感器网络固有的缺点，如需要数量巨大的地址资源、需要实现有效地址管理机制、缺乏应有的安全机制等问题。

(3) IPv6 无线传感器网络与现有网络的互联互通方式

IPv6 无线传感器网络与现有网络的互联互通方式主要有两种：直接接入方式、网关接入方式。

① 直接接入方式　采用移动终端直接与无线传感器网络节点通信的方式进行互联，简化了网络接入的模型，不需要特殊的中间节点或者网关进行转发，直接接入现有网络，成为网络终端，实现与现有网络的无缝融合。IPv6 无线传感器网络与现有网络互联互通的直接接入方式如图 4-4 所示。

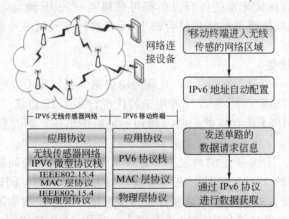

图 4-4　直接接入方式

② 网络连接设备（网关）接入方式　无线传感器网络设备低成本、低功耗、低复杂性的要求以及接入网络基础设施的多样性，决定了每个 IPv6 无线传感器网络设备都直接接入现有网络是不切实际的。通常，设备的程序存储区和数据存储区都非常有限，无法配置完备的网络协议栈和大规模路由协议，因此，采用一种硬件资源相对丰富的网络连接设备（网关）完成 IPv6 无线传感器网络与 Internet 的互联互通。

Pv6 无线传感器网络与现有网络互联互通的网关接入方式如图 4-5 所示，IPv6 无线传感器网络设备部署精简的网络协议栈，将采集的监测数据通过无线传感器网络路由协议汇聚到网际连接设备（网关），网际连接设备进行数据的转发处理，接入各种承载网络将信息发送到服务器；承载网可以是 WiFi、以太网、GSM 等，网关只需配置相应的接入模块即可。服务器端对监测信息进行处理和分析，并存储到数据库中。用户终端通过现有网络的协议访问

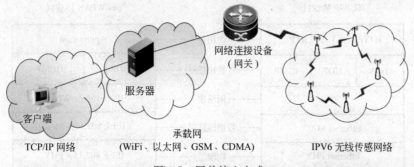

网络连接设备
（网关）

服务器

客户端

TCP/IP 网络

承载网
(WiFi、以太网、GSM、CDMA)

IPV6 无线传感网络

图 4-5　网关接入方式

服务器，获取 IPv6 无线传感器网络设备的信息，实现对设备的访问、控制以及有效的管理。

采用网际连接设备完成 IPv6 无线传感器网络的互联互通，减少了无线传感器网络设备的复杂性，无需为每一个设备部署承载网络的接入设备（以太网口、AP 设备等），降低了应用成本。另外，网际连接设备（网关）只负责数据的转发，不做网络层、应用层协议的处理，与 ZigBee、蓝牙等网络代理网关设备相比，增加了转换效率，又没有破坏端对端的控制，保证了数据的透明传输以及安全性。无线传感器网络应用的不同，必须采用不同的承载网络，网际连接设备可以扩展不同的协议转换模块，接入各种承载网络，具有更强的灵活性。

4.5.2　6LoWPAN 技术

(1) 6LoWPAN 概述

6LoWPAN 即基于 IPv6 的低速无线个域网（IPv6 over Low power Wireless Personal Area Network）。IETF 组织于 2004 年 11 月正式成立了 IPv6 over LR-WPAN（6LoWPAN）工作组，着手制定基于 IPv6 的低速无线个域网标准，旨在将 IPv6 引入以 IEEE802.15.4 为底层标准的无线个域网。该工作组的研究重点为适配层、路由、包头压缩、分片、IPv6、网络接入和网络管理等技术。该工作组已经完成了两个 RFC：《概述、假设、问题陈述和目标》（RFC4919：2007-08）和《基于 IEEE802.15.4 的 IPv6 报文传送》（RFC4944：2007-09）。

6LoWPAN 技术是一种在 IEEE 802.15.4 标准基础上传输 IPv6 数据包的网络体系，可用于构建无线传感器网络。6LoWPAN 规定其物理层和 MAC 层采用 IEEE 802.15.4 标准，上层采用 TCP/IPv6 协议栈。6LoWPAN 协议栈参考模型与 TCP/IP 的参考模型大致相似，区别在于 6LoWPAN 底层使用的 IEEE 802.15.4 标准，而且因低速无线个域网的特性，在 6LoWPAN 的传输层没有使用 TCP 协议。6LoWPAN 与 TCP/IP 对比的参考模型如图 4-6 所示。

6LoWPAN 技术底层采用 IEEE802.15.4 规定的 PHY 层和 MAC 层，网络层采用 IPv6 协议。由于 IPv6 中，MAC 支持的载荷长度远大于 6LoWPAN 底层所能提供的载荷长度，为了实现 MAC 层与网络层的无缝连接，6LoWPAN 工作组建议在网络层和 MAC 层之间增加一个网络适配层，用来完成包头压缩、分片与重组以及网状路由转发等工作。6LoWPAN 技术具有以下几个方面的优势。

a. 普及性：IP 网络应用广泛，作为下一代互联网核心技术的 IPv6，也在加速普及的步伐，在 LR-WPAN 网络中使用 IPv6 更易于被接受。

b. 适用性：IP 网络协议栈架构受到广泛的认可，LR-WPAN 网络完全可以基于此架构进行简单、有效地开发。

图 4-6　6LoWPAN 与 TCP/IP 参考模型对比

c. 更多地址空间：IPv6 应用于 LR-WPAN 最大的亮点是庞大的地址空间，这恰恰满足了部署大规模、高密度 LR-WPAN 网络设备的需要。

d. 支持无状态自动地址配置：当节点启动时，可以自动读取 MAC 地址，并根据相关规则配置好所需的 IPv6 地址。这个特性对传感器网络是必要的，因为在大多数情况下，不可能对传感器节点配置用户界面，节点必须具备自动配置功能。

e. 接入：LR-WPAN 使用 IPv6 技术，更易于接入其他基于 IP 技术的网络及下一代互联网，使其可以充分利用 IP 网络的技术进行发展。

f. 易开发：目前基于 IPv6 的许多技术已比较成熟，并被广泛接受，针对 LR-WPAN 的特性需进行适当的精简和取舍，简化协议开发的过程。

尽管 6LoWPAN 技术存在许多优势，但仍然需要解决许多问题，如 IP 连接、网络拓扑、报文长度限制、组播限制以及安全特性，以实现 LR-WPAN 网络与 IPv6 网络的无缝连接。

（2）6LoWPAN 关键技术

为了更好地实现 IPv6 网络层与 IEEE 802.15.4 MAC 层之间的连接，在两层之间加入适配层以实现屏蔽底层硬件对 IPv6 网络层的限制。适配层是 IPv6 网络和 IEEE 802.15.4MAC 层间的一个中间层，其向上提供 IPv6 对 IEEE 802.15.4 媒介访问支持，向下则控制 LoWPAN 网络构建、拓扑及 MAC 层路由。6LoWPAN 的基本功能，如链路层的分片和重组、头部压缩、组播支持、网络拓扑构建和地址分配等均在适配层实现。

① 适配层基本功能　由于最大 MTU、组播及 MAC 层路由等原因，IPv6 不能直接运行在 IEEE 802.15.4MAC 层之上，适配层将起到中间层的作用，同时提供对上下两层的支持，其主要功能如下。

a. 链路层的分片和重组：IPv6 规定数据链路层最小 MTU 为 1280 字节，对于不支持该 MTU 的链路层，协议要求必须提供对 IPv6 透明的链路层的分片和重组。因此，适配层需要通过对 IP 报文进行分片和重组来传输超过 IEEE 802.15.4MAC 层最大帧长（127 字节）的报文。

b. 组播支持：组播在 IPv6 中有非常重要的作用，IPv6 特别是邻居发现协议的很多功能都依赖于 IP 层组播。此外，WSN 的一些应用也需要 MAC 层广播的功能。IEEE 802.15.4 MAC 层不支持组播，但提供有限的广播功能，适配层利用可控广播共泛的方式在整个 WSN 中传播 IP 组播报文。

c. 头部压缩：在不使用安全功能的前提下，IEEE 802.15.4 MAC 层的最大负载为 102 字节，而 IPv6 报文头部为 40 字节，再除去适配层和传输层（如 UDP）头部，将只有 50 字节左右的应用数据空间。为了满足 IPv6 在 IEEE 802.15.4 传输的 MTU，一方面可以通过分片和重组来传输大于 102 字节的 IPv6 报文，另一方面也需要对 IPv6 报文进行压缩来提高传输效率和节省节点能量。为了实现压缩，需要在适配层头部后增加一个头部压缩编码字段，该字段将指出 IPv6 头部哪些可压缩字段将被压缩，除了对 IPv6 头部以外，还可以对上层协议（UDP、TCP 及 ICMPv6）头部进行进一步压缩。

d. 网络拓扑构建和地址分配：IEEE 802.15.4 标准对物理层和 MAC 层做了详尽地描述，其中 MAC 层提供了功能丰富的各种原语，包括信道扫描、网络维护等。由适配层来完成调用这些原语形成网络拓扑并对拓扑进行维护的工作。另外，6LoWPAN 中每个节点都是使用 EUI-64 地址标识符，但是一般的网络节点能力非常有限，而且通常会有大量的部署节点，若采用 64-bits 地址将占用大量的存储空间并增加报文长度，因此，更适合的方案是在 PAN 内部采用 16-bits 短地址来标识一个节点，这就需要在适配层来实现动态的 16-bits 短地址分配机制。

e. MAC 层路由：IEEE 802.15.4 标准并没有定义 MAC 层的多跳路由。适配层将在地址分配方案的基础上提供两种基本的路由机制即树状路由和网状路由。

适配层是整个 6LoWPAN 的基础框架，6LoWPAN 的其他一些功能也是基于该框架实现的。整个适配层功能模块的示意图如图 4-7 所示。

② 分片　当一个负载报文不能在一个单独的 IEEE 802.15.4 帧中传输时，需要对负载报文进行适配层分片。此时，适配层数据帧使用 4 字节的分片头部格式而不是 2 字节的不分片头部格式。另外，适配层需要维护当前的分段标记（fragment-tag）值并在节点初始化时将其置为一个随机值。

当上层下传一个超过适配层最大负载长度的报文给适配层后，适配层需要对该 IP 报文分片进行发送。适配层分片的判断条件为：负载报文长度＋不分片头部长＋网络传送（或广播）字段长度＞IEEE 802.15.4 MAC 层的最大负载长度。在使用

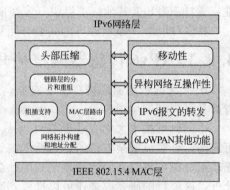

图 4-7　适配层功能块

16-bits 短地址并且不使用 IEEE 802.15.4 安全机制的情况下，负载报文的最大长度为 95 ［127-25（MAC 头部)-2（不分片头部)-5（网络传送的长度)] 字节。

③ 重组　当适配层收到一个分片后，根据以下两个字段判断该分片是属于哪个负载报文的：源 MAC 地址和适配层分片头部的数据报标记（datagram _ tag）字段。重组一个分片的负载报文时需要使用一个重组队列来维护已经收到的分片以及其他一些信息（源 MAC 地址和 datagram-tag 字段）。同时，为了避免长时间等待未达到的分片，节点还应该在收到第一个分片后启动一个重组定时器，重组超时时间为 15s，定时器超时后节点应该删除该重组队列中的所有分片及相关信息。

(3) 6LoWPAN 应用领域

随着无线传感器的大规模商业应用，6LoWPAN 技术能应用于多个领域。

a. 设施管理、楼宇自动化和智能家居：利用 6LoWPAN，使设施、楼宇、家居能进行智能化管理，让人们的生活更加舒适、安全、有效和高效节能。

b. 医疗保健：无线传感器网络在医疗研究、健康保健领域扮演着越来越重要的角色。利用 6LoWPAN 技术可高效地处理必要的信息从而方便接受医疗与处理。

c. 环境监测：随着人们对环境问题的密切关注，6LoWPAN 技术为各种环境的监测与保护带来方便。

d. 工业自动化：6LoWPAN 的特性为工业自动化带来更大的方便。

另外，6LoWPAN 在安全防卫、资产管理、先进计量基础设施和个人运动与娱乐等方面也会得到广泛的应用。

（4）IPSO 联盟

IPSO（IP for Smart Objects）联盟的成立，旨在推动 IP 协议作为网络互联技术用于连接传感器节点或者其他的智能物件以便于信息的传输。该非营利组织成员包括全球多家通信和能源技术公司，共有成员 33 家。涉及美、德、法、英、瑞典、加拿大和日本，其中绝大多数为美国公司，高达 24 家，占成员总数的 72.7%。IPSO 开始工作的第一个目标是，在 IEEE 802.15.4 标准上实现 IPv6 的互操作性。IPSO 联盟的智能物体的含义：智能物件定义为一个小型计算机，通常带有传感器或执行器，并具有某种通信设备。他们常被嵌入汽车、开关、机器或温度检测仪。他们可用于实现智能家居、监控、智能楼宇、智能电网、运输、节能和智能城市。

IPSO 联盟的目标：推动 IP 协议成为智能物件相互联接与通信的首要解决方案；通过白皮书发布、案例研究、标准起草及升级等手段，推动 IP 协议在智能物件中的应用及其相关产品及服务的市场营销；了解智能物件相关行业和市场；组织互操作测试，使联盟成员及相关利益相关方证明其基于 IP 的智能物件相关产品和服务可共同运行，且满足行业的通信标准；支持 IETF 及其他标准组织开发智能物件的 IP 协议技术标准等。

IPSO 联盟 33 家承办方的简要介绍见附表 1。

4.5.3　IPv6 传感器网络应用案例

IPv6 无线传感器网络在精准农业、安全监测、环境保护、智能建筑、医疗监护等诸多方面具有广阔的应用前景。

中国科学技术大学在基于 IPv6 无线传感器网络的环境监测系统项目中建立了一个稳定可靠的、针对流域全方位的、包括水情、生态水环境和精准农业等的监测平台框架，这对于推动水资源可持续利用这一影响我国社会经济发展的战略问题的解决具有重要的战略意义。此外，该项目的研究成果还可以推广到有大规模无线环境监测需求的区域包括人口密集区和工业发达区，进一步可推广到森林火灾监测、地震灾害监测，甚至包括国防军事等多方面。

项目的主要研究成果可以分为技术支撑平台和应用示范系统两大部分，技术支撑平台主要包括硬件平台、软件平台和基础数据平台三部分，具体体现在设计并开发兼容 CNGI 的无线传感器网络节点和网关的设计和实现，开发兼容 IPv6 的无线传感器网络可靠通信协议和机制，以及相关数据资料的库的建设；应用示范系统主要包含河道水情监测、河道生态水质

图 4-8　基于 IPv6 无线传感器网络的环境监测系统

监测和精准农业灌溉等子系统，主要体现在以利用原有的信道和基站为新的监测业务服务，最大程度上降低系统重复建设成本为前提，采用无线传感器网络技术和 IPv6 网络技术，建设相关示范业务系统。系统如图 4-8 所示。

4.6 无线传感器网络的应用

1) 军事应用

无线传感器网络具有可快速部署、可自组织、隐蔽性强和高容错性的特点，因此它非常适合在军事领域的应用。无线传感器网络能实现对敌军兵力和装备的监控、战场的实时监视、目标的定位、战场评估、核攻击和生物化学攻击的监测和搜索等功能。通过飞机或炮弹直接将传感器结点播撒到敌方阵地内部，或在公共隔离带部署传感器网络，能非常隐蔽和近距离地准确收集战场信息，迅速地获取有利于作战的信息。传感器网络由大量的、随机分布的结点组成，即使一部分传感器结点被敌方破坏，剩下的结点依然能自组织地形成网络。利用生物和化学传感器，可以准确探测生化武器的成分并及时提供信息，有利于正确防范和实施有效的反击。传感器网络已成为军事系统必不可少的部分，并且受到各国军方的普遍重视。

无线传感器网络是网络中心战体系中面向武器装备的网络系统，是 C4ISR 的重要组成部分。C4ISR 是现代军事指挥系统中 7 个子系统的英语单词的第一个字母的缩写，即指挥 (Command)、控制 (Control)、通信 (Communication)、计算机 (computer)、情报 (Intelligence)、监视 (Surveillance)、侦察 (Reconnaissance)。

2) 空间探索

探索外部星球一直是人类梦寐以求的理想，借助于航天器布撒的传感器网络节点实现对星球表面长时间的监测，应该是一种经济可行的方案。美国国家航空和宇宙航行局的 JPL 实验室研制的 Sensor Webs 就是为将来的火星探测进行技术准备的，已在佛罗里达宇航中心周围的环境监测项目中进行测试和完善。

3) 反恐应用

美国的 911 恐怖袭击造成了难以估量的巨大损失，而目前世界各地的恐怖袭击也大有愈演愈烈之势。采用具有各种生化检测传感能力的传感器节点，在重要场所进行部署，配备迅速的应变反应机制，有可能将各种恐怖活动和恐怖袭击扼杀在摇篮之中，防患于未然，或尽可能将损失降低到最少。

4) 防爆应用

矿产、天然气等开采、加工场所，由于其易爆易燃的特性，加上各种安全设施陈旧、人为和自然等因素，极易发生爆炸、坍塌等事故，造成生命和财产损失巨大，社会影响恶劣。在这些易爆场所，部署具有敏感气体浓度传感能力的节点，通过无线通信自组织成网络，并把检测的数据传送给监控中心，一旦发现情况异常，立即采取有效措施，防止事故的发生。

5) 灾难救援

在发生了地震、水灾、强热带风暴或遭受其他灾难打击后，固定的通信网络设施（如有线通信网络、蜂窝移动通信网络的基站等网络设施、卫星通信地球站以及微波中继站等）可能被全部摧毁或无法正常工作，对于抢险救灾来说，这时就需要无线传感器网络这种不依赖任何固定网络设施、能快速布设的自组织网络技术。

6) 环境科学

随着人们对于环境的日益关注，环境科学所涉及的范围越来越广泛。通过传统方式采集原始数据是一件困难的工作。传感器网络为野外随机性的研究数据获取提供了方便，比如，跟踪候鸟和昆虫的迁移，研究环境变化对农作物的影响，监测海洋、大气和土壤的成分等。此外，也可用于对森林火灾的监控。

7）医疗保健

如果在住院病人身上安装特殊用途的传感器节点，如心率和血压监测设备，利用传感器网络，医生就可以随时了解被监护病人的病情，进行及时处理。还可以利用传感器网络长时间地收集人的生理数据，这些数据在研制新药品的过程中是非常有用的，而安装在被监测对象身上的微型传感器也不会给人的正常生活带来太多的不便。此外，在药物管理等诸多方面，它也有新颖而独特的应用。总之，传感器网络为未来的远程医疗提供了更加方便快捷的技术实现手段

8）智能家居

嵌入家电中的传感器与执行机构组成的无线传感器执行器网络与 Internet 连接在一起将会为人们提供更加舒适、方便和具有人性化的智能家居环境，包括家庭自动化（嵌入到智能吸尘器，智能微波炉，电冰箱等，实现遥控、自动操作和基于 Internet，手机网络等的远程监控）和智能家居环境（如根据亮度需求自动调节灯光，根据家具脏的程度自动进行除尘等）。

9）工业自动化

包括机器人控制，设备故障监测故障诊断，工厂自动化生产线，恶劣环境生产过程监控，仓库管理，如沃尔玛公司使用的射频识别条形码芯片（RFID）等。在一些大型设备中，需要对一些关键部件的技术参数进行监控，以掌握设备的运行情况。在不便于安装有线传感器的情况下，无线传感器网络就可以作为一个重要的通信手段。

10）商业应用

自组织、微型化和对外部世界的感知能力是无线传感器网络的三大特点，这些特点决定了无线传感器网络在商业领域也会有广泛的应用。比如，城市车辆监测和跟踪、智能办公大楼、汽车防盗、交互式博物馆、交互式玩具等众多领域，无线传感器网络都将会孕育出全新的设计和应用模式。

本 章 小 结

无线传感器网络是由大量的静止或移动的传感器以自组织和多跳的方式构成的无线网络，随着微机电系统、片上系统、无线通信和低功耗嵌入式技术的飞速发展而出现的一种新的信息获取和处理模式。

本章主要介绍了无线传感器网络技术的基础知识，包括概念、体系结构、特征、协议栈、支撑技术以及应用，其中重点介绍了节点的组成、特点及功能，进一步介绍了6LoWPAN 的概念、结构及特点。通过本章学习，可使读者系统的学习到无线传感器网络技术的相关知识。

习　　题

一、填空题

1. 无线传感器网络是由大量的静止或移动的传感器以_____方式构成的无线网络。

2. 无线传感器网络主要包括 4 类基本实体对象：目标、_____、_____和监测区域。

3. 传感器节点由_____、处理器模块、_____和能量供应模块四部分组成。

4. 无线传感器网络的协议栈包括物理层、_____、网络层、_____和应用层，还包括能量管理、移动管理和任务管理等平台。

5. 无线传感器网络 MAC 协议可以按照采用固定分配信道方式还是随机访问信道方式进行分为以下三种：时分复用无竞争接入方式、_____、竞争与固定分配相结合的接入方式。

6. _____负责将数据分组从源节点通过网络转发到目的节点。

7. 定向扩散路由机制可以分为周期性的兴趣扩散、_____和路径加强三个阶段。

8. 定位是指自组织的网络通过特定方法提供节点的位置信息。这种自组织网络定位分为_____和目标定位。

二、简答题

1. 什么是无线传感器网络？

2. 简述无线传感器网络中节点的结构及组成部分。

3. 无线传感器网络的特征有几个？

4. 简述无线传感器网络的路由协议的分类。

5. 什么是数据融合？

6. 无线传感器网络的应用领域有哪些？

7. 简述 6LoWPAN 的体系结构特点。

第5章

通信技术

【本章学习重点】

通过对短距离无线通信技术的介绍，掌握 ZigBee 技术各层功能及技术特点，掌握 WiFi 技术的网络结构和原理，掌握蓝牙技术的基本原理、基本结构等，并且了解它们的相关应用。

随着 Internet、计算机、通信和电子技术的飞速发展，无线网络逐渐走入人们的生活。尤其是近几年来，无线通信技术的发展速度与应用领域已经超过了固定通信技术，成为物联网发展最为关键的推动力。物联网通信技术主要指短距离通信技术和移动通信技术。

5.1 短距离无线通信技术概述

近年来无线组网通信发展迅速的原因，不仅是由于技术已经达到可驾驭和可实现的高度，更是因为人们对信息随时随地获取和交换的迫切需要，从而去实现各种通信技术发展的"无处不在"终极目标。在技术、成本、可靠性及实用性等多种因素的综合考虑下，短距离无线通信技术成为了当今的热点。短距离无线通信技术具有如下特点。

（1）无线发射功率在几微瓦到小于 $100\mu W$。

（2）通信的距离在几厘米到几百米之间。

（3）主要在小范围区域内使用。

（4）不用申请无线频道。

（5）高频操作。

短距离无线通信分为低速短距离无线通信和高速短距离无线通信两类。低速短距离无线通信的最低数据速率小于 1Mbps，通信距离小于 100m。典型技术有 ZigBee、蓝牙（Bluetooth）、无线局域网 802.11（WiFi）、高速超宽频（Ultra WideBand）等。高速短距离无线通信的最高数据速率大于 100Mbps，通信距离小于 10m。典型技术有高速超宽频（Ultra WideBand）和 Wrieless USB 等。

短距离无线通信技术主要解决物联网感知层信息采集的无线传输，每种短距离无线通信技术都有其立足的特点，或基于传输速度、距离、耗电量的特殊要求；或着眼于功能的扩充性；或符合某些单一应用的特别要求；或建立竞争技术的差异化等。从近期无线通信技术的发展看，无线通信领域各种技术的互补性日趋鲜明。

5.2 ZigBee 技术

5.2.1 概述

(1) ZigBee 的概念

ZigBee 技术是一种短距离、低复杂度、低功耗、低数据速率、低成本的无线网络技术，是一组基于 IEEE802.15.4 无线标准研制开发的组网、安全和应用软件方面的通信技术。ZigBee 名字来源于蜂群使用的赖以生存和发展的通信方式，蜜蜂通过跳 ZigZag 形状的舞蹈来分享新发现的食物源的位置、距离和方向等信息。

2000 年 12 月 IEEE 成立了 802.15.4 小组，负责制订媒体存取控制层（MAC）与物理层（PHY）在低速无线个人局域网络（Low-Rate Wireless Personal and Network：LR-WPAN）的规范，并在 2003 年 5 月通过 IEEE 802.15.4 标准。

ZigBee 联盟是 2002 年 10 月由 Honeywell、Invensys、Mitsubishi、Motorola 与 Philips 共同成立的，ZigBee 联盟负责制订网络层、安全管理、应用界面规范，并且须互通测试，2004 年 12 月正式定案 Zigbee 1.0（ZigBee-2004），但大部分厂商则以 2005 年 9 月公布的标准作为规范，来制作 ZigBee 协议堆栈（如 TI 的 Z-stack 协议栈）。后来又发布了 Zigbee2006、Zigbee2007 两个版本，不同版本的 ZigBee 标准协议的特点如表 5-1 所示。

表 5-1　不同版本的 ZigBee 标准协议的特点

版本	ZigBee04	ZigBee06	ZigBee07	
指令集	无	无	ZigBee	ZigBee04 PRO
无线射频标准	802.15.4	802.15.4	802.15.4	802.15.4
地址分配	—	CSKIP	CSKIP	随机
拓扑	星状	树状、网状	树状、网状	网状
大网络	不支持	不支持	不支持	支持
自动跳频	是,3 个信道	否	否	是
PAN ID 冲突解决	支持	否	可选	支持
数据分割	支持	否	可选	可选
多对一路由	否	否	否	支持
高安全	支持	支持,1 密钥	支持,1 密钥	支持,多密钥
应用领域	消费电子(少量节点)	住宅(300 个节点以下)	住宅(300 个节点以下)	商业(1000 个节点以上)
芯片	CC2420	CC2430 CC2410	CC2520 CC2530 MC13224	

(2) ZigBee 技术的特点

ZigBee 技术具有以下特点：

a. 数据传输速率低：只有 10kbps～250kbps，专注于低传输应用。

b. 功耗低：在低耗电待机模式下，两节 5 号电池支持长达 6～24 个月的使用时间，甚至更长，非常省电。

c. 成本低：因为 ZigBee 数据传输速率低，协议简单，所以大大降低了成本。

d. 网络容量大：ZigBee 可采用星形、树状和网状网络拓扑结构。每个 ZigBee 网络最多可支持 254 个节点，网络协调器可以相互连接，整个网络的节点数目十分可观，最多可以组成有 65000 个节点的大网。

e. 有效范围小：有效覆盖范围 10～75m 之间，具体依据实际发射功率的大小和各种不同的应用模式而定，基本上能够覆盖普通的家庭或办公室环境。

f. 可靠：采用了碰撞避免机制。同时为需要固定带宽的通信业务预留了专用时隙，避免了发送数据时的竞争和冲突，具有自动动态组网的功能，信息在 ZigBee 网络中通过自动路由的方式进行传输，从而保证信息传输的可靠性。

g. 时延短：针对时延敏感的应用进行了优化，通信时延和从休眠状态激活的时延都非常短。一般从睡眠转入工作状态只需 15ms，节点连接进入网络只需 30ms，进一步节省了电能。

h. 高安全：ZigBee 提供了三级安全模式，包括无安全设定、使用接入控制清单（ACL）防止非法获取数据以及采用高级加密标准（AES128）的对称密码，以灵活确定其安全属性。

ZigBee 的工作频段有 3 个，分别为欧洲的 868MHz、美国的 915MHz 和全球的 2.4GHz。ZigBee 的频带和数据传输率如表 5-2 所示。

表 5-2　ZigBee 的频带和数据传输率

频率	频带	覆盖范围	数据传输速度	信道数量
2.4GHz	ISM	全球	250kbps	16
915MHz	ISM	美洲	40kbps	10
868MHz	ISM	欧洲	20kbps	1

5.2.2　ZigBee 协议栈

在网络中，为了完成通信，必须使用多层次的多种协议。这些协议按照层次顺序组合在一起，构成了协议栈（Protocol Stack）。

ZigBee 标准采用分层结构，每层都为其上层提供一组特定的服务，即一个数据实体提供数据传输服务，而另一个管理实体提供全部其他服务。每个服务实体都通过一个服务接入点（SAP）为其上层提供相应的服务接口。基于标准的开放式系统互联（OSI）模型，仅对涉及 ZigBee 的层进行定义。IEEE802.15.4 标准定义了物理层和媒体介质访问层，ZigBee 联盟进行了网络层（NWK）和应用层（APL）框架的设计。ZigBee 协议栈模型如图 5-1 所示。

（1）物理层（PHY）

物理层定义了物理无线信道与 MAC 层之间的接口，提供物理层数据服务和管理服务。物理层数据服务是从无线物理信道上收发数据，物理层管理服务维护一个由物理层相关数据组成的数据库。

IEEE 802.15.4 工作在工业科学医疗（ISM）频段，它定义了两种物理层，即 2.4GHz 频段和 868/915MHz 频段物理

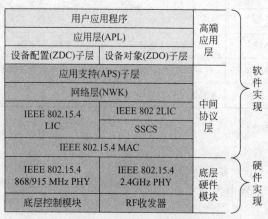

图 5-1　ZigBee 协议栈模型

层。两种物理层都基于直接序列扩频（DSSS），使用相同的物理层数据包格式，区别在于工作频段、调制技术、扩频码片长度和传输速率。免许可证的 2.4GHz 频段有 16 个速率为 250kbps 的信道，915MHz 频段有 10 个 40kbps 的信道，而 868MHz 频段只有 1 个 20kbps 的信道。

物理层的功能包括 ZigBee 的激活与关闭；当前信道的能量检测；接收链路服务质量信道；ZigBee 信道接入方式；信道频率选择；数据发送和接收。

(2) 媒体介质访问层（MAC）

MAC 层负责处理所有的物理无线信道访问，并产生网络信号、同步信号，支持 PAN（个人局域网）连接和分离，提供两个对等 MAC 实体之间可靠的链路。MAC 层提供两种服务：MAC 层数据服务和 MAC 层管理服务。前者保证 MAC 协议数据单元在物理层数据服务中的正确收发，后者从事 MAC 层的管理活动，并维护一个信息数据库。

MAC 层功能包括：当节点为网络协调器时，产生信标帧；在信标帧之间进行同步；支持 PAN（个人局域网）链路的建立和断开；为设备的安全性提供支持；信道接入方式采用载波侦听多路访问/冲突避免（CSMA/CA）机制；处理和维护有保护时隙（GTS）机制；在两个对等的 MAC 实体之间提供一个可靠的通信链路等。

ZigBee 中的 MAC 和物理层协议是网状网络的应用基础，高容错和低功耗的特点能保证网状网络所必须考虑基于拓扑控制和功率控制的网络自组特性。而且对于经典的隐藏终端和暴露终端问题、协议的接入公平性问题、服务质量问题等都有良好的解决。在网状网络中，MAC 层的传输调度策略会影响数据包延迟、带宽等性能，影响网络层路由性能，所以网络层必须感知 MAC 层性能的变化，才可以自适应的方式改变路由，改善网络性能。

(3) 网络层（NWK）

ZigBee 协议栈的核心部分在网络层。网络层负责拓扑结构的建立和维护网络连接，主要功能包括设备连接和断开网络时所采用的机制，以及帧信息在传输过程中所采用的安全性机制。

网络层实现的功能包括：网络发现；网络形成；允许设备连接；路由器初始化；设备同网络连接；直接将设备同网络连接；断开网络连接；重新复位设备；接收机同步；信息库维护等。

(4) 应用层（APL）

ZigBee 应用层框架包括应用支持层（APS）、ZigBee 设备对象（ZDO）和制造商所定义的应用对象。

应用支持层的功能包括：维持绑定表、在绑定的设备之间传送消息。例如在家居照明控制灯中，灯和遥控开关的绑定。

ZigBee 设备对象（ZDO）的功能包括：定义设备在网络中的角色，如：ZigBee 协调器和终端设备，发起和响应绑定请求，在网络设备之间建立安全机制。ZigBee 设备对象还负责发现网络中的设备，并且决定向他们提供何种应用服务。ZigBee 应用层除了提供一些必要函数以及为网络层提供合适的服务接口外，一个重要的功能是应用者可在这层定义自己的应用对象。

5.2.3　网络拓扑结构

(1) ZigBee 网络的设备类型

为了降低系统成本，ZigBee 网络依据 IEEE 802.15.4 标准，定义了两种类型的物理设备，即全功能设备（FFD，Full Function Device）和精简功能设备（RFD，Reduced Function Device），其中 FFD 设备可提供全部的 MAC 服务，可充当任何 ZigBee 节点，不仅可以发送和接收数据，还具有路由功能，因此可以接收子节点。而 RFD 设备只提供部分的 MAC 服务，只能充当终端节点，不能充当协调器和路由节点，它只负责将采集的数据信息发送给协调器和路由节点，并不具备路由功能，因此不能接收子节点，并且 RFD 之间的通信必须通过 FFD 才能完成。另外，RFD 仅需要使用较小的存储空间，这样就可以非常容易的组建一个低成本和低功耗的无线通信网络。

在 ZigBee 网络中，每一个结点都具有一个无线电收发器、一个很小的微控制器和一个能源。这些装置互相协调工作，以确保数据在网络内进行有效的传输。在一个网络中需要一个网络协调者，其他终端可以是 RFD，也可以是 FFD。

ZigBee 网络将两种设备逻辑上又定义成为 3 种类型的设备，即网络协调器（Coordinator）、全功能设备（FFD）和简化功能设备（RFD）。

a. ZigBee 协调器是启动和配置网络的一种全功能设备。包含所有的网络消息，是网络中各种设备类型中最复杂的一种，存储容量最大、计算能力最强。发送网络信标、建立一个网络、管理网络节点、存储网络节点信息、寻找一对节点间的路由消息、不断地接收信息。一个 ZigBee 网络只允许有一个 ZigBee 协调器。

b. ZigBee 路由器是一种支持关联的设备，能够将消息发到其他设备。ZigBee 网络或属性网络可以有多个 ZigBee 路由器。ZigBee 星形网络不支持 ZigBee 路由器。

c. ZigBee 终端设备可以执行他的相关功能，并使用 ZigBee 网络到达其他需要与之通信的设备，他的存储器容量要求最少，可以用于 ZigBee 低功耗设计。

（2）ZigBee 网络的拓扑结构

ZigBee 网络支持 3 种静态和动态的自组织无线网络拓扑结构，即星形结构、网络结构和混合型结构。

a. 星形网由一个功能强大的全功能设备 FFD（Full Functional Device）作为网络的中心，负责协调全网的工作。简化功能设备 RFD（Reduced Function Device）或其他的 FFD 分布在其覆盖范围内，最多可达 65535 个从属设备。这种网络属于主从结构，它的控制和同步都比较简单，适用于设备数量比较少的场合。

b. 网状网适合于对网络要求更复杂的情况。网络中的每一个 FFD 同时可作为路由器，根据网络路由协议优化最短和最可靠的路径，从而减小了功耗，节约了成本，并具有高度动态的拓扑结构和自组织、自维护功能。

c. 混合网由网状网通过 FFD 扩展网络，组成 Mesh 网与星形网构成的混合网。在混合网中，终端节点采集的信息首先传到同一子网内的协调点，再通过网关节点上传到上一层网络的 PAN 协调点。混合网都适用于覆盖范围较大的网络。3 种拓扑结构如图 5-2 所示。

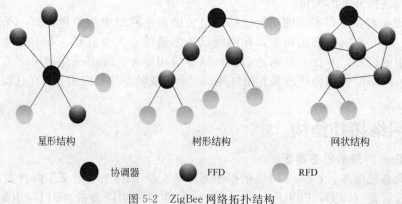

星形结构　　　　　树形结构　　　　　网状结构

● 协调器　　　● FFD　　　● RFD

图 5-2　ZigBee 网络拓扑结构

5.2.4 ZigBee 技术应用

(1) ZigBee 在智能家庭网络系统中的应用

ZigBee 智能家庭网络系统旨在运用 ZigBee 技术构建一个模拟的家居监测控制系统,可以用若干个支持 ZigBee 技术的模块安装在电视、照明设备、遥控器、门禁系统、空调系统和其他家电产品中,通过 ZigBee 收集各种信息,传送到中央控制装置,或通过遥控达到远程控制之目的,使家居生活更朝向智能化、自动化、人性化发展,有效增加人们居住环境的方便性与舒适度。

(2) ZigBee 病房呼叫系统

基于 ZigBee 网络的病房呼叫系统由中心控制协调器、呼叫转移路由节点、床头无线呼叫终端组成。ZigBee 网络可以帮助医生和患者争取每一秒的时间。可以根据医院的实际情况,将楼层划分为几个网络,各楼层的病区值班中心安装网络协调器。协调器直接与控制中心主机相连接,由控制中心主机对呼叫系统进行统一管理。各病房的每一病床安装便携式呼叫终端,楼层过道安放路由器节点。从而实现呼叫求救功能,医务人员可以迅速的进行救助或通知最近的医务人员前去救助。

(3) 智能领域

在建筑智能化领域中,利用 ZigBee 网络技术,可以监测到建筑物内可能发生的火灾隐患、煤气泄漏并及早提供相关信息;在大的酒店里,根据人员分布情况自动控制中央空调的温度,实现能源的节约。在车站,持有 ZigBee 终端的乘客们可以随时得到导航信息,比如进站口的位置,车次到开的变动等。

5.3 Wi-Fi 技术

5.3.1 Wi-Fi 概述

(1) Wi-Fi 的概念

Wi-Fi 是一种能够将个人电脑、手持设备(如 PDA、手机)等终端以无线方式互相连接的技术。Wi-Fi 是一个无线网路通信技术的品牌,由 Wi-Fi 联盟(Wi-Fi Alliance)所持有。目的是改善基于 IEEE 802.11 标准的无线网路产品之间的互通性。使用 IEEE 802.11 系列协议的局域网就称为 Wi-Fi。甚至把 Wi-Fi 等同于无线网际网路(Wi-Fi 是无限局域网中的一大部分)。

Wi-Fi 的英文全称为 Wireless Fidelity,又叫 802.11b 标准,是 IEEE 定义的一个无线网络通信的工业标准。该技术使用的是 2.4GHz 附近的频段,该频段目前尚属没用许可的无线频段(在 2.4GHz 及 5GHz 频段上免许可)。Wi-Fi 在无线局域网的范畴是指"无线相容性认证",实质上是一种商业认证,同时也是一种无线联网技术,以前通过网线连接电脑,而现在则是通过无线电波来联网;如通过无线路由器的电波覆盖的有效范围都可以采用 Wi-Fi 连接方式进行联网,如果无线路由器连接了一条 ADSL 线路或者别的上网线路,则又被称为"热点"。

WLAN(无线局域网,Wireless Local Area Network)是指应用无线通信技术将计算机设备互联起来,构成可以互相通信和实现资源共享的网络体系。无线局域网本质的特点是通过无线的方式连接,从而使网络的构建和终端的移动更加灵活。WLAN 有两个典型的标准,一个是欧洲电信标准化协会下的宽带无线电接入网络(BRAN)小组制定的 HiperLAN 系列标准;一个是电气电子工程师协会制定的 IEEE802.11 系列标准。

Wi-Fi 是无线网络中的一个标准,随着技术的发展,以及 IEEE 802.11a 及 IEEE

802.11g 标准的出现，现在 IEEE 802.11 这个标准已被统称作 Wi-Fi。

（2）Wi-Fi 的发展

Wi-Fi 是 IEEE 定义的无线网技术，在 1999 年 IEEE 官方定义 802.11 标准的时候，IEEE 认定 CSIRO（澳大利亚联邦科学与工业研究组织，Common wealth Scientific and Industrial Research Organization）发明的无线网技术是世界上最好的无线网技术，因此，CSIRO 的无线网技术标准，就成为了现在 Wi-Fi 的核心技术标准。Wi-Fi 技术由澳洲政府的研究机构 CSIRO 在 20 世纪 90 年代发明并于 1996 年在美国成功申请了无线网技术专利。发明人是悉尼大学工程系毕业生 Dr John O'Sullivan 领导的一群由悉尼大学工程系毕业生组成的研究小组。IEEE 曾请求澳洲政府放弃其 Wi-Fi 专利让世界免费使用 Wi-Fi 技术，但遭到拒绝。澳洲政府随后在美国通过官司胜诉或庭外和解，收取了世界上几乎所有电器电信公司（包括苹果、英特尔、联想、戴尔、AT&T、索尼、东芝、微软、宏碁、华硕等）的专利使用费。人们每购买一台含有 Wi-Fi 技术的电子设备时，所付的价钱就包含了交给澳洲政府的 Wi-Fi 专利使用费。Wi-Fi 被澳洲媒体誉为澳洲有史以来最重要的科技发明，其发明人 John O'Sullivan 被澳洲媒体称为"Wi-Fi 之父"并获得了澳洲的国家最高科学奖和全世界的众多赞誉，其中包括欧洲专利局（European Patent Office，EPO）颁发的 2012 年欧洲发明者大奖。

Wi-Fi 上网可以简单的理解为无线上网，目前不少智能手机与多数平板电脑都支持 Wi-Fi 上网，是当今使用最广的一种无线网络传输技术。实际上就是把有线网络信号转换成无线信号，使用无线路由器供支持其技术的相关电脑、手机、平板等接收。手机如果有 Wi-Fi 功能，在有 Wi-Fi 无线信号的时候就可以不通过移动联通的网络上网，省掉了流量费。但是 Wi-Fi 信号也是由有线网提供的，比如家里的 ADSL、小区宽带，只要接一个无线路由器，就可以把有线信号转换成 Wi-Fi 信号。国外很多发达国家城市里到处覆盖着由政府或大公司提供的 Wi-Fi 信号供居民使用，我国目前该技术还没得到推广。一般 Wi-Fi 信号接收半径约 95m，会受墙壁等影响，实际距离会小一些。

Wi-Fi 无线上网目前在大城市比较常用，虽然由 Wi-Fi 技术传输的无线通信质量不是很好，数据安全性能比蓝牙差一些，传输质量也有待改进，但传输速度非常快，可以达到 54mbps，符合个人和社会信息化的需求。Wi-Fi 最主要的优势在于不需要布线，可以不受布线条件的限制，因此非常适合移动办公用户的需要，并且由于发射信号功率低于 100mW，低于手机发射功率，所以 Wi-Fi 上网相对也是最安全健康的。Wi-Fi 模块如图 5-3、图 5-4 所示。

图 5-3　嵌入式 Wi-Fi 模块

图 5-4　Wi-Fi 模块

（3）IEEE 802.11 系列标准

① IEEE 802.11　1990 年 IEEE 802 标准化委员会成立 IEEE 802.11 无线局域网标准工

作组。该标准定义物理层和媒体访问控制（MAC）规范。物理层定义了数据传输的信号特征和调制，工作在 2.4～2.4835GHz 频段。IEEE 802.11 是 IEEE 最初制定的一个无线局域网标准，主要用于难于布线的环境或移动环境中计算机的无线接入，由于传输速率最高只能达到 2Mbps，业务主要被用于数据的存取。

② IEEE 802.11a　1999 年 IEEE 802.11a 标准制定完成，该标准规定无线局域网工作频段在 5.15～5.825GHz，数据传输速率达到 54Mbps/72Mbps（Turbo），传输距离控制在 10～100m。802.11a 采用正交频分复用（OFDM）的独特扩频技术；可提供 25Mbps 的无线 ATM 接口和 10Mbps 的以太网无线帧结构接口，以及 TDD/TDMA 的空中接口；支持语音、数据、图像业务；一个扇区可接入多个用户，每个用户可带多个用户终端。

③ IEEE 802.11b　1999 年 9 月 IEEE 802.11b 被正式批准，该标准规定无线局域网工作频段在 2.4～2.4835GHz，数据传输速率达到 11Mbps。该标准是对 IEEE 802.11 的一个补充，采用点对点模式和基本模式两种运作模式，在数据传输速率方面可以根据实际情况在 11Mbps、5.5Mbps、2Mbps、1Mbps 的不同速率间自动切换，而且在 2Mbps、1Mbps 速率时与 802.11 兼容。802.11b 使用直接序列扩频（Direct Sequence Spread Spectrum，DSSS）技术，和工作在 5GHz 频率上的 802.11a 标准不兼容。由于价格低廉，802.11b 产品已经被广泛地投入市场，并在许多实际工作场所运行。

④ IEEE 802.11e/f/h　IEEE 802.11e 标准对无线局域网 MAC 层协议提出改进，以支持多媒体传输和所有无线局域网无线广播接口的服务质量保证 QOS 机制。IEEE 802.11f 定义访问节点之间的通信，支持 IEEE 802.11 的接入点互操作协议（IAPP）。IEEE 802.11h 用于 802.11a 的频谱管理技术。

⑤ IEEE 802.11g　IEEE 的 802.11g 标准是对流行的 802.11b（即 Wi-Fi 标准）的提速（速度从 802.11b 的 11Mb/s 提高到 54Mb/s）。802.11g 接入点支持 802.11b 和 802.11g 客户设备。同样，采用 802.11g 网卡的笔记本电脑也能访问现有的 802.11b 接入点和新的 802.11g 接入点。

⑥ IEEE 802.11i　IEEE 802.11i 标准是结合 IEEE 802.1x 中的用户端口身份验证和设备验证，对无线局域网 MAC 层进行修改与整合，定义了严格的加密格式和鉴权机制，以改善无线局域网的安全性。IEEE 802.11i 新修订标准主要包括两项内容：Wi-Fi 保护访问（Wi-Fi Protected Access，WPA）技术和强健安全网络（Robust Security Network，RSN）。WPA 技术采用临时密钥完整性协议（Temporary Key Integrity Protocol，TKIP）及运算法则，以提高 WEP 的安全性。TKIP 像 WEP 一样也是基于 RC4 加密，但创建密钥的方法有所不同，它能提供快速更新密钥的功能，解决了 WEP 脆弱性的缺憾。RSN 以 802.1x 协议和可扩展身份验证协议 EAP 为依据，采用高级加密标准 AES，在接入点和移动设备之间使用动态身份验证和加密运算法则，以实施更强大的加密和信息完整性检查。Wi-Fi 联盟计划采用 802.11i 标准作为 WPA 的第二个版本，并于 2004 年初开始实行。

⑦ IEEE 802.11n　IEEE 802.11n 主要结合物理层和 MAC 层的优化来充分提高 WLAN 技术的吞吐。主要的物理层技术涉及了 MIMO、MIMO-OFDM、40MHz、Short GI 等技术，从而将物理层吞吐提高到 600Mbps。802.11n 对 MAC 采用了 Block 确认、帧聚合等技术，大大提高 MAC 层的效率。在传输速率方面，802.11n 可以将 WLAN 的传输速率由目前 802.11a 及 802.11g 提供的 54Mbps，提高到 300Mbps 甚至高达 600Mbps。采用 MIMO（多入多出）与 OFDM（正交频分复用）技术相结合的 MIMO OFDM 技术，提高了无线传输质量，也使传输速率得到极大提升。在覆盖范围方面，802.11n 采用智能天线技术，通过多组独立天线组成的天线阵列，可以动态调整波束，保证让 WLAN 用户接收到稳定的信号，并可以减少其他信号的干扰。因此其覆盖范围可以扩大到好几平方公里，使 WLAN 移

动性极大提高。在兼容性方面，802.11n 采用了一种软件无线电技术，它是一个完全可编程的硬件平台，使得不同系统的基站和终端都可以通过这一平台的不同软件实现互通和兼容，使得 WLAN 的兼容性得到极大改善。意味着 WLAN 将不但能实现 802.11n 向前后兼容，而且可以实现 WLAN 与无线广域网络的结合，比如 3G。

⑧ IEEE 802.11ac 802.11ac 是由 IEEE 802.11ac 工作组（TGac，Task Group AC）提出的全新 WLAN 标准，其目标是提供超高速（VHT）的本地无线连接技术-峰值传输速率10 倍于当前 WLAN 802.11n HT 标准。802.11ac 项目在 2008 年上半年着手开始，当时被称为"Very High Throughput"（甚高吞吐量），目标直接就达到 1Gbps。到 2008 年下半年的时候，项目分为两部分，一是 802.11ac，工作在 6GHz 以下，用于中短距离无线通信，正式定为 802.11n 的继任者，另一个则是 802.11ad，工作在 60GHz，市场定位与 UWB 类似，主要面向家庭娱乐设备。

802.11ac 的核心技术主要基于 802.11a，继续工作在 5.0GHz 频段上以保证向下兼容性，但数据传输通道在当前 20MHz 的基础上最高可能达到 160MHz。再加上大约 10％的实际频率调制效率提升，新标准的理论传输速度最高有望达到 1Gbps，是 802.11n 300Mbps的三倍多。

802.11ac 是目前主流厂商 Qualcomm（高通公司）、Broadcom（博通公司）、Intel 等公司正在开发的协议版本。2011 年 11 月 15 日，世界上第一只采用 802.11ac 无线技术的路由器由美国 Quantenna（宽腾达）公司推出。2012 年 1 月 5 日，Broadcom 发布了它的第一款支持 802.11ac 的芯片。正式的 IEEE802.11ac 将必然会成为兼容多种数据格式的无线通用技术，目前 IEEE 802.11ac 工作组正在不断的改进标准草案，如何在有限的频谱资源下达到最大的实际传输率的同时，确保占用的硬件资源及硬件成本较低是未来 IEEE 802.11ac 标准的宗旨所在。陆续推出的 IEEE 802.11ac 设备将为打造新一代无线网络生活奠定基础。

⑨ IEEE 802.11ad IEEE 工作组 TGad 与无线千兆比特联盟（Wireless Gigabit Alliance）联合提出 802.11ad 的标准，即在 60GHz 的频段上使用大约 2GHz 频谱带宽，这一尚未使用的频段可以在近距离范围内实现高达 7Gbps 的传输速率。IEEE 802.11ad 主要用于实现家庭内部无线高清音视频信号的传输，为家庭多媒体应用带来更完备的高清视频解决方案。由于 60GHz 频谱在大多数国家有大段的频率可供使用，因此 802.11ad 可以在 MIMO技术的支持下实现多信道的同时传输，而每个信道的传输带宽都将超过 1Gbps。

另外，与现有设备的兼容性，在相同频段上与现有标准的后向兼容都是标准组织必须考虑的问题。802.11 系列标准的目标之一就是后向兼容，对于 802.11ac 和 ad 来说主要考虑媒介控制层（MAC）或数据链路层与之前的标准的兼容性，而不同的只能是物理层上的特性。同时，802.11ad 也面临技术上的限制。比如：60GHz 载波的穿透力很差，而且在空气中信号衰减很厉害，其传输距离、信号覆盖范围大都受到影响，这使得它的有效连接只能局限在一个很小的范围内。这两个新的标准目前都有技术草案。IEEE 802.11 系列标准参数如表5-3 所示。

5.3.2 Wi-Fi 网络结构和工作原理

（1）Wi-Fi 网络结构组成

IEEE802.11 体系由若干部分组成，这些元素通过相互作用来提供无线局域网服务，并向上层支持站点的移动性。Wi-Fi 网络组成结构如图 5-5 所示。

① 站点 STA（Station）。具有无线网络接口的无线终端设备，是网络最基本的组成部分。可以是一台 PC 机，也可以是如 PDA 等手持无线设备。

表 5-3　IEEE 802.11 系列标准参数

标准参数	802.11b	802.11a	802.11g	802.11n	802.11ac	802.11ad
标准发布时间	1999 年 9 月	1999 年 9 月	2003 年 6 月	2009 年 9 月	2011.11(草案)	2012.12(草案)
工作频率范围	2.4～2.4835GHz	5.150～5.350GHz 5.475～5.725GHz 5.725～5.850GHz	2.4～2.4835GHz	2.4～2.4835GHz 5.15～5.85GHz	2.4GHz 或者 5GHz	60GHz
非重叠信道数	3	12	3	15		
物理速率（Mbps）	1,2,5.5,11	6,9,12,18,24,36,48,54	6,9,12,18,24,36,48,54	600	867,1730,3470,6930（8MIMO、160MHz）	7000
实际吞吐量（Mbps）	6	24	24	100 以上		
频宽	20MHz	20MHz	20MHz	20MHz/40MHz	80、160	2G
调制方式	CCK/DSSS	OFDM	CCK/DSSS/OFDM	MIMO-OFDM/DSSS/CCK	256QAM	单载波和OFDM
兼容性	与 11g 产品互通	与 11b/g 不能互通	与 11b 产品互通	802.11a/b/g/n	802.11a 和 802.11n	使用外接芯片技术

② 基本服务单元（BSS, Basic Service Set）。802.11 标准规定的无线局域网的最小构件。一个基本服务单元 BSS 包括一个基站和若干个站点，所有的站点在本 BSS 内都可以直接通信，但在和本 BSS 以外的站点通信时都必须通过本 BSS 的基站。最简单的服务集可以只由两个站点组成，每个站点都可以动态的联结到基本服务单元中。

③ 分配系统（DS, Distribution system）。用于连接不同的基本服务单元，分配系统通过必要的逻辑服务将匹配地址分配给目标站点，使移动终端设备得到支持，并在多个 BSS 间实现无缝整合。正是分配系统 DS，使扩展服务单元 ESS 对上层的表现就像一个基本服务单元 BSS 一样。

④ 接入点（AP, Access Point）。基本服务单元里面的基站就叫做接入点 AP，但其作用和网桥相似。AP 既有普通站点的身份，又有接入到分配系统的功能。

⑤ 扩展服务集（ESS, Extended services Set）。由分配系统和基本服务单元组合而成。一个基本服务单元可以是孤立的，也可以通过接入点 AP 连接到主干分配系统 DS，然后再接入到另一个基本服务单元 BSS，这样就构成了一个扩展服务单元 ESS。

⑥ 基本服务集标识符（BSSID）：用一个 48 bit 字符来标识 BSS。在 Infrastructure BSS 模式下，BSSID 是 AP 的 MAC 地址。

⑦ 服务集标识符（SSID）：用一个字符串标识的 ESS。即通常所说的 WLAN 信号名称。最多可以有 32 个字符，SSID 通常由 AP 广播出来。在同一 SS 内的所有 STA 和 AP 必须具有相同的 SSID，否则无法通信。

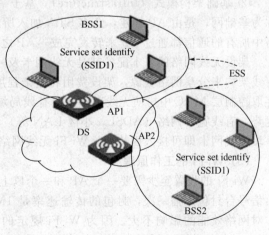

图 5-5　Wi-Fi 网络组成结构

⑧ 门桥（Portal）。802.11 定义的新名词，作用就相当于网桥。用于将无线局域网和有线局域网或者其他网络联系起来。所有来自非 802.11 局域网的数据都要通过门桥才能进入 IEEE 802.11 的网络结构。门桥可以使这两种类型的网络实现逻辑上的综合。有三种媒介，站点使用的无线的媒介、分配系统使用的媒介以及和无线局域网集成一起的其他局域网使用的媒介，物理上它们可能互相重叠。IEEE 802.11 只负责在站点使用的无线的媒介上的寻址（Addressing）。分配系统和其他局域网的寻址不属无线局域网的范围。

IEEE802.11 没有具体定义分配系统，只定义了分配系统应该提供的服务（Service）。整个无线局域网定义了 9 种服务：5 种服务属于分配系统的任务，分别为联接（Association）、结束联接（Disassociation）、分配（Distribution）、集成（Integration）、再联接（Reassociation）。4 种服务属于站点的任务，分别为鉴权（Authentication）、结束鉴权（Deauthentication）、隐私（Privacy）、MAC 数据传输（MSDU delivery）。

（2）Wi-Fi 组网模式

Wi-Fi 包括两种类型的组网模式：自组网（Ad hoc）or IBSS（Independent BSS）和基础架构模式（Infrastructure）。其结构示意图如图 5-6、图 5-7 所示。

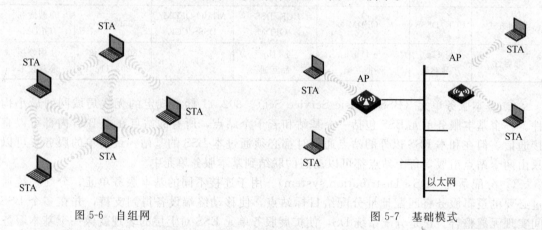

图 5-6 自组网　　　　　　　　　　　　　　图 5-7 基础模式

① Adhoc or IBSS 基于自组网的无线网络 Adhoc 也称为自组网，仅由两个及以上 STA 组成，在没有预先存在的基础通信设施的环境下，各个无线节点彼此直接进行通信，网络中不存在 AP，这种类型的网络是一种松散的结构，网络中所有的 STA 都可以直接通信。

② 基础架构模式（Infrastructure） 基于 AP 组建的基础无线网络（Infrastructure）也称为基础网，是由 AP 创建，众多 STA 加入所组成的无线网络。AP 是整个网络的中心，网络中所有的通信都通过 AP 来转发完成，AP 之间利用集线器、交换机和路由器互连。

架设无线网络的基本配备就是无线网卡及一台 AP，如此便能以无线的模式配合既有的有线架构来分享网络资源，架设费用和复杂程度远远低于传统的有线网络。AP 主要在媒体存取控制层 MAC 中扮演无线工作站及有线局域网络的桥梁。对于宽带的使用，Wi-Fi 更显优势，有线宽带网络（ADSL、小区 LAN 等）到户后，连接到一个 AP，然后在电脑中安装一块无线网卡即可接入因特网。Wi-Fi 无线网络见图 5-8。

（3）Wi-Fi 的工作原理

Wi-Fi 的设置至少需要一个 AP 和一个以上的客户端（client）。AP 每 100ms 将 SSID 经由信号台封包广播一次，封包的传输速率是 1Mbps，并且长度相当的短，所以这个广播动作对网络效能的影响不大。因为 Wi-Fi 规定的最低传输速率是 1Mbps，确保所有的 Wi-Fi client 端都能收到广播封包，客户端可以借此决定是否要和这个 SSID 的 AP 连线，使用者

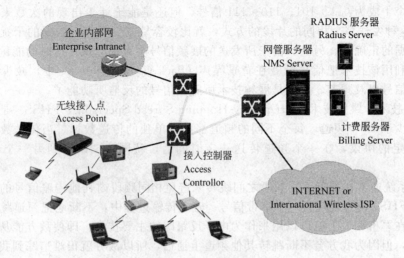

图 5-8　Wi-Fi 无线网络

可以设定要连线到哪一个 SSID。

① 主动型串口设备联网　主动型串口设备联网指的是由设备主动发起连接，并与后台服务器进行数据交互（上传或下载）的方式。典型的主动型设备，如无线 POS 机，在每次刷卡交易完成后即开始连接后台服务器，并上传交易数据。Wi-Fi 模块如图 5-9 所示。

② 被动型串口设备联网　被动型串口设备联网是指系统中所有设备一直处于被动的等待连接状态，仅由后台服务器主动发起与设备的连接，并进行请求或下传数据的方式。在某些无线传感器网络，每个传感器终端始终实时的在采集数据，但是采集到的数据并没有马上上传，而是暂时保存在设备中。而后

图 5-9　Wi-Fi 模块

台服务器则周期性的每隔一段时间主动连接设备，并请求上传或下载数据。此时，后台服务器实际上作为 TCP 客户端，而设备则是作为 TCP 服务器端。

5.3.3　Wi-Fi 的关键技术和特点

(1) Wi-Fi 的关键技术

Wi-Fi 中所采用的扩展频谱（Spread Spectrum，SS）技术具有非常优良的抗干扰能力，并且具有反跟踪、反窃听的功能，所以 Wi-Fi 技术能提供稳定的网络服务。常用的扩频技术有如下 4 种：直接序列扩频（Direct Sequence Spread Spectrum，DDSS）、跳频展频（Frequency Hopping Spread Spectrum，FHSS）、跳时扩频（Time Hopping Spread Spectrum，THSS）和连续波调频（Chirp Spread Spectrum，CSS）。DSSS 和 FHSS 两种扩频技术很常见，后两种则是根据前面的技术加以变化，即 THSS 和 CSS 通常不会单独使用，而是整合到其他的扩频技术上，组成信号更隐密、功率更低、传输更为精确的混合扩频技术。

① 直接序列扩频技术　直接序列扩频技术是指把原来功率较高，而且带宽较窄的原始功率频谱分散在很宽广的带宽上，使得在整个发射信号利用很少的能量即可传送出去。

在传输过程中把一个 0 或 1 的二进制数据使用多个片段（chips）进行传输，在接收方进行统计片段的数量来增加抵抗噪声干扰。例如要传送一个 1 的二进制数据到远程，那么 DS-SS 会把这个 1 扩展成三个 1，也就是 111 进行传送。那么即使是在传送中因为干扰，使

得原来的三个 1 成为 011、101、110、111 信号，但还是能统计 1 出现的次数来确认该数据为 1。通过这种发送多个相同的片段的方式，就比较容易减少噪声对数据的干扰，提高接收方所得到数据的正确性。另外，由于所发送的展频信号会大幅降低传送时的能量，所以在军事用途上会利用该技术把信号隐藏在背景噪声（Back Ground Noise）中，减少敌人监听到我方通信的信号以及频道。这就是展频技术所隐藏信号的反监听功能了。

② 跳频技术　跳频技术（Frequency-Hopping Spread Spectrum，FHSS）是指把整个带宽分割成不少于 75 个频道，每个不同的频道都可以单独的传送数据。当传送数据时，根据收发双方预定的协议，在一个频道传送一定时间后，就同步"跳"到另一个频道上继续通信。

FHSS 系统通常在若干不同频段之间跳转来避免相同频段内其他传输信号的干扰。在每次跳频时，FHSS 信号表现为一个窄带信号。若在传输过程中，不断地把频道跳转到协议好的频道上，在军事用途上就可以用来作为电子反跟踪的主要技术。即使敌方能从某个频道上监听到信号，但因为我方会不断跳转其他频道上通信，所以敌方就很难追踪到我方下一个要跳转的频道，达到反跟踪的目的。如果把前面介绍的 DS-SS 以及 FS-SS 整合起来一起使用的话，将会成为 hybrid FH/DS-SS。这样，整个展频技术就能把原来信号展频为能量很低、不断跳频的信号。使得信号抗干扰能力更强、敌方更难发现，即使地方在某个频道上监听到信号，但不断地跳转频道，使敌方不能获得完整的信号内容，完成利用展频技术隐密通信的任务。

FHSS 系统所面临的一个主要挑战便是数据传输速率。就目前情形而言，FHSS 系统使用 1MHz 窄带载波进行传输，数据率可以达到 2Mbps，不过对于 FHSS 系统来说，要超越 10Mbps 的传输速率并不容易，从而限制了它在网络中的使用。

③ OFDM 技术　OFDM 技术是一种无线环境下的高速多载波传输技术。其主要思想是：在频域内将给定信道分成许多正交子信道，在每个子信道上使用一个子载波进行调制，各子载波并行传输，从而能有效的抑制无线信道的时间弥散所带来的符号间干扰（ISI，Inter Symbol Interference）。这样就减少了接收机内均衡的复杂度，有时甚至可以不采用均衡器，仅通过插入循环前缀的方式消除 ISI 的不利影响。OFDM 技术有非常广阔的发展前景，已成为第四代移动通信的核心技术。IEEE802.11a/g 标准为了支持高速数据传出都采用了 OFDM 调制技术。目前，OFDM 结合时空编码、分集、干扰（包括符号间干扰 ISI）和邻道干扰（ICI）抑制以及智能天线技术，最大限度的提高了物理层的可靠性；再结合自适应调制、自适应编码以及动态子载波分配和动态比特分配算法等技术，可以使其性能进一步优化。

(2) Wi-Fi 的特点

Wi-Fi 是现在使用的最多的传输协议，突出优势如下。

a. 不需要布线　Wi-Fi 最主要的优势在于不需要布线，可以不受布线条件的限制，因此非常适合移动办公用户的需要，具有广阔市场前景。目前它已经从传统的医疗保健、库存控制和管理服务等特殊行业向更多行业拓展开去，甚至开始进入家庭以及教育机构等领域。

b. 高移动性　在无线局域网信号覆盖范围内，各个节点可以不受地理位置的限制进行任意移动。通常来说，AP 支持的范围在室外是 300m，在办公环境中达到 10～100m。在无线信号覆盖的范围内，都可以接入网络，而且可以在不同运营商和不同国家的网络间进行漫游。

c. 无线电波的覆盖范围广　基于蓝牙技术的电波覆盖范围非常小，半径大约只有 50ft，约合 15m，而 Wi-Fi 的半径则可达 300ft，约合 100m。在办公室或整栋大楼中都可使用。而且解决了高速移动时数据的纠错问题、误码问题，Wi-Fi 设备与设备、设备与基站之间的切换和安全认证都得到了很好的解决。

d. 传输速度快　现有 Wi-Fi 技术传输速率可以达到 300Mbps，下一代 Wi-Fi 标准可以达到 1Gbps，符合个人和社会信息化的需求。

e. 易扩展性　无线局域网有多种配置方式，每个 AP 可以支持 100 多个用户的接入，只需要在现有的无线局域网基础之上增加 AP，就可以把几个用户的小型网络扩展成为几百、几千个用户的大型网络。

f. 健康安全　IEEE802.11 规定的发射功率不可超过 100mW，实际发射功率约 60～70mW。手机的发射功率约 200mW 至 1W 间，手持式对讲机高达 5W，而且无线网络使用方式并非像手机直接接触人体，所以是绝对安全的。

g. 成本低廉　厂商进入该领域的门槛比较低。厂商只要在机场、车站、咖啡店、图书馆等人员较密集的地方设置"热点"，并通过高速线路将因特网接入上述场所。由于"热点"所发射出的电波可以达到距接入点半径数十米至一百米的地方，用户只要将支持无线 LAN 的笔记本电脑或 PDA 拿到该区域内，即可高速接入因特网。也就是说，厂商不用耗费资金来进行网络布线接入，架设费用和复杂程序远远低于传统的有线网络，从而节省了大量的成本。

5.3.4　Wi-Fi 技术的应用

目前市场上很多数码产品都具备 Wi-Fi 功能。由于 Wi-Fi 的频段在世界范围内是无需任何电信运营执照的，因此 WLAN 无线设备提供了一个世界范围内可以使用的，费用极其低廉且数据带宽极高的无线空中接口。Wi-Fi 热点覆盖如图 5-10 所示。

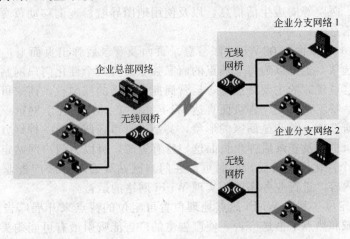

图 5-10　Wi-Fi 热点覆盖

基于 Wi-Fi 的组网架构，市场上出现了三种 Wi-Fi 的应用模式。第一，企业或者家庭内部接入模式，在企业内部或者家庭架设无线访问节点 AP，所有在覆盖范围内的 Wi-Fi 终端，通过这个 AP 实现内部通信，或者通过 AP 作为宽带接入出口链接到互联网，这是最普及的应用方式，这时 Wi-Fi 提供的就是网络接入功能；第二，电信运营商提供的无线宽带接入服务，通过运营商，在很多宾馆、机场等公众服务场所纷纷架设 AP，为公众用户提供 Wi-Fi 接入服务；第三，"无线城市"的综合服务，是一种类似于城市基础建设的一种模式。全世界已经有超过 600 个城市开始或计划建设"无线城市"，越来越多的城市将"无线城市"作为城市的基础建设，并试图通过无线宽带网络来寻求新的经济活力。"无线城市"基本都是由市政府全部或部分投资和委托建设的。

（1）掌上移动终端的应用

随着 Wi-Fi 在国内应用范围的不断扩大，高级宾馆、豪华住宅区、飞机场以及咖啡厅之类的区域都有 Wi-Fi 接口。厂商只要在机场、车站、咖啡店、图书馆等人员较密集的地方设置"热点"，通过高速线路将因特网接入上述场所，用户就可以使用支持 Wi-Fi 的笔记本电脑、PDA、智能手机及其他终端设备等高速接入因特网。Wi-Fi 手机通过无线路由器共享上网非常方便，多数 Wi-Fi 手机不需要做任何设置，在无线路由器的信号覆盖范围内，Wi-Fi 手机和无线路由器的默认设置下，Wi-Fi 手机就能自动获取 IP 地址进行无线连接，并利用手机自带的 IE、MSN 等软件无线上网。

（2）Wi-Fi Zone 广告模式

目前 Wi-Fi 它不仅是无线宽带接入服务的补充，同时还是运营商创新运营的重要一环。从全球 Wi-Fi 业务发展上看，只依靠提供单一的无线宽带接入实现盈利的方式，基本上都无法支撑 Wi-Fi 业务的发展。面对这种情况，迫切需要一种新的盈利模式来为 Wi-Fi 的发展提供强有力的支撑，保证投入的同时能有所回报。广告模式，显然是目前比较成熟和可经营的模式，并且，广告模式的探索正呈现出以下几个新方向。

① 区域电子地图　以 Wi-Fi 登录门户网站页面的区域电子地图为基础进行的广告模式，即基于热点的不同位置，Wi-Fi 用户会看到当前所在热点及其周围区域的电子地图，运营商可利用区域地图对热点周围商家继续进行广告宣传和标注。Wi-Fi 门户的地图上注有鼠标停留短语，用户在区域地图上移动鼠标会显示不同商家的最新信息和链接，当点击任一广告，便进入这一商户的网页界面，商家可在后台更新自己的商家信息，运营商负责页面的维护和统一管理。这一模式对于用户来说，不仅可以找到离自己最近的商家、餐馆、自动取款机、加油站、电影院、医院等周边生活信息，以及使用地图导航、查询移动黄页等业务，而且还能找到更深层的信息。

② 个性化 Portal 页面　在 Wi-Fi 账号登录页面及登录后弹出页面上，放置商家个性化广告或市场调研选项，也可以为每个热点的商家独立设置其个性化门户网站页面，收取广告定制及发布费。这种模式的主要特点是，运营商拥有页面的控制权，商家可以利用其特定页面发布广告信息。特定个性化广告页面直达 Wi-Fi 用户，让用户在上网第一时间接触到商家的广告或市场调研选项，既凸显商家的形象，又是进行市场调研的一种好方法。对运营商来说，利用账号登录页面及登录后弹出页面这一特有资源，可以为门户网站定制"VLAN＋端口＋IP 地址"的个性化认证页面，同时可以在门户网站页面上开展广告业务，内置服务选择和信息发布等内容，进行业务拓展，实现 Wi-Fi 网络的运营。

③ 地理位置定位　利用 Wi-Fi 热点地理位置可定位的特点来开展广告服务，广告主通过选择特定的地域和热点来推送广告，使广告主的广告能吸引最有可能购买其产品的潜在客户。同时，广告主还可以针对不同地理区域制定相应的特价促销或优惠活动方案，使广告的投放更加精准，更有针对性，能将定制化的信息推送到 Wi-Fi 用户，进行有效的广告宣传。此模式能够根据商家的意愿和爱好，通过不同热点或地理位置，有意识地选择需要投放广告的客户群，从而能够精准，有效地进行广告营销；Wi-Fi 运营商能通过 IP 和 VLAN 对不同热点进行区隔，可有效细分客户群，使不同热点、不同场景的客户群呈现不同的消费特征，从而满足广告主对目标客户群精确投放的要求。

④ 广告换取 Wi-Fi 免费　Wi-Fi 的上网接入一般都是通过输入账号付费来实现的，而"通过观看广告可以免费上网"的运营模式将转变成"后向付费"的运营模式，即前向用户使用 Wi-Fi 接入上网时是"零付费"。所谓"后向付费"是指由后向的广告主付费，而使用无线网络的用户则不用支付网络服务费。即上网者在登录 Wi-Fi 网络之前，需要观看登录页面上的广告，或者点击市场调查选项按钮等，用户只要选择并提交后就可免费上网。时间可

由运营商设定。这种模式会降低 Wi-Fi 上网的门槛，增加用户数量。用户数量增加，则 Wi-Fi 使用量增加，广告的价值也就提升了。这种模式与付费模式要有一定的区隔，如付费用户会享受比免费用户更高的带宽，这样，才会不影响用户体验。

⑤ 共建"吸引力"内容　Wi-Fi 运营商与合作伙伴在 Wi-Fi 门户上共建"Wi-Fi Zone"内容区，"Wi-Fi Zone"里有能够吸引用户的内容，"吸引力"内容包括：精彩电影播放、音乐下载、优惠促销信息、活动信息、体验信息、网上冲印等，商家的广告穿插在相应的内容中，依靠"吸引力"内容被用户浏览。

(3) 车联网

信息化技术是建设智慧城市的手段和工具，是承载智慧城市建设的基础设施。在互联网技术日益发达的今天，云计算、物联网、车联网等新技术层出不穷，这些新技术也反哺互联网，让互联网技术本身获得史无前例的快速发展。

车辆是城市的重要组成部分，中国的机动车总保有量已经达到 2.33 亿辆，仅次于美国，基于这个庞大的汽车保有量，"车联网"应运而生。如此可观的数字后面，带来的是多种问题，如交通堵塞、环境污染等，车联网作为中国打造智慧城市的重要动力，客户增多和需求上升为车联网的发展提供商业市场。

据美国科技媒体报道，这个史无前例的项目由密歇根大学交通研究中心（UMTRI）管理，在未来 12 个月内，约 3000 辆车将列入计划。司机都是特别招聘的，因为他们经常在 AnnArbor 四分之一圆范围内活动。每辆车通过专用短程通信通道连接，这个技术类似于你在家或是咖啡馆使用的 Wi-Fi 网络。

所有的数据都将被记录，所以研究者可以确定警告的准确性，知道哪种类型的警告最能帮助司机远离危险。现在还没有自动驾驶车辆，但是车辆被安装了更多的传感器。大部分汽车是参与者自己的，汽车制造商也提供了 64 辆车，这些车辆配备了嵌入式通信设备连接汽车的机载计算机网络，安装了汽车制造商的定制警告界面和多个摄像机。

据不完全统计，每年全世界因交通事故死亡的人数超过 100 万。尽管科技日新月异，但是几十年过去了这个世界性难题依然难以解决。之前我们也介绍过隐形自行车头盔、Google 无人驾驶汽车等。

每当有危险情况发生，例如汽车超速行驶或逆向行驶，安全平台就会即刻察觉并通过车载电脑发出语音或震动警告。这个平台除了提供安全警告，还有其他应用，例如可以设置提醒功能，下班记得接孩子放学等，也支持开发者为其开发各种应用。目前已有八大汽车制造商加入了这个试验，包括福特、通用、本田、现代、奔驰、日产、丰田和大众。

5.4　超宽带（UWB）技术

5.4.1　UWB 技术概述

(1) UWB 简介

UWB（Ultra Wideband）技术被称为"超宽带"，是一种不用载波，采用时间间隔极短（小于 1ns）的脉冲进行通信的技术，也称作脉冲无线电（Impulse Radio）、时域（Time Domain）或无载波（Carrier Free）通信。UWB 是利用纳秒级窄脉冲发射无线信号的技术，适用于高速、近距离的无线个人通信。按照 FCC 的规定，从 3.1GHz 到 10.6GHz 之间的 7.5GHz 带宽频率为 UWB 所使用的频率范围。

从频域来看，超宽带有别于传统的窄带和宽带，它的频带更宽。相对带宽（信号带宽与中心频率之比）小于 1% 的称为窄带，相对带宽在 1% 到 25% 之间的称为宽带，相对带宽大于 25%，而且中心频率大于 500MHz 的称为超宽带。

从时域上讲，超宽带系统有别于传统的通信系统。一般的通信系统是通过发送射频载波进行信号调制，而 UWB 是利用起、落点的时域脉冲（几十纳秒）直接实现调制，超宽带的传输把调制信息过程放在一个非常宽的频带上进行，而且以这一过程中所持续的时间，来决定带宽所占据的频率范围。UWB 频率功率谱密度如图 5-11 所示。

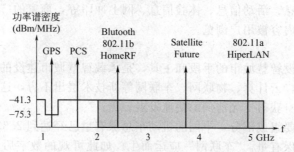

图 5-11 UWB 频率功率谱密度

(2) UWB 发展

UWB 出现于 20 世纪 60 年代，但其应用一直仅限于军事、灾害救援搜索雷达定位及测距等方面。自 1998 年起，FCC 对超宽带无线设备对原有窄带无线通信系统的干扰及其相互共容的问题开始广泛征求业界意见，在有美国军方和航空界等众多不同意见的情况下，FCC 仍开放了 UWB 技术在短距离无线通信领域的应用许可，2002 年 2 月，这项无线技术首次获得了美国联邦通信委员会（FCC）的批准用于民用和商用通信，这项技术的市场前景开始受到世人的瞩目。

2003 年 10 月国家无线电监测中心派人参加 ITU SG1 会议，讨论和研究 UWB 电磁兼容等问题；2003 年信息产业部下达 UWB 系统电磁兼容分析科学研究项目，国家无线电监测中心承担，北京邮电大学协助；北京邮电大学、北京理工大学、东南大学等研究 UWB 系统的信号产生，Rake 接收等技术，并获专利；国家十五 863 计划项目中关于 UWB 电磁兼容问题的研究；2004.9.28 首届 UWB 中国论坛在北京召开。

超宽带技术解决了困扰传统无线技术多年的有关传播方面的重大难题，它具有对信道衰落不敏感、发射信号功率谱密度低、低截获能力、系统复杂度低、能提供数厘米的定位精度等优点。随着微电子器件的高速发展，UWB 技术开始应用于民用领域，并在国际上掀起了研究和应用的热潮，并被认为是下一代无线通信的革命性技术。

5.4.2 UWB 技术的特点

UWB（UltraWideband）是一种无载波通信技术，利用纳秒至微微秒级的非正弦波窄脉冲传输数据。UWB 具有抗干扰性能强、传输速率高、带宽极宽、消耗电能小、发送功率小等诸多优势，主要应用于室内通信、高速无线 LAN、家庭网络、无绳电话、安全检测、位置测定、雷达等领域。

UWB 主要具有如下技术特点。

(1) 系统结构的实现比较简单

当前的无线通信技术所使用的通信载波是连续的电波，载波的频率和功率在一定范围内变化，从而利用载波的状态变化来传输信息。而 UWB 则不使用载波，它通过发送纳秒级脉冲来传输数据信号。UWB 发射器直接用脉冲小型激励天线，不需要传统收发器所需要的上变频，从而不需要功用放大器与混频器，因此，UWB 允许采用非常低廉的宽带发射器。同时在接收端，UWB 接收机也有别于传统的接收机，不需要中频处理，因此，UWB 系统结构的实现比较简单。

（2）传输速率高

民用商品中，一般要求 UWB 信号的传输范围为 10m 以内，再根据经过修改的信道容量公式，其传输速率可达 500Mbps，是实现个人通信和无线局域网的一种理想调制技术。UWB 以非常宽的频率带宽来换取高速的数据传输，并且不单独占用现在已经拥挤不堪的频率资源，而是共享其他无线技术使用的频带。在军事应用中，可以利用巨大的扩频增益来实现远距离、低截获率、低检测率、高安全性和高速的数据传输。

（3）抗干扰性能强

UWB 采用跳时扩频信号，系统具有较大的处理增益，在发射时将微弱的无线电脉冲信号分散在宽阔的频带中，输出功率甚至低于普通设备产生的噪声。接收时将信号能量还原出来，在解扩过程中产生扩频增益。因此，与 IEEE802.11a、IEEE802.11b 和蓝牙相比，在同等码速条件下，UWB 具有更强的抗干扰性。传输速率高。UWB 的数据速率可以达到几十兆比特每秒到几百兆比特每秒，有望高于蓝牙 100 倍，也可以高于 IEEE802.11a 和 IEEE802.11b。

（4）安全性高

作为通信系统的物理层技术具有天然的安全性能。由于 UWB 信号一般把信号能量弥散在极宽的频带范围内，对一般通信系统，UWB 信号相当于白噪声信号，并且大多数情况下，UWB 信号的功率谱密度低于自然的电子噪声，从电子噪声中将脉冲信号检测出来是一件非常困难的事。采用编码对脉冲参数进行伪随机化后，脉冲的检测将更加困难。

（5）功耗低

UWB 系统使用间歇的脉冲来发送数据，脉冲持续时间很短，一般在 0.20ns～1.5ns 之间，有很低的占空因数，系统耗电可以做到很低，在高速通信时系统的耗电量仅为几百微瓦至几十毫瓦。民用的 UWB 设备功率一般是传统移动电话所需功率的 1/100 左右，是蓝牙设备所需功率的 1/20 左右。军用的 UWB 电台耗电也很低。因此，UWB 设备在电池寿命和电磁辐射上，相对于传统无线设备有着很大的优越性。

（6）多径分辨能力强

信号经过几条路径到达接收端，而且每条路径的长度（时延）和衰减都随时间而变，即存在多径传播现象。由于常规无线通信的射频信号大多为连续信号或其持续时间远大于多径传播时间，多径传播效应限制了通信质量和数据传输速率。由于超宽带无线电发射的是持续时间极短的单周期脉冲且占空比很低，多径信号在时间上是可分离的。假如多径脉冲要在时间上发生交叠，其多径传输路径长度应小于脉冲宽度与传播速度的乘积。由于脉冲多径信号在时间上不重叠，很容易分离出多径分量以充分利用发射信号的能量。大量的实验表明，对常规无线电信号多径衰落深达 10～30dB 的多径环境，对超宽带无线电信号的衰落最多不到 5dB。

（7）定位精确

冲击脉冲具有很高的定位精度，采用超宽带无线电通信，很容易将定位与通信合一，而常规无线电难以做到这一点。超宽带无线电具有极强的穿透能力，可在室内和地下进行精确定位，而 GPS 定位系统只能工作在 GPS 定位卫星的可视范围之内，与 GPS 提供绝对地理位置不同，超短脉冲定位器可以给出相对位置，其定位精度可达厘米级，此外超宽带无线电定位器更为便宜。

（8）工程简单造价便宜

在工程实现上，UWB 比其他无线技术要简单得多，可全数字化实现。它只需要以一种数学方式产生脉冲，并对脉冲产生调制，而这些电路都可以被集成到一个芯片上，设备的成本将很低。

UWB 主要参数指标如表 5-4 所示。

表 5- 4　UWB 主要参数指标

参　　　数	指　　　标
频率范围	$3.1 \sim 10.6 \text{GHz}$
系统功耗	$1 \sim 4 \text{mW}$
脉冲宽度	$0.2 \sim 1.5 \text{ns}$
重复周期	$25 \text{ns} \sim 1 \text{ms}$
发射功率	$< -41.3 \text{dBm/MHz}$
数据速率	几十到几百兆比特每秒
分解多路径时延	$\leqslant 1 \text{ns}$
多径衰落	$\leqslant 5 \text{dB}$
系统容量	大大高于 3G 系统
空间容量	1000kB/m^2

5.4.3　UWB 无线通信系统的关键技术

UWB 系统的基本模型如图 5-12 所示，主要由发射部分、无线信道和接收部分构成，由此 UWB 的关键技术包括脉冲成形技术、调制技术和接收技术等。

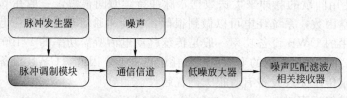

图 5-12　UWB 系统的基本模型

(1) 脉冲成型技术

当今 UWB 系统脉冲的设计方法多种多样。脉冲波形是超宽带通信中的一项重要性能，直接影响它的传输速率以及与它无线通信系统的共存性。从本质上讲，产生脉冲宽度为纳秒级（10^{-9}s）的信号源是 UWB 技术的前提条件，单个无载波窄脉冲信号有两个特点：一是激励信号的波形为具有陡峭前后沿的单个短脉冲，二是激励信号包括从直流到微波的很宽的频谱。目前产生脉冲源的两类方法如下。

① 光电方法。基本原理是利用光导开关的陡峭上升/下降沿获得脉冲信号。由激光脉冲信号激发得到的脉冲宽度可达到皮秒（10^{-12}s）量级，是最有发展前景的一种方法。

② 电子方法。基本原理是利用晶体管 PN 结反向加电，在雪崩状态的导通瞬间获得陡峭上升沿，整形后获得极短脉冲，是目前应用最广泛的方案。受晶体管耐压特性的限制，这种方法一般只能产生几十伏到上百伏的脉冲，脉冲的宽度可以达到 1ns 以下，实际通信中使用一长串的超短脉冲。

(2) UWB 的调制技术

调制的主要目的是使经过编码的信号的特性与信道的特性相适应，使信号经过调制后能够顺利通过信道传输。调制方式是指信号以何种方式承载信息，它不但决定着通信系统的有效性和可靠性，也影响信号的频谱结构、接收机复杂度。

UWB 的传输功率受传输信号的功率谱密度限制，因而在两个方面影响调制方式的选择：一是对于每比特能量调制需要提供最佳的误码性能；二是调制方案的选择影响了信号功率谱密度的结构，因此有可能把一些额外的限制加在传输功率上。在 UWB 中，信息是调制在脉冲上传递的，既可以用单个脉冲传递不同的信息，也可以使用多个脉冲传递相同的信息。

① 单脉冲调制　对于单个脉冲，脉冲的幅度、位置和极性变化都可以用于传递信息。适用于 UWB 的主要单脉冲调制技术包括：脉冲幅度调制（PAM）、脉冲位置调制（PPM）、通断键控（OOK）、二相调制（BPM）和跳时/直扩二进制相移键控调制（TH/DS-BPSK）等。

PAM 是通过改变脉冲幅度的大小来传递信息的一种脉冲调制技术。PAM 既可以改变脉冲幅度的极性，也可以仅改变脉冲幅度的绝对值大小。通常所讲的 PAM 只改变脉冲幅度的绝对值。BPM 和 OOK 是 PAM 的两种简化形式。BPM 通过改变脉冲的正负极性来调制二元信息，所有脉冲幅度的绝对值相同。OOK 通过脉冲的有无来传递信息。在 PAM、BPM 和 OOK 调制中，发射脉冲的时间间隔是固定不变的。PAM、OOK 和 PPM 共同的优点是可以通过非相干检测恢复信息。

目前广泛受关注的是后两种调制方式，TH-PPM 和 TH/DS-BPSK。两者的区别在于当采用匹配滤波器的单用户检测情况下，TH/DS-BPSK 的性能要优于 TH-PPM。对 TH/DS-BPSK 而言，在速率较高时，应优先选择 DS-BPSK 方式；速率较低时，由于 TH-BPSK 受远近效应的影响较小，应选择 TH-BPSK 方式。在采用最小均方误差（MMSE）检测方式的多用户接收机应用情况时，两者差别不大；但在速率较高时，TH/DS-BPSK 的性能还是要优于 TH-PPM 系统。而 BPM 则可以避免线谱现象，并且是功率效率最高的脉冲调制技术。对于功率谱密度受约束和功率受限的 UWB 脉冲无线系统，为了获得更好的通信质量或更高的通信容量，BPM 是一种比较理想的脉冲调制技术。

② 多脉冲调制　实际上，为了降低单个脉冲的幅度或提高抗干扰性能，在 UWB 脉冲无线系统中，往往采用多个脉冲传递相同的信息，这就是多脉冲调制的基本思想。多脉冲调制不仅可以通过提高脉冲重复频率来降低单个脉冲的幅度或发射功率，更重要的是，多脉冲调制可以利用不同用户使用的 SS 序列之间的正交性或准正交性实现多用户干扰抑制，也可以利用 SS 序列的伪随机性实现窄带干扰抑制。

正交多载波调制（OFDM）是一种高效的数据传输方式，其基本思想是把高速数据流分散到多个正交的子载波上传输，从而使子载波上的符号速率大幅度降低，符号持续时间大大加长，因而对时延扩展有较强的抵抗力，减小了符号间干扰的影响。

（3）多址技术

在 UWB 系统中，多址接入方式与调制方式有密切联系。当系统采用 PPM 调制方式时，多址接入方式多采用跳时多址；若系统采用 BPSK 方式，多址接入方式通常有两种：直序方式和跳时方式。基于上述两种基本的多址方式，许多其他多址方式陆续被提出，主要包括以下几种。

① 伪混沌跳时多址方式（PCTH）　PCTH 根据调制的数据，产生非周期的混沌编码，用它替代 TH-PPM 中的伪随机序列和调制的数据，控制短脉冲的发送时刻，使信号的频谱发生变化。PCTH 调制不仅能减少对现有的无线通信系统的影响，而且更不易被检测到。

② DS-BPSK/TH 混合多址方式　此方式在跳时（TH）的基础之上，通过直接序列扩频码进一步减少多址干扰，其多址性能优于 TH-PPM，与 DS-BPSK 相当，但在实现同步和抗远近效应方面，具有一定的优势。

③ DS-BPSK/Fixed TH 混合多址方式　此方式打破 TH-PPM 多址方式中采用随机跳时

码的常规思路，利用具有特殊结构的固定跳时码，减少不同用户脉冲信号的碰撞概率。即使有碰撞发生时，利用直接序列扩频的伪随机码的特性，也可以进一步削弱多址干扰。

此外，由于 UWB 脉冲信号具有极低的占空比，其频谱能够达到 GHz 的数量级，因而 UWB 在时域中具有其他调制方式所不具有的特性。当多个用户的 UWB 信号被设计成不同的具有正交波形时，根据多个 UWB 用户时域发送波形的正交性，以区分用户，实现多址，这被称之为波分多址技术。

(4) 天线的设计

UWB 信号占据带宽很大，在直接发射基带脉冲时，需要对设备功耗和信号辐射功率谱密度提出严格要求，这使得 UWB 通信系统的收发天线设计面临巨大挑战。辐射波形角度和损耗补偿、线性带宽、不同频点上的辐射特性、激励波形的选取等都是天线设计中的关键问题。在要求通信终端小型化的应用中，往往要求设计高性能、小尺寸、暂态性能好的 UWB 天线。

UWB 天线应该达到以下要求：一是输入阻抗具有 UWB 特性；二是相位中心具有超宽频带不变特性。即要求天线的输入阻抗和相位中心在脉冲能量分布的主要频带上保持一致，以保证信号的有效发射和接收。对于时域短脉冲辐射技术，早期采用双锥天线、V-锥天线、扇形偶极子天线，这几种天线存在馈电难、辐射效率低、收发耦合强、无法测量时域目标的特性，只能用作单收发用途。随着微波集成电路的发展，研制出了 UWB 平面槽天线，它的特点是能产生对称波束、可平衡 UWB 馈电、具有 UWB 特性。由于利用光刻技术，可以制成毫米、亚毫米波段的集成天线。

以多天线理论为基础的 MIMO（Multiple-Input Multiple-Out-put，多输入多输出）技术是未来无线通信采用的主要技术之一，考虑到 UWB 的技术特点，将二者结合也是极具吸引力的研究方向。利用 MIMO-UWB 的优势，可以提高 UWB 系统容量和增大通信覆盖范围，并能满足高数据速率和更高通信质量的要求。此外，与天线理论相关的波束赋形，以及时编码、协作分集等在 MIMO-UWB 系统中的应用也得到了较多关注。

(5) 接收技术

与传统的无线收发信机结构相比，UWB 收发信机的结构相当简单。传统的无线收发信机大多采用超外差式结构；而 UWB 收发信机采用零差结构，就可得到相同的性能，实现起来也十分简单，无需本振、功放、压控振荡器（VCO）、锁相环（PLL）、混频器等环节。UWB 系统的使用了现代数字无线技术常用数字信号处理芯片（DSP）（软件无线电）来产生不同的调制方式，因此可以逐步降低信息速率，在更大的范围内连接用户。在接收端，天线收集的信号能量经过放大后，通过匹配滤波或相关的接收机进行处理，再经高增益门限电路恢复原来的信息。当距离增加时，可以由发端用几个脉冲发送同一信息比特的方式，增加接收机的信噪比，同时可以通过软件的控制，动态地调整数据速率、功耗与距离的关系，使 UWB 有极大的灵活性，这种灵活性正是功率受限未来移动计算所必须的。

5.4.4　UWB 技术的应用

根据超宽带无线通信的特点，超宽带无线通信技术的主要功能包括无线通信和定位功能。进行高速无线通信时，传输距离较近，一般在 10～20m，进行较低速率无线通信和定位时，传输距离可以更远。与 GPS 相比，超宽带技术的定位精度更高，可以达到 10～20cm 的精度。根据上述的功能，UWB 主要分为军用和民用两个方面。超宽带技术可以应用于无线多媒体家庭网、个域网，雷达定位和成像系统，智能交通系统，以及应用于军事、公安、消防、救援、医疗、勘探测量等多个领域。

（1）Ubisense UWB 超宽带定位系统（高端高精度）

　　未来世界是一个无处不在的感知世界，物联网的兴起将掀起定位技术革新的又一轮新高潮，实时定位已经成为一种应用趋势。UWB 技术是一种传输速率高，发射功率较低，穿透能力较强的无载波无线技术。正是这些优点，使它在室内定位领域得到了较为精确的结果。

　　超宽带（UWB）是射频应用技术领域的一项重大突破，Ubisense 公司利用该技术构建了革命性的实时定位系统（RTLS），已经在国内外有 10 多年的成熟应用。其高精度性高可靠性是传统 RFID、WiFi、Zigbee 等基于 RSSI 射频技术所无法比拟的，并逐步占领无线定位市场。Ubisense 在 2004 年 11 月获得美国联邦通信委员会的认证，在 2007 年 3 月通过欧洲环境保护运动委员会/欧洲电信标准协会的统一标准。目前在 17 个国家里有超过 200 家客户，应用范围包括物流、工业、危险环境、医疗保健、军事等。

　　Ubisense 具有精确可靠的实时定位、有源射频标签、适用于室内/户外环境、高精度，可以达到 15cm、基座设施可互相替换、高可靠性（两个感应器跟踪三维定位）、动态更新率取决于标签的移动速度、为客户端提供成熟的软件平台等显著特点。

　　Ubisense UWB 超宽带定位系统由 Ubisense 传感器、定位标签，定位引擎三个部分组成。由标签主动发射 UWB 信号，传感器接受和解算该信号，通过 TDOA 和 AOA 算法由定位引擎最终解算出标签的定位坐标，分析并传输信息给用户和其他相关信息系统。在该系统中，标签发射极短的 UWB 脉冲信号，传感器接收此信号，并采用综合的测量手段来计算标签的位置。由于采用了 UWB 技术，加上 Ubisense 独特的传感器功能，确保了较高的定位精度和室内应用环境的可靠性，而通常这些室内应用极具挑战性：墙壁和金属物的反射，导致较强的多路径效应。传感器通常按照蜂窝单元（Cell）的形式进行组织，典型的划分方式是矩形单元，附加的传感器根据其几何覆盖区域进行增加；每个定位单元中，主传感器配合其他传感器工作，并与单元内所有检测到位置的标签进行通信；通过类似于移动通信网络的蜂窝单元组合，能够做到较大面积区域的覆盖；标签的位置通过标准以太网线或无线局域网，发送到定位引擎软件；定位引擎软件将数据进行综合，并通过 API 接口传输到外部程序或 Ubisense 定位平台，实现空间信息的处理以及信息的可视化；由于标签能够在不同定位单元（Cell）之间移动，定位平台能够自动在一个主传感器和下一个主传感器之间实现无缝切换。在建立系统时，需要对整体的多单元空间结构指定 3D 参考坐标系。当标签在参考坐标系内的多个单元中移动时，可视化模块能够实时显示标签位置。

　　在实际的应用中，有诸多的方法可供选择，以设计出满足应用需求和物理环境的系统。如：定位区域的几何划分，不同区域的定位精度要求，哪些物体附着定位标签，哪一种速度是正常的，期望物体间产生何种的操作与交互行为，哪些是固定或未加标签的物资，电池寿命的需求，供电的方式或以太网通信的方式，与其他 RF 系统的融合等。

　　① 7000 系列传感器　传感器是非常灵敏的检测装置，能够可靠地检测标签发出的低功率 UWB 脉冲，同时可以区别反射信号和直射信号。每个传感器采用特殊的天线阵列，测定发射过来的 UWB 信号到达角度；若先设定标签在空间坐标系中 Z 轴的高度，信号传感器就能够测定其具体的位置。对于测定最近的几米位置，并且标签固定于相对较大，如拖车、小汽车等物体上，这种操作模式是非常好的高效方式。

　　相对于单个传感器对特定标签进行定位的模式，两个传感器能够测出精密的 3D 位置信息，大大提高了定位精度。如果两个传感器进一步通过时间同步线连接起来，而采用到达时间差（TDOA）的定位方式，3D 定位的精度将达到 15cm。单个传感器 AOA（到达角度）定位方式和 TDOA 定位方式的结合，使系统达到不同的定位精度水平；Ubisense 系统这种独特的能力，为设计高效的解决方案提供了较大程度的灵活性。越多的传感器接收到标签所发出 UWB 信号，就有越多的测量手段来测定精确的位置。这种冗余的设计是工业场合可靠工作的关键因素。即使 UWB 脉冲信号在某些方向上被人、金属、液体物质等遮挡，至少有两个传感器能够接收到信号并实现 3D 定位的概率也会大大增加。AOA 的数量和性能比较如表 5-5 所示。

表 5-5　AOA 的数量和性能比较

定位方式	传感器个数	定位结果	用途/评价
单个传感器 AOA	1	3D 定位(假设已知高度)	高性价比定位
AOA	2 个或更多	3D 定位	无线跟踪定位
AOA 和 TDOA	2 个或更多	高精度 3D 定位	高级应用

传感器并不需要与标签在视线范围内进行通信，因为 UWB 信号能够穿透墙壁和其他物体。不同的材料和厚度导致不同程度的信号衰减，例如，射频信号根本不能穿透金属。由于这个原因，在系统设计前有必要进行现场环境的射频性能测量。传感器通过以太网（无线或有线方式）实现相互间的通信，也可以通过以太网连接来接收它们的固件程序。传感器可以选择交换机 POE 供电，也可以选择外部直流电源供电。根据需要，传感器能够被置于特制的防雨外壳中并工作于户外环境。

② Ubisense 标签（Tag）　7000 系列定位系统提供 2 种定位标签。它们针对不同的应用设计，并有不同的性能。这两种标签均能够达到 15cm 的 3D 定位精度，并且提供达每秒 20 次的位置数据刷新率。标签带有数据存储器，能够用来存储诸如识别码的数据。所有的标签均有 UWB 信号发射器，以及一个板载的 2.4Ghz ISM 频段的双工射频传输设备。双向射频设备用来传输传感器与标签之间的控制信息。传感器可以控制标签只发射 UWB 信号，而 UWB 信号的发射以及标签数据的刷新率均由传感器来驱动。这种动态的数据刷新方式，使得标签可根据其速度和应用的要求，仅在需要时发射信号，节省了电池的能量。如果标签是固定的，它将以较低的速率进行数据刷新，直到板载震动传感器检测到标签的移动，并立即激活标签进行信号的发射。标签以低于 1mW 的极低功率发射 UWB 脉冲，降低了 UWB 系统对其他 RF 系统的干扰，并能够延长电池的使用寿命。如：在以 5 秒每次的持续数据刷新状态下，电池能够使用 5 年。

细长型标签和紧凑型标签能够采用工业级外壳包装，具有抗机械性损伤，防尘、防湿的特性。Ubisense 同时也提供温度范围扩展型的标签产品。细长型标签设计用于人员的携带或者固定于物体上。它带有 2 个可编程按钮，可用于打开或锁上附近的远程控制门；同时带有 2 个 LED 灯，以及一个蜂鸣器，能够由应用程序激活而提供信息反馈：当众多的工人聚集在一起时，能够通过指定的标签来识别某一个工人，或者当一个工人进入危险区域时，提供听得见的声音报警信息。紧凑型标签设计大小不超过 2 英寸，能够方便地在各种不同的环境下贴附在设备和车辆上。它具有一个按钮和一个 LED 灯，能够与应用程序进行双向的交互。标签类型如图 5-13 所示。

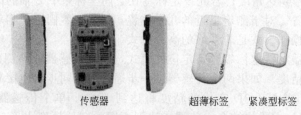

传感器　　　　　　　　　　　超薄标签　紧凑型标签

图 5-13　标签类型

③ Ubisense 软件平台　软件平台设计为两个运行组件和开发工具。基本的运行组件是

定位引擎软件，借助它能够建立并校准 Ubisense 传感器、标签，并通过图形化界面配置定位单元和对象。

组件包含有多种上下文关联的计划任务和过滤算法，使得系统的性能、行为与接受它所提供数据的软件相协调。.NET 2.0 API 提供所有的配置功能、获取标签带有时间戳的 X、Y、Z 坐标信息、驱动平台与标签之间的双向通信。定位引擎软件设计用于简化从 Ubisense 传感器和标签传回的坐标数据，并集成到第三方软件产品中。除定位引擎在建立并运行 Ubisense 传感器系统方面的功能外，定位平台产品是一个完整的 RTLS 软件平台，它能同时从 Ubisense 传感器、标签以及其他 RTLS 传感器系统获取数据，如常规的有源、无源 RFID 系统，温度、震动检测器等非位置传感器设备。有诸多的工具可以用于描述、定义 2D 或 3D 的物理环境与对象关系。空间关系可以按照移动、固定的对象来定义，并分成区域。交互过程始终被监控并用于触发事件，最终被应用软件获取。如当可视对象小车进入制造设备的死角时，小车能够被突出显示。数据能够通过 API 发布到其他信息系统中，或持久存储于关系型数据库中，也可以保存为其他格式供以后分析。权限控制功能确保敏感数据受到保护，而安全性数据仅供授权人员查看或修改。定位平台的设计贯穿企业的应用，它能在微软.NET 2.0 中实现，并且客户端能够在包括 PDA 在内的多种设备上运行。包含可视化 API 在内的所有 API，将也能够在浏览器中运行。

定位引擎运行在一个或多个标准的处理器上，这取决于定位网络构造的规模。它能在 Windows 或者 Linux 两种操作系统上运行。可视化的终端、交互单元、应用设计都将在.NET 环境中实现。定位开发平台集成了一系列的开发工具，允许定位平台数据模型扩展为新类型的对象和关系。它同时有一个模拟器，使用和定位平台相同定义的几何关系及对象实现，无须安装任何传感器即可实现标签的移动。

目前国内著名的实时定位系统（室内人员定位系统）提供商有苏州优频科技、威德电子、唐恩科技、南京如歌电子等；国外有 Ubisense 公司、Ekahau 公司、PanGo 公司、Aeroscout 公司、Nanotron 公司、Q-track 公司等多家公司。RTLS 系统的国际标准：ISO/IEC 24730-2：2006 Information technology——Real-time locating systems (RTLS)。目前国内 RTLS 行业主要用于人员、货物、资产设备等定位，将来物联网在国内普及开来时，基于提供位置服务的应用必将更多。

(2) 无线个域网

无线多媒体个域网中，各种数字多媒体设备根据需要，在小范围内组成自组织式的网络，相互传送多媒体数据，并可以接入因特网。数字多媒体设备是指需要收发视频、音频、文本、数据等数字多媒体信息的设备，如数码摄像机、数码照相机、MP3 播放器、DVD 播放器、数字电视、台式机、笔记本电脑、打印机、投影仪、扫描仪、摄像头、手机、各种智能家电、机顶盒等。

UWB 技术与现有的其他无线通信技术相比，数据传输速率高、功耗低、安全性好。UWB 技术可以实现的速率超过 1Gbit/s，与有线的 USB2.0 接口相当，远远高于无线局域网 802.11b 的 11Mbit/s，也比下一代无线局域网 802.11a/g 的 54Mbit/s 高出近一个数量级，UWB 通信的功耗较低，能更好地满足使用电池的移动设备的要求，另外，UWB 信号的功率谱密度非常低，信号难以被检测到，再加上采用的跳频、直接序列扩频等扩频多址技术，使非授权者很难接获传输的信息，因而安全性非常好。

(3) 家庭网络

① 家庭网络 家庭网络系统由有线系统和无线系统综合构成。其中，有线系统采用国际数字接口标准 IEEE 1394b，在 IEEE 1394b 基础上，家庭网络无线系统引入了频谱高效率的超宽带脉冲无线电技术，可提供灵活性和移动性的宽带无线接入。直接扩频序列超宽带的

家庭网络把移动高速高性能无线网无缝隙的扩展至有线 1394 骨干网。

② 直接扩频序列超宽带通信子网技术 采用单频带体制的 DS-UWB 系统是家庭网络比较理想的方案。DS-CDMA 建议采用了双频带（3.1～5.15GHz 加 5.825～10.6GHz）的方法，即在每个超过 1GHz 的频带内用极短时间脉冲传输数据，该方法也称为脉冲无线电。DS-UWB 无线通信系统结构图如图 5-14 所示。

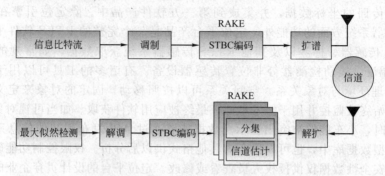

图 5-14　DS-UWB 无线通信系统框图

与无线 1394 网桥综合的家庭网络结构支持 IEEE1394 固定连接和 DS-UWB 无线连接。无线 UWB 总线系统的拓扑结构呈现星形，HUB 位置不是固定不变，管理所有挂在无线总线上的子站，负责维护数据帧结构，分配周期定时信息。要监控在总线注册的子站状态，在子站和子站间广播通信质量信息，显示同步和等时模式子站的时隙安排，控制多址接入过程，保证输出功率在某一电平之下。数据流的传输是自组织网络中对等通信的模式，当一对子站之间直接链路被阻隔时，子站和 HUB 也可以承担中继多条数据的功能。

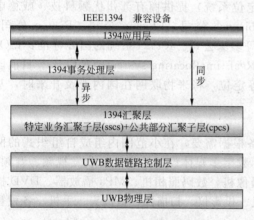

图 5-15　UWB 总线协议栈结构

直接序列超宽带系统的物理层采用二进制相移键控调制技术，为了避免多径衰落的影响，使用 RAKE 接收机接收信号。其多址接入技术采用直扩码分多址技术。由于 UWB 信号产生的特殊性，其脉冲成型技术为甚窄高斯单周脉冲，并使用空时编码对其进行编码。典型高斯单周脉冲宽带为 0.2～2.0ns，脉冲间隔为 10～100ns，脉冲位置可以是等间隔、随机或伪随机间隔。

直接序列超宽带系统的数据链路控制层（DLC）是由一系列帧长为 1394 周期数倍的 DLC 帧构成的，该帧由管理区域、数据区域、随机区域等组成。数据链路控制层把资源分成两部分，分别是用于等时时隙的预留带宽和用于同步时隙的动态带宽。UWB 总线协议栈结构如图 5-15 所示。

直接序列超宽带的 1394 汇聚层（CL）含有 IEEE1394 特定业务会聚子层（SSCS）和公共部分会聚子层（CPCS），它类似 IEEE1394b 链路层，负责 1394 事务处理层和 UWB 低层次之间的映射。

（4）在有线电视网络中的应用

有线电视网是高效廉价的综合网络，它具有频带宽、容量大、多功能、成本低、抗干扰能力强、支持多种业务连接千家万户的优势，它的发展为信息高速公路的发展奠定了基础。有线电视网成为最贴近家庭的多媒体渠道，只不过它目前还是靠同轴电缆向用户传送电视节目，还处于模拟水平。高清晰度电视，属于数字电视的最高标准，拥有最佳的视频、音频效果。它与当前采用模拟信号传输的传统电视系统不同，采用了数字信号传输。由于高清晰度电视从电视节目的采集、制作到电视节目的传输，以及到用户终端的接收全部实现数字化，因此给我们带来了极高的清晰度，除此之外，信号抗噪能力也大大加强。数字电视具有高清晰画面、高保真立体声伴音、电视信号可以存储、可与计算机完成多媒体系统、频率资源利用充分等多种优点，成为家庭影院的主力。

交互式电视点播系统和高清晰度电视业务的码率高、数据量大，需要占用很大的带宽和网络资源，而数量巨大的用户引起了资源的短缺。为了解决有线电视网络的带宽问题，引入超宽带技术，因为它使用无载波结构，网络配置成本低，只需要在系统前端和用户侧增加相应装置，就可以在不改变现有有线电视网络结构的基础上传输 UWB 数据流。

UWB 技术具有类噪声特性，传送数据时在时域产生持续时间非常短的脉冲信号，而有线电视系统中发送的载波信号会受到外界噪声和其他信号的干扰后，系统可用带宽和有线网络的传输容量会受到很大影响，UWB 的短脉冲信号则不会对载波信号造成干扰，于是在有线电视网络的公共传输媒质中实现了 UWB 脉冲信号与其他频域信号的共存。

在有线电视网络中使用 UWB 技术存在一个固有的问题，即有线电视网络本身的固有频率损耗会改变 UWB 脉冲信号的形状和幅度，为了解决这个问题，可以采用预补偿的方法。UWB 数据进入有线电视网之前先进行预补偿，这样信号就容易通过同轴电缆系统，同时，UWB 信号具有伪随机特性，混合光纤同轴电缆网的噪声电平高于其功率谱密度，信号传送就不会受到影响。

有线电视网络传送 UWB 信号时，首先将数据分成视频、音频和数据流，频道调制器将每一路信号与射频混频同时分配一台号，RF 信号进入混合器后，混合器将这些信号合并为一个输出信号，其他的视频数据流调制成射频信号后同混合器输出的普通节目混合，然后转换为光信号，经过光纤传输。在接收端，系统将混合信号里的 UWB 信号提取出来，同时视频和音频数据被解调器解调出来。该技术的显著特点就是在现有有线电视网络中加入 UWB 信号调制解调器，而无需对有线电视网络进行较大的改变。

将 UWB 技术应用于有线电视网络中，充分利用其技术优点，基本不干扰现有的电视频道，同时没有占用或者很少占用频道资源。同时，UWB 的多址方式，可以实现数量不少的并发用户，有线电视网络服务商可以充分利用现有的资源提供各种宽带接入业务，不用升级网络。

基于 IEEE 1394b 和直接序列超宽带的家庭网络把两种技术合理的结合起来，UWB 作为一种新的无线家庭网络接入方式，其动态网格网络允许家庭网络中的每个设备既可以充当网络中的一个用户，也可以作为网络基础设备中的一个部分，实现全宅的覆盖。把利用 UWB 技术的无线家庭网络和传输 UWB 信号的有线电视网络连接起来，同时发挥 UWB 技术的宽带优势，会极大地提高生活的信息化水平，使人们充分享受 UWB 技术带来的宽带便利。

（5）智能交通

在智能交通系统上，超宽带系统同时具有无线通信和定位的功能，可方便地应用于智能交通系统中，为车辆防撞、电子牌照、电子驾照、智能收费、车内智能网络、测速、监视等提供高性能、低成本的解决方案。在传感器网络和智能环境（包括生活环境、生产环境、办公环境）中，超宽带系统主要用于对各种对象（人和物）进行检测、识别、控制和通信。

UWB 系统在很低的功率谱密度的情况下，已经证实能够在户内提供超过 480Mbps 的可靠数据传输。与当前流行的短距离无线通信技术相比，UWB 具有巨大的数据传输速率优势，最大可以提供高达 1000Mbps 以上的传输速率。UWB 技术在无线通信方面的创新性、利益性已引起了全球业界的关注。与蓝牙、802.11b、802.15等无线通信相比，UWB可以提供更快、更远、更宽的传输速率，越来越多的研究者投入到UWB领域，在军事需求和商业市场的推动下，UWB技术将会进一步发展和成熟起来。

5.5 移动通信

5.5.1 移动通信概述

移动通信（Mobile Communication）是指移动体或移动体与固定体之间的通信。移动体可以是人，也可以是汽车、火车、轮船、收音机等在移动状态中的物体。移动通信系统是指能够实现移动通信的技术系统，是现代通信中发展最为迅速的一种通信手段，由于大规模集成电路和微处理机的应用，大大促进了移动通信设备的小型化、自动化，并使系统向大容量和多功能发展。移动通信系统由空间系统和地面系统两部分组成。

移动通信有不同的分类方法。按使用对象分：可分为军用、民用；按用途和区域分：可分为陆上、海上、空间；按经营方式分：可分为公众网、专用网；按接入网形式分：可分为单区制、多区制、蜂窝制；按信号性质分：可分为模拟、数字；按无线电频道方式分：可分为同频单工、异频单工、异频双工；按调制方式分：可分为调频、调相、调幅等；按多址复用接入方式分：可分为频分多址（FDMA）、时分多址（TDMA）、码分多址（CDMA）。

移动通信系统从20世纪80年代诞生以来，到2020年将大体经过5代的发展历程，而且到2010年，将从第3代过渡到第4代（4G）。到4G，除蜂窝电话系统外，宽带无线接入系统、毫米波LAN、智能传输系统（ITS）和同温层平台（HAPS）系统将投入使用。未来几代移动通信系统最明显的趋势是要求高数据速率、高机动性和无缝隙漫游。实现这些要求在技术上将面临更大的挑战。此外，系统性能（如蜂窝规模和传输速率）在很大程度上将取决于频率的高低。考虑到这些技术问题，有的系统将侧重提供高数据速率，有的系统将侧重增强机动性或扩大覆盖范围。

从用户角度看，可以使用的接入技术包括：蜂窝移动无线系统，如3G；无绳系统，如DECT（Digital Enhanced Cordless Telecommunications，数字增强无绳通信）；近距离通信系统，如蓝牙和DECT数据系统；无线局域网（WLAN）系统；固定无线接入或无线本地环系统；卫星系统；广播系统，如DAB（数字音频广播，Digital Audio Broadcasting）和DVB-T（Digital Video Broadcasting-Terrestrial，地面数字视频广播）；ADSL和Cable Modem。

5.5.2 GSM全球移动通信系统

GSM（Global System for Mobile Communications）即全球移动通信系统。本系统源于欧洲，1982年，欧洲邮电主管部门会议（CEPT）为开发第二代数字蜂窝移动系统成立了"移动通信特别小组"（GSM，Group Special Mobile），来制定适用于泛欧各国的一种数字移动通信系统的技术规范。1987年，欧洲15个国家的电信业务经营者在哥本哈根签署了一项关于在1991年实现泛欧900MHz数字蜂窝移动通信标准的谅解备忘录（Memorandum of Understanding，简称MOU）。随着设备的开发和数字蜂窝移动通信网的建立，GSM逐步成为欧洲数字蜂窝移动通信系统的代名词。目前，宣布采用GSM系统并参加MOU的国家早就不限在欧洲。GSM的空中接口采用时分多址技术。自20世纪90年代中期投入商用以来，被全球超过100个国家采用。GSM标准的设备占据当前全球蜂窝移动通信设备市场80%以上。

GSM 是当前应用最为广泛的移动电话标准。全球超过 200 个国家和地区超过 10 亿人正在使用 GSM 电话。所有用户可以在签署了"漫游协定"移动电话运营商之间自由漫游。GSM 较之它以前的标准最大的不同是它的信令和语音信道都是数字式的，因此 GSM 被看作是第二代（2G）移动电话系统。GSM 是一个当前由 3GPP（第三代合作伙伴计划，3rd Generation Partnership Project）开发的开放标准。

(1) GSM 系统构成

GSM 网络由四部分组成：移动台（Mobile Station，MS）、交换子系统（Network Switching System，NSS）、基站子系统（Base Station System，BSS）和操作与维护子系统（Operations and Maintenance System，OMS）。它包括了从固定用户到移动用户（或相反）所经过的全部设备，如图 5-16 所示。

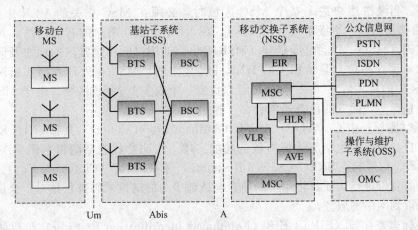

图 5-16　数字蜂窝移动通信网组成

① 移动台（MS）　移动台（Mobile Station，MS）是用户端终止无线信道的设备，通过无线空中接口 Um 给用户提供接入网络业务的能力。移动台有两部分组成：移动设备（Mobile Equipment，ME）和用户识别模块（Subscriber Identity Module，SIM）。ME 用于完成语音、数据和控制信号在空中的接收和发送；GSM 系统将模块 SIM 做成信用卡的形式，SIM 卡中存有用户身份认证所需的信息，并能执行一些与安全保密有关的信息，以防止非法用户进入网络。移动设备只有插入 SIM 卡后才能进网使用。

② 交换分系统（MSS）　主要完成交换功能和客户数据与移动性管理、安全性管理所需的数据库功能。由一系列功能实体构成：移动交换中心（MSC），归属位置寄存器（HLR），拜访位置寄存器（VLR），认证（鉴权）中心（AUC），设备标志寄存器（EIR）。

a. 移动交换中心（MSC）　MSC（Mobile Service Switching Center）对位于其服务区内的移动台（MS）进行控制和完成话路交换，同时提供移动网与其他公用通信网的接口。作为交换设备，MSC 具有完成呼叫接续与控制的功能，同时还具有无线资源管理和移动性管理等功能，支持位置登记、越区切换、自动漫游等，应能完成 GMSC 的功能。

b. 关口交换局（GMSC，Gateway MSC）　在较大容量通信网中，固网用户与移动用户通信时，呼叫首先接续至关口局，再由其获取位置信息然后进行接续。GMSC 的作用是查询用户的位置信息，并把路由转到移动用户当时所拜访的移动交换局（VMSC）。

GMSC 首先根据移动用户的电话号码找到该用户所属的归属位置寄存器 HLR，然后从 HLR 中查询到该用户目前的 VMSC。GMSC 一般都与某个 MSC 合在一起，只要使 MSC 具有关口功能就可实现。MSC 通常是一个大的程控数字交换机，能控制若干个基站控制器（BSC）。GMSC 与固定公用网相接，固定公用网有公众电话网 PSTN、综合业务数字网 IS-

DN、分组交换公众数据网 PSPDN 和电路交换公众数据网 CSPDN。MSC 与固定公用网互联需要通过一定的适配才能符合对方网络对传输的要求，称其为适配功能（IWF，Inter Working Function）。

c. 归属位置寄存器（HLR） HLR（Home Locate Register）是管理移动用户的数据库，作为物理设备，它是一台独立的计算机。在 GSM 通信网中，通常设置若干个 HLR，每个移动用户必须在某个 HLR 中登记注册。HLR 所存储的信息分两类：一类是有关用户参数的信息，例如用户类别、所提供的服务、用户号码、识别码以及用户的保密参数等；另一类是用户当前的位置信息，例如移动台漫游号码、VLR 地址等，用于建立至移动台的呼叫路由。HLR 不受 MSC 的直接控制。

d. 拜访位置寄存器（VLR） VLR（Visitor Location Register）是存储用户位置信息的动态链接库，当漫游用户进入某个 MSC 区域时，必须在 MSC 相关的 VLR 中进行登记，VLR 分配给移动用户一个漫游号（MSRN）。在 VLR 中建立用户的有关信息，其中包括移动用户识别码（MSI）、移动台漫游号（MSRN）、移动用户所在位置区的标志及向用户提供服务等参数，而这些信息是从相关的 HLR 中传过来的。MSC 在处理入网和出网呼叫时需要查访 VLR 中的有关信息。一个 VLR 可以负责一个或多个 MSC 区域。由于 MSC 与 VLR 之间交换信息很多，两者的设备通常合在一起。

e. 认证（鉴权）中心（AUC） AUC（Authentication Center）直接与 HLR 相连，是认证移动用户身份及产生相应认证参数的功能实体。认证参数包括随机号码 RAND（Random number）、信号响应 SREC（Signed Response）和密钥 KC（Ciphering Key）。认证中心对移动用户的身份进行认证，将用户的信息与认证中心的随机号码进行核对，合法用户才能接入网络并得到网络的服务。

f. 设备标志寄存器（EIR） EIR（Equipment Identification Register）是存储有关移动台设备参数的数据库，用来实现对移动设备的识别、监视、闭锁等功能。EIR 只允许合法的设备使用，它与 MSC 相连接。

③ 基站子系统（BSS） BSS 包含 GSM 数字移动通信系统中无线通信部分的所有地面基础设施，通过无线接口直接与移动台实现通信连接。BSS 具有控制与无线传输功能，完成无线信道的发送、接收和管理。它由基站控制器（BSC，Base Station Controller）和基站收发信台（BTS，Base Transceiver Station）两部分组成。

a. 基站控制器（BSC） BSC 的一侧与移动交换分系统相连接，另一侧与 BTS 相连接。一个基站分系统只有一个 BSC，而有多套 BTS。它的功能是负责控制和管理，BSC 通过对 BTS 和 MS 的指令来管理无线接口，主要进行无线信道分配、释放以及越区信道的切换管理。

b. 基站收发信台（BTS） BTS 无线接口设备，完全由 BSC 控制，主要负责无线传输、完成无线与有线的转换、无线分集、无线信道加密及跳频等功能。每个 BTS 有多部收发信机（TRX），即占用多个频率点，每部 TRX 占用一个频率点，而每个频率点又分成 8 个时隙，这些时隙就构成了信道。

c. TRAU BTS 还有一个重要的部件称为码型转换器（Transcoder）和速率适配器（Rate Adaptor），简称 TRAU。作用是将 GSM 系统中话音编辑信号与标准 64kbit/sPCM 相配合，例如移动台（MS）发话，它首先进行语音编码，变为 13kbit/s 的数字流，信号经 BTS 收信机的接收，其输出仍为 13kbit/s 信号，需经 TRAU 后变为 64kbit/sPCM 信号，才能在有线信道上传输。同时，要传送较低速率数据信号时，也需经过 TRAU 变成标准信号。

④ 操作与维护分系统（OMS） OMS（Operation and Maintenance System）是操作人员与系统设备间的中介，实现对系统的集中操作与维护：移动用户管理、移动设备管理、网

络操作维护。支持的功能有事件/告警管理、故障管理、性能管理、配置管理和安全管理。

（2）GSM 系统的接口

GSM 系统的主要接口是指 A 接口、Abis 接口和 Um 接口。这三种主要接口的定义和标准化可保证不同厂家生产的移动台、基站子系统和网络子系统设备能够纳入同一个 GSM 移动通信网运行和使用。

a. A 接口。A 接口定义为 NSS 与 BSS 之间的通信接口。从系统的功能实体而言，就是 MSC 与 BSC 之间的互联接口，其物理连接是通过采用标准的 2.048Mbps PCM 数字传输链路来实现的。此接口传送的信息包括对移动台及基站管理、移动性及呼叫接续管理等。

b. Abis 接口。Abis 接口定义为 BSC 与 BTS 之间的通信接口，它是通过标准的 2.048Mbps 或 64kbps PCM 数字传输链路来实现的。此接口支持所有向用户提供的服务，并支持对 BTS 无线设备的控制和无线频率的分配。

c. Um 接口（空中接口）。此接口定义为 MS 与 BTS 之间的无线通信接口，它是 GSM 系统中最重要、最复杂的接口。

网络系统内部接口：它包括 B、C、D、E、F、G 接口。作用与特点见表 5-6 所示。

表 5-6　PLMN 网络中的接口

类型	接口名称	位置	特点
主要接口	Sm	人机接口，户与移动网之间的接口	在移动台中实现，包括键盘、液晶显示以及用户识别卡等
	Um	移动台与基站收发信台之间的无线接口	包含信令接口和物理接口两方面的含义，无线接口的不同是数字移动通信网与模拟移动通信网主要区别之一
	A	基站与移动交换中心之间的接口	所传递的信息主要是基站管理、呼叫处理和移动性管理，当然还有具体通信信息
	Abis	基站系统中基站控制器 BSC 与基站收发信台 BTS 之间的无线接口	支持所有向用户提供的服务，着重支持对 BTS 无线设备的控制和分配的无线资源管理
系统内部接口	B	移动交换中心 MSC 与拜访位置寄存器 VLR 之间的接口	当 MSC 需要某个移动台位置时，就查询 VLR；当 MSC 得到移动台要求位置更新时，MSC 就会通知 VLR
	C	移动交换中心 MSC 与归属位置寄存器 HLR 之间的接口	主要用于传递管理与路由选择信息。当呼叫结束时，相应的 MSC 向 HLR 发送计费信息。当固定网不能查询 HLR 以获得所需移动用户位置信息时，有关的关口交换局 GMSC 就应查询此用户归属的 HLR，以获得被呼移动台的漫游号码，再传递给固定网
	D	归属位置寄存器 HLR 与拜访位置寄存器 VLR 之间的接口	用于移动台位置和用户管理的信息交换。VLR 将归属于 HLR 的移动台当前位置通知 HLR，在再提供该移动台的漫游号码；HLR 向 VLR 发送支持该移动台服务所需的所有数据。当移动台漫游到另一个 VLR 服务区时，HLR 应通知原来的 VLR 消除移动台的有关信息
	E	移动交换中心之间的接口	在两个 MSC 之间交换有关越区切换信息
	F	移动交换中心与设备标志寄存器 EIR 之间的接口	用于在 MSC 与 EIR 之间交换有关移动设备的管理信息，例如国际移动台设备识别码等
	G 接口	拜访位置寄存器 VLR 之间的接口	当某个移动台使用临时移动台号码 TMSI 在新的 VLR 中登记时，通过 G 接口在 VLR 之间交换有关信息
系统与公用网络接口	7 号信令系统接口	MSC 与公用电信网互联接口	其物理链接方式采用标准的 2.048Mbps 的 PCM 数字传输链路实现的

GSM 系统通过 MSC 与公用电信网互联，一般采用 7 号信令系统接口。其物理链接方式采用标准的 2.048Mbps 的 PCM 数字传输链路实现的。

(3) GSM 系统的特点及业务功能

① GSM 系统的主要特点

a. 频谱效率高：由于采用了高效调制器、信道编码、交织、均衡和话音编码技术等，使系统具有高的频谱效率。

b. 容量大：由于每个信道传输带宽增加，使同频复用载干比要求降低至 9dB，故 GSM 系统的同频复用模式可以缩小到 4/12 或 3/9 甚至更小（模拟系统为 7/21）；加上半速率话音编码的引入和自动话务分配以减小越区切换的次数，使 GSM 系统的容量效率（每兆赫每小区道数）比 TACS 系统提高了 3~5 倍。

c. 话音质量与无线传输质量无关：在 900MHz 频带中，使用 TDMA（时分复用多路接入）的全数字的方式工作。鉴于数字传输技术的特点以及 GSM 规范中有关空中接口和话音编码的定义，在门限值以上时，话音质量总是与无线传输质量无关。

d. 开放的接口和通用的接口标准：GSM 标准所提供的开放性接口，不仅限于空中接口，而且包括网络之间以及网络中各设备实体之间。

e. 安全性好：通过鉴权、加密和 TMSI 号码的使用，达到安全目的。

f. 可与 ISDN、PSTN 等网络互连：与其他网络的互联通常利用现有的标准，如 ISUP 或 TUP 等。

g. 在 SIM 卡基础上实现漫游：在国家网内和跨国界间的通信中，该系统能提供自动漫游（泛欧漫游）。漫游是移动通信的重要特征，它使得用户可以从一个网络自动进入另一个网络。对于 GSM 标准，它可以提供全球漫游，当然，网络经营者之间的某些协议还是必须的，例如为了计费，可通过 MOU 协调。在 GSM 系统中，漫游是在 SIM 卡识别号以及国际移动用户识别码（IMSI，International Mobile Subscriber Identification Number）的基础上实现的。这意味着用户不必带着终端设备而只需带其 SIM 卡进入其他国家即可。终端设备可以租借，仍可达到用户号码不变，计费账号不变的目的。

h. 能自动选择路由：对一个移动用户发起一次呼叫的用户将不需要知道移动用户的位置，因为呼叫将被自动选路到合适的移动设备。

i. 可提供多种业务：除语音通话外，GSM 系统还能提供多种数据业务、三类传真、可视图文等，并能支持 ISDN 终端。

② GSM 系统的业务功能　GSM 系统主要提供电话业务、数字业务、短消息业务和补充业务四大类业务。

紧急呼叫是由电话业务引申出来的一种特殊业务。移动台用户能通过一种简便而统一的手续接到就近的紧急业务中心（例如警察局或消防中心）。使用紧急业务不收费，也不需要认证使用者身份的合法性。语音信箱能将话音存储起来，事后由被叫移动用户提取。

数字业务：在 GSM 技术规范中列举了 35 种数字业务，主要是以下几类。

a. 与公众电话通信网（PSTN）用户相连的数字业务　PSTN 中最常用的数字业务有三类传真和可视图文（VIDEOTEX），数字网 GSM 要与 PSTN 相连接，必须使用 MODEM，GSM 能处理 9600bit/s 速率以下的全双工方式下的数据。

b. 与综合业务数字网（ISDN）用户相连的数字业务　GSM 系统中的数据速率最高为 9600bit/s，而 ISDN 使用的速率是 64kbit/s，因此必须采用速率转换技术。采用标准化的 ISDN 数据格式，在 64kbit/s 链路上传送低速数据，这种方式可实现高于 2400bit/s 的异步数据传输。

c. GSM 用户之间的数字业务　在大多数情况下，GSM 网内用户之间的通信会有外面的通信网参与，因为 GSM 网内交换机之间的传输都是通过公众固定网的缘故。目前，GSM 所能提供的业务必须是 PSTN 传输网能支持的业务，GSM 用户之间的通信与 GSM 用户和

PSTN 用户间的连接是相同的。

　　d. 与分组交换数据通信网（PSPDN）用户相连的数字业务　PSPDN 是一种采用分组传输技术的通用性数据网，主要用于计算机之间的通信，同时也支持远端数据库的访问和信息处理系统。PSTN 采用的是电路传输技术，GSM 可以有几种方式接入 PSPDN。

　　e. 与电路交换数据通信网（CSPDN）用户相连的数字业务　短消息业务：通过 GSM 网并设有短消息业务中心（SMS），便可实现短消息业务。包括点对点短消息业务和短消息小区广播业务。

　　补充业务：补充业务只限于电话业务，它允许用户能按自己的需要改变网络对其呼入呼出的处理，或者通过网络向用户提供某种信息，使用户能智能化的利用一些常规业务。

（4）GSM 全球移动通信系统的频率设置

　　常用 GSM 系统射频频段见表 5-7。

表 5-7　常用的 GSM 系统射频频段

频段	特点	中国移动	中国联通
GSM 900MHz （双工间隔为 45MHz，有效带宽为 25MHz，124 个载频，信道间隔为 200kHz，每个载频 8 个信道。）	(1)上行:890~915MHz； (2)下行:935~960MHz (GSM 最先实现的频段，也是使用最广的频段)	(1)上行频段：890~909MHz (2)下行频段：935~954MHz	(1)上行频段：909~915MHz (2)下行频段：954~960MHz
GSM900E （双工间隔为 45MHz，有效带宽为 25MHz，174 个信道，信道间隔为 200kHz。）	(1)上行:880~915MHz； (2)下行:925~960MHz (900MHz 扩展频段)		
DCS1800MHz （双工间隔为 95MHz，有效带宽为 75MHz，374 个载频，信道间隔为 200kHz，每个载频 8 个信道。）	(1)上行:1710~1785MHz； (2)下行:1805~1880MHz (适用于对信道容量需求大的市场，应用范围仅次于 900M。)	(1)上行频段：1710~1720MHz (2)下行频段：1805~1815MHz	(1)上行频段：1745~1755MHz (2)下行频段：1840~1850MHz
PCS1900MHz （双工间隔为 80MHz，有效宽度为 60M，信道间隔为 200kHz，可分为 300 个信道。）	(1)上行:1850~1910MHz； (2)下行:1930~1990MHz		

　　注：PCS 1900MHz，是北美地区（美国、加拿大）及欧洲国家通信网络领域普遍使用的网段，在北美地区（美国、加拿大）及欧洲地区有着良好的通信能力，为频繁来往于洲际间的人士提供了所需要的服务。

5.5.3　CDMA 蜂窝通信系统

（1）CDMA 概述

　　CDMA（Code Division Multiple Access，码分多址）是在扩频通信技术上发展起来的一种无线通信技术。1989 年 11 月，高通（Qualcomm）公司在美国的现场试验证明 CDMA 用于蜂窝移动通信的容量大，并经理论推导其为 AMPS（Advanced Mobile Phone System，高级移动电话系统）容量的 20 倍。之后，高通公司又进行了多次 CDMA 系统试验，直到 1993 年 7 月取得重大进展，开发出的 CDMA 蜂窝体制被采纳为北美数字蜂窝移动通信标准，定名为 IS-95，使 CDMA 蜂窝移动通信系统正式走上商业通信市场。

　　1993 年中国 863 计划已开展 CDMA 蜂窝技术研究。1994 年高通公司首先在天津建技术试验网。1995 年我国香港建立了世界上第一个 CDMA 移动通信系统，而后韩国、美国等国家先后建立了 CDMA 移动通信系统。CDMA 的运营情况充分证明了 CDMA 技术是成熟的，其系统容量和话音质量较目前其他蜂窝系统（GSM、TDMA、PDC、TACS、AMPS）是最优的。

截至 2012 年，全球 CDMA2000 用户已超过 2.56 亿，遍布 70 个国家的 156 家运营商已经商用 3G CDMA 业务。包含高通授权 LICENSE 的安可信通信技术有限公司在内全球有数十家 OEM 厂商推出 EVDO 平板等移动智能终端 2013 年安可信通信再创佳绩，1994 年至今，高通公司已向全球包括中国在内的众多制造商提供了累计超过 75 亿多枚芯片。美国高通公司于 2013 年 11 月 7 日发布了 2013 年第四季以及全年财务报告显示，高通在第四财季总营收达到了 64.8 亿美元，同比增长 33%，净利润 15 亿美元。在 2013 年全年，高通总营收近 250 亿美元，较上年增长 30%，净利润 70 亿美元。

CDMA 技术原理是基于扩频技术，即将需传送的具有一定信号带宽信息数据，用一个带宽远大于信号带宽的高速伪随机码进行调制，使原数据信号的带宽被扩展，再经载波调制并发送出去。接收端使用完全相同的伪随机码，与接收的带宽信号作相关处理，把宽带信号换成原信息数据的窄带信号即解扩，以实现信息通信。

CDMA 与 FDMA、TDMA 三种多址方式的不同在于：FDMA 采用调频的多址技术，在不同频段的业务信道被分配给不同的用户；TDMA 是采用时分的多址技术，业务信道在不同的时间被分配给不同的用户；CDMA 采用扩频的码分多址技术，所有用户在同一时间、同一频段上，但根据不同的编码获得业务信道。在技术实现上，就是利用码型的不同来调制解调不同的用户。CDMA 蜂窝移动通信系统与 FDMA 模拟蜂窝移动通信系统或 TDMA 数字蜂窝移动通信系统相比具有更大的系统容量、更高的话音质量、更强的抗干扰性能和更好的保密性能等诸多优点，因而 CDMA 也成为第三代蜂窝移动通信系统的方式。

目前，国际通用的 CDMA 标准主要是由美国国家标准委员会 ANSI 开发颁布的。ANSI（American National Standard Institute）作为美国国家标准制订单位，负责授权其他美国标准制订实体，其中包括电信工业解决方案联盟（ATIS）、电子工业委员会（EIA）以及电信工业委员会（TIA）。另外，CDG（CDMA Development Group，CDMA 发展组织）和 3GPP2（负责第三代 CDMA 移动通信标准的制订）等标准化组织和生产厂商对 CDMA 标准的制订也起到积极作用。先后推出了有关 A 接口的 IOS 系列标准，涉及的内容包括从窄带的 CDMA 到第三代移动通信——宽带 CDMA。一批知名的通信公司如 MOTOROLA、LU-CENT、北电网络（NORTEL）、高通（QUALCOMM）等首先提出了有关 CDMA 标准的方案和建议，经过多次协商讨论，最终修改成为目前被普遍接受的通用标准。

(2) IS-95 标准

IS-95 是由高通公司发起的第一个基于 CDMA 数字蜂窝标准，IS-95 是 CDMAONE 系列标准中最先发布的一个标准。IS-95 也叫 TIA-EIA-95。它是一个使用 CDMA 的 2G 移动通信标准，而真正在全球得到广泛应用的第一个 CDMA 标准是 IS-95A，在 IS-95A 的基础上，又分别出版了支持 13K 话音编码器的 TSB74 标准，支持 1.9GHz 的 CDMA PCS 系统的 STD-008 标准，支持 64kbit/s 的数据业务的 IS-95B。

IS-95 标准的全称是"双模宽带扩谱蜂窝系统的移动台-基站兼容标准"，用来发送声音、数据和在无线电话和蜂窝站点间发信号数据（如被拨电话号码）。它没有完全规定一个系统如何实现，只是提出了信令协议和数据结构的特点和限制，不同的制造商可采用不同的技术和工艺制造出符合 IS-95 标准规定的系统和设备。IS-95 是 TIA 为最主要基于 CDMA 技术 2G 移动通信的空中接口标准分配的编号，IS 全称为 Interim Standard，即暂时标准。它也常作为整个系列名称使用。CDMA 发展组织为该技术申请了 cdmaOne 的商标。IS-95 及其相关标准是最早商用的基于 CDMA 技术的移动通信标准，它的更新版本 CDMA2000 也经常被简称为 CDMA。

与其他蜂窝标准不同的是，根据话音激活和系统网络要求，IS-95 的用户数据速率（不是信道码片速率）要实时的改变。IS-95 的上行链路和下行链路采用不同的调制和扩频技术。

在下行链路上，基站通过采用不同的扩频序列同时发送小区内全部用户的用户数据，同时还要发送一个导频码，使得所有移动台在估计信道条件时，可以使用相干载波检测。在上行链路上，所有移动台以异步方式响应，并且由于基站的功率控制，理想情况下，每个移动台具有相同的信号电平值。

IS-95 系统采用的话音编码器是由美国高通公司自行研制的 9600bps 码激励线性预测声码器（QCELP），该声码器检测到话音后就被激活，并在静默期间将数据速率降至 1200bps，中间数据速率为 2400、4800 和 9600bps，当然数据速率也可以自行设定。1995 年高通公司又推出了 14400bps 编码器，该编码器使用 13.4kbps 的话音数据（QCELP13）。

① CDMA 系统的主要特点　CDMA 移动通信系统的主要特点如下。

a. 系统容量大。在 CDMA 系统中所有用户共用一个无线信道，当有的用户不讲话时，该信道内的所有其他用户会由于干扰减小而得益。CDMA 数字移动通信系统的容量理论上比模拟网大 20 倍，实际上比模拟网大 10 倍，比 GSM 大 4 至 5 倍。

b. 通信质量好。CDMA 系统采用确定声码器速率的自适应阈值技术、高性能纠错编码、软切换技术和抗多径衰落的分集接收技术，可提供 TDMA 系统不能比拟的、极高的通信质量。

c. 频带利用率高。CDMA 是一种扩频通信技术，尽管扩频通信系统抗干扰性能的提高是以占用频带带宽为代价的，但是 CDMA 允许单一频带在整个系统区域内可重复使用，使许多用户共用这一频带同时通话，大大提高了频带利用率。这种扩频 CDMA 方式虽然要占用较宽的频带，但按每个用户占用的平均频带来计算，其频带利用率是很高的。

d. 适用于多媒体通信系统。CDMA 系统能方便地使用多码道方式和多帧方式，传送不同速率要求的多媒体业务信息，处理方式和合成方式都比 TDMA 方式和 FDMA 方式灵活、简单，利于多媒体通信系统的应用。

e. 采用了多种分集方式。除了传统的空间分集外。由于是宽带传输起到了频率分集的作用，同时在基站和移动台采用了 RAKE 接收机技术，相当于时间分集的作用。

f. 手机发射功率低。CDMA 系统通过功率控制，使得 CDMA 手机尽量降低发射功率，以减少干扰和提高网络容量。

g. 频率规划灵活。用户按不同的码序列区分，扇区按不同的导频码区分，相同的 CDMA 载波可以在相邻的小区内使用，因此 CDMA 网络的频率规划灵活，扩展方便。

h. CDMA 系统具有软切换功能。所谓软切换是指当移动台需要切换时，先与新小区的基站连通，再与原来小区的基站切断联系。在切换过程中，原小区的基站和新小区的基站同时为过区的移动台服务。软切换功能可以使越区切换的可靠性提高。

CDMA 系统以扩频技术为基础，因此具有抗干扰、抗多径衰落、保密性强等优点。

② CDMA IS-95A/B 的系统构成　CDMA IS-95A/B 的网络由无线接入网（RAN）和核心网（CN）两大部分构成。其中，IS-95A/B 的无线接入网由终端、基站（BTS）和基站控制器（BSC）组成；核心网由移动交换中心（MSC）和归属位置寄存器（HLR）组成。

CDMA 上行为 824～849MHz，下行链路的频率为 869～894MHz；一对下行链路频率和上行链路频率的频率间隔为 45MHz，带宽 1.25MHz；系统许多用户共享同一公共信道来传送数据信息，最大用户数据速率为 9.6kbps。用户数据通过扩频技术进行处理，扩展后得到的码片（chip）速率为 1.2288Mcps，总扩频因子为 128。包括 1 个导频信道、1 个同步信道、7 个寻呼信道以及 63 个下行业务信道，共有四种传输速率（9600、4800、2400、1200bps）。业务速率可以逐帧（20ms）改变，以动态地适应通信者的话音特征。

③ CDMA 系统关键技术

a. 功率控制技术　功率控制技术是 CDMA 系统的核心技术。CDMA 系统是一个自干扰系统，所有移动用户都占用相同带宽和频率，因此需要某种机制使得各个移动台信号到达基站的功率基本处于同一水平上，否则离基站近的移动台发射的信号很容易盖过其他离基站较远的移动台的信号，造成所谓的"远近效应"。CDMA 功率控制的目的就是克服"远近效应"，使系统既能维护高质量通信，又减轻对其他用户产生的干扰。功率控制分为前向功率控制和反向功率控制，反向功率控制又可分为仅由移动台参与的开环功率控制和移动台、基站同时参与的闭环功率控制。

反向开环功率控制。移动台根据在小区中接收功率的变化，调节移动台发射功率以达到所有移动台发出的信号在基站时都有相同的功率。它主要是为了补偿阴影、拐弯等效应。

反向闭环功率控制。闭环功率控制的设计目标是使基站对移动台的开环功率估计迅速做出纠正，以使移动台保持最理想的发射功率。

前向功率控制。在前向功率控制中，基站根据移动台提供的测量结果，调整对每个移动台的发射功率，其目的是对路径衰落小的移动台分配较小的前向链路功率，而对那些远离基站和误码率高的移动台分配较大的前向链路功率。

b. PN 码技术　PN 码的选择直接影响到 CDMA 系统的容量、抗干扰能力、接入和切换速度等性能。CDMA 信道的区分是靠 PN 码来进行的，因而要求 PN 码自相关性好，互相关性弱，实现和编码方案简单等。目前的 CDMA 系统就是采用一种基本的 PN 序列—m 序列作为地址码。基站识别码采用周期为 215—1 的 m 序列（称为短码），用户识别码采用周期为 242—1m 序列（称为长码）。

c. RAKE 接收技术　移动通信信道是一种多径衰落信道，RAKE 接收技术就是分别接收每一路的信号进行解调，然后叠加输出达到增强接收效果的目的，这里多径信号不仅不是一个不利因素，而且在 CDMA 系统变成一个可供利用的有利因素。一般地，RAKE 接收机有搜索器（Searcher）、解调器（Finger）和合并器（Combiner）三个模块组成。通常 CDMA 基站一个 RAKE 接收机有 4 个解调器，移动台有 3 个解调器。

d. 软切换技术　切换是指将一个正在进行的呼叫从一个小区转移到另一个小区的过程。切换是用于无线传播、业务分配、激活操作维护、设备故障等原因而产生。移动台从 A 基站覆盖区域向 B 基站覆盖区域行进，在 A、B 两基站的边缘，移动台先与 B 基站建立连接后，再将与 A 基站原来的连接断开，这种技术称之为软切换（Soft Handoff）。如果两个基站之间采用的是不同频率，则这时发生的切换是硬切换（Hard Handoff）。CDMA 系统工作在相同的频率和带宽上，因而软切换技术实现起来比 TDMA 系统要方便容易得多。软切换包括同一基站的两个扇区之间、不同基站的两个小区之间、不同基站的小区和扇区之间的三方切换和不同基站控制器之间等四种切换形式。MA 系统中的切换有两类：硬切换和软切换。

e. 话音编码技术　CDMA 系统使用了确定声码器速率的自适应阈值，从而可以根据背景噪声电平的变化改变声码器的数据速率。这些阈值的使用压制了背景噪声，因而在噪声环境下也能提供清晰的话音。CDMA2000 系统采用的话音编码技术有 CELP（Code Excited Linear Prediction，代码激励线性预测）、QCEP8K/13K（Qualcomm CELP）、EVRC（Enhanced Variable Rate Coder，增强型可变速率编码器）等。

f. 软容量　对于 CDMA 系统，用户数与服务级别存在比较灵活的关系，运营商可在话务量高峰期将误帧率稍微提高，来增加可用信道数，提高系统容量。软容量是通过 CDMA 系统的呼吸功能来实现的。呼吸功能是 CDMA 系统中特有的改善用户相互干扰、合理分配基站容量的功能。它是指相邻基站间，如果某基站覆盖区正在通话的用户数量较多时，该基站的用户之间会产生较大的干扰，这时，该基站可通过降低该基站的导频信道的发射功率使部分用户通过软切换切换到负荷较轻相邻基站中去，从而降低该基站的负荷，减轻该基站的干扰，这是所谓的"呼"功能；当该基站的用户数量减少、干扰减轻时，该基站又可增加导频信道的发射功率，将相邻基站的用户通过软切换纳入自己的覆盖区域，这是所谓的"吸"功能。CDMA 系统实现呼吸功能的本质在于其可以方便的控制各个基站的覆盖范围和系统能够实现软切换，通过改变基站的覆盖范围来调整各个基站下面的用户容量，CDMA 系统通过呼吸功能，实现相邻基站之间的容量均衡，降低各个基站内部的用户干扰，从整个系统考虑是增加了容量。

5.5.4　第三代移动通信系统（3G）

第三代移动通信技术，是指支持高速数据传输的蜂窝移动通信技术。3G 服务能够同时传送声音及数据信息，速率一般在每秒几百千比特以上。3G 是指将无线通信与国际互联网等多媒体通信结合的新一代移动通信系统，目前 3G 存在四种标准：CDMA2000、WCDMA、TD-SCDMA、WiMAX。

（1）第三代移动通信系统概述

随着移动通信终端的普及，移动用户数量成倍地增长，第二代移动通信系统的缺陷也逐渐显现，如全球漫游问题、系统容量问题、频谱资源问题、支持宽带业务问题等。为此，从 20 世纪 90 年代开始，各国和世界组织又开展了对第三代移动通信系统的研究，它包括地面系统和卫星系统，移动终端既可以连接到地面的网络，也可以连接到卫星的网络。由于第三代移动通信系统工作在 2000MHz 频段，为此 1996 年国际电信联盟正式将其命名为IMT-2000。

第三代移动通信系统的框架结构是将卫星网络与地面移动通信网络相结合，形成一个全球无缝覆盖的立体通信网络，以满足城市和偏远地区不同密度用户的通信要求，支持话音、数据和多媒体业务，实现人类个人通信的愿望。

无线传输技术（RTT）是第三代移动通信系统的重要组成部分，其主要包括调制解调技术、信道编解码技术、复用技术、多址技术、信道结构、帧结构、RF 信道参数等。无线传输技术的标准化工作主要由国际电信联盟无线电通信组（ITU-R，ITU-Radio communication Sector）完成，网络部分由国际电信联盟远程通信标准化组织（ITU-T，Telecommunication Standardization Sector）负责。ITU 还专门成立了一个中间协调组（ICG），使 ITU-R 和 ITU-T 之间定期进行交流，并协调在制定 IMT-2000 技术标准中出现的各种问题。根据国际电联对第三代移动通信系统的要求，各大电信公司联盟均已提出了自己的无线传输技术提案。

至 1998 年 9 月，包括移动卫星业务在内的 RTT 提案多达 16 个，它们基本来自 IMT-2000 的 16 个 RTT 评估组成员。其中有 10 个是 IMT-2000 地面系统提案，6 个是卫星系统提案。到 2000 年初已完成了 IMT-2000 的无线技术详细规范。从市场基础、后向兼容及总体特征看，这 10 个候选方案中欧洲 ETSI 的 UTRA 和美国的 CDMA2000 最具竞争力，它们都是采用宽带 CDMA 技术。CDMA2000 主要由 IS-95 和 IS-41 标准发展而来，与 AMPS、DAMPS、IS-95 都有较好的兼容性，同时又采用了一些新技术，以满足 IMT-2000 的要求。在欧洲 ETSI 的 UTRA 提案中，对称频段采用 W-CDMA 技术，主要用于广域范围内的移动通信；非对称频段采用 TD-CDMA 技术，主要用于低移动性室内通信。我国原邮电部电信科学技术研究院（CATT）也向 ITU 提交了具有我国自主知识产权的候选方案 TD-SCDMA。TD-SCDMA 具有较高的频谱利用率、较低的成本和较大的灵活性，很具竞争性。这充分体现了我国在移动通信领域的研究已达到国际领先水平。表 5-8 对以上三种技术进行了比较。

国际电信联盟确定三个无线接口标准，分别是美国 CDMA2000，欧洲 WCDMA，中国TD-SCDMA。目前国内支持国际电信联盟确定的三个无线接口标准，分别是中国电信的

CDMA2000，中国联通的 WCDMA，中国移动的 TD-SCDMA。业界将 CDMA 技术作为 3G 的主流技术，3G 主要特征是可提供移动宽带多媒体业务。

表 5-8　W-CDMA、CDMA2000 和 TD-SCDMA 技术比较

	W-CDMA	cdma2000	TD-SCDMA
信道带宽	5/10/20MHz	1.25/5/10/15/20MHz	1.2MHz
Chip 速率	N×3.84Mcps	N×1.2288Mcps	1.28Mcps
帧长	10ms	20ms	10ms
FEC 编码	卷积码($r=1/2,1/3,m=9$) RS 码（数据）	卷积码($r=1/2,1/3,3/4,m=9$) Turbo 码（数据）	卷积码($r=1/4\sim1,m=9$) RS 码（数据）
交织	卷积码：帧内交织 RS 码：帧间交织	块交织	卷积码：帧内交织 RS 码：帧间交织
扩频	Walsh＋Gold 序列	Walsh＋M 序列	Walsh＋PN 序列
调制	数据调制：QPSK/BPSK 扩频调制：QPSK	数据调制：QPSK/BPSK 扩频调制：QPSK/OQPSK	DQPSK/16QAM
相干解调	专用导频信道	前向：公共导频信 反向：专用导频信道	专用导频信道
双工方式	FDD-TDD	FDD	TDD
多址方式	DS-CDMA	DS-CDM，MC-CDMA	TD-SCDMA
功率控制	FDD：开环＋快速闭环 TDD：开环＋慢速闭环	开环＋快速闭环	开环＋快速闭环
基站间同步	异步，同步（可选）	同步（GPS）	同步（GPS 或其他）

中国联通 2002 年 1 月 8 日正式开通了 CDMA 网络并投入商用，用户发展到 2800 万。2008 年 7 月，中国电信与联通新时空移动通信有限公司、中国联合通信有限公司签署《关于转让 CDMA 资产的协议》，由中国电信集团公司收购联通新时空拥有的全部资产、中国联通集团拥有的部分 CDMA 资产，同时由中国电信集团公司子公司中国电信股份有限公司与中国联通有限公司、中国联通股份有限公司签署《关于转让 CDMA 业务的协议》，由中国电信股份有限公司收购联通运营公司 CDMA 业务和相关资产及与 CDMA 用户相关的债权债务。2011 年 3 月 30 日，中国电信在北京宣布，截至 3 月 29 日，电信 CDMA 用户数突破 1 亿户，超过拥有 9000 多万用户数的美国 Verizon Wireless，成为全球最大的 C 网运营商。此前，电信已建成全球规模最大的 CDMA 网络。CDMA 运营商如表 5-9 所示。

表 5-9　CDMA 运营商

国家		运营商
中国	大陆	中国电信集团公司
	香港	电讯盈科移动通信
	澳门	中国电信集团公司
	台湾	亚太电信
日本		日本 KDDI 电信公司
韩国		SK 电讯公司、KTF 电信公司、LG 电信公司等
美国		Verizon Wireless（威瑞森无线公司）、Sprint Nextel（斯普林特 Nextel 公司）、US Cellular 电信公司等

① CDMA2000　CDMA2000 是一个 3G 移动通信标准，国际电信联盟 ITU 的 IMT-

2000 标准认可的无线电接口，也是 2G CDMA 标准 (IS-95，标志 CDMA1X) 的延伸。根本的信令标准是 IS-2000。CDMA2000 即为 CDMA2000 1×EV，分两个阶段：CDMA2000 1×EV-DO (Data Only)，采用话音分离的信道传输数据；CDMA2000 1×EV-DV (Date and Voice)，即数据信道与话音信道合一。

CDMA2000 也称为 CDMA Multi-Carrier，由美国高通北美公司为主导提出，摩托罗拉、朗讯和韩国三星参与，韩国现在成为该标准的主导者。CDMA2000 是从窄频 CDMA One 数字标准衍生出来的，可以从原有的 CDMA One 结构直接升级到 3G，建设成本低廉。但目前使用 CDMA 的地区只有日、韩和北美，所以 CDMA2000 的支持者不如 W-CDMA 多。不过 CDMA2000 的研发技术却是目前各标准中进度最快的，许多 3G 手机已经率先面世。CDMA2000 与另一个主要的 3G 标准 W-CDMA 不兼容。

CDMA2000 是美国通信行业协会 (TIA-USA) 的注册商标，并不是一个和 CDMA 一样的通用术语。TIA 也注册了他们的 2G CDMA 标准 (AKA IS-95) 对应 CDMA1X。CDMA2000 网络向全 IP 网络演进过程采用分阶段步骤实施，演进技术体制遵循 3GPP2 标准。3GPP2 不同于 3GPP，在无线侧与核心网的标准制定方面具有相对独立性，这使得网络运营商在网络部署或者演进时有更多方案可选，演进平滑，节省成本。CDMA2000 有多个不同的类型。其类型和特点如表 5-10 所示。

表 5-10 CDMA2000 类型和特点

名称		特点
CDMA2000 1x		采用扩频速率为 SR1，即前向信道和反向信道均用码片速率 1.2288Mbit/s 的单载波直接序列扩频方式。可以方便地与 IS-95(A/B) 后向兼容，实现平滑过渡
CDMA2000 1xRTT		是 CDMA2000 的一个基础层，采用反向相干解调、快速前向功控、发送分集、Turbo 编码等新技术，支持最高 144kbps 数据速率，语音容量是 IS-95 系统的双倍，通常被认为是 2.5G 或者 2.75G 技术
CDMA2000 1xEV	CDMA2000 1xEV-DO (Evolution-Data Only)	CDMA2000 1xEV 第一阶段，在一个无线信道传送高速数据报文数据的情况下，支持下行(向前链路)数据速率最高 3.1Mbps，上行(反向链路)速率最高到 1.8Mbps
	CDMA2000 1xEV-DV (Evolution-Data and Voice)	支持下行(向前链路 数据速率最高 3.1Mbps and 上行(反相链路)速率最高 1.8Mbps。1xEV-DV 还能支持 1x 语音用户，1xRTT 数据用户和高速 1xEV-DV 数据用户使用同一无线信道并行操作
CDMA2000 3x		有时候做多载波(Multi-Carrier 或者 MC)，采用扩频速率 SR3，前向信道有 3 个载波的多载波调制方式，每个载波均采用 1.2288Mbit/s 直接序列扩频，其反向信道则采用码片速率为 3.6864Mbit/s 的直接扩频。cdma2000-3X 的信道带宽为 3.75MHz，利用一对 3.75 MHz 无线信道，来实现高速数据速率

② WCDMA WCDMA，全称为 Wideband CDMA，也称为 CDMA Direct Spread，意为宽频分码多重存取，这是基于 GSM 网发展出来的 3G 技术规范，是欧洲提出的宽带 CDMA 技术，它与日本提出的宽带 CDMA 技术基本相同，目前正在进一步融合。WCDMA 的支持者主要是以 GSM 系统为主的欧洲厂商，日本公司也或多或少参与其中，包括欧美的爱立信、阿尔卡特、诺基亚、朗讯、北电，以及日本的 NTT、富士通、夏普等厂商。该标准提出了 GSM (2G)-GPRS-EDGE-WCDMA (3G) 的演进策略。这套系统能够架设在现有的 GSM 网络上，对于系统提供商而言可以较轻易地过渡。预计在 GSM 系统相当普及的亚洲，对这套新技术的接受度会相当高。因此 WCDMA 具有先天的市场优势。WCDMA 已是

当前世界上采用的国家及地区最广泛的，终端种类最丰富的一种 3G 标准，占据全球 80％以上市场份额。

③ TD-SCDMA　TD-SCDMA 作为中国提出的第三代移动通信标准（简称 3G），自 1998 年正式向 ITU（国际电联）提交，完成了标准的专家组评估、ITU 认可并发布、与 3GPP（第三代伙伴项目）体系的融合、新技术特性的引入等一系列的国际标准化工作，从而使 TD-SCDMA 标准成为第一个由中国提出的，以中国知识产权为主的、被国际上广泛接受和认可的无线通信国际标准。

TD-SCDMA（Time Division-Synchronous Code Division Multiple Access，时分同步码分多址技术）是 ITU 正式发布的第三代移动通信空间接口技术规范之一，它得到了 CWTS（China Wireless Telecommunications Standardsgroup，中国无线电讯标准组）及 3GPP 的全面支持。由我国信息产业部电信科学技术研究院提出，与德国西门子公司联合开发。

具有下列特点如下。

a. 它的设计参照了 TDD（Time Division Duplexing，时分双工）在不成对的频带上的时域模式，载波带宽为 1.6MHz。TDD 模式是基于在无线信道时域里的周期地重复 TDMA 帧结构实现的。这个帧结构被再分为几个时隙，在 TDD 模式下，可以方便地实现上/下行链路间的灵活切换。

b. 集 CDMA、TDMA、FDMA 技术优势于一体、系统容量大、频谱利用率高、抗干扰能力强的移动通信技术。它采用了智能天线、联合检测、接力切换、同步 CDMA、软件无线电、低码片速率、多时隙、可变扩频系统、自适应功率调整等技术。

c. 独特的智能天线技术，能大大提高系统的容量，特别对 CDMA 系统的容量能增加 50％，而且降低了基站的发射功率，减少了干扰。

d. 软件无线技术能利用软件修改硬件，在设计、测试方面非常方便，不同系统间的兼容性也易于实现。资源分配时在不同角度上的自由度，得到可以动态调整的最优资源分配。

e. TD 克服呼吸效应和远近效应。TD-SCDMA 通过低带宽 FDMA 和 TDMA 来抑制系统的主要干扰，在单时隙中采用 CDMA 技术提高系统容量，而通过联合检测和智能天线技术（SDMA 技术）克服单时隙中多个用户之间的干扰，因而产生呼吸效应的因素显著降低，因而 TD 系统不再是一个干扰受限系统（自干扰系统），覆盖半径不像 CDMA 那样因用户数的增加而显著缩小，因而可认为 TD 系统没有呼吸效应。根据通信距离的不同，实时地调整手机的发射功率，即功率控制。

TD-SCDMA 在技术上和产业链上还不够成熟，具有同步要求高：TD 需要 GPS 同步，同步的准确程度影响整个系统是否正常工作；码资源受限：TD 只有 16 个码，远远少于业务需求所需要的码数量；干扰问题；移动速度慢等缺陷，还需要进一步完善。

④ WiMAX　全球微波互联接入（Worldwide Interoperability for Microwave Access，WiMAX）是一项高速无线数据网络标准，又称为 802.16 无线城域网，为企业和家庭用户提供"最后一英里"的宽带无线连接方案。WiMAX 具有 QoS 保障、传输速率高、业务丰富多样等优点。WiMAX 的技术起点较高，采用了代表未来通信技术发展方向的正交频分复用技术/正交频分多址（OFDM/OFDMA）和多个输入/多个输出（MIMO）、AAS、等先进技术，随着技术标准的发展，WiMAX 逐步实现宽带业务的移动化，而 3G 则实现移动业务的宽带化，两种网络的融合程度会越来越高。2007 年 10 月 19 日，在国际电信联盟在日内瓦举行的无线通信全体会议上，经过多数国家投票通过，WiMAX 正式被批准成为继 WCD-MA、CDMA2000 和 TD-SCDMA 之后的第四个全球 3G 标准。

整体来说，802.16 工作的频段采用的是无需授权频段，范围在 2GHz 至 66GHz 之间，而 802.16a 则是一种采用 2G 至 11GHz 无需授权频段的宽带无线接入系统，其频道带宽可根据需求在 1.5M 至 20MHz 范围进行调整。WiMAX 能提供许多种应用服务，包括最后一英里无线宽带接入、热点、移动通信回程线路以及作为商业用途在企业间的高速连线。在概念上类似 WiFi，WiMAX 传送速率更快，传送范围距离更大，用户能够便捷地在任何地方连接到运营商的宽带无线网络。用户还能通过 WiMAX 进行订购或付费点播等业务，类似于接收移动电话服务。

（2）CDMA2000 网络结构

CDMA2000 移动网络由移动终端（UE）、无线接入网（AN）和核心网（CN）三个部分构成。

① 移动终端　移动终端是用户接入移动网络的设备。无线接入网实现移动终端接入到移动网络，主要逻辑实体包括 1x 基站（1xBTS）、1x 基站控制器（1xBSC）、HRPD 基站（HRPD BTS）、HRPD 基站控制器（HRPD BSC）和接入网鉴权、授权、计费服务器（AN-AAA）和分组控制功能（PCF）。

a. 1x 基站：采用 CDMA 2000 1x 空中接口技术，提供无线收发信息功能。

b. 1x 基站控制器：管理多个 1x 基站，提供语音、数据业务的资源管理、会话管理、路由转发、移动性管理等功能。

c. HRPD 基站：采用 HRPD 的空中接口技术，提供无线收发信息功能。

d. HRPD 基站控制器：管理多个 HRPD 基站，提供语音、数据业务的资源管理、会话管理、路由转发、移动性管理等功能。

e. 接入网鉴权、授权、计费服务器：提供接入网级的接入认证功能。

f. 分组控制功能：与 1x 基站控制器或 HRPD 基站控制器配合，提供与分组数据有关的无线信道控制功能。

② 核心网　核心网具有移动性管理、会话管理、认证鉴权、基本的电路和分组业务的提供、管理和维护等功能，包括核心网电路域和核心网分组域两个部分。核心网电路域分为两种，即 TDM 电路域和软交换电路域。在实际组网中，核心网可以采用这两种电路域中的一种，但软交换电路域是网络演进的方向。如果需要对原来 TDM 电路域核心网升级换代成软交换电路域时，初期可以新建软交换电路域，并使两种电路域同时工作。TDM 电路域采用 ANSI41 标准，主要逻辑实体包括移动交换中心（MSC）、拜访位置寄存器（VLR）、归属位置寄存器（HLR）和鉴权中心（AC）等。

③ 移动交换中心　移动交换中心提供对所管辖区域的移动终端进行呼叫控制、移动性管理、电路交换等功能。

a. 拜访位置寄存器：存储与呼叫处理有关数据的数据库，用于完成呼叫接续。

b. 归属位置寄存器：管理移动用户信息的数据库，包括用户识别信息、签约业务信息以及用户的当前位置信息。

c. 鉴权中心：产生鉴权参数并对用户进行认证鉴权。

d. 软交换电路域采用了控制与承载相分离的网络架构，控制平面负责呼叫控制和相应业务处理信息的传送，承载平面负责各种媒体资源的转换，主要网元包括移动软交换中心（MSCe）和媒体网关（MGW）。

e. 移动软交换：提供呼叫控制和移动性管理功能。

f. 媒体网关：提供媒体控制功能。

核心网分组域主要逻辑实体包括分组数据服务节点（PDSN）、认证授权和计费服务器（AAA）、归属代理（HA）、外埠代理（FA）、域名服务器（DNS）和 L2TP 网络服务器（LNS）。

g. 分组数据服务节点：为用户提供分组数据业务，具体功能包括管理用户通信状态和转发用户数据。

　　h. 鉴权、授权、计费服务器：提供管理用户的权限、开通的业务、认证信息、计费信息等功能。

　　i. 归属代理：提供移动 IP 地址分配、路由选择和数据加密等功能。

　　j. 外埠代理：提供移动 IP 注册、反向隧道协商以及数据分组转发等功能。

　　k. 域名服务器：提供 CDMA 移动网络分组域设备的域名解析功能。

　　l. L2TP 网络服务器：提供国际漫游用户的 L2TP 承载建立、用户 IP 地址分配及计费信息转接等功能。

5.5.5　第四代移动通信系统（4G）

　　目前有两个标准可以演进到 4G，其中，中国具有自主知识产权的 TD-LTE-Advanced 技术方案已经在去年 10 月国际电信联盟 ITU 在德国德累斯顿举行 ITU-RWP5D 工作组第 6 次会议上，被确定为两个 4G 国际标准候选技术之一，另一项 4G 国际标准候选技术是 802.16m（WiMAX）。

　　长期演进技术升级版（LTE Advanced），简称 LTE 升级版，是基于长期演进技术（LTE）的版本，也是 4G 规格的国际高速无线通信标准。它是一个移动通信标准，于 2009 年末正式作为 4G 系统递交至 ITU-T，并先后通过国际电信联盟、IMT-Advanced，最终于 2011 年 3 月为 3GPP 完成。它被 3GPP 标准化成为主要的 LTE 增强标准。

　　第一个版本的 LTE 格式是由日本电信商 NTT DoComo 所提出的，并且被承认为国际标准，最初于 2009 年 12 月在瑞典和挪威提供服务。LTE Advanced 的目标是要达到并超越了国际电信联盟的要求。该版本应与第一个版本的 LTE 设备兼容并应与第一个版本的 LTE 共用频段。

5.6　蓝牙技术

5.6.1　蓝牙概述

（1）蓝牙概念

　　蓝牙是一种支持设备短距离通信的无线电技术，能在包括移动电话、PDA、无线耳机、笔记本电脑、相关外设等众多设备之间进行无线信息交换。利用"蓝牙"技术，能够有效地简化移动通信终端设备之间、设备与因特网之间的通信，从而数据传输变得更加迅速高效。为无线通信拓宽道路。

　　蓝牙技术是一种无线数据与语音通信的开放性全球规范，它以低成本的近距离无线连接为基础，为固定与移动设备通信环境建立一个特别连接。其实质内容是为固定设备或移动设备之间的通信环境建立通用的无线电空中接口（Radio Air Interface），将通信技术与计算机技术进一步结合起来，使各种 3C（通信产品、电脑产品和消费类电子产品）设备在没有电线或电缆相互连接的情况下，能在近距离范围内实现相互通信或操作。简单地说，蓝牙技术是一种利用低功率无线电在各种 3C 设备间彼此传输数据的技术。蓝牙工作在全球通用的 2.4GHz ISM 频段，支持点对点及点对多点通信，采用时分双工传输方案实现全双工传输。使用 IEEE802.11 协议。

（2）蓝牙技术的发展历程

　　蓝牙（Bluetooth）是一种无线个人局域网（Wireless PAN），最初由爱立信创制，后来由蓝牙技术联盟制定技术标准。"蓝牙"的名称来自于 10 世纪的丹麦国王哈拉尔德（Harald

Gormsson）的外号，因为国王喜欢吃蓝莓，以至于牙齿每天都是蓝色的，所以叫蓝牙。当时蓝莓因为颜色怪异的缘故，被认为是不适合食用的东西，因此这位爱尝新的国王也成为创新与勇于尝试的象征。蓝牙技术联盟（Bluetooth SIG）创建于 1998 年，成员有爱立信、英特尔、IBM、诺基亚、东芝。他们共同的目标是建立一个全球性的小范围无线通信技术，将计算、通信设备以及附加设备通过短程、低耗、低成本的无线电波连接起来，即现在的蓝牙。后来朗讯公司、微软公司、摩托罗拉公司等公司相继加入、如今该组织的成员已经超过10000 家公司，涉及了电信、计算机、汽车制造、工业自动化和网络行业等多个领域。2006年 10 月，联想公司取代 IBM 在该组织中的创始成员位置，联想将与其他业界领导厂商一样拥有蓝牙技术联盟董事会中的一席，并积极推动蓝牙标准的发展。

蓝牙技术先后推出 V1.0、V1.1、1.2、2.0、2.1、3.0、4.0 等版本。当 1.0 规格推出以后，蓝牙并未立即受到广泛的应用，除了当时对应蓝牙功能的电子设备种类少，蓝牙装置也十分昂贵。2001 年的 1.1 版正式列入 IEEE 标准，Bluetooth 1.1 即为 IEEE 802.15.1。为了拓宽蓝牙的应用层面和传输速度，SIG 先后推出了 1.2、2.0 版以及其他附加新功能，例如 EDR（Enhanced Data Rate，最大传输速度提高到 3Mbps）、A2DP（Advanced Audio Distribution Profile，蓝牙音频传输模型协定）、ACRCP（Audio/Video Remote Control Profile，音频/视频远程控制规范）等。2.0 是 1.2 的改良版，传输率约在 1.8~2.1Mb/s，支持双工工作模式。稍后的 2.1 版本的芯片，加入了 Stereo 译码芯片，具备了短距离内传输高保真音乐的条件。蓝牙 3.0 的数据传输率提高到了大约 24Mbps，可以轻松用于录像机至高清电视、PC 至 PMP，UMPC（Ultra Mobile PC，超便携移动个人电脑）至打印机之间的资料传输。蓝牙版本及简介如表 5-11 所示。

表 5-11　蓝牙版本及简介

版本	简　介
V1.0(1999 年)	工作在 2.4G 的 ISM 频段，能够提供高达 720Kbit/s 的数据交换率,其发射范围一般可达 10m
V1.1(2001 年)	传输率约在 748~810kbit/s,容易受到同频率产品所干扰,影响通信质量。即为 IEEE 802.15.1
V1.2(2003 年)	748~810kbit/s 的传输率,增加了 AFH 可调试跳频技术(Adaptive Frequency Hopping),并主要针对现有蓝牙协议和 802.11b/g 之间的互相干扰问题进行了全面的改进,列入 IEEE 802.15.1a
V2.0+EUR(2004 年)	改善了装置配对流程,短距离的配对方面,具备了在两个支持蓝牙的手机之间互相进行配对与通信传输的 NFC(Near Field Communication)机制;具备更佳的省电效果;简易安全配对、暂停与继续加密、Sniff 省电;传输范围达到 100m,最高速度达到 10Mbit/s。
V3.0+HS(2009 年)	传输速率提升至 24Mbit/s,是蓝牙 2.1+EDR 的 8 倍。核心是"Generic Alternate MAC/PHY"(AMP)交替射频技术,允许蓝牙协议栈针对任一任务动态地选择正确射频;传输速率更高,功耗更低;取消了 UMB 的应用;增加了两条用于功率控制的协议数据单元(PDU);增加了单播无连接数据模式
V4.0(2010 年)	包括三个子规范,即传统蓝牙技术、高速蓝牙和新的蓝牙低功耗技术。蓝牙 4.0 的改进之处主要体现在三个方面,电池续航时间、节能和设备种类上。有效传输距离也提升为 60m

(3) 蓝牙技术特点

蓝牙是一种短距离无线通信的技术规范，它最初的目标是取代现有的掌上电脑、移动电话等各种数字设备上的有线电缆连接。从目前的应用来看，由于蓝牙体积小、功率低，其应用已不局限于计算机外设，几乎可以被集成到任何数字设备之中，特别是那些对数据传输速率要求不高的移动设备和便携设备。

蓝牙技术的特点可归纳为如下几点。

① 全球范围适用：工作在 2.4GHz 的 ISM 频段，全球大多数国家 ISM 频段的范围是 2.4~2.4835GHz，使用该频段无需向各国的无线电资源管理部门申请许可证。

② 同时可传输语音和数据：采用电路交换和分组交换技术，支持异步数据信道、三路语音信道以及异步数据与同步语音同时传输的信道。每个语音信道数据速率为64kbit/s，语音信号编码采用脉冲编码调制（PCM）或连续可变斜率增量调制（CVSD）方法。当采用非对称信道传输数据时，速率最高为721kbit/s，反向为57.6kbit/s；当采用对称信道传输数据时，速率最高为342.6kbit/s。蓝牙有两种链路类型：异步无连接（ACL）链路和同步面向连接（SCO）链路。

③ 可以建立临时性的对等连接：根据设备在网络中的角色，可分为主设备（Master）与从设备（Slave）。主设备是组网连接主动发起连接请求的蓝牙设备，几个蓝牙设备连接成一个皮网（Piconet）时，其中只有一个主设备，其余的均为从设备。皮网是蓝牙最基本的一种网络形式，最简单的皮网是一个主设备和一个从设备组成的点对点的通信连接。

④ 具有很好的抗干扰能力：工作在ISM频段的无线电设备有很多种，如家用微波炉、无线局域网（WLAN）Home RF等产品，为了很好地抵抗来自这些设备的干扰，采用了跳频（Frequency Hopping）方式来扩展频谱（Spread Spectrum），将2.402～2.48GHz频段分成79个频点，相邻频点间隔1MHz。蓝牙设备在某个频点发送数据之后，再跳到另一个频点发送，而频点的排列顺序则是伪随机的，每秒钟频率改变1600次，每个频率持续。

⑤ 蓝牙模块体积很小、便于集成：由于个人移动设备的体积较小，嵌入其内部的蓝牙模块体积就应该更小。

⑥ 低功耗：蓝牙设备在通信连接状态下，有四种工作模式：激活（Active）模式、呼吸（Sniff）模式、保持（Hold）模式和休眠（Park）模式。Active模式是正常的工作状态，另外三种模式是为了节能所规定的低功耗模式。

⑦ 开放的接口标准：SIG为了推广蓝牙技术的使用，将蓝牙的技术标准全部公开，全世界范围内的任何单位和个人都可以进行蓝牙产品的开发，只要最终通过SIG的蓝牙产品兼容性测试，就可以推向市场。

⑧ 成本低：随着市场需求的扩大，各个供应商纷纷推出自己的蓝牙芯片和模块，蓝牙产品价格飞速下降。

5.6.2　蓝牙的原理

(1) 蓝牙系统的组成

蓝牙系统由天线单元、链路控制单元、链路管理单元和软件结构（协议体系）四个单元组成，如图5-17所示。

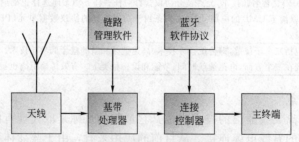

图5-17　蓝牙系统各单元的连接关系

天线单元。蓝牙天线属于微带天线，空中接口是建立在天线电平为0dBm基础上的，遵从美国联邦通信委员会有关0dBm电平的ISM频段的标准。

链路控制单元（即基带）描述了硬件——基带链路控制器的数字信号处理规范。蓝牙产品的链接控制硬件包括：链路控制器、基带处理器以及射频传输/接收器3个集成器件，此外还使用了 3～5 个单独调协元件，基带链路控制器负责处理基带协议和其他一些低层常规协议，蓝牙基带协议是电路交换和分组交换的结合。采用时分双工实现全双工传输。

链路管理器（LM）软件模块设计了链路的数据设置、鉴权、链路硬件配置和其他一些协议。

软件结构（协议体系） 蓝牙设备应具有互操作性，即任何蓝牙设备之间都应能够实现互通互连，这包括硬件和软件。设计协议和协议栈的主要原则是尽可能地利用现有各种高层协议，保证现有协议与蓝牙技术的融合以及各种应用之间的互通性；充分利用兼容蓝牙技术规范的软硬件系统和蓝牙技术规范的开放性，便于开发新的应用。

蓝牙系统结构基本系统参数及指标如表 5-12 所示。

表 5-12 蓝牙系统结构基本系统参数及指标

参数	指　　标
工作频段	ISM 频段 2.402～2.480GHz
双工方式	全双工，TDD 时分双工
业务类型	支持电路交换和分组交换业务
数据速率	1Mbit/s
非同步信道速率	非对称连接 721/57.6kbit/s，对称连接 432.6kbit/s
同步信道速率	64kbit/s
功率	美国 FCC 要求 <0dbm(1mW)，其他国家可扩展为 100MW
跳频频率数	79 个频点/MHz
跳频速率	1600 次/s
工作模式	Active/Sniff/Hold/Park
数据连接方式	面向连接业务 SCO，无连接业务 ACL
纠错方式	1/3FEC，2/3FEC，ARQ
鉴权	采用反应逻辑算术
信道加密	采用 0 位、40 位、60 位密钥
语音编码方式	连续可变斜率调制 CVSD
发射距离	一般可达 10～10cm，增加功率情况下可达 100m
网络拓扑结构	Ad hoc(无中心自组织)结构，Piconet & Scatternet
安全机制	链路级，认证基于共享链路密钥询问/响应机制，认证和加密密钥生成基于 SAFER＋算法

(2) 网络原理

① 蓝牙通信的主从关系 蓝牙技术规定每一对设备之间进行蓝牙通信时，必须一个为主角色，另一为从角色，才能进行通信，通信时，必须由主端进行查找，发起配对，建链成功后，双方即可收发数据。理论上，一个蓝牙主端设备，可同时与 7 个蓝牙从端设备进行通信。一个具备蓝牙通信功能的设备，可以在两个角色间切换，平时工作在从模式，等待其他主设备来连接，需要时，转换为主模式，向其他设备发起呼叫。一个蓝牙设备以主模式发起呼叫时，需要知道对方的蓝牙地址，配对密码等信息，配对完成后，可直接发起呼叫。

② 蓝牙的呼叫过程 蓝牙主端设备发起呼叫，首先是查找，找出周围处于可被查找的蓝牙设备。主端设备找到从端蓝牙设备后，与从端蓝牙设备进行配对，此时需要输入从端设备的 PIN 码，也有设备不需要输入 PIN 码。配对完成后，从端蓝牙设备会记录主端设备的信任信息，此时主端即可向从端设备发起呼叫，已配对的设备在下次呼叫时，不再需要重新

配对。已配对的设备，作为从端的蓝牙耳机也可以发起建链请求，但做数据通信的蓝牙模块一般不发起呼叫。链路建立成功后，主从两端之间即可进行双向的数据或语音通信。在通信状态下，主端和从端设备都可以发起断链，断开蓝牙链路。

③ 蓝牙一对一的串口数据传输应用　蓝牙数据传输应用中，一对一串口数据通信是最常见的应用之一，蓝牙设备在出厂前即提前设好两个蓝牙设备之间的配对信息，主端预存有从端设备的 PIN 码、地址等，两端设备加电即自动建链；透明串口传输，无需外围电路干预。一对一应用中从端设备可以设为两种类型，一是静默状态，即只能与指定的主端通信，不被别的蓝牙设备查找；二是开发状态，既可被指定主端查找，也可以被别的蓝牙设备查找建链。

（3）蓝牙系统网络结构

蓝牙系统的网络结构为拓扑结构，有两种形式：微微网（Piconet）和分布式网络（Scatternet）。

① 微微网（Piconet）是通过蓝牙技术连接起来的一种微型网络，如图 5-18 所示。一个微微网可以只是两台相连的设备，比如一台便携式电脑和一部移动电话，也可以是 8 台连在一起的设备。在一个微微网中，所有设备的级别是相同的，具有相同的权限。在微微网初建时，定义其中一个蓝牙设备为主设备，其余设备则为从属设备。

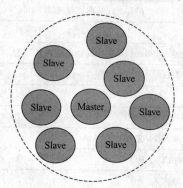

图 5-18　微微网　Master：主设备　Slave：从设备

② 分布式网络由多个独立的非同步的微微网组成。具有重叠覆盖域的微网之间存在设备间的通信，形成一个扩散网络（Scatternet）结构。每个微网只能具有一个单独主单元，然而从单元可分享基于时分多址的不同微网。另外，在一个微网中主单元可视为另一个微网的从单元。且各微网间不再是以时间或频率同步，各微网有自己的跳频信道。

（4）对等网络 Ad-hoc

蓝牙设备在规定的范围内和规定的数量限制下，可以自动建立相互之间的联系，而不需要一个接入点或者服务器，由于这种网络是由某些蓝牙设备临时构成的网络，所以 Ad-hoc 网络又称临时网。由于网络中的每台设备在物理上都是完全相同的，因此又称为对等网。

蓝牙系统有三种主要状态：待机状态，连接状态和节能状态。从待机状态向连接状态转变的过程中，有 7 个子状态：寻呼、寻呼扫描、查询、查询扫描、主响应、从相应、查询相应。

5.6.3　蓝牙的协议栈

按照各层协议在整个蓝牙协议体系中所处的位置，蓝牙协议可分为底层协议、中间层协议和高层协议三大类。如图 5-19 所示。

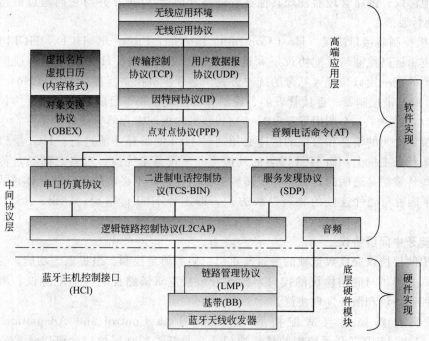

图 5-19 蓝牙体系结构图

（1）蓝牙底层协议

蓝牙底层协议实现蓝牙信息数据流的传输链路，是蓝牙协议体系的基础，它包括射频协议、基带协议和链路管理协议。

① 射频协议（Radio Frequency Protocol） 蓝牙射频协议处于蓝牙协议栈的最底层，主要包括频段与信道安排、发射机特性和接收机特性等，用于规范物理层无线传输技术，实现空中数据的收发。蓝牙工作在 2.4GHz ISM 频段，此频段在大多数国家无须申请运营许可，使得蓝牙设备可工作于任何不同的地区。信道安排上，系统采用跳频扩频技术，抗干扰能力强、保密性好。蓝牙 SIG 制定了两套跳频方案，其一是分配 79 个跳频信道，每个频道的带宽为 1MHz，其二是 23 信道的分配方案，1.2 版本以后的蓝牙规范目前已经不再推荐使用第二套方案。

② 基带协议（Base Band Protocol） 基带层在蓝牙协议栈中位于蓝牙射频层之上，同射频层一起构成了蓝牙的物理层。基带层（BB）提供了 SCO（Synchronous Connection Oriented，同步面向连接链路）和 ACL（Asynchronous Connection Less，异步无连接链路）两种不同的物理链路，负责跳频和蓝牙数据及信息帧的传输，且对所有类型的数据包提供了不同层次的前向纠错码 FEC（Forward Error Correction）或循环冗余度差错校验 CRC（Cyclic Redundancy Check）；基带层的主要功能包括：链路控制，比如承载链路连接和功率控制这类链路级路由；管理物理链路，SCO 链路和 ACL 链路；定义基带分组格式和分组类型，其中 SCO 分组有 HV1、HV2、HV3 和 DV 等类型，而 ACL 分组有 DM1、DH1、DM3、DH3、DM5、DH5、AUX1 等类型；流量控制，通过 STOP 和 GO 指令来实现；采用 13 比例前向纠错码、23 比例前向纠错码以及数据的自动重复请求 ARQ（Automatic Repeat Request）方案实现纠错功能；另外还有处理数据包、寻呼、查询接入和查询蓝牙设备等功能。

③ 链路管理协议（Link Manager Protocol，LMP） 链路管理协议（LMP）是在蓝牙协议栈中的一个数据链路层协议。LMP 层负责两个或多个设备链路的建立和拆除及链路的安全和控制，如鉴权和加密、控制和协商基带包的大小等；LMP 执行链路设置、认证、链路

配置和其他协议；链路管理器发现其他远程链路管理器（LM）并与它们通过链路管理协议（LMP）进行通信。

④ 主机控制器接口协议（Host Controller Interface Protocol，HCI） HCI 协议位于蓝牙系统的逻辑链路控制与适配协议层和链路管理协议层之间。HCI 为上层协议提供了进入链路管理器的统一接口和进入基带的统一方式。蓝牙主机控制器接口 HCI（Host Controller Interface）由基带控制器、连接管理器、控制和事件寄存器等组成。它是蓝牙协议中软硬件之间的接口，提供了一个调用下层 BB、LM、状态和控制寄存器等硬件的统一命令，上、下两个模块接口之间的消息和数据的传递必须通过 HCI 的解释才能进行。HCI 层以上的协议软件实体运行在主机上，而 HCI 以下的功能由蓝牙设备来完成，二者之间通过传输层进行交互。这些传输层是透明的，只需完成传输数据的任务，不必清楚数据的具体格式。蓝牙的 SIG 规定了四种与硬件连接的物理总线方式，即四种 HCI 传输层：USB、RS232、UART 和 PC 卡。

（2）蓝牙中间层协议

蓝牙中间层协议完成数据帧的分解与重组、服务质量控制、组提取等功能，为上层应用提供服务，并提供与底层协议的接口，此部分包括逻辑链路控制与适配协议、串口仿真协议、电话控制协议和服务发现协议。

① 逻辑链路控制与适配协议（Logical Link Control and Adaptation Protocol，L2CAP） L2CAP 是蓝牙系统中的核心协议，它是基带的高层协议，可以认为它与链路管理协议（LMP）并行工作。L2CAP 为高层提供数据服务，允许高层和应用层协议收发大小为 64KB 的 L2CAP 数据包。L2CAP 只支持基带面向无连接的异步传输（ACE），不支持面向连接的同步传输（SCO）。L2CAP 采用了多路技术、分割和重组技术、组提取技术，主要提供协议复用、分段和重组、认证服务质量、组管理等功能。

② 串口仿真协议（RFCOMM） 串口仿真协议（或称线缆替换协议）位于 L2CAP 协议层和应用层协议层之间，基于 ETSI 标准 TS07.10，在 L2CAP 协议层之上实现了仿真 9 针 RS232 串口的功能，可实现设备间的串行通信，从而对现有使用串行线接口的应用提供了支持。

③ 电话控制协议（Telephone Control Protocol Spectocol TCS） 电话控制协议位于蓝牙协议栈的 L2CAP 层之上，包括电话控制规范二进制（TCS BIN）协议和一套电话控制命令（AT Commands）。其中，TCS BIN 定义了在蓝牙设备间建立话音和数据呼叫所需的呼叫控制信令；AT Commands 则是一套可在多使用模式下用于控制移动电话和调制解调器的命令，它是 SIG 在 ITU-T Q.931 的基础上开发而成。TCS 层不仅支持电话功能（包括呼叫控制和分组管理），同样可以用来建立数据呼叫，呼叫的内容在 L2CAP 上以标准数据包形式运载。TCS 是一个基于 ITU-T Q.931 建议的采用面向比特的协议，它定义了用于蓝牙设备之间建立语音和数据呼叫的控制信令（Call Control Signalling），并负责处理蓝牙设备组的移动管理过程。

④ 服务发现协议（Service Discovery Protocol，SDP） 服务发现协议（SDP）是所有应用模型的基础，是蓝牙技术框架中至关重要的协议。SDP 是一个基于客户/服务器结构的协议。它工作在 L2CAP 层之上，为上层应用程序提供一种机制来发现可用的服务及其属性，而服务属性包括服务的类型及该服务所需的机制或协议信息。在蓝牙无线通信系统中，建立在蓝牙链路上的任何两个或多个设备随时都有可能开始通信，仅仅是静态设置是不够的。蓝牙服务发现协议就确定这些业务位置的动态方式，可以动态地查询到设备信息和服务类型，从而建立起一条对应所需要服务的通信信道。

(3) 蓝牙高层协议

蓝牙高层协议包括对象交换协议、无线应用协议和音频协议。高端应用层位于蓝牙协议栈的最上部分。是由选用协议层组成。选用协议层中的 PPP（Point-to-Point Protocol）是点到点协议，由封装、链路控制协议、网络控制协议组成，定义了串行点到点链路应当如何传输因特网协议数据，它要用于 LAN 接入、拨号网络及传真等应用规范；TCP/IP（传输控制协议/网络层协议）、UDP（User Datagram Protocol 用户数据报协议）是三种已有的协议，它定义了因特网与网络相关的通信及其他类型计算机设备和外围设备之间的通信。蓝牙采用或共享这些已有的协议去实现与连接因特网的设备通信，这样，既可提高效率，又可在一定程度上保证蓝牙技术和其他通信技术的互操作性；WAE（Wireless Application Environment）是无线应用环境，它提供用于 WAP 电话和个人数字助理 PDA 所需的各种应用软件。

① 对象交换协议（Object Exchange Protocol，OBEX） OBEX 是由红外数据协会（IrDA）制定用于红外数据链路上数据对象交换的会话层协议。蓝牙 SIG 采纳了该协议，使得原来基于红外链路的 OBEX 应用有可能方便地移植到蓝牙上或在两者之间进行切换。OBEX 是一种高效的二进制协议，采用简单和自发的方式来交换对象。采用客户/服务器模式提供与 HTTP（超文本传输协议）相同的基本功能。它只定义传输对象，而不指定特定的传输数据类型，可以是从文件到商业电子贺卡、从命令到数据库等任何类型，从而具有很好的平台独立性。

② 无线应用协议（Wireless Application Protocol，WAP） 无线应用协议（WAP）由无线应用协议论坛制定，是由移动电话类的设备使用的无线网络定义的协议，它支持移动电话浏览网页、收取电子邮件和其他基于因特网的协议。WAP 融合了各种广域无线网络技术，其目的是将互联网内容和电话债券的业务传送到数字蜂窝电话和其他无线终端上。选用 WAP 可以充分利用为无线应用环境开发的高层应用软件。

③ 音频协议（Audio） 蓝牙音频（Audio）是通过在基带上直接传输 SCO（Synchronous Connection Oriented，Synchronous Connection Oriented 同步面向连接）分组实现的，目前蓝牙 SIG 并没有以规范的形式给出此部分。可以视为蓝牙协议体系中的一个直接面向应用的层次。

5.6.4 蓝牙技术的应用

蓝牙作为一种低成本、短距离的无线连接技术标准，随着蓝牙技术的逐渐成熟与发展，它的触角已经深入到了众多领域，蓝牙应用领域、蓝牙产品也是层出不穷。

(1) 蓝牙家电网络

随着科学技术不断发展，家庭中电子化产品日益增加，使用蓝牙可以便于住户统一管理。蓝牙技术所使用的频段是开放的频段，这就使得任何用户都可方便的应用蓝牙技术，而无需对频道的使用进行付费及其他处理。通过设置密码，用户可以使自家住宅的蓝牙私有化。

在家中拥有数台电脑后，蓝牙的存在使得用户可以只使用一部手机对任意一台电脑进行操控，或进行文件传输、局域网访问、同步。并且，耳机音响等外围设备可由蓝牙操控，省去了各种电线的纠缠。数码照相机，数码摄像机等设备装上 Bluetooth 系统，既可免去使用电线的不便，又可不受存储器容量的困扰，随时随地可将所摄图片或影像通过同样装备 Bluetooth 系统的手机或其他设备传回指定的计算机中。其他的家电，如冰箱、空调等，也可根据相似原理，通过蓝牙控制。而内置蓝牙芯片的手机，还可以在家中当作无绳电话使用，同时，它又可以被拥有蓝牙的计算机控制。这样，家庭中的各种家电被蓝牙连成一个无线的网络，使用某一个蓝牙终端，比如手机，便可以对整个网络进行控制。

(2) 蓝牙掌上电脑

掌上 PC 越来越普及，嵌入蓝牙芯片的掌上 PC 将提供想象不到的便利，通过掌上 PC 你不仅可以编写 Email，而且可以立即发送出去，没有外线与 PC 连接，一切都由蓝牙设备来传送。这样，在飞机上用掌上 PC 写 Email。当飞机着陆后，你只需打开手机，所有信息可通过机场的蓝牙设备自动发送。有了蓝牙技术，你的掌上 PC 能够与桌面系统保持同步。即使是把 PC 放口袋中，桌面系统的任何变化都可以按预先设置好的更新原则，将变化传到掌上 PC 中。回到家中，随身携带的 PDA 通过蓝牙芯片与家庭设备自动通信，可以为你自动打开门锁，开灯，并将室内的空调或暖气调到预定的温度等。进入旅馆可以自动登记，并将你房间的电子钥匙自动传送到你的 PDA 中，从而你可轻轻一按，就可打开你所定的房间。蓝牙网络无线设备如图 5-20 所示。

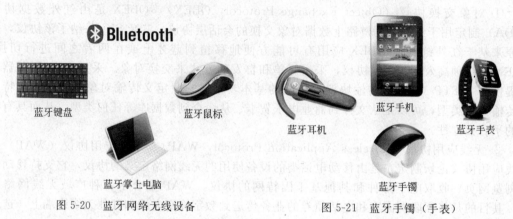

图 5-20　蓝牙网络无线设备　　　　　　图 5-21　蓝牙手镯（手表）

(3) 蓝牙手镯（手表）

蓝牙手镯（手表）是一种带蓝牙功能的手镯（手表），是多功能智能通信手镯（手表）的一种，配合带蓝牙功能的手机使用，会有来电显示，震动提示，24 小时时间显示功能。具有防过敏、防静电硅胶带，人性化设计，手感舒适；精致亮丽高清晰 OLED 屏显示；无线牢固接驳手机；蓝牙 V1.2；来电振动提示及电话号码显示；识别身份主动性来电控制；脱离手机振动提示（防偷、防盗、防丢功能）；自动匹配，无需反复操作；工作状态显示；显示语言：阿拉伯数字；表带长度自由调节；快速充电，蓝牙功能待机时间长等功能。蓝牙手镯（手表）如图 5-21 所示。

(4) 蓝牙电子钱包和电子锁

Bluetooth 构成的无线电电子锁比其他非接触式电子锁或 IC 锁具有更高的安全性和适用性，各种无线电遥控器（特别是汽车防盗和遥控）比红外线遥控器的功能更强大，在餐馆酒楼用餐时，菜单的双向无线传输或招呼服务员提供指定的服务将更为方便等。在超市购物时，当你走向收银台时，蓝牙电子钱包会发出一个信号，证明您的信用卡或现金卡上有足够的余额。因此，您不必掏出钱包便可自动为所购物品付款。然后收银台会向您的电子钱包发回一个信号，更新您的现金卡余额。利用这种无线电子钱包，可轻松地接入航空公司，饭店，剧场，零售商店和餐馆的网络，自动办理入住，点菜，购物和电子付账。

(5) 智能家居

将蓝牙系统嵌入微波炉，洗衣机，电冰箱，空调机等传统家用电器，使之智能化并具有网络信息终端的功能，能够主动地发布，获取和处理信息，赋予传统电器以新的内涵。网络微波炉应该能够存储许多微波炉菜谱，同时还应该能够提高通过生产厂家的网络或烹调服务中心自动下载新菜谱；网络冰箱能够知道自己存储的食品种类，数量和存储日期，可以提醒存储到期和发出存量不足的警告，甚至自动从网络订购；网络洗衣机可以从网络上获得新的洗衣程序。带蓝牙的信息家用电器还能主动向网络提供本身的一些有用信息，如向生产厂家提供有关故障并要求维修的反馈信息等。蓝牙信息家用电器是网络上的家用电器，不再是计算机的外设，它也可以各自为战，提示主人如何运作。我们可以设想把所有的蓝牙信息家用电器通过一个遥控器来进行控制。这一个遥控器不但可以控制电视，计算机，空调器，同时还可以用作无绳电话或者移动电话，甚至可以在这些蓝牙信息家用电器之间共享有用的信息，比如把电视节目或者电话语音录制下来存储到电脑中。

遵循蓝牙协议的各种应用都保证简单易用的安装和操作、高效的安全机制和完全的互操作性，从而实现随时随地通信。横跨无线电通信技术行业，个人电子计算机行业、网络产业、工业、汽车制造业以及电子产品消费行业，Bluetooth 把众多的用户从必须受众多的线路困扰的窘境中解放出来，其典型应用环境包括无线办公环境（Wireless Office）、汽车工业、信息家电、医疗设备等。

本 章 小 结

信息化社会的到来以及 IP 技术的兴起，正深刻的改变着电信网络的面貌以及未来技术发展的走向。未来无线通信技术发展的主要趋势是宽带化、分组化、综合化、个人化。

本章从 ZigBee 技术、Wi-Fi 技术、超宽带技术、移动通信技术、蓝牙技术等对短距离无线通信的发展、特点及应用等方面进行了介绍。通过学习，重点掌握各种无线技术的功能特点，以便更好的工作和生活。

习　　题

一、选择题

1. 无线局域网 WLAN 传输介质是_____。

A. 无线电波　　　　　B. 红外线　　　　　C. 载波电流　　　　　D. 卫星通信

2. IEEE802.11b 射频调制使用_____调制技术，最高数据速率达_____。

A. 跳频扩频，5Mbps　　　　　　　　B. 跳频扩频，11Mbps

C. 直接序列扩频，5Mbps　　　　　　D. 直接序列扩频，11Mbps

3. 无线局域网的最初协议是_____。

A. IEEE802.11　　B. IEEE802.5　　C. IEEE802.3　　D. IEEE802.1

4. 现网 AP 设备能支持下列哪种管理方式_____。

A. SNMP　　　　　B. SSH　　　　　C. WEB　　　　　D. TELNET

5. 室内 AP 最好安装在下面哪个环境_____。

A. 强电井通风好　　　　　　　　　B. 弱电井通风好

C. 强电井通风不好　　　　　　　　D. 弱电井通风不好

6. 室内分布系统天线的等效全向辐射功率大于_____，覆盖要使边缘场强达到最低要求_____，一般规定在人员经常停留地区最高信号接收电平不超过_____。

A. 10dBm　　　　　B. −25dBm　　　　　C. −75dBm　　　　　D. 30dBm

7. WLAN 使用的信号检测软件包括_____。

A. netstumble 软件　　　　　　　　B. wirelessmon 软件

C. Airmegent 软件　　　　　　　　D. 以上都是

8. 802.11 协议定义了无线的_____。

A. 物理层和数据链路层　　　　　　B. 网络层和 MAC 层

C. 物理层和介质访问控制层　　　　D. 网络层和数据链路层

9. 以下哪项有关功率的陈述是正确的_____。

A. 0dBm＝1mW   B. 0dBm＝0mW

C. 1dBm＝1mW   D. 以上都不是

10. 每个好的无线网络均始于_____。

A. 低噪声底板   B. 顶尖无线交换机

C. RF 扩频分析器   D. 稳定的有线网络基础

11. AP 不支持下列哪种速率_____。

A. 自适应   B. 6M   C. 16M   D. 54M

12. 802.11b 和 802.11a 的工作频段、最高传输速率分别为_____。

A. 2.4GHz、11Mbps；2.4GHz、54Mbps

B. 5GHz、54Mbps；5GHz、11Mbps

C. 5GHz、54Mbps；2.4GHz、11Mbps

D. 2.4GHz、11Mbps；5GHz、54Mbps

13. 无线局域网的最初协议是_____。

A. IEEE802.11   B. IEEE802.5   C. IEEE802.3   D. IEEE802.1

14. 中国的 2.4GHz 标准共有_____个频点，互不重叠的频点有_____个。

A. 11 个   B. 13 个   C. 3 个   D. 5 个

15. 802.11g 规格使用_____RF 频谱。

A. 5.2GHz   B. 5.4GHz   C. 2.4 GHz   D. 800 MHz

16. IEEE802.11b 标准采用_____调制方式。

A. FHSS   B. DSSS   C. OFDM   D. MIMO

17. 对于 2.4GHz 的信道的中心频率间隔不低于_____。

A. 5MHz   B. 20MHz   C. 25MHz   D. 83.5MHz

18. 以下_____不是 AP 入网需要配置的参数。

A. IP 地址   B. DNS 服务器地址   C. 默认网关地址   D. 子网掩码

19. 以下关于工程优化的描述，_____不够准确。

A. AP 必须安装在定做机箱之中，并保持通风良好、通气孔畅通，保持工作环境清洁无灰尘

B. AP 四周如有特殊物品，如微波炉，建议至少远离此类干扰源大约 1 米

C. 吸顶天线不允许与金属天花板吊顶直接接触，需要与金属天花板吊顶接触安装时，接触面间必须加
绝缘垫片

D. 五类线的布放长度不应超过 100m。如实际长度大于 100m 应修改设计，改用其他传输方式解决

二、简答题

1. ZigBee 起源于什么技术？

2. 蓝牙协议栈有几层组成？各层的协议有哪些？

3. ZigBee 技术采用什么方法实现低功耗？

4. Wi-Fi 的组网模式有几种？各自的特点是什么？

5. 移动通信技术常用的有哪几种？各自的特点是什么？

Chapter **06**

第6章

云计算

【本章学习重点】

了解云计算的概念、特点及发展历程，掌握云计算的系统体系结构、关键技术以及服务类型，掌握 IBM 等云计算平台的特点。

云计算（Cloud Computing）是一种新的计算模式，是在网络时代应运而生的技术制高点，将引发信息产业革新以及互联网、物联网商业模式的变革。云计算是物联网发展的基石，物联网的发展依赖于云计算系统的完善。一方面，云计算是实现物联网的核心，运用云计算模式，使物联网中以兆计算的各类物品的实时动态管理和智能分析变得可能。另一方面，物联网和互联网的智能融合，需要依靠云计算模式高效动态的、可以大规模扩展的技术资源处理能力。云计算的创新型服务交付模式，简化服务的交付，加强物联网和互联网之间及其内部的互联互通，可以实现新商业模式的快速创新，进一步促进物联网和互联网的智能融合，从而构建智慧地球。随着数据时代的到来以及云计算的成熟与推广，云计算终将会越来越多地改变我们的生活。因此，研究和探索云计算、开发出更新更好的网络应用，对广大的专业技术人员来说，是机遇也是挑战。

6.1 云计算概述

6.1.1 云计算的概念

云计算是一种基于互联网的商业计算模型，是当前研究的一个热点。很多大型企业都在研究云计算技术和基于云计算的服务，亚马逊、谷歌、微软、戴尔、IBM 等 IT 国际巨头，以及百度、阿里、八百客等国内业界都在其中。云计算作为一种新兴的资源使用和交付模式逐渐为学界和产业界所认知。

（1）云计算起源

云计算的思想最早可以追溯到 20 世纪 60 年代，麦卡锡（John McCarthy）曾经提到"计算迟早有一天会变成一种公用基础设施"，这就意味着计算能力可以作为一种商品进行流通，就像煤气、水电一样取用方便、费用低廉。1983 年，太阳电脑（Sun Micro systems）提出"网络式电脑（The Network is the Computer）"。2006 年 3 月，亚马逊（Amazon）推出弹性计算云（Elastic Compute Cloud，EC2）服务。2006 年 8 月 9 日，Google 首席执行官埃里克·施密特（Eric Schmidt）在搜索引擎大会（SES San Jose 2006）首次提出"云计算（Cloud Computing）"的概念。云计算的起源如图 6-1 所示。

图 6-1　云计算起源

（2）云计算的定义

对于云计算的定义有如下不同的描述。

维基百科给云计算下的定义：云计算将 IT 相关的能力以服务的方式提供给用户，允许用户在不了解提供服务的技术、没有相关知识以及设备操作能力的情况下，通过 Internet 获取需要服务。

中国云计算网将云计算定义为：云计算是分布式计算（Distributed Computing）、并行计算（Parallel Computing）和网格计算（Grid Computing）的发展，或者说是计算机这些科学概念的商业实现。

Forester Research 的分析师 James Staten 定义云计算为："云计算是一个具备高度扩展性和管理性并能够胜任终端用户应用软件计算基础架构的系统池"。虽然目前云计算没有统一的定义，结合上述定义，可以总结出云计算的一些本质特征，即分布式计算和存储特性、高扩展性、用户友好性、良好的管理性。

由云计算的定义可知，云计算最大的特征是通过互联网进行传输的。从广义上讲，云计算是一种动态的易扩展的且通常是通过互联网提供虚拟化的资源计算方式。狭义地讲，云计算是指 IT 基础设施的交付和使用模式，通过网络以按需、易扩展的方式获得所需的资源（硬件、平台、软件）。提供资源的网络被称为"云"。从最根本的意义来讲，云计算就是数据存储在云端，应用和服务也存储在云端，能够充分利用数据中心强大计算能力，实现用户业务系统的自适应性。云计算系统的组成如图 6-2 所示。

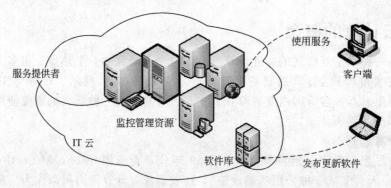

图 6-2　云计算系统组成示意图

（3）云计算特点

a. 超大规模。Google 云计算已经拥有 100 多万台服务器，Amazon、IBM、微软、Yahoo 等的"云"均拥有几十万台服务器。企业私有云一般拥有数百上千台服务器。

b. 虚拟化。虚拟化是将底层物理设备与上层操作系统、软件分离的一种去耦合技术。

虚拟化的目标是实现 IT 资源利用效率和灵活性的最大化。计算资源的物理位置及底层的基础架构对于用户来说是透明和不相关的，云计算支持用户在任意位置、使用各种终端获取应用服务。

c. 高可靠性。云计算系统由大量商用计算机组成机群向用户提供数据处理服务。随着计算机数量的增加，系统出现错误的概率大大增加。在没有专用的硬件可靠性部件的支持下，采用软件的方式，即数据冗余和分布式存储来保证数据的可靠性。

d. 高可扩展性。"云"的规模可以动态伸缩，满足应用和用户规模增长的需要。可以将复杂的工作负载分解成小块的工作，并将工作分配到可逐渐扩展的架构中；另外当新增的资源投入使用时，需要增加的管理费用几乎为零。

e. 通用性。云计算不针对特定的应用，在"云"的支撑下可以构造出千变万化的应用，同一个"云"可以同时支撑不同的应用运行。

f. 经济性。"云"是一个庞大的资源池，按需购买；云可以像自来水、电、煤气那样计费。由于"云"的特殊容错措施可以采用极其廉价的节点来构成云，"云"的自动化集中式管理使大量企业无需负担日益高昂的数据中心管理成本。组建一个采用大量的商业机组成的机群，相对于同样性能的超级计算机花费的资金要少很多。

g. 动态性。能够监控计算资源，并根据已定义的规则自动地平衡资源的分配。

6.1.2　云计算的架构

云计算是全新的基于互联网的超级计算理念和模式，实现云计算需要多种技术结合，并且需要用软件实现将硬件资源进行虚拟化管理和调度，形成一个巨大的虚拟化资源池，把存储于个人电脑、移动设备和其他设备上的大量信息和处理器资源集中在一起，协同工作。

按照最大众化、最通俗理解，云计算就是把计算资源都放到互联网上，互联网即是云计算时代的云。计算资源则包括了计算机硬件资源（如计算机设备、存储设备、服务器集群、硬件服务等）和软件资源（如应用软件、集成开发环境、软件服务）。

(1) 系统组成

云计算平台是一个强大的"云"网络，连接了大量并发的网络计算和服务，可利用虚拟化技术扩展每一个服务器的能力，将各自的资源通过云计算平台结合起来，提供超级计算和存储能力。通用的云计算体系结构如图 6-3 所示。

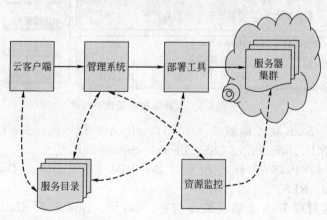

图 6-3　云计算体系结构

a. 云用户端：提供云用户请求服务的交互界面，也是用户使用云的入口，用户通过 Web 浏览器可以注册、登录及定制服务、配置和管理用户。打开应用实例与本地操作桌面系统一样。

b. 服务目录：云用户在取得相应权限（付费或其他限制）后，可以选择或定制的服务列表，也可以对已有服务进行退订的操作，在云用户端界面生成相应的图标或列表的形式，展示相关的服务。

c. 管理系统和部署工具：提供管理和服务，能管理云用户，能对用户授权、认证、登录进行管理，并可以管理可用计算资源和服务，接收用户发送的请求，根据用户请求并转发到相应的相应程序，调度资源智能地部署资源和应用，动态地部署、配置和回收资源。

d. 监控：监控和计量云系统资源的使用情况，以便做出迅速反应，完成节点同步配置、负载均衡配置和资源监控，确保资源能顺利分配给合适的用户。

e. 服务器集群：虚拟的或物理的服务器，由管理系统管理，负责高并发量的用户请求处理、大运算量计算处理、用户 Web 应用服务，云数据存储时，采用相应数据切割算法，采用并行方式上传和下载大容量数据。用户可通过云用户端从列表中选择所需的服务，其请求通过管理系统调度相应的资源，并通过部署工具分发请求、配置 Web 应用。

（2）云计算服务层次

在云计算中，根据其服务集合所提供的服务类型，整个云计算服务集合被划分成 4 个层次：应用层、平台层、基础设施层和虚拟化层。云计算体系结构中的每一层都对应着一个子服务集合，层次是可以分割的，即某一层次可以单独完成一项用户的请求而不需要其他层次为其提供必要的服务和支持。云计算服务层次如图 6-4 所示。

图 6-4　云计算服务层次

① 应用层对应 SaaS 软件即服务。如：Google APPS、Salesforce CRM、Office Web Apps、Zoho、HTML、JavaScrip、CSS、Flash 、Silverlight。

② 平台层对应 PaaS 平台即服务。如：IBM IT Factory、Google APPEngine、Force.com、Herku、REST。

③ 基础设施层对应 IaaS 基础设施即服务。如：Amazon Ec2、IBM Blue Cloud、Sun Grid、Cisco UCS。

④ 虚拟化层对应硬件即服务。结合 Paas 提供硬件服务，包括服务器集群及硬件检测等服务。

云计算基础架构对于提供信息服务、降低 IT 管理复杂性、促进创新以及通过实时工作负载均衡来提高响应能力而言，是一种经济有效的模型。它能迅速发布应用程序，也能随需扩展应用程序，使得瞬间在成千上万台服务器上扩展应用程序成为可能。另外，云计算平台大量采用 XEN 虚拟机形式的计算机资源，可以在几分钟内使机器准备就绪，并安装好相关的软件和应用，供最终用户使用。

(3) 云计算技术层次

云计算技术层次和云计算服务层次不是一个概念，后者从服务的角度来划分云的层次，主要突出了云服务能给人们带来什么。而云计算的技术层次主要从系统属性和设计思想角度来说明云，是对软硬件资源在云计算技术中所充当角色的说明。从云计算技术角度来分，云计算大约有四部分构成：物理资源、虚拟化资源、中间件管理部分和服务接口，如图 6-5 所示。

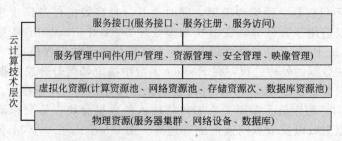

图 6-5 云计算技术层次

a. 服务接口：统一规定了在云计算时代使用计算机的各种规范、云计算服务的各种标准等。用户端与云端交互操作的入口，可以完成用户或服务注册、对服务的定制和使用。

b. 服务管理中间件：在云计算技术中，中间件位于服务和服务器集群之间，提供管理和服务即云计算体系结构中的管理系统。对标识、认证、授权、目录、安全性等服务进行标准化和操作，为应用提供统一的标准化程序接口和协议，隐藏底层硬件、操作系统和网络的异构性，统一管理网络资源。其用户管理包括用户身份验证、用户许可、用户定制管理；资源管理包括负载均衡、资源监控、故障检测等；安全管理包括身份验证、访问授权、安全审计、综合防护等；映像管理包括映像创建、部署、管理等。

c. 虚拟化资源：指一些可以实现一定操作具有一定功能，但其本身是虚拟而不是真实的资源，如计算池，存储池和网络池、数据库资源等，通过软件技术来实现相关的虚拟化功能。包括虚拟环境、虚拟系统、虚拟平台。

d. 物理资源：主要指能支持计算机正常运行的一些硬件设备及技术，可以是价格低廉的 PC，也可以是价格昂贵的服务器及磁盘阵列等设备，可以通过现有网络技术、并行技术和分布式技术，将分散的计算机组成一个能提供超强功能的集群，用于计算和存储等云计算操作。在云计算时代，本地计算机可能不再像传统计算机那样需要空间足够的硬盘、大功率的处理器和大容量的内存，只需要一些必要的硬件设备如网络设备和基本的输入输出设备等。

6.1.3 云计算的关键技术

云计算系统运用了许多技术，其中以编程模型、数据管理技术、数据存储技术、虚拟化技术、云计算平台管理技术最为关键。

云计算资源规模庞大，服务器数量众多并分布在不同的地点，同时运行着数百种应用，如何有效地管理这些服务器，保证整个系统提供不间断的服务是巨大的挑战。云计算是一种新型的超级计算方式，以数据为中心，是一种数据密集型的超级计算。在数据存储、数据管理、编程模式等方面具有自身独特的技术。

（1）编程模型

云计算大部分采用 MapReduce 的编程模式。现在大部分 IT 厂商提出的"云"计划中采用的编程模型，都是基于 MapReduce 的思想开发的编程工具。MapReduce 是 Google 开发的 Java、Python、C++编程模型，它是一种简化的分布式编程模型和高效的任务调度模型，用于大规模数据集（大于 1TB）的并行运算。严格的编程模型使云计算环境下的编程十分简单。应用程序编写人员只需将精力放在应用程序本身，而集群的处理问题，包括可靠性和可扩展性，则由平台来处理。MapReduce 模式的思想是将要执行的问题分解成 Map（映射）和 Reduce（化简）的方式，先通过 Map 程序将数据切割成不相关的区块，分配调度给大量计算机处理，达到分布式运算的效果，再通过 Reduce 程序将结果汇总输出。

MapReduce 不仅仅是一种编程模型，同时也是一种高效的任务调度模型。MapReduce 这种编程模型不仅适用于云计算，在多核和多处理器、cell processor 以及异构机群上同样有良好的性能。MapReduce 是一种处理和产生大规模数据集的编程模型，程序员在 Map 函数中指定对各分块数据的处理过程，在 Reduce 函数中指定如何对分块数据处理的中间结果进行归约。用户只需要指定 Map 和 Reduce 函数来编写分布式的并行程序。当在集群上运行 MapReduce 程序时，程序员不需要关心如何将输入的数据分块、分配和调度，同时系统还将处理集群内节点失败以及节点间通信的管理等。图 6-6 给出了一个 MapReduce 程序的具体执行过程。

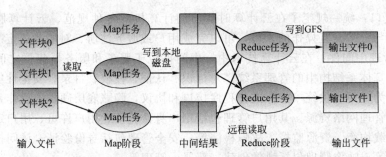

图 6-6　MapReduce 程序的具体执行过程

从图可以看出，执行一个 MapReduce 程序需要 5 个步骤：输入文件、将文件分配给多个 worker 并行地执行、写中间文件（本地写）、多个 Reduce workers 同时运行、输出最终结果。

a. 本地写中间文件，在减少了对网络带宽的压力的同时减少了写中间文件的时间耗费。

b. 执行 Reduce 时，根据从 Master 获得的中间文件位置信息，Reduce 使用远程过程调用，从中间文件所在节点读取所需的数据。

c. MapReduce 模型具有很强的容错性，当 worker 节点出现错误时，只需要将该 worker 节点屏蔽在系统外等待修复，并将该 worker 上执行的程序迁移到其他 worker 上重新执行，同时将该迁移信息通过 Master 发送给需要该节点处理结果的节点。

d. Map Reduce 使用检查点的方式来处理 Master 出错失败的问题，当 Master 出现错误时，可以根据最近的一个检查点，重新选择一个节点作为 Master 并由此检查点位置继续运行。

Dryad 和 DryadLINQ 是微软发布的另外一种并行编程模式。DryadLINQ 提供一种高级语言接口，使普通程序员可以轻易进行大规模的分布式计算，它结合了微软 Dryad 和 LINQ 两种关键技术，用于在该平台上构建应用。它可以使开发人员能够在 Windows 或者 .Net 平台上编写大规模的并行应用程序模型，并能够使在单机上所编写的程序很轻易地运行在分布式并行计算平台上，程序员可以利用数据中心的服务器集群对数据进行并行处理。它不仅仅是一种编程模型，同时也是一种高效的任务调度模型。

DryadLINQ 使用的是 . NET 的 LINQ 查询语言模型，Dryad 是针对运行 Windows HPC Server 的计算机集群设计，而非兼顾 Linux。而 Apache 的 Hadoop 环境只支持 Linux，高性能计算市场被 Linux 所占领。另一方面，DryadLINQ 并不开源，限制了它的发展前景。

(2) 数据存储技术

云计算系统中广泛使用的数据存储系统是 Google 的 GFS 和 Hadoop 团队开发的 GFS 的开源实现 HDFS。

GFS（Google File System）是一个可扩展的分布式文件系统，用于大型的、分布式的对大量数据进行访问的应用。它运行于廉价的普通硬件上，但可以给大量的用户提供容错的高性能的服务。GFS 和普通的分布式文件系统有以下区别，如表 6-1 所示。

表 6-1   GFS 与传统分布式文件系统的区别

名称	GFS	传统分布式文件系统
组件失败管理	不作为 Exception 处理	作为 Exception 处理
文件大小	少量大文件	大量小文件
数据写方式	在文件末尾附加数据	修改现存数据
数据流和控制流	数据流和控制流分开	数据流和控制流结合

GFS 集群由一个 Master（主）和 chunkserver（大量块服务器）构成，并被许多客户（Client）访问。Master 存放文件系统的所有元数据，包括名字空间、存取控制、文件分块信息、文件块的位置信息等。GFS 中的文件切分为 64MB 的块进行存储。

在 GFS 文件系统中，采用冗余存储的方式来保证数据的可靠性。每份数据在系统中保存 3 个以上的备份。为了保证数据的一致性，对于数据的所有修改需要在所有的备份上进行，并用版本号的方式来确保所有备份处于一致的状态。客户端不通过 Master 读取数据，避免了大量读操作使 Master 成为系统瓶颈。客户端从 Master 获取目标数据块的位置信息后，直接和块服务器交互进行读操作。GFS 的写操作将写操作控制信号和数据流分开，即客户端在获取 Master 的写授权后，将数据传输给所有的数据副本，在所有的数据副本都收到修改的数据后，客户端才发出写请求控制信号。在所有的数据副本更新完数据后，由主副本向客户端发出写操作完成控制信号。客户与主服务器的交换只限于对元数据的操作，所有数据方面的通信都直接和块服务器联系，这大大提高了系统的效率，防止主服务器负载过重。

(3) 数据管理技术

云计算系统对大数据集进行处理、分析向用户提供高效的服务。因此，数据管理技术必须能够高效的管理大数据集。其次，如何在规模巨大的数据中找到特定的数据，也是云计算数据管理技术所必须解决的问题。云计算的特点是对海量的数据存储、读取后进行大量的分析，数据的读操作频率远大于数据的更新频率，云中的数据管理是一种读优化的数据管理。因此，云系统的数据管理往往采用数据库领域中列存储的数据管理模式。将表按列划分后存储。

云计算系统中的数据管理技术主要是 Google 的 BT（BigTable）数据管理技术和 Hadoop 团队开发的开源数据管理模块 HBase。

BT 是建立在 GFS、Scheduler、Lock Service 和 MapReduce 之上的一个大型的分布式数据库，与传统的关系数据库不同，它把所有数据都作为对象来处理，形成一个巨大的表格，用来分布存储大规模结构化数据。Google 的很多项目使用 BT 来存储数据，包括网页查询、Google earth 和 Google 金融。这些应用程序对 BT 的要求各不相同：数据大小（从 URL 到网页到卫星图像）不同，反应速度不同（从后端的大批处理到实时数据服务）。对于不同的要求，BT 都成功的提供了灵活高效的服务。以 BigTable 为例，BigTable 数据管理方式设计者——Google 给出了如下定义："BigTable 是一种为了管理结构化数据而设计的分布式存储系统，这些数据可以扩展到非常大的规模，例如在数千台商用服务器上，达到 PB（Petabytes）规模的数据。"

BigTable 对数据读操作进行优化，采用列存储的方式，提高数据读取效率。BigTable 的基本元素是：行、列、记录板和时间戳。其中，记录板是一段行的集合体。BigTable 中的数据项按照行关键字的字典序排列，每行动态地划分到记录板中。每个节点管理大约 100 个记录板。时间戳是一个 64 位的整数，表示数据的不同版本。

BigTable 在执行时需要三个主要的组件：链接到每个客户端的库、一个主服务器和多个记录板服务器。主服务器用于分配记录板到记录板服务器以及负载平衡，垃圾回收等。记录板服务器用于直接管理一组记录板，处理读写请求等。为保证数据结构的高可扩展性，BigTable 采用三级的层次化的方式来存储位置信息。其中第一级的 Chubby file 中包含 Root Tablet 的位置，Root Tablet 包含所有 METADATA tablets 的位置信息，每个 METADA-TA tablets 包含许多 User Table 的位置信息。

HBase（Hadoop Database）是一个开源的非关系（NoSQL）的可伸缩性分布式数据库。它是一个高可靠性、高性能、面向列的适合于存储超大型松散数据。HBase 适合于实时，随机对 Big 数据进行读写操作的业务环境。利用 HBase 技术可在廉价 PC Server 上搭建起大规模结构化存储集群。

HBase 是 Google Bigtable 的开源实现，类似 Google Bigtable 利用 GFS 作为其文件存储系统，HBase 利用 Hadoop HDFS 作为其文件存储系统；Google 运行 MapReduce 来处理 Bigtable 中的海量数据，HBase 同样利用 Hadoop MapReduce 来处理 HBase 中的海量数据；Google Bigtable 利用 Chubby 作为协同服务，HBase 利用 Zookeeper 作为对应。

(4) 虚拟化技术

虚拟化（Virtualization）技术是云计算系统的核心组成部分之一，是将各种计算及存储资源充分整合和高效利用的关键技术。

虚拟化的定义是为某些对象创造的虚拟（相对于真实）版本，比如操作系统、计算机系统、存储设备和网络资源等。它是表示计算机资源的抽象方法。通过虚拟化技术可实现软件应用与底层硬件相隔离，它包括将单个资源划分成多个虚拟资源的裂分模式，也包括将多个资源整合成一个虚拟资源的聚合模式。虚拟化技术根据对象可分成存储虚拟化、平台虚拟化、服务器级虚拟化和桌面虚拟化等。

① 服务器虚拟化　服务器虚拟化技术可以将服务器物理资源抽象成逻辑资源，让一台服务器变成几台甚至上百台相互隔离的虚拟服务器，让 CPU、内存、磁盘、I/O 等硬件变成可以动态管理的"资源池"，从而提高资源的利用率。服务器虚拟化是基础设施即服务（IaaS，Infrastructure as a Service）的基础。服务器虚拟化需要具备多实例、隔离性、CPU 虚拟化、内存虚拟化、设备与 I/O 虚拟化、无知觉故障恢复、负载均衡、统一管理和快速部署等功能。

VMware 公司推出的相关产品是 VMware ESX 服务器。ESX 服务器使用了衍生自斯坦福大学开发的 SimOS 核心，该核心在硬件初始化后替换原开机的 Linux 内核。ESX 服务器 3.0 的服务控制平台源自一个 RedHat7.2 的经过修改的版本。它作为一个用来加载 VMker-nel 的引导加载程序运行，并提供了各种管理界面。该虚拟化系统管理的方式，提供了更少的管理开销、更好的控制和为虚拟机分配资源时能达到的粒度（指精细的程度），这也增加了安全性，从而使 VMware ESX 成为一种企业级产品。VMware ESXi 服务器是删减部份 ESX Server 功能之后提供的免费版本。

Hyper-V 是微软提出的一种系统管理程序虚拟化技术，主要应用于服务器领域。Hyper-V 产品分为 Hyper-V Server 2008 R2 和 Hyper-V 角色管理器。Hyper-V Server 2008 R2 是一种无图形化界面的 server core，有独特的超级监督者（hypervisor），Hyper-V Server 2008 R2 上的虚拟机，可以通过 hypervisor 来调用 server 的硬件资源，而 Hyper-V 角色是 Windows Server 2008 R2 中的一个管理工具，其作用是可以通过网络直接管理 Hyper-V Server 2008 R2 上的虚拟机。

② 存储虚拟化　存储虚拟化的方式是将整个云系统的存储资源进行统一整合管理，为用户提供一个统一的存储空间。存储虚拟化具有集中存储、分布式扩展、绿色环保、虚拟本地硬盘、安全认证、数据加密、层级管理等功能和特点。

③ 桌面虚拟化　桌面虚拟化将用户的桌面环境与其使用的终端设备解耦。服务器上存放的是每个用户的完整桌面环境。用户可以使用具有足够处理和显示功能的不同终端设备，通过网络访问该桌面环境，具有用户自定义、集中管理维护、使用连续性和故障恢复等特点。

④ 平台虚拟化　平台虚拟化是集成各种开发资源虚拟出的一个面向开发人员的统一接口，软件开发人员可以方便地在这个虚拟平台中，开发各种应用并嵌入到云计算系统中，使其成为新的云服务供用户使用。平台虚拟化具备通用接口、内容审核、测试环境、服务计费、升级更新、管理监控功能和特点。

(5) 云计算平台管理技术

云计算资源规模庞大，服务器数量众多并分布在不同的地点，同时运行着数百种应用，如何有效地管理这些服务器，保证整个系统提供不间断的服务是巨大的挑战。云计算系统的平台管理技术能够使大量的服务器协同工作，方便地进行业务部署和开通，快速发现和恢复系统故障，通过自动化、智能化的手段实现大规模系统的可靠运营。

云计算资源规模庞大，一个系统的服务器数量可能会高达十万台并跨越几个坐落于不同物理地点的数据中心，同时还运行着成百上千种应用。如何有效地管理这些服务器，保证这些服务器组成的系统能提供 7 * 24 小时不间断服务是一个巨大的挑战。云计算系统管理技术是云计算的"神经网络"，通过这些技术能够使大量的服务器协同工作，方便地进行业务部署和开通，快速发现和恢复系统故障，通过自动化、智能化的手段实现大规模系统的可运营、可管理。Google 通过其卓越的云计算管理系统维持着全球上百万台 PC 服务器协同、高效地运行，其云计算系统管理技术也被作为企业核心机密，至今没有公布任何技术资料。

6.2　云计算主要服务形式

云计算的主要服务类型分为 IaaS、PaaS 和 SaaS 三个层次。Software as a Service（软件即服务）简称 SaaS，该层的作用是将应用主要以基于 Web 的方式提供给客户；Platform as a Service（平台即服务）简称 PaaS，该层的作用是将一个应用的开发和部署平台作为服务提供给用户；Infrastructure as a Service（基础设施即服务）简称 IaaS，该层的作用是将各种底层的计算（比如虚拟机）和存储等资源作为服务提供给用户。

从用户角度而言，这三层服务是独立的，它们提供的服务完全不同，而且面向的用户也不尽相同。但从技术角度而言，云服务之间是有一定依赖关系的。比如：一个 SaaS 层的产品和服务不仅需要用到 SaaS 层本身的技术，还依赖 PaaS 层所提供的开发和部署平台，或者直接部署于 IaaS 层所提供的计算资源上，而 PaaS 层的产品和服务也很有可能构建于 IaaS 层服务之上。

6.2.1　SaaS（软件即服务）

SaaS 是最常见的也是最先出现的云计算服务，SaaS 以服务的方式将应用程序提供给互联网最终用户，是用户获取软件服务的一种新形式，不需要用户将软件产品安装在自己的电脑或服务器上，而是按某种服务水平协议（SLA）直接通过网络，向专门的提供商获取自己所需要的、带有相应软件功能的服务。本质上，软件即服务就是软件服务提供商为满足用户某种特定需求而提供其消费的软件的计算能力。SaaS 云供应商负责维护和管理云中的软硬件设施，同时以免费或者按需使用的方式向用户收费，所以用户不需要顾虑类似安装、升级和防病毒等琐事，并且免去初期高昂的硬件投入和软件许可证费用的支出。

（1）SaaS 概述

SaaS 的前身是 ASP（Application Service Provider），其概念和思想与 ASP 相差不大。最早的 ASP 厂商有 Salesforce.com 和 Netsuite，在创业时都主要专注于在线 CRM（客户关系管理）应用，由于正值互联网泡沫破裂时期，当时 ASP 本身的技术也不成熟，还缺少定制和集成等重要功能，再加上当时欠佳的网络环境，所以 ASP 没有受到市场的欢迎，从而导致大批相关厂商破产。2003 年后，在 Salesforce 的带领下，ASP 企业提出了 SaaS 服务，并随着技术和商业这两方面不断成熟，Salesforce、WebEx 和 Zoho 等国外 SaaS 企业得到了成功，而国内的企业（诸如用友、金算盘、金碟、阿里巴巴和八百客等）也加入到 SaaS 的浪潮中。

（2）SaaS 相关产品

由于 SaaS 产品起步较早开发成本低，所以在现在的市场上，SaaS 产品不论是在数量还是在类别上都非常丰富。其中最具代表性的经典产品有 Google Apps、Salesforce CRM、Office Web Apps 和 Zoho。

a. Google Apps 中文名为 "Google 企业应用套件"，它提供企业版 Gmail、Google 日历、Google 文档和 Google 协作平台等多个在线办公工具，价格低廉、使用方便，已经有超过两百万家企业购买了 Google Apps 服务。

b. Salesforce CRM 是一款在线客户管理工具，在销售、市场营销、服务和合作伙伴商业领域上提供完善的 IT 支持、强大的定制和扩展机制，常被业界视为 SaaS 产品的 "开山之作"。

c. Office Web Apps 是微软所开发的在线版 Office，提供基于 Office 2010 技术的简易版 Word、Excel、PowerPoint 及 OneNote 等功能。它属于 Windows Live 的一部分，并与微软的 SkyDrive 云存储服务有深度的整合，兼容 Firefox、Safari 和 Chrome 等非 IE 系列浏览器。和其他在线 Office 相比，它的最大优势在于本身属于 Office 2010 的一部分，在与 Office 文档的兼容性方面远胜其他在线 Office 服务。

d. Zoho 是 AdventNet 公司开发的一款在线办公套件，有邮件、CRM、项目管理、Wiki、在线会议、论坛和人力资源管理等几十个在线工具供用户选择。包括美国通用电气在内的多家大中型企业，已经开始在其内部引入 Zoho 的在线服务。Zoho 在国内的代理商为百会。

（3）SaaS 的优势

a. 使用简单。在任何时候或者任何地点，只要接上网络，用户就能访问 SaaS 服务，而且无需安装、升级和维护。

b. 支持公开协议。现有的 SaaS 服务在公开协议的支持方面都做得很好，用户只需一个浏览器就能使用和访问 SaaS 应用。

c. 安全保障。SaaS 供应商需要提供一定的安全机制，不仅要使存储在云端的用户数据处于绝对安全的境地，也要通过一定的安全机制（比如 HTTPS 等）来确保与用户之间通信的安全。

d. 初始成本低。使用 SaaS 服务时，无需在使用前购买昂贵的许可证，几乎所有的 SaaS 供应商都允许免费试用。

（4）SaaS 使用的主要技术

下面列出了其中最主要的 5 种技术。

a. HTML：它是标准的 Web 页面技术，主要以 HTML 4 为主。但是 HTML5 会在很多方面推动 Web 页面的发展，比如视频和本地存储等。

b. JavaScript。一种用于 Web 页面的动态语言，通过 JavaScript，能够极大地丰富 Web 页面的功能。最流行的 JavaScript 框架有 jQuery 和 Prototype。

c. CSS。主要用于控制 Web 页面的外观，而且能使页面的内容与其表现形式之间进行优雅地分离。

d. Flash。业界最常用的 RIA（Rich Internet Applications，富因特网应用）技术，能够在现阶段提供 HTML 等技术所无法提供的基于 Web 的富应用，而且在用户体验方面也非常不错。

e. Silverlight。来自微软的 RIA 技术，可以使用 C♯ 来进行编程，对开发者非常友好。

由于通用且学习成本较低，大多数云计算产品都会倾向于 HTML、JavaScript 和 CSS 组合，但是在 HTML5 被大家广泛接受之前，RIA 技术在用户体验方面具有一定优势，Flash 和 Silverlight 也将会有一定的用武之地，比如 VMware vCloud 就采用了基于 Flash 的 Flex 技术，而微软的云计算产品肯定会在今后大量使用 Silverlight 技术。

（5）应用实例

包括 CRM 软件领域；工具化 SaaS，比如视频会议租用，企业邮箱等；在线进销存，物流软件等。

6.2.2 PaaS（平台即服务）

PaaS 以服务的方式提供应用程序开发和部署平台。PaaS 将一个完整的计算机平台，包括应用设计、开发、测试和托管，都作为一种服务提供给客户。在这种服务模式中，客户不需要购买硬件和软件，只需要利用 PaaS 平台，就能够创建、测试和部署应用和服务。

通过 PaaS 这种模式，用户可以在一个提供 SDK（Software Development Kit，软件开发工具包）、文档、测试环境和部署环境等在内的开发平台上，非常方便地编写和部署应用，不论部署还是在运行，用户都无需为服务器、操作系统、网络和存储等资源的运行负责。PaaS 主要面对开发人员，非常经济。

（1）PaaS 概述

PaaS 是云服务三层中出现最晚的服务类型。Salesforce 的 Force.com 是业界第一个 PaaS 平台，诞生在 2007 年。通过这个平台，能用 Salesforce 提供的完善的开发工具和框架，轻松地开发应用，还能把应用直接部署到 Salesforce 的基础设施上，从而利用其强大的多租户系统。2008 年 4 月，Google 推出了 Google App Engine，将 PaaS 所支持的范围从在线商业应用扩展到普通的 Web 应用，使得越来越多的人开始熟悉和使用 PaaS 服务。

（2）PaaS 相关产品

比较著名的产品有 Force.com、Google App Engine、Windows Azure Platform 和 Heroku 等。

a. Force.com 是业界第一个 PaaS 平台，主要通过提供完善的开发环境和强健的基础设施，来帮助企业和第三方供应商交付健壮的、可靠的和可伸缩的在线应用。Force.com 本身基于 Salesforce 著名的多租户架构。

b. Google App Engine 提供 Google 的基础设施来让大家部署应用，还提供一整套开发工具和 SDK 来加速应用的开发，并提供大量免费额度来节省用户的开支。

c. Windows Azure Platform 是微软推出的 PaaS 产品，运行在微软数据中心的服务器和网络基础设施上，通过公共互联网来对外提供服务。它由具有高扩展性的云操作系统、数据存储网络和相关服务组成，服务都是通过物理或虚拟的 Windows Server 2008 实例提供的。它附带的 Windows Azure SDK 提供了一整套开发、部署和管理 Windows Azure 云服务所需要的工具和 API。

d. Heroku 是一个用于部署 Ruby On Rails 应用的 PaaS 平台，其底层基于 Amazon EC2 的 IaaS 服务，在 Ruby 程序员中有非常好的口碑。

(3) PaaS 的优势

和现有的基于本地的开发和部署环境相比，PaaS 平台主要有下列优势。

a. 开发环境友好。通过提供 SDK 和 IDE（Integrated Development Environment，集成开发环境）等工具来让用户不仅能在本地方便地进行应用的开发和测试，而且能进行远程部署。

b. 服务丰富。PaaS 平台会以 API 的形式将各种各样的服务提供给上层的应用。

c. 管理和监控精细。PaaS 能够提供应用层的管理和监控，能够观察应用运行的情况和具体数值（比如吞吐量和响应时间等）来更好地衡量应用的运行状态，还能通过精确计量应用所消耗的资源来更好地计费。

d. 伸缩性强。PaaS 平台会自动调整资源来帮助运行于其上的应用，更好地应对突发流量。

e. 多住户（Multi-Tenant）机制。许多 PaaS 平台都自带多住户机制，不仅能更经济地支撑庞大的用户规模，而且能提供一定的可定制性以满足用户的特殊需求。

f. 整合率高。PaaS 平台的整合率非常高，比如 Google App Engine 能在一台服务器上承载成千上万的应用。

(4) PaaS 主要使用技术

PaaS 主要使用下列技术：

a. REST。通过 REST（Representational State Transfer，表述性状态转移）技术，能够非常方便和优雅地将中间件层所支撑的部分服务提供给调用者；

b. 多租户。它能让一个单独的应用实例为多个组织服务，而且保持良好的隔离性和安全性。通过这种技术，能有效地降低应用的购置和维护成本；

c. 并行处理。为了处理海量数据，需要利用庞大的 x86 集群进行规模巨大的并行处理，Google 的 MapReduce 是代表之作；

d. 应用服务器。在原有应用服务器的基础上为云计算作了一定程度的优化，比如用于 Google App Engine 的 Jetty 应用服务器；

e. 分布式缓存。通过这种技术，不仅能有效降低对后台服务器的压力，而且还能加快相应的反应速度。最著名的分布式缓存的例子莫过于 Memcached；

f. 对于很多 PaaS 平台，应用服务器和分布式缓存都是必备的，比如用于部署 Ruby 应用的 Heroku 云平台。REST 技术常用于对外的接口，多租户技术则主要用于 SaaS 应用的后台，例如，用于支撑 Salesforce 的 CRM 等应用的 Force.com 多租户内核。并行处理技术常被作为单独的服务推出，例如 Amazon 的 Elastic MapReduce。

（5）应用实例

谷歌 App Engine 平台是 Google 提供的基于 Google 数据中心的开发、托管网络应用程序的平台，每个 Google App Engine 应用程序都可使用 500MB 存储空间，可支持每月约 500 万页面浏览量的 CPU 和宽带。目前每个用户可以免费创建十个应用。

微软的 Azure 平台中 The Azure™ Services Platform（Azure）主机位于微软的数据中心，是一个基于 Internet 的云服务平台，提供操作系统和一系列的开发服务，各种服务可进行自由组合。

6.2.3　IaaS（基础架构即服务）

IaaS 以服务的形式提供服务器、存储和网络硬件以及相关软件，是三层架构的最底层。企业或个人可以使用云计算技术来远程访问计算资源，包括计算、存储以及应用虚拟化技术所提供的相关功能。无论是最终用户、SAAS 提供商还是 PAAS 提供商，都可以从基础设施服务中获得应用所需的计算能力，无需对支持这一计算能力的基础 IT 软硬件付出相应的原始投资成本。

通过 IaaS 这种模式，用户可以从供应商那里获得所需要的计算或者存储等资源，来装载相关应用，并只需为其所租用的那部分资源付费，管理工作由 IaaS 供应商负责。

（1）IaaS 概述

IDC（Internet Data Center，互联网数据中心）和 VPS（Virtual Private Server，虚拟专用服务器）服务出现后，由于技术、性能、价格和使用等方面的不足，这些服务并没有被大中型企业广泛采用。2006 年年底，Amazon 发布了 EC2（Elastic Compute Cloud，灵活计算云）的 IaaS 云服务。由于 EC2 在技术和性能等多方面的优势，这类技术终于被业界广泛认可和接受，其中就包括部分大型企业，比如著名的纽约时报。

（2）相关产品

最具代表性的 IaaS 产品有：Amazon EC2、IBM Blue Cloud、Cisco UCS 和 Joyent。

a. Amazon EC2。EC2 主要以提供不同规格的计算资源（也就是虚拟机）为主。它基于著名的开源虚拟化技术 Xen。通过 Amazon 的各种优化和创新，EC2 提供完善的 API 和 Web 管理界面来方便用户使用，不论在性能上还是在稳定性上都已经满足企业级的需求。

b. IBM Blue Cloud。"蓝云"解决方案是由 IBM 云计算中心开发的业界第一个，也是在技术上比较领先的企业级云计算解决方案。该解决方案可以对企业现有的基础架构进行整合，通过虚拟化技术和自动化管理技术来构建企业自己的云计算中心，并实现对企业硬件资源和软件资源的统一管理、统一分配、统一部署、统一监控和统一备份，也打破了应用对资源的独占，从而帮助企业能享受到云计算所带来的优越性。

c. Cisco UCS 是下一代数据中心平台，在一个紧密结合的系统中整合了计算、网络、存储与虚拟化功能。该系统包含一个低延时、无丢包和支持万兆以太网的统一网络阵列以及多台企业级 x86 架构刀片服务器等设备，并在一个统一的管理域中管理所有资源。用户可以通过在 UCS 上安装 VMWare vSphere 来支撑多达几千台虚拟机的运行。通过 Cisco UCS，能够让企业快速在本地数据中心搭建基于虚拟化技术的云环境。

d. Joyent 提供基于 Open Solaris 技术的 IaaS 服务。其 IaaS 服务中最核心的是 Joyent Smart Machine。与大多数的 IaaS 服务不同，它并不将底层硬件按照预计的额度直接分配给虚拟机，而是维护了一个大的资源池，让虚拟机上层的应用直接调用资源，资源池有公平调度的功能。服务优势是优化资源的调配，易于应对流量突发情况，同时使用人员也无需过多关注操作系统级管理和运行维护。

（3）IaaS 的优势

IaaS 具有下列优势：

a. 免维护。主要的维护工作都由 IaaS 云供应商负责。

b. 非常经济。首先免去了用户前期的硬件购置成本，由于 IaaS 云大都采用虚拟化技术，应用和服务器的整合率普遍在 10（也就是一台服务器运行 10 个应用）以上，能有效降低使用成本。

c. 开放标准。虽然很多 IaaS 平台都存在一定的私有功能，但是由于 OVF 等应用发布协议的诞生，IaaS 在跨平台方面稳步前进，应用能在多个 IaaS 云上灵活地迁移，不会被固定在某个企业数据中心内。

d. 应用范围广泛。因为 IaaS 主要是提供虚拟机，普通的虚拟机能支持多种操作系统，IaaS 支持的应用范围非常广泛。

e. 伸缩性强。IaaS 云只需几分钟就能给用户提供一个新的计算资源，而传统的企业数据中心则往往需要几周时间，并且计算资源可以根据用户需求来调整大小。

（4）IaaS 使用的主要技术

IaaS 主要有虚拟化、分布式存储、关系型数据库、NoSQL 等技术类型。

a. 虚拟化。可以将它理解为基础设施层的"多租户"。通过虚拟化技术，能够在一个物理服务器上生成多个虚拟机，并且能在这些虚拟机之间实现全面的隔离。虚拟化能降低服务器的购置和运维成本。成熟的 x86 虚拟化技术有 VMware 的 ESX 和开源的 Xen。

b. 分布式存储。为了承载海量的数据，同时也要保证这些数据的可管理性，需要一整套分布式存储系统。例如 Google 的 GFS。

c. 关系型数据库。在原有的关系型数据库的基础上作了扩展和管理等方面的优化，使其在云中更适应。

d. NoSQL（非关系型的数据库）。为了满足一些关系数据库所无法满足的目标，一些公司特地设计一批不是基于关系模型的数据库。例如 Google 的 BigTable 和 Facebook 的 Cassandra 等。

现在大多数的 IaaS 服务都是基于 Xen 的，例如 Amazon 的 EC2 等。VMware 推出了基于 ESX 技术的 vCloud。Amazon 的 RDS（Relational Database Service，关系型数据库服务）和 Windows Azure SDS（SQL Data Services，SQL 数据服务）等是基于关系型数据库的云服务。分布式存储和 NoSQL 已经被广泛用于云平台的后端。Google App Engine 的 Datastore 基于 BigTable 和 GFS 两种技术，Amazon 推出的 Simple DB 则基于 NoSQL 技术。

（5）应用实例

Amazon 的 EC2 适合于运行成批的程序组、但没有合适的软硬件环境的情况。Amazon 的 S3 适合于在网络上存储大量的文档，但是没有足够的存储空间的情况。Flexiscale 适用于在网络上发布一个短期（几天到几个月）的网站。这三种模式都采用外包的方式，减轻企业负担，降低管理、维护服务器硬件、网络硬件、基础架构软件和应用软件的人力成本。从更高的层次上看，目的是用尽可能少资本支出，获得功能、扩展能力、服务和商业价值。

云计算的风险主要体现在安全与管理、成本方面。安全与管理主要指安全、时效和法规遵循。企业用户把关键数据放在网络端，特别是中国企业用户把数据存放在位于美国的数据中心时，因为内部 IT 人员无法管控，安全性和实时反应的速度都会存在风险。云计算有计算优势，但把现在的企业计算模式移植到云计算并不是容易的事。企业可能面临的威胁是把应用放上云端，未必能够再撤下，抑或无法转换服务供货商。另外，如果企业的规模够大，例如服务器台数超过了 500 台又有不错的使用率，业务的营运状况稳定且可以预期，那么自己建置数据中心，在总持有成本方面会比采用云端服务经济适用。

6.3 典型云计算平台介绍

云计算是目前最为新鲜、最为热门的话题，其通过提供灵活、自助服务式的 IT 基础架构，促使信息处理方式发生了革命性的转变。云用户不需要了解有关"云"的技术构架和专业知识就可以轻松便捷地完成应用的部署或迁移。云计算的研究吸引了不同技术领域巨头，如 IBM 云计算、微软云计算、Google 云计算、Amazon 云计算等，不同公司对云计算的理论及实现架构也有所不同。有代表性的云计算平台之间的主要特性对比如表6-2 所示。

表 6-2 有代表性的云计算平台之间的主要特性对比

名称	亚马逊(EC2)	Google(App engine)	微软(Azure)	SUN(Cloud APIs)	IBM(蓝云)
平台类型	基础设施	应用程序	应用程序	基础设施	应用/基础设施
服务类型	计算、存储	Web 应用	Web/non-Web 应用	计算、存储	计算
虚拟技术	基于 Xen 的系统级虚拟	应用级虚拟 (App Container)	fabric controller 的系统级虚拟	Sun xVM hypervisor、VMware vSphere、Microsoft Hyper-V	Xen/PowerVM 系统级虚拟
接口	亚马逊 EC2 命令行工具	基于 Web 的管理控制台	Azure portal	Sun web portal	IBM WebSphere portal
Web APIs	有	有	有	有	有
增值服务	有	无	有	有	有
与旧软件的兼容性	兼容	不兼容	兼容	兼容	兼容
用户群	开发人员	终端用户	开发人员	开发人员	开发人员
编程框架	可定制的 linux 实例映像(AMI)	Python	Microsoft . NET	Sun Cloud APIs	Linux-img, hadoop

下面以 IBM 云计算平台为例，介绍典型的云计算平台解决方案。

IBM 公司在 2007 年 11 月发布了云计算平台"蓝云（Blue Cloud）"计划相关的新产品和服务后，凭借多款产品与服务，IBM 已拥有了最为完整的包括硬件、软件与服务的云计算解决方案，来帮助企业客户利用云实现成本与效率的优势。

IBM 云计算解决方案是 IBM 云计算中心经过多年的探索和实践开发出来的先进的基础架构管理平台。该解决方案可以对企业现有的基础架构进行整合，通过虚拟化技术和自动化技术，构建企业自己拥有的云计算中心，实现企业硬件资源和软件资源的统一管理、统一分配、统一部署、统一监控和统一备份，打破应用对资源的独占，从而帮助企业实现云计算理念。该方案结合了业界最新技术，充分体现云计算理念，已在 IBM 内部成功运行多年，并在全球范围内有众多客户案例。

(1) IBM 蓝云计算平台

IBM 公司在 2007 年 11 月 15 日推出了为用户提供即买即用服务的蓝云（Blue Cloud）计算平台（http：//www.ibm.com/cloud/developer）。它包括一系列的云计算产品，使得计算不仅仅局限在本地机器或远程服务器集群；通过架构一个分布式、可全球访问的资源结构，使得数据中心在类似于互联网的环境下进行计算。IBM 云计算对企业现有 IT 环境的影响如表 6-3 所示。

表 6-3　IBM 云计算对企业现有 IT 环境的影响

名称	蓝云云计算模式	现有模式
应用资源分配	从统一资源池中分配虚拟资源给应用	购置服务器,为每个应用单独部署服务器
应用运行环境	虚拟化环境	物理机
应用扩展	从资源池中为应用增加资源	为应用购置新的服务器
应用监控	应用采用统一监控系统	为每个应用部署一套监控系统
OS 应用部署与升级	通过自服务界面自动化完成	手动运行
资源使用率	高	低

"蓝云"基于 IBM Almaden 研究中心(Almaden Research Center)的云基础架构,包括 Xen 和 PowerVM 虚拟化、Linux 操作系统映像以及 Hadoop 文件系统与并行构建。"蓝云"由 IBM Tivoli 软件支持,通过管理服务器来确保基于需求的最佳性能。

蓝云计算平台由一个数据中心、IBM Tivoli 部署管理软件(Tivoli Provisioning Manager)、IBM Tivoli 监控软件(IBM Tivoli Monitoring)、IBM WebSphere 应用服务器、IBM DB2 数据库以及一些虚拟化的组件共同组成。蓝云使用的软件平台相较于以前的分布式平台的不同点,主要体现在对虚拟机的使用以及对于大规模数据处理软件 Apache Hadoop 的部署。Hadoop 是网络开发人员根据 Google 公司公开的资料开发出来的,类似于 Google File System 的 Hadoop File System 以及相应的 Map/Reduce 编程规范。现在也正在进一步开发类似于 Google 的 Chubby 系统以及相应的分布式数据库管理系统 BigTable。由于 Hadoop 是开源的,因此可以被用户单位直接修改,以适合应用的特殊需求。IBM 的蓝云产品则直接将 Hadoop 软件集成到自己本身的云计算平台之上。

蓝云内部使用了虚拟化技术。在云计算中虚拟化可以在两个级别上实现,一个是在硬件级别上。硬件级别的虚拟化可以使用 IBM P 系列的服务器,获得硬件的逻辑分区 LPAR。逻辑分区的 CPU 资源能够通过 IBM 企业负载管理器(Enterprise Workload Manager)来管理。通过这样的方式加上在实际使用过程中的资源分配策略,能够使得相应的资源合理地分配到各个逻辑分区。P 系列系统的逻辑分区最小粒度是 1/10 颗中央处理器(CPU)。

虚拟化的另外一个级别可以通过软件来获得,在蓝云计算平台中使用了 Xen 虚拟化软件。Xen 也是一个开源的虚拟化软件,能够在现有的 Linux 基础之上运行另外一个操作系统,并通过虚拟机的方式灵活地进行软件部署和操作。云计算系统架构图如图 6-7 所示。

图 6-7　云计算系统架构图

（2）IBM 蓝云 6＋1 方案

基于对中国市场的了解和 IBM 全球的资源，IBM 推出了 6＋1 解决方案。该方案能够帮助企业提供 6＋1 种情景的云环境，包括软件开发测试云、SaaS 云、创新协作云、高性能计算云、云计算 IDC、企业云以及一个能够快速部署的云计算环境（CloudBurst），从而帮助各类企业解决所需计算资源问题。

① IBM 云计算业务应用场景　测评中心　采用云计算的形式结合世界先进开发/测试工具和方法论，集合现有的资源，并按照既定项目时间表动态分配和释放资源。云计算中心根据开发需求快速及时地主动提供开发人员所需的环境，开发人员无需单独去部署开发测试环境，避免人工错误和时间延误。建立一致的工作环境、工作模式和工作平台，分布在各个企业园区中的软件开发人员从网络接入到"云"的环境中，进行开发测试工作。

② IBM 云计算业务应用场景　创新中心　基于云计算的创新中心主要目的是促进创新过程的科学性和参与性，在创新生命周期的不同阶段提供及时有效的 IT 工具，并在此基础上形成一个由员工、合作伙伴以及客户组成的一个创新社区，能让更多的人员，能有共同的渠道参与到创新活动中来。通常包括三部分：创意管理平台、创意孵化平台和市场推广及反馈。采用基于云计算的基础架构帮助搭建科学的创新孵化平台，从云计算平台中迅速获取IT 资源，作为孵化环境和运行环境，缩短孵化周期，快速运用创新。

③ 高性能计算中心　采用基于云计算的基础架构帮助搭建高性能计算中心。快速高效、动态优化的高性能计算资源分配模式，在项目结束后，自动回收资源，能充分发挥计算能力。适合对象为高性能计算中心、多用户、多学科研究平台、研究院集中数据中心等。

④ 基于云计算模式的 SaaS 平台　向应用开发商提供云服务，包括为各种应用提供统一的开发和运行平台、统一提供高可用性和备份服务、根据应用的访问量动态扩展资源、按照应用资源使用对应用计费。

⑤ 基于蓝云解决方案搭建 IDC　基于蓝云解决方案搭建 IDC，可以面向各种企业提供弹性基础架构服务，该服务具有以下特点：

a. 能够为各种互联网应用提供所需的服务器、存储及网络资源；

b. 具备与物理机媲美的性能，且价格更具吸引力；

c. 根据用户需求进行迅速扩展；

d. 支持按使用付费或者按月租用；

e. 更好的安全性；

f. 更简便的支持 SaaS 应用。

⑥ 基于云计算模式的企业数据中心　通过硬件设备虚拟化、软件版本标准化、系统管理自动化和服务流程一体化手段，把传统的数据中心建成以服务为中心的运行平台，资源使用从独占方式转变成完全共享方式，运行环境可以自动部署、分配、调整资源，从而帮助客户建立一个基于业务的资源共享、服务集中、自动化管理的数据中心。

⑦ CloudBurst 快速部署云　该方案提供一个可快速部署的云计算平台。云计算管理能力与被管理的资源被内置在一组刀片中心中。通过使用内置的云计算管理平台，用户可以把刀片中心变成一个小型的云，使之可以动态提供用户所需的虚拟服务器。用户可以使用大大超过物理机器数量的虚拟服务器。IBM CloudBurst v1.2 硬件和软件配置如表 6-4 和表 6-5所示。IBM CloudBurst 的逻辑结构图如图 6-8 所示。

表 6-4　IBM CloudBurst v1.2 硬件配置

名称	型号
企业机架	IBM System Cluster1350 42U
系统管理服务器	IBM System x3650 M2
机架（以太网、FC冗余电源管理器）	IBM BladeCenter H
管理节点刀片	IBM BladeCenter HS22
刀片服务器	IBM BladeCenter HS22 、Xeon(至强) X5560 4C 2.8GHz(2CPU) Mem 48GB
存储服务器	IBM System Storage™ DS3400 FC

表 6-5　IBM Cloudburst 1.2-软件组成

类型	名称	型号
部署和管理软件	服务自动化	IBM Tivoli Service Automation Manager 7.2
	系统部署	Tivoli Provisioning Manager 7.1 with DB2 ESE V9.1
	用户目录管理	Tivoli Directory Server 6.1.0.1
	计量计费	IBM Tivoli Usage and Accounting Manager V7.1.2
	系统监控	Tivoli Monitoring 6.2.1
	网络安全	IBM Proventia® Network IPS GX Series GV1000（可选）
	虚拟化	VMware ESXi 3.5 U4
硬件管理软件	硬件管理	IBM Systems Director 6.1.1
	能效管理	Active Energy Manager
	存储管理	IBM DS Storage Manager for DS4000tm v10.36
	硬件维护工具	ToolsCenter 1.0
	虚拟机管理	VMware vCenter Server 2.5

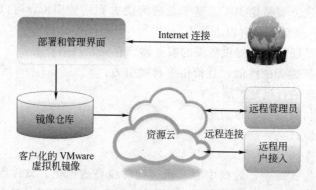

图 6-8　IBM CloudBurst 逻辑结构

（3）成功案例：黄河三角洲云计算中心

2008 年 5 月，IBM 宣布在中国无锡太湖新城科教产业园建立第一个中国云计算中心。2008 年 6 月，IBM 宣布在北京成立大中华区云计算中心。2009 年 7 月，IBM 首个企业云落户全球 500 强企业中化集团。2009 年 9 月，IBM 与山东省东营市共建黄河三角洲云计算中心，即应用云计算解决方案 CloudBurst，构建"智慧的东营"。黄河三角洲开发建设的国家策略为东营带来新机遇，同时也对信息化建设提出了更新更高的要求。云计算技术的引入，将助推东营成为真正的"石油之城、数字之城和生态之城"。东营市黄河三角洲云计算中心如图 6-9 所示。

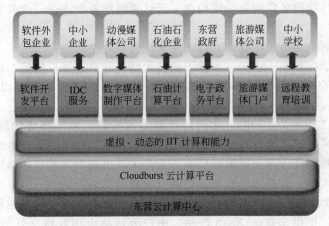

图 6-9　东营市黄河三角洲云计算中心

目前，云计算平台已经搭建在软件园 IDC 机房内，云平台采用了 IBM 最新的 Cloud-Burst 云计算解决方案，包括了服务器、刀片、网络设备、存储、虚拟化的技术，同时内建有高级服务管理系统。它能快速部署可靠的云计算环境，从而帮助企业缩短配置时间、降低成本、提高灵活性及快速相应业务需求。

Cloudburst 是集成硬件、管理软件与实施服务为一体，简单快速的实现动态资源部署式云计算平台。它提供自助服务界面，使用户随时、随需申请资源，消除手动流程繁琐的问题。它实现分级资源自动部署，并保证资源部署的一致性和高效利用率。它内置虚拟化技术，通过虚拟工作量的管理优化资源使用率，并自动迁移虚拟机以满足服务水平目标。

IBM 公司基础的 CloudBurst 硬件配置采用了 1 个 42U 的机架，里面容纳了一台 Blade-Center 刀片服务器机箱和一台 System x 3650 M2 服务器。搭载英特尔最新 "Nehalem EP" 四核超强处理器的 3650 M2 服务器拥有 48GB 的主存，可以作为云基础架构的管理服务器进行配置。机箱内还配置了一个 HS22 Nehalem 刀片服务器，这也是机箱内的指定管理刀片服务器，外加三个 HS22 刀片服务器来支持 ESX Server 管理程序、操作系统和应用软件工作负载。

所有的 HS22 刀片服务器都有 48GB 的主存。最初为用户设计的机箱中还预留了 10 个刀片的空间来用于扩展计算能力，机架中可以添加多个机箱，随着云的增长，数据中心可以增加多重机架。刀片服务器也能通过光纤通道和 DS3400 中端磁盘阵列连接在一起。

软件方面，CloudBurst 基础架构的配置采用的是 VMware 的 ESXi 3.5 内置管理程序，它存储在插入每个 HS22 刀片的内部闪存之中。System x 管理服务器和 HS22 管理刀片安装的是 IBM 的 Tivoli Provisioning Manager V7.1、Monitoring V6.2.1 和 Systems Director 系统管理工具，包括可以控制 IBM 服务器中能量封顶特性的活动能量管理器。

软件堆栈还包括 IBM 的 ToolCenter 1.0、DS Storage Manager V10.36 和用于 DS3400 阵列的 LSI SMI-S。整个配置是和称为 CloudBurst V1.1 的服务管理套装共同工作，将虚拟服务器和存储转化为云。

6.4　中国云计算的发展情况

云计算已成为 IT 产业发展的重要趋势，将为整个产业带来新的变革和机会。目前，中国 IT 市场已经跃居全球第二，仅次于美国。中国云计算产业生态链的构建正在进行中，在政府的监管下，云计算服务提供商、软硬件网络基础设施服务商以及云计算咨询规划、运维、集成服务商、终端设备厂商等一同构成了云计算的产业生态链，为政府、企业和个人用户提供服务。

中国云计算产业分为市场准备期、起飞期和成熟期三个阶段。

a. 准备阶段（2007～2010年）：本阶段是技术储备和概念推广阶段，解决方案和商业模式尚在尝试中。用户对云计算认知度仍然较低，成功案例较少。初期以政府公共云建设为主。

b. 起飞阶段（2010～2015年）：本阶段产业高速发展，生态环境建设和商业模式构建成为本时期的关键词，进入云计算产业的"黄金机遇期"。此时，成功案例逐渐丰富，用户了解和认可程度不断提高，越来越多的厂商开始介入，出现大量的应用解决方案，用户主动考虑将自身业务融入云。公有云、私有云、混合云建设齐头并进。

c. 成熟阶段（2015年～）：本阶段云计算产业链、行业生态环境基本稳定；各厂商解决方案更加成熟稳定，提供丰富的XaaS产品。用户云计算应用取得良好的绩效，并成为IT系统不可或缺的组成部分，云计算成为一项基础设施。

在云计算兴起之初，中国各级地方政府对其表现出了极大的热情。截至目前，中国已有数十个城市将云计算确定为重点发展的产业，并采取多种举措促进云计算的发展。北京、上海、深圳、杭州、无锡作为云计算创新发展的试点城市，是中国云计算发展大潮中的领跑者。云计算试点城市发展概况如表6-6所示。

表6-6　云计算试点城市发展概况

重点城市	应用案例	未来发展方向	发展目标	重点应用领域
北京	北京工业大学云计算实验平台，公共云计算平台	云计算专用的芯片和软件平台、云计算服务产品、云计算解决方案、云计算网络产品及云计算终端产品	世界级云计算产业基地、2015年形成500亿元的产业规模，产业链规模达2000亿元	电子政务、重点行业、互联网服务及电子商务
上海	盛大网络云计算平台、上海市云计算创新基地启动、上海市云计算产业基地启动、微软中国云计算创新中心在上海落户	突破虚拟化核心技术、研发云计算管理平台、建设云计算基础设施、鼓励云计算行业应用、构建云计算安全环境	亚太地区的云计算中心、3年内在云计算领域形成1000亿元的新增产业规模	城市管理、产业发展、电子政务、中小企业服务等
无锡	无锡云计算中心、盘古天地软件服务创新孵化平台、无锡传感网创新园云存储计算中心	发展商务云、开发云、政务云等多个云平台，提供多样化云服务	优化无锡市软件和服务外包产业的发展生态环境	电子政务、电子商务、科技服务外包等
深圳	中国科技大学深圳云计算应用中心、深圳市云计算产业协会、微软云计算领域合作等	打造本土云服务龙头、推进电子商务示范城市建设	华南云计算中心	教育、电子政务、电子商务等
杭州	微软云计算中心	研发、制造、系统集成、运营维护等云计算产业体系	立足杭州、辐射周边、面向全国	软件业、知识产权保护等

2008年，IBM先后在无锡和北京建立了两个云计算中心；2008年11月25日，中国电子学会专门成立了云计算专家委员会。2009年5月22日，中国电子学会隆重举办首届中国云计算大会，1200多人与会，盛况空前。2009年12月，举办中国首届云计算学术会议。2010年5月21～22日在北京召开的第二届中国云计算大会。2010年7月，北京市经济和信息化委员会公布了北京市"祥云工程"实施方案。2010年8月，上海发布了《上海推进云计算产业发展行动方案（2010～2012年）》三年行动方案，即"云海计划"，并将上海在云

计算领域定位为亚太地区的云计算中心。无锡是国内第一批云计算中心建设城市，2008 年开始建设的无锡云计算中心通过两年的发展，目前进入第二期建设发展阶段，该中心搭建基于 IBM 云计算基础架构的商务云平台、开发云平台、政务云平台，并应用了 IBM 全球最新发布的云计算容量规划方案。中国移动实施"大云计划"，在 2007 年 3 月确定了大云的研究方向，中国移动"大云"产品包括五部分：并行数据挖掘工具、分布式海量数据仓库、弹性计算系统、云存储系统和 MapReduce 并行计算执行环境。

2012 年中国公有云市场规模是 35 亿元（约 5.6 亿美元），全球云服务规模是 220 亿美元，并以每年 20％以上的速度持续增长。其中，美国规模最大、成长最快，约占全球云计算市场的 60％，欧洲、日本紧随其后。中国的云计算起步晚，规模小。若从整个 IT 市场看来，云计算目前只占整个 IT 市场（4 万亿）中的很小一部分。目前，我国 IT 市场重硬轻软现象仍旧突出，公司采购主要以硬件为主，软件特别是服务份额很低。对比全球市场，服务占到 50％以上并在不断提升，硬件仅占四分之一左右。就市场情况而言，仅有比较少的企业使用了云计算技术，在已使用云计算的企业群体中，也仍以主机和存储为主，业务开发和与自身平台结合等应用目前比重较低，没有真正发挥云计算强大作用。除此以外，云计算还受自身稳定性、安全性、服务质量、商业模式、基础设施等因素的影响。随着云计算本身业务成熟、服务质量和稳定性提升、商业模式清晰，用户对云计算的信任和认知程度逐渐提升，云计算的使用者将会越来越多。中国政府非常关注云计算的发展，在十二五规划和国务院关于加快培育和发展战略性新兴产业的决定中都强调了重点支持云计算的发展。

目前，国家部委与地方政府已经着手建设云计算试点城市和开展各类云计算战略计划，云服务也进入政府采购目录，并通过出台云计算数据中心标准、相关牌照重新开放等措施，以多种形式推动云计算的发展。

本 章 小 结

云计算作为信息技术领域的一种创新服务模式，被看作是新一代信息技术变革和业务应用模式变革的核心，备受业界和各国关注，并积极推进发展。作为一种 IT 基础设施交付和使用模式，一种基于互联网通过虚拟化方式共享信息资源的新型计算模式，云计算为数据计算、存储和管理提供了虚拟资源空间和超强计算能力，可让用户低成本、高效率、灵活地分享信息技术的发展成果，更好地获取和使用知识，减小数字鸿沟，加强科技创新，提高公共服务水平。

本章主要介绍了云计算的起源、其关键特征、服务和部署模式及云计算标准化，分析了云计算的关键技术与使用场景，并概述了云计算国内外的标准化现状，提出了我国云计算标准化体系，在此基础上也列举了国内外云计算的典型案例以供读者参考。

习　题

一、单项选择题

1. 云计算是对_____技术的发展与运用。

A. 并行计算　　　　B. 网格计算　　　　C. 分布式计算　　　　D. 三个选项都是

2. IBM 推出云计算操作系统是_____。

A. IBM App Engine　B. 蓝云　　　　　C. EC2　　　　　　D. 都不是

3. 将平台作为服务的云计算服务类型是_____。

A. IaaS　　　　　　B. PaaS　　　　　C. SaaS　　　　　D. 三个选项都不是

4. 将基础设施作为服务的云计算服务类型是_____。

A. IaaS　　　　　　B. PaaS　　　　　C. SaaS　　　　　D. 三个选项都不是

5. IaaS 计算实现机制中，系统管理模块的核心功能是_____。

A. 负载均衡   B. 监视节点的运行状态

C. 应用 API   D. 节点环境配置

6. 在云计算系统中，提供"云端"服务模式是_____公司的云计算服务平台。

A. IBM   B. GOOGLE   C. Amaxon   D. 微软

二、多项选择题

1. 云计算按照服务类型大致可分为以下_____类。

A. IaaS   B. PaaS   C. SaaS   D. 效用计算

2. GFS 中主服务器节点存储的元数据包含这些信息_____。

A. 文件副本的位置信息   B. 命名空间

C. Chunk 与文件名的映射   D. Chunk 副本的位置信息

3. 下面选项不属于 IBM 提供的云计算服务是_____。

A. 弹性云计算 EC2   B. 简单存储服务 S3

C. 简单队列服务 SQS   D. Net 服务

4. 云计算创新发展的试点城市有_____。

A. 北京   B. 上海   C. 深圳   D. 青岛

三、判断题

1. 云计算是把"云"作为资料存储，以及应用服务中心的一种计算。

2. 如何确保标签物拥有者的个人隐私不受侵犯，成为射频识别技术乃至物联网推广的关键问题。

四、简答题

1. 目前对云计算的定义主要有哪些表述？各种表述之间的侧重点有什么不同？

2. 简述云计算的主要特征。

3. 简述云计算的工作原理与关键技术。

4. 简述云计算的应用场合，试举例说明。

5. 解释 SaaS、PaaS 和 IaaS 的含义。

6. 简述云计算与物联网之间的关系。

7. 在互联网上检索有关云计算技术发展的最新研究成果，并写出综述。

第7章

智能信息处理技术

【本章学习重点】

通过本章的学习，了解机器学习、模式识别、信息融合和数据挖掘等各种智能信息处理技术的概念、发展和特点，掌握机器学习、模式识别、信息融合和数据挖掘的系统组成和方法，了解智能信息处理技术的应用，为后续的学习和研究建立基础。

智能信息处理是计算机科学中的前沿交叉学科，是应用导向的综合性学科，其目标是处理海量和复杂信息，研究新的、先进的理论和技术。物联网上部署了大量的不同类型的传感器，传感器定时采集的信息通过网络传输，形成了海量信息。物联网将传感器和智能处理相结合，利用机器学习、模式识别、信息融合和数据挖掘等各种智能技术，从获得的海量信息中分析、加工和处理出有意义的数据，以适应不同用户的需求，发现新的应用领域和应用模式。

7.1 机器学习

机器学习（Machine Learning）是一门多领域交叉学科，涉及概率论、统计学、逼近论、凸分析、算法复杂度理论等多门学科。它专门研究计算机怎样模拟或实现人类的学习行为，以获取新的知识或技能，重新组织已有的知识结构，使之不断改善自身的性能。它是人工智能的核心，是使计算机具有智能的根本途径，其应用遍及人工智能的各个领域，它主要使用归纳、综合而不是演绎。

机器学习就是计算机自动获取知识，它是知识工程的三个分支（使用知识、表实知识、获取知识）之一。本节将介绍机器学习的基本问题，包括：什么是机器学习、机器学习的发展历史、机器学习的模型、机器学习的分类和机器学习的研究目标。

7.1.1 机器学习概述

（1）机器学习的概念

学习是人类具有的一种重要智能行为，但究竟什么是学习，长期以来却众说纷纭。社会学家、逻辑学家和心理学家都各有其不同的看法。按照人工智能大师西蒙的观点，学习就是系统在不断重复的工作中对本身能力的增强或者改进，使得系统在下一次执行同样任务或类似任务时，会比现在做得更好或效率更高。西蒙对学习给出的定义本身，就说明了学习的重要作用。

什么叫做机器学习？至今，还没有统一的"机器学习"定义，而且也很难给出一个公认的和准确的定义。汤姆·米切尔（Tom M. Mitchell）在其著作《Machine Learning》中定义机器学习时提到："机器学习是研究计算机算法，并通过经验提高其自动性"。埃塞姆·阿培丁（Ethem Alpaydin）在《机器学习导论》中对机器学习定义为："机器学习是用数据或以往的经验，以此优化计算机程序的性能标准"。

顾名思义，机器学习是研究如何使用机器来模拟人类学习活动的一门学科。更为严格的提法是：机器学习是一门研究机器获取新知识和新技能，并识别现有知识的学问。这里所说的"机器"，指的就是计算机，现在是电子计算机，以后还可能是中子计算机、光子计算机或神经计算机等。

机器能否像人类一样具有学习能力呢？1959年美国的阿瑟·塞缪尔（Samuel）设计了一个下棋程序，这个程序具有学习能力，它可以在不断地对弈中改善自己的棋艺。4年后，这个程序战胜了设计者本人。又过了3年，这个程序战胜了美国一个保持8年之久的常胜不败的冠军。这个程序向人们展示了机器学习的能力，提出了许多令人深思的社会问题与哲学问题。

机器的能力是否能超过人的能力，很多持否定意见的人的一个主要论据是：机器是人造的，其性能和动作完全是由设计者规定的，因此无论如何其能力也不会超过设计者本人。这种意见对不具备学习能力的机器来说的确是对的，可是对具备学习能力的机器就值得考虑了，因为这种机器的能力在应用中不断地提高，过一段时间之后，设计者本人也不知它的能力到了何种水平。

（2）机器学习的发展

机器学习是人工智能研究较为年轻的分支，它的发展过程大体上可分为4个阶段。

第一阶段是在20世纪50年代中叶到60年代中叶，属于热烈时期。在这个时期，研究的是"没有知识"的学习，即"无知"学习。其研究目标是各类自组织系统和自适应系统，指导本阶段研究的理论基础是早在40年代就开始研究的神经网络模型。在这个时期，我国研制了数字识别学习机。

第二阶段是在20世纪60年代中叶至70年代中叶，被称为机器学习的冷静时期。本阶段的研究目标是模拟人类的概念学习过程，并采用逻辑结构或图结构作为机器内部描述。这个时期正是我国"史无前例"的十年，对机器学习的研究不可能取得实质进展。

第三阶段是从20世纪70年代中叶至80年代中叶，称为复兴时期。在这个时期，人们从学习单个概念扩展到学习多个概念，探索不同的学习策略和各种学习方法。本阶段已开始把学习系统与各种应用结合起来，中国科学院自动化研究所进行质谱分析和模式文法推断研究，表明我国的机器学习研究得到恢复。1980年西蒙来华传播机器学习的火种后，我国的机器学习研究出现了新局面。

最新阶段始于1986年。一方面，由于神经网络研究的重新兴起；另一方面，实验研究和应用研究得到前所未有的重视。我国的机器学习研究开始进入稳步发展和逐渐繁荣的新时期。

机器学习进入新阶段的重要表现在下列方面。

a. 机器学习已成为新的边缘学科并在高校形成一门课程。它综合应用心理学、生物学和神经生理学，以及数学、自动化和计算机科学形成机器学习理论基础。

b. 结合各种学习方法，取长补短的多种形式的集成学习系统研究正在兴起。特别是连接学习符号学习的耦合，可以更好地解决连续性信号处理中知识与技能的获取与求精问题。

c. 机器学习与人工智能各种基础问题的统一性观点正在形成。例如学习与问题求解结合进行、知识表达便于学习的观点产生了通用智能系统SOAR的组块学习。类比学习与问题求解结合的基于案例方法已成为经验学习的重要方向。

d. 各种学习方法的应用范围不断扩大，一部分已形成商品。归纳学习的知识获取工具已在诊断分类型专家系统中广泛使用。连接学习在声图文识别中占优势。分析学习已用于设计综合型专家系统。遗传算法与强化学习在工程控制中有较好的应用前景。与符号系统耦合的神经网络连接学习，将在企业的智能管理与智能机器人运动规划中发挥作用。

　　e. 与机器学习有关的学术活动空前活跃。国际上除每年一次的机器学习研讨会外，还有计算机学习理论会议以及遗传算法会议。

7.1.2　机器学习系统的基本结构

　　以西蒙关于学习的定义作为出发点，建立机器学习系统的基本模型。机器学习系统的基本结构如图 7-1 所示。

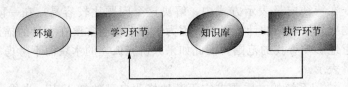

图 7-1　机器学习系统的基本结构

　　模型中包含学习系统的四个基本组成环节。环境和知识库是以某种知识表示形式表达的信息的集合，分别代表外界信息来源和系统具有的知识。学习环节和执行环节代表两个过程。学习环节处理环境提供的信息，以便改善知识库中的显式知识。执行环节利用知识库中的知识来完成某种任务，并把执行中获得的信息回送给学习环节。

　　环境向系统的学习部分提供某些信息，学习部分利用这些信息修改知识库，以增进系统执行部分完成任务的效能，执行部分根据知识库完成任务，同时把获得的信息反馈给学习部分。在具体的应用中，环境、知识库和执行部分决定了具体的工作内容，学习部分所需要解决的问题完全由上述三部分确定。

　　(1) 环境

　　影响学习系统设计的最重要的因素是环境向系统提供的信息，更具体地说是信息的质量。知识库里存放的是指导执行部分动作的一般原则，但环境向学习系统提供的信息却是各种各样的。如果信息的质量比较高，与一般原则的差别比较小，则学习部分比较容易处理。如果向学习系统提供的是杂乱无章的、指导执行具体动作的具体信息，则学习系统需要在获得足够数据之后，删除不必要的细节，进行总结推广，形成指导动作的一般原则，放入知识库，这样学习部分的任务就比较繁重，设计起来也较为困难。

　　信息的水平是指信息的一般性程度，也就是适用范围的广泛性。这里的一般性程度是相对执行环节的要求而言。高水平信息比较抽象，适用于更广泛的问题。低水平信息比较具体，只适用于个别的问题。环境提供的信息水平和执行环节所需的信息水平之间往往有差距，学习环节的任务就是解决水平差距问题。

　　如果环境提供较抽象的高水平信息，学习环节就要补充遗漏的细节，以便执行环节能用于具体情况。如果环境提供较具体的低水平信息，即在特殊情况执行任务的实例，学习环境就要由此归纳出规则，以便用于完成更广的任务。

　　信息的质量是指：正确性、适当的选择和合理的组织。信息质量对学习难度有明显的影响。例如，若施教者向系统提供准确的实教例子，而且提供例子的次序也有利于学习，则容易进行归纳。若实教例子中有干扰，或实例的次序不合理，则难以归纳。

　　(2) 知识库

　　知识库是影响学习系统设计的第二个因素。知识的表示有多种形式，比如特征向量、一阶逻辑语句、产生式规则、语义网络和框架等，这些表示方式各有其特点。在选择表示方式时要兼顾以下 4 个方面。

a. 表达能力强。人工智能系统研究的一个重要问题是所选择的表示方式，能很容易地表达有关的知识。例如，如果我们研究的是一些孤立的木块，则可选用特征向量表示方式。用 〈＜颜色＞，＜形状＞，＜体积＞〉 这样形式的一个向量表示木块，比方说（红，圆，小）表示的是一个红颜色的小的圆形木块，（绿，方，大）表示一个绿颜色的大方形木块。但是，如果用特征向量描述木块之间的相互关系，比方说要说明一个红色的木块在一个绿色的木块上面，则比较困难了。

b. 易于推理。在具有较强表达能力的基础上，为了使学习系统的计算代价比较低，人们希望知识表示方式能使推理较为容易。例如，在推理过程中经常会遇到判别两种表示方式是否等价的问题。在特征向量表示方式中，解决这个问题比较容易；在一阶逻辑表示方式中，解决这个问题要花费较高的计算代价。因为学习系统通常要在大量的描述中查找，很高的计算代价会严重地影响查找的范围。因此如果只研究孤立的木块而不考虑相互的位置，则应该使用特征向量表示。

c. 易于修改。学习系统的本质要求它不断地修改自己的知识库，当推广得出一般执行规则后，要加到知识库中。当发现某些规则不适用时要将其删除。因此学习系统的知识表示，一般都采用明确、统一的方式，如特征向量、产生式规则等，以利于知识库的修改。从理论上看，知识库的修改是个较为困难的课题，因为新增加的知识可能与知识库中原有的知识矛盾，有必要对整个知识库做全面调整。删除某一知识也可能使许多其他的知识失效，需要进一步做全面检查。

d. 易于扩展。随着系统学习能力的提高，单一的知识表示已经不能满足需要，一个系统有时同时使用几种知识表示方式。不但如此，有时还要求系统自己能构造出新的表示方式，以适应外界信息不断变化的需要，因此要求系统包含如何构造表示方式的元级描述。现在，人们把这种元级知识也看作是知识库的一部分。这种元级知识使学习系统的能力得到极大提高，使其能够学会更加复杂的东西，不断地扩大学习系统的知识领域和执行能力。

学习系统不能在全然没有任何知识的情况下凭空获取知识，每一个学习系统都要具有某些知识以便用于理解环境提供的信息，进行分析比较、做出假设、检验并修改这些假设等。确切地说，学习系统是对现有知识的扩展和改进。

（3）执行部分

执行部分是整个学习系统的核心，因为执行部分的动作就是学习部分力求改进的动作。同执行部分有关的问题有三个：复杂性、反馈和透明性。

a. 任务的复杂性。对于通过例子学习的系统，任务的复杂性可以分成三类。最简单的是按照单一的概念或规则进行分类或预测的任务。比较复杂一点的任务涉及多个概念。学习系统最复杂的任务是小型计划任务，系统必须给出一组规则序列，执行部分依次执行这些规则。

b. 反馈。所有的学习系统必须评价学习部分提出的假设。有些程序有一部分独立的知识专门从事这种评价。最常用的方法是有教师提出的外部执行标准，然后，观察比较执行结果与这个标准，视情况把比较结果反馈给学习部分，以决定假设的取舍。

c. 透明性。透明性要求从系统的执行部分的动作效果可以很容易地对知识库的规则进行评价。例如下完一盘棋之后，要从输赢总的效果来判断所走过的每一步的优劣就比较困难，但若记录了每一步之后的局势，从局势判断优劣则比较直观和容易。

7.1.3　机器学习的主要策略

机器学习的发展极为迅速，应用亦日益广泛，有很多优秀的学习算法，可以分为基于符号学习方法和基于非符号学习方法。其中符号学习比较好的有机械式学习、指导式学习、示例学习、类比学习、基于解释的学习。随着人工智能研究的进展，人们逐渐发现研究人工智能的最好方法是向人类自身学习，因而引入了一些模拟进化的方法来解决复杂优化的问题，许多科学家致力于这两种方法的研究：遗传算法和神经网络。遗传算法的生物基础是人类生理的进化及发展，这种方法被称为进化主义；另一方面，神经网络的理论是基于人脑的结构，其目的是揭示一个系统是如何向环境学习的，此方法被称为连接主义。另外，基于统计学习理论提出了支持向量机的学习算法，由于其出色的学习性能尤其是泛化能力，从而引起了人们对这一领域的极大关注。该技术已成为机器学习界的研究热点，并在很多领域都得到了成功的应用。

(1) 机械学习 (Rote learning)

机械学习（Rote Learning）又称死记式学习，是最简单、最原始、最基本的学习策略。通过记忆和评价外部环境所提供的信息达到学习的目的，学习系统要做的工作就是把经过评价所获取的知识存储到知识库中，求解问题时就从知识库中检索出相应的知识直接用来求解问题。这种学习策略不需要任何推理过程。外面输入知识的表示方式与系统内部表示方式完全一致，不需要任何处理和变化。在机械学习系统中，知识的获取是以较为稳定和直接的方式进行的，不需要系统进行过多的加工。

这里可以把执行部分抽象地看成某一函数，这个函数在得到自变量输入值（x_1，…，x_n）之后，计算并输出函数值（y_1，…，y_p）。实际上它就是简单的存储联合对 $[(x_1$，…，$x_n)$，$(y_1$，…，$y_p)]$。当需要 $f(X_1, X_2, …, X_n)$ 时，执行部分就从存储器中把（Y_1，Y_2，…，Y_p）简单地检索出来而不是重新计算它。

机械学习是基于记忆和检索的方法，学习方法简单，但学习系统在设计时需要注意三个重要的问题。其一是存储组织信息：采用适当的存储方式，使检索速度，尽可能地快，是机械学习中的重要问题；其二是环境的稳定性与存储信息的适用性问题：机械学习系统必须保证所保存的信息适应于外界环境变化的需要，也就是所谓的信息适用性问题；其三是存储与计算之间的权衡：对于机械学习来说，很重要的一点是不能降低系统的效率。

(2) 指导式学习 (Learning from instruction 或 Learning by being told)

比机械式学习更复杂的学习是指导式学习。指导式学习（Learning by Being Told）又称嘱咐式学习或教授式学习。在这种学习方式下，由外部环境向系统提供一般性的指示或建议，系统把它们具体地转换为细节知识并送入知识库。在学习过程中要反复对形成的知识进行评价，使其不断完善。对于使用指导式学习策略的系统来说，外界输入知识的表达方式与内部表达方式不完全一致，系统在接收外部知识时需要一点推理、翻译和转换工作。MYCIN（一种帮助医生对住院的血液感染患者进行诊断和选用抗菌素类药物进行治疗的专家系统，70 年代初由美国斯坦福大学研制，用 LISP 语言写成）、DENDRAL（一种帮助化学家判断某待定物质的分子结构的专家系统。1965 年在美国斯坦福大学开始研制，系统是用 LISP 语言写成。）等专家系统在获取知识上都采用这种学习策略。

一般地说，指导式学习系统需要通过如下步骤实现其功能。

a. 请求：征询指导者的指示或建议。

b. 解释：消化吸收指导者的建议并把它转换成内部表示。

c. 实用化：把指导者的指示或建议转换成能够使用的形式。

d. 并入：并入到知识库中。

e. 评价：评价执行部分动作的结果，并将结果反馈到第一步。

指导式学习是一种比较实用的学习方法，可用于专家知识获取。它既可避免由系统自己进行分析、归纳从而产生新知识所带来的困难，又无需领域专家了解系统内部知识表示和组织的细节，因此目前应用得较多。

（3）类比学习（Learning by analogy）

类比是人们认识世界的一种重要方法，亦是诱导人们学习新事物、进行创造性思维的重要手段。类比学习就是通过类比，即通过对相似事物进行比较所进行的一种学习，在遇到新的问题时，可以学习以前解决过的类似问题的解决方法，来解决当前的问题。

类比学习的基础是类比推理。所谓类比推理，就是指由新情况与记忆中的已知情况在某些方面类似，从而推出它们在其他方面也相似。显然，类比推理就是在两个相似域之间进行的。

① 已经认识的域。它包括过去曾经解决过且与当前问题类似的问题及相关知识，称为源域或者基（类比源），记为 S。

② 当前尚未完全认识的域。它是遇到的新问题，称为目标域，记为 T。类比推理的目的就是从 S 中选出与当前最近似的问题以及求解方法来求解当前的问题，或者建立目标域中已有命题间的联系，形成新知识。

类比学习方法通常有属性类比学习和转换类比学习两种。在类比学习过程中一般包括输入、匹配、检验、修正和更新知识库五个步骤。

在设计类比学习系统的过程中要注意：灵活定义类比的匹配机制。在匹配过程中，为了确定两个问题是否相似，就要将两个问题的各个部分对应起来；时调整类比的相似性；谨慎处理类比的修正。

（4）归纳学习（Learning from induction）

归纳学习是应用归纳推理进行学习的一类学习方法，也是研究最广的一种符号学习方法，它表示从例子设想出假设的过程。归纳是指从个别到一般、从部分到整体的一类推论行为。

归纳推理是应用归纳方法所进行的推理，即从足够多的事例中归纳出一般性的知识，它是一种从个别到一般的推理。由于在进行归纳时，多数情况下不可能考察全部有关的事例，因而归纳出的结论不能绝对保证它的正确性，只能以某种程度相信它为真，这是归纳推理的一个重要特征。在进行归纳学习时，学习者从所提供的事实或观察到的假设进行归纳推理，获得某个概念。归纳学习也可按其有无教师指导分为示例学习以及观察与发现学习。

示例学习又称概念获取或从例子中学习，它指的是从环境中取得若干与某概念有关的例子，经归纳得出一般性概念或经验的学习方法，它属于有师学习。学习模型如图 7-2 所示。

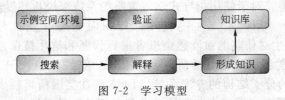

图 7-2　学习模型

示例学习的学习过程是：

① 从示例空间（环境）中选择合适的训练示例。

② 经分析、归纳出一般性的知识。

③ 再从示例空间（环境）中选择更多的示例对它进行验证，直到得到可实用的知识为止。

（5）基于解释的学习（Exclamation-Based Learning，EBL）

基于解释的学习是 20 世纪 80 年代中期兴起的新型机器学习方法，旨在通过应用领域理论（领域知识）对单一事例所作的分析，构造满足预定目标概念并遵从可操作准则的一个解释。基于解释的学习是知识密集型的，可克服归纳学习因缺乏领域知识的引导而面临的问题，从而得到了深入的研究。

基于解释学习是通过运用相关的领域知识及一个训练实例来对某一目标概念进行学习，最终生成这个目标概念的一般描述，该一般描述是一个可形式化表示的一般性知识。这种学习方法基于如下考虑提出：

a. 人们经常能从观察或执行的单个实例中得到一个一般性的概念及规则，这就为基于解释学习的提出提供了可能性；

b. 基于解释的学习因在其学习过程中运用领域知识提供给系统的实例进行分析，保证了推理的正确性；

c. 应用基于解释学习的方法进行学习，有望提高学习效率。

在进行解释学习时，要向学习系统提供一个实例和完善的领域知识。在分析实例时，首先建立关于该实例是如何满足所学概念定义的一个解释。由这个解释所识别出的实例的特性，作为一般性概念定义的基础；然后，通过后继的练习，期待学习系统在练习中能够发现并总结出更一般性的概念和原理。在这个过程中，学习系统必须设法找出实例与练习间的因果关系，并应用实例去处理练习，把结果上升为概念和原理，并存储起来供以后使用。

基于解释的学习方式可以理解成通过一个具体的结果和对它的解释过程，对具体的例子进行普化，从而得到一个普遍的原理。基于解释的学习可以提供更多的东西。这种学习方式只记录现有因果链，并把这些因果链重新装入更为直接有用的重聚，不增加任何新东西。

著名的 EBL 系统有迪乔恩（G. DeJong）的 GENESIS，米切尔（T. Mitchell）的 LEXII 和 LEAP，以及明顿（S. Minton）等的 PRODIGY。

(6) 基于神经网络的学习 (Neural network based learning)

一个连接模型（神经网络）是由一些简单的类似神经元的单元以及单元间带权的连接组成。每个单元具有一个状态，这个状态是由与这个单元相连接的其他单元的输入决定的。连接学习的目的是区分输入的模式的等价类。连接学习通过使用各类例子来训练网络，产生网络的内部表示，并用来识别其他输入例子。学习主要表现在调整网络的连接权，这种学习是非符号的，并具有高度并行分布式处理的能力，近年来获得极大的成功与发展。比较出名的网络模型和学习算法有单层感知器（Perceptron）、Hopfield 网络（美国加州理工学院物理学家 J. J. Hopfield 教授于 1982 年提出的一种单层反馈神经网络）、Bohzmann 机和反向传播算法（Back Propagation，BP）。

人工神经网络是在现代神经科学的基础上提出和发展起来的，旨在反映人脑结构及功能的一种抽象数学模型。一个人工神经网络是由大量神经元节点经广泛互连而组成的复杂网络拓扑，用于模拟人类进行知识和信息表示、存储和计算行为。

人工神经网络学习的工作原理是：一个人工神经网络的工作由学习和使用两个非线性的过程组成。从本质上讲，人工神经网络学习是一种归纳学习，它通过对大量实例的反复运行，经过内部自适应过程不断修改权值分布，将网络稳定在一定的状态下。在神经网络中，大量神经元的互连结构及各连接权值的分布就表示了学习所得到的特定要领和知识，这一点与传统人工智能的符号知识表示法存在很大的不同。在网络的使用过程中，对于特定的输入模式，神经网络通过前向计算，产生一个输出模式，并得到节点代表的逻辑概念，通过对输出信号的比较与分析可以得到特定解。在网络的使用过程中，神经元之间具有一定的冗余性，且允许输入模式偏离学习样本，因此神经网络的计算行为具有良好的并行分布、容错和抗噪能力。

另外，BP 神经网络在非线性控制系统中虽被广泛运用，但作为有导师监督的学习算法，要求批量提供输入/输出对神经网络训练，而在一些并不知道最优策略的系统中，这样的输入/输出对事先并无法得到。另一方面，强化学习从实际系统学习经验来调整策略，并且是一个逐渐逼近最优策略的过程，学习过程中并不需要导师的监督，因此提出了神经网络与强化学习的结合应用。其基本思想是通过强化学习控制策略，经过一定周期的学习后再用学到的知识训练神经网络，以使网络逐步收敛到最优状态。

神经网络已经在很多领域得到成功的应用，但由于缺乏严密理论体系的指导，在实际应用中，因为缺乏问题的先验知识，往往需要经过大量费力费时的试验摸索才能确定合适的神经网络模型、算法以及参数设置，其应用效果完全取决于使用者的经验。基于此原因，于1990 年，汉森（L. K. Hansen）和萨拉蒙（Salamon）开创性地提出了神经网络集成（Neural Network Ensemble）方法。该技术来源于机器学习界目前极热门的 Boosting 方法，也已成为当前研究的热点。

(7) 支持向量机（Support Vector Machines，SVM）

支持向量机是由 Vapnik 领导的 AT&T Bell 实验室研究小组在 1963 年提出的一种新的机器学习算法。由于其出色的学习性能尤其是泛化能力，从而引起了人们对这一领域的极大关注。该技术已成为机器学习界的研究热点，并在很多领域都得到了成功的应用，如人脸检测、手写数字识别、文本自动分类、机器翻译等。

SVM 是一种基于统计学习理论的模式识别方法，主要应用于模式识别领域。由于当时这些研究尚不十分完善，在解决模式识别问题中往往趋于保守，且数学上比较艰涩，这些研究一直没有得到充分的重视。直到 90 年代，统计学习理论（Statistical Learning Theory，SLT）的实现和由于神经网络等较新兴的机器学习方法的研究遇到一些重要的困难，比如如何确定网络结构的问题、过学习与欠学习问题、局部极小点问题等，使得 SVM 迅速发展和完善，在解决小样本、非线性及高维模式识别问题中表现出许多特有的优势，并能够推广应用到函数拟合等其他机器学习问题中。从此迅速的发展起来，现在已经在许多领域（生物信息学，文本和手写识别等）都取得了成功的应用。

支持向量机中的一大亮点是在传统的最优化问题中提出了对偶理论，主要有最大最小对偶及拉格朗日对偶。SVM 的关键在于核函数。低维空间向量集通常难于划分，解决的方法是将它们映射到高维空间。但这个办法带来的困难就是计算复杂度的增加，而核函数正好巧妙地解决了这个问题。也就是说，只要选用适当的核函数，就可以得到高维空间的分类函数。在 SVM 理论中，采用不同的核函数将导致不同的 SVM 算法。

由于统计学习理论和支持向量机建立了一套较好的有限样本下机器学习的理论框架和通用方法，既有严格的理论基础，又能较好地解决小样本、非线性、高维数和局部极小点等实际问题，因此成为 20 世纪 90 年代末发展最快的研究方向之一，其核心思想就是学习机器要与有限的训练样本相适应。统计学习理论虽然已经提出多年，但从它自身趋向成熟和被广泛重视到现在毕竟才只有几年的时间，其中还有很多尚未解决或尚未充分解决的问题，在应用方面的研究更是刚刚开始。

7.2 模式识别

模式识别是指对表征事物或现象的各种形式的（数值的、文字的和逻辑关系的）信息进行处理和分析，以对事物或现象进行描述、辨认、分类和解释的过程，是信息科学和人工智能的重要组成部分。

7.2.1 模式识别概述

(1) 模式识别的概念

模式识别（Pattern Recognition）是人类的一项基本智能，在日常生活中，人们经常在进行"模式识别"。随着 20 世纪 40 年代计算机的出现以及 50 年代人工智能的兴起，人们当然也希望能用计算机来代替或扩展人类的部分脑力劳动，计算机模式识别在 20 世纪 60 年代初迅速发展并成为一门新学科。

模式识别又常称作模式分类，从处理问题的性质和解决问题的方法等角度，模式识别分为有监督的分类（Supervised Classification）和无监督的分类（Unsupervised Classification）两种。二者的主要差别在于：各实验样本所属的类别是否预先已知。一般说来，有监督的分类往往需要提供大量已知类别的样本，但在实际问题中，这是存在一定困难的，因此研究无监督的分类就变得十分有必要。

(2) 模式识别系统的基本构成

模式识别系统基本构成如图 7-3 所示。模式识别系统组成单元如下。

图 7-3 模式识别系统的基本构成

a. 数据获取。用计算机可以运算的符号来表示所研究的对象。可以采用二维图像（文字、指纹、地图、照片等）、一维波形（脑电图、心电图、季节震动波形等）和物理参量和逻辑值（体温、化验数据、参量正常与否的描述）等方式表示。

b. 预处理单元。去噪声，提取有用信息，并对输入测量仪器或其他因素所造成的退化现象进行复原。

c. 特征提取和选择。通过传感器获取的信息原始数据量一般比较大。为有效地实现分类识别，要对原始数据进行选择或者变换，得到最能反映分类本质的特征，构成特征向量。根据被识别的对象产生出一组基本特征，它可以是计算出来的，也可以是仪表或者传感器测量出来的，这样产生出来的特征叫原始特征。一般将原始数据组成的空间叫测量空间。原始特征数量可能很大，样本处于一个高维空间里。通过映射或者变换的方法可以用低维空间来表示样本，这个过程叫特征提取。从一组特征中挑选出一些最有效的特征以达到降低特征空间维数的目的，这个过程叫特征选择。

d. 分类器设计。为把待识别模式分配到各自的模式类中去，必须设计出一套分类判别规则。基本做法是：用一定数量的样本（称为训练样本集），确定出一套分类判别规则，使得按这套分类判别规则对待识模式进行分类所造成的错误识别率最小或引起的损失最小。

e. 分类决策。在特征空间中用模式识别方法把被识别对象归为某一类别。基本做法是：在样本训练集基础上确定某个判决规则，使得按这种规则对被识别对象进行分类所造成的错误识别率最小或引起的损失最小。

分类器按已确定的分类判别规则对待识模式进行分类判别，输出分类结果。对于监督模式识别，判别规则设计完成后转入分类决策。对于非监督模式识别，没有训练样本，分类器设计只能依靠待识别样本集进行，分类器设计与决策一起完成，即设计完成后分类结果亦产生。

模式识别研究主要集中在两方面：一是研究生物体（包括人）是如何感知对象的，属于认识科学的范畴；二是在给定的任务下，如何用计算机实现模式识别的理论和方法。前者是生理学家、心理学家、生物学家和神经生理学家的研究内容，后者通过数学家、信息学专家和计算机科学工作者近几十年来的努力，已经取得了系统的研究成果。21世纪以来，模式识别研究呈现一些新的特点。

a. 贝叶斯学习理论越来越多的用来解决模式识别和模型选择问题，产生了良好的分类性能。

b. 传统的问题，如概率密度估计、特征选择、聚类等方法不断受到新的关注。新的方法或改进混合的方法不断提出。

c. 模式识别和机器学习相互渗透、特征提取和选择、分类、聚类、半监督学习的问题日益成为二者共同关注的热点。

d. 模式识别系统开始越来越多地用于现实生活，如车牌识别、手写字符识别、生物特征识别。

7.2.2 模式识别的主要方法

(1) 决策理论方法

决策理论方法也称统计方法，是发展较早也比较成熟的一种方法。被识别对象首先数字化，变换为适于计算机处理的数字信息。一个模式常常要用很大的信息量来表示。许多模式识别系统在数字化环节之后还进行预处理，用于除去混入的干扰信息并减少某些变形和失真。随后是进行特征抽取，即从数字化后或预处理后的输入模式中抽取一组特征。所谓特征是选定的一种度量，它对于一般的变形和失真保持不变或几乎不变，并且只含尽可能少的冗余信息。特征抽取过程将输入模式从对象空间映射到特征空间。这时，模式可用特征空间中的一个点或一个特征矢量表示。这种映射不仅压缩了信息量，而且易于分类。在决策理论方法中，特征抽取占有重要的地位，但尚无通用的理论指导，只能通过分析具体识别对象决定选取何种特征。特征抽取后可进行分类，即从特征空间再映射到决策空间。为此而引入鉴别函数，由特征矢量计算出相应于各类别的鉴别函数值，通过鉴别函数值的比较实行分类。

(2) 句法方法

句法方法也称结构方法或语言学方法。其基本思想是把一个模式描述为较简单的子模式的组合，子模式又可描述为更简单的子模式的组合，最终得到一个树形的结构描述，在底层的最简单的子模式称为模式基元。在句法方法中选取基元的问题，相当于在决策理论方法中选取特征的问题。通常要求所选的基元能对模式提供一个紧凑的反映其结构关系的描述，又要易于用非句法方法加以抽取。显然，基元本身不应该含有重要的结构信息。模式以一组基元和它们的组合关系来描述，称为模式描述语句，这相当于在语言中，句子和短语用词组合，词用字符组合一样。基元组合成模式的规则，由所谓语法来指定。一旦基元被鉴别，识别过程可通过句法分析进行，即分析给定的模式语句是否符合指定的语法，满足某类语法的即被分入该类。

模式识别方法的选择取决于问题的性质。如果被识别的对象极为复杂，而且包含丰富的结构信息，一般采用句法方法；被识别对象不很复杂或不含明显的结构信息，一般采用决策理论方法。这两种方法不能截然分开，在句法方法中，基元本身就是用决策理论方法抽取的。在应用中，将这两种方法结合起来分别施加于不同的层次，常能收到较好的效果。

7.2.3 模式识别的主要应用

模式识别可用于文字和语音识别、遥感和医学诊断等方面。

(1) 文字识别

利用计算机自动识别字符的技术，是模式识别应用的一个重要领域。如图 7-4 所示。为了减轻人们的劳动，提高处理文字、报表和文本的效率，20 世纪 50 年代开始探讨一般文字识别方法，并研制出光学字符识别器。60 年代出现了采用磁性墨水和特殊字体的实用机器。60 年代后期，出现了多种字体和手写体文字识别机，其识别精度和机器性能都基本上能满足要求。如用于信函分拣的手写体数字识别机和印刷体英文数字识别机。70 年代主要研究文字识别的基本理论和研制高性能的文字识别机，并着重于汉字识别的研究。

图 7-4　文字识别

文字识别系统一般包括文字信息的采集、信息的分析与处理、信息的分类判别等几个部分。

OCR（Optical Character Recognition，光学字符识别）是指电子设备（例如扫描仪或数码相机）检查纸上打印的字符，通过检测暗、亮的模式确定其形状，然后用字符识别方法将形状翻译成计算机文字的过程。即对文本资料进行扫描，然后对图像文件进行分析处理，获取文字及版面信息的过程。随着国家信息化建设的飞速发展，云脉技术、汉王等中国文字识别的领军企业将会更加深入到信息化建设的各个领域。

(2) 语音识别

语音识别技术就是让机器通过识别和理解过程把语音信号转变为相应的文本或命令的高技术，主要包括特征提取技术、模式匹配准则及模型训练技术三个方面。语音识别技术所涉及的领域包括：信号处理、模式识别、概率论和信息论、发声机理和听觉机理、人工智能等。近年来，在生物识别技术领域中，声纹识别技术以其独特的方便性、经济性和准确性等优势受到世人瞩目，并日益成为人们日常生活和工作中重要且普及的安全验证方式。而且利用基因算法训练连续隐马尔柯夫模型（CHMM）的语音识别方法现已成为语音识别的主流技术，该方法在语音识别时识别速度较快，也有较高的识别率。近期，语音识别在移动终端上的应用最为火热，语音对话机器人、语音助手、互动工具等层出不穷，许多互联网公司纷纷投入人力、物力和财力展开此方面的研究和应用，目的是通过语音交互的新颖和便利模式迅速占领客户群。语音识别如图 7-5 所示。

(3) 指纹识别

人们手掌及其手指、脚、脚趾内侧表面的皮肤凹凸不平产生的纹路会形成各种各样的图案。而这些皮肤的纹路在图案、断点和交叉点上各不相同，是唯一的。依靠这种唯一性，就可以将一个人同他的指纹对应起来，通过比较他的指纹和预先保存的指纹进行比较，便可以验证他的真实身份。一般的指纹分成有以下几个大的类别：环型（loop），螺旋型（whorl），

图 7-5　语音识别

弓型（arch），这样就可以将每个人的指纹分别归类，进行检索。指纹识别基本上可分成：预处理、特征选择和模式分类几个大的步骤。指纹识别如图 7-6 所示。

（4）遥感图像识别

遥感图像识别已广泛用于农作物估产、资源勘察、气象预报和军事侦察等。如图 7-7 所示。

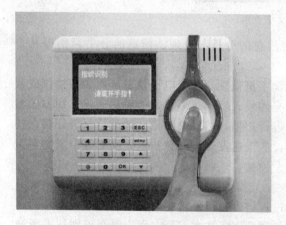

图 7-6　指纹识别

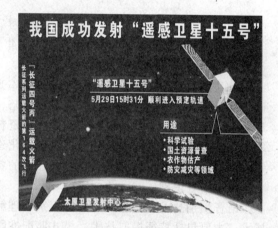

图 7-7　遥感图像识别

（5）医学诊断

在癌细胞检测、X 射线照片分析、血液化验、染色体分析、心电图诊断和脑电图诊断等方面，模式识别已取得了成效。如图 7-8 所示。

（6）机器人视觉

用于景物识别、三维图像识别、解决机器人视觉问题，以控制机器人行动。如图 7-9 所示。

模式识别从 20 世纪 20 年代发展至今，人们普遍认为：不存在对所有模式识别问题都适用的单一模型和解决识别问题的单一技术，目前所要做的是结合具体问题，把统计模式识别或句法模式识别与人工智能中的启发式搜索结合起来，把统计模式识别或句法模式识别与支持向量机的机器学习结合起来，把人工神经元网络与各种已有技术以及人工智能中的专家系统、不确定推理方法结合起来，深入掌握各种工具的效能和应有的可能性，互相取长补短，开创模式识别应用的新局面。

图 7-8　医学诊断

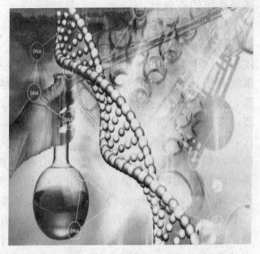
图 7-9　配备了视觉功能的 delta 型机器人

7.3　信息融合

7.3.1　信息融合概述

(1) 信息融合的概念

融合（Fusion）的概念开始出现于 20 世纪 70 年代初期，当时称之为多源相关、多源合成、多传感器混合或数据融合（Data Fusion），现在多称之为信息融合（Information Fusion）或数据融合。信息融合是一种多层次的、多方面的处理过程，是对多源数据进行检测、结合、相关、估计和组合以达到精确的状态估计和身份估计，以及完整、及时的态势评估和威胁估计。

信息融合比较确切的定义可概括为：利用计算机技术对按时序获得的多源的观测信息，在一定准则下加以自动分析、综合，以完成所需的决策和估计任务而进行的信息处理过程。

按照这一定义，多传感器系统是信息融合的硬件基础，多源信息是信息融合的加工对象，协调优化和综合处理是信息融合的核心。单一传感器只能获得环境或被测对象的部分信息段，而多传感器信息经过融合后能够完善地、准确地反映环境的特征。它也为智能信息处理技术的研究提供了新的观念。

(2) 信息融合的原理

信息融合是人类或其他逻辑系统中常见的基本功能。人非常自然地运用这一能力把来自人体各种感官（眼、耳、鼻、手、口）的信息（景物，声音，气味，触觉）组合起来，然后根据知识和经验并按其习惯的思路对信息进行处理，以提出解决问题的方案。在信息融合系统中，感官就是系统的各种传感器，经验相当于统计学中的先验知识，思路便是人们常说的模型、算法，根据多传感器信息进行综合、分析、判断，这就是信息融合。

由此可见，多传感器信息融合的基本原理也就像人脑综合处理信息一样，充分利用多个传感器资源，通过对这些传感器及其观测信息的合理支配和使用，把多个传感器在空间或时间上的冗余或互补信息依据某种准则来进行组合，以获取对被测对象全面正确的解释或描述。信息融合的基本目标是通过数据组合而不是出现在输入信息中的任何个别元素，推导出更多的信息，这是最佳协同作用的结果，即利用多个传感器共同或联合操作的优势，提高传感器系统的有效性。

（3）信息融合的发展历史与现状

信息融合技术自 1973 年初次提出以后，经历了 20 世纪 80 年代初、90 年代初和 90 年代末三次研究热潮。信息融合起源于 1973 年美国国防部资助开发的声纳信号处理系统，该系统利用计算机技术对多个独立的连续声呐信号进行融合，从而可自动检测出敌方潜艇的位置，推动了信息融合理论和方法的发展。20 世纪 80 年代，为了满足军事领域中作战的需要，多传感器数据融合 MSDF（Multi-sensor Data Fusion）技术应运而生。在 20 世纪 90 年代，随着信息技术的广泛发展，具有更广义化概念的"信息融合"被提出来。在美国研发成功声纳信号处理系统之后，信息融合技术在军事应用中受到了越来越广泛的青睐。1986 年美国国防部成立数据融合工作组联合指导实验室（The Joint Directors of Laboratories Data Fusion Working Group），建立了 JDL 模型，该模型得到了广泛的认同。1988 年，美国将C3I（Command、Control、Communication and Intelligence）系统中的数据融合技术列为国防部重点开发的二十项关键技术之一。由于信息融合技术在海湾战争中表现出的巨大潜力，在战争结束后，美国国防部又在 C3I 系统中加入计算机（computer），开发了以信息融合为中心的 C4I 系统。此外，英国陆军开发了炮兵智能信息融合系统（AIDD）和机动与控制系统（WAVELL）。欧洲五国还制定了联合开展多传感器信号与知识综合系统（SKIDS）的研究计划。法国也研发了多平台态势感知演示验证系统（TSMPF，Multi platform situation awareness demonstration system）。军事领域是信息融合的诞生地，也是信息融合技术应用最为成功的地方。特别是在伊拉克战争和阿富汗战争中，美国军方的信息融合系统都发挥了重要作用。

当前，信息融合技术在军事中的应用研究已经从低层的目标检测、识别和跟踪转向了态势评估和威胁估计等高层应用。20 世纪 90 年代以来，传感器技术和计算机技术的迅速发展大大推动了信息融合技术的研究，信息融合技术的应用领域也从军事迅速扩展到了民用。目前，信息融合技术已在许多民用领域取得成效。这些领域主要包括：机器人和智能仪器系统、智能制造系统、战场任务与无人驾驶飞机、航天应用、目标检测与跟踪、图像分析与理解、惯性导航、模式识别等领域。

我国对信息融合理论和技术的研究起步较晚，也是从军事领域和智能机器人的研究开始。20 世纪 90 年代以后，信息融合的研究在我国逐渐形成高潮。由中国航空学会主办，海军航空工程学院承办，中航工业光电所火力控制技术国防科技重点实验室等单位协办的首届全国信息融合学术年会于 2009 年 11 月在烟台召开，约定以后每年举行 1 次。国家自然科学基金和国家 863 计划将信息融合技术列入重点支持项目，目前已有许多高校和研究机构正积极开展这方面的研究工作，也分别在军用和民用方面取得了一些成果。

7.3.2 信息融合结构与级别

（1）信息融合结构

根据数据处理方法的不同，信息融合系统的体系结构有三种：分布式、集中式和混合式。

① 集中式结构　集中式结构中所有传感器将原始信息传输到融合中心，由中央处理设施统一处理。集中式融合的最大优点是信息损失最小。缺点是数据互联较困难，只有当接受到来自所有的传感器信息后，才对信息进行融合。因此，通信负担重，融合速度慢，系统的生存能力也较差。集中式结构如图 7-10 所示。

② 分布式结构　分布式结构中融合中心收到的是经过局部处理的数据，结构图如图7-11所示。分布式结构的特点是：每个传感器的信息进入融合以前，先由它自己的数据处理

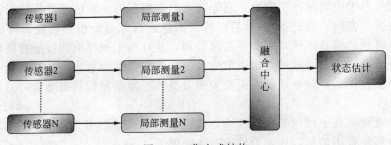

图 7-10　集中式结构

器进行处理。融合中心依据各局部检测器的决策，并考虑各传感器的置信度，然后在一定准则下进行分析综合，做出最后的决策。在分布式多传感器信息融合系统中，每个节点都有自己的处理单元，不必维护较大的集中数据库，都可以对系统作出自己的决策，融合速度快，通信负担轻，不会因为某个传感器的失效而影响整个系统正常工作，所以，它的具有较高的可靠性和容错性，但由于信息压缩导致信息丢失，因而会影响融合精度。如图 7-11 所示。

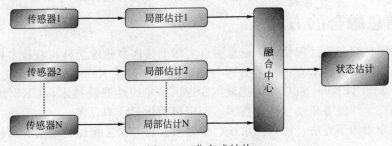

图 7-11　分布式结构

③ 混合式结构　混合式结构同时传输测量信息和经过局部节点处理后的信息，它保留了集中式结构与分布式结构的优点，但在通信和计算上要付出昂贵的代价。如图 7-12 所示。

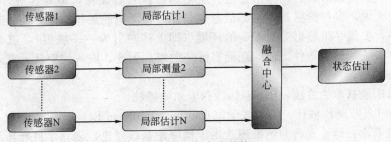

图 7-12　混合式结构

分级式结构又分为有反馈结构和无反馈结构，在分级融合中，信息从低层到高层逐层参与处理，高层节点接收低层节点的融合结果，在有反馈时，高层信息也参与低层节点的融合处理。分级融合结构各传感器之间是一种层间有限联系，其计算和通信负担介于集中式结构和分布式结构之间。

(2) 信息融合的级别

信息融合按数据抽象的层次来分：可分为数据级融合、特征级融合和决策级融合。

数据级融合是直接对传感器的观测数据进行融合处理，然后基于融合后的结果进行特征提取和判断决策。数据级融合的精度高，但由于数据量大，故处理的时间长，代价高，数据通信量大，抗干扰能力差，并且要求传感器是同类的。多应用在多源图像复合、同类雷达波形的直接合成等。

特征层融合属于中间层次的融合，它先对来自传感器的原始信息进行特征提取（特征可以是目标的边缘、方向、速度等），然后对特征信息进行综合分析和处理。特征层融合的优点在于实现了可观的信息压缩，有利于实时处理，并且由于所提取的特征直接与决策分析有关，因而融合结果能最大限度的给出决策分析所需要的特征信息。特征层融合一般采用分布式或集中式的融合体系。特征层融合可分为两大类：一类是目标状态融合，另一类是目标特性融合。

这种融合级别实现了可观的数据压缩，降低了通信带宽的要求，有利于实现实时处理，但却损失了一部分有用信息，使融合性能有所降低。

决策层融合通过不同类型的传感器观测同一个目标，每个传感器在本地完成基本的处理，其中包括预处理、特征抽取、识别或判决，以建立对所观察目标的初步结论。然后通过关联处理进行决策层融合判决，最终获得联合推断结果。

决策级融合是先由每个传感器基于自己的数据作出决策，然后融合中心完成的使局部决策的融合处理。这种级别的融合数据损失量大，相对来讲精度低，但却抗干扰能力强，通信量小，对传感器依赖小，不要求同质传感器，融合中心处理代价低。

7.3.3 信息融合的方法

作为一种信息综合和处理技术，信息融合实际上是许多传统学科和新技术相结合的一个边缘新兴学科，涉及的技术有：信号处理与估计理论，包括 Kalman 滤波等线性滤波技术，扩展 Kalman 滤波（EKF）和 Gauss 滤波（GSF）等非线性滤波技术，UKF 滤波，基于随机采样技术的粒子滤波等非线性估计技术，期望极大化 EM 算法等。

本节主要介绍如下方法：嵌入约束法、证据组合法、人工神经网络法、加权平均法和模糊逻辑法。

（1）嵌入约束法

嵌入约束法认为：由多种传感器所获得的客观环境（即被测对象）的多组数据，是客观环境按照某种映射关系形成的像。信息融合就是通过像求解原像，即对客观环境加以了解。从数学的角度来说，多种传感器的全部信息也只能描述环境的某些特征，而具有这些特征的环境却有很多，要使一组数据对应唯一的环境（即上述映射为一一映射），就必须对映射的原像和映射本身施加约束条件，使问题能有唯一的解。因此，嵌入约束法，就是施加约束条件的方法。

嵌入约束法最基本的方法：Bayes 估计和卡尔曼滤波。

① Bayes（贝叶斯）估计 英国数学家贝叶斯（Thomas Bayes 1702～1763）在数学方面主要研究概率论。他首先将归纳推理法用于概率论基础理论，创立了贝叶斯统计理论，对于统计决策函数、统计推断、统计估算等做出了贡献。

贝叶斯估计是融合静态环境中多传感器低层数据的一种常用方法，其信息描述为概率分布，适用于具有可加高斯噪声的不确定性信息。传感器低层数据是指传感器输出的未经处理的数据。假定完成任务所需的有关环境的特征物用向量 F 表示，传感器所获得的数据信息用向量 D 来表示，D 和 F 都可看作是随机向量。信息融合的任务就是由数据 D 推导和估计环境 F。假设 P(F, D) 为随机向量 F 和 D 的联合概率分布密度函数，则信息融合通过数据信息 D 做出对环境 F 的推断，即求解 P(F | D)，由 Bayes 公式：

$$P(F|D)=P(D|F)\times P(F)/P(D)$$

可知，只需知道 P(D | F) 和 P(F) 即可。因为 P(D)可看作是使 P(F | D)×P(F) 成为概率密度函数的归一化常数，P(D | F)是在已知客观环境变量 F 的情况下，传感器数据 D 关于 F 的条件密度。当环境情况和传感器性能已知时，P(F | D)由决定环境和传感器原理的物理规

律完全确定。而 P(F) 可通过先验知识的获取和积累，逐步渐近准确地得到，因此，一般总能对 P(F) 有较好的近似描述。

在嵌入约束法中，反映客观环境和传感器性能与原理的各种约束条件主要体现在 P(D|F) 中，而反映主观经验知识的各种约束条件主要体现在 P(F) 中。

在传感器信息融合的实际应用过程中，通常的情况是在某一时刻从多种传感器得到一组数据信息 D，由这一组数据给出当前环境的一个估计 F。因此，实际中应用较多的方法是寻找最大后验估计 G，即最大后验估计是在已知数据为 D 的条件下，使后验概率密度 P(F) 取得最大值得点 G。此时，最大后验概率也称为极大似然估计。

当传感器组的观测坐标一致时，可以用直接法对传感器测量数据进行融合。在大多数情况下，多传感器从不同的坐标框架对环境中同一物体进行描述，这时传感器测量数据要以间接的方式采用 Bayes 估计进行数据融合。间接法要解决的问题是求出与多个传感器读数相一致的旋转矩阵 R 和平移矢量 H。这种方法的实质是剔除处于误差状态的传感器信息而保留"一致传感器"数据计算融合值。在传感器数据进行融合之前，必须确保测量数据代表同一实物，即要对传感器测量进行一致性检验。

② 卡尔曼滤波（KF） 匈牙利数学家卡尔曼（Rudolf Emil Kalman），1930 年出生于匈牙利首都布达佩斯，在麻省理工学院分别获得学士和硕士学位。1957 年在哥伦比亚大学获得博士学位。卡尔曼滤波器正是源于他的博士论文和 1960 年发表的论文《线性滤波与预测问题的新方法》。

卡尔曼滤波（KF）用于实时融合动态的低层次冗余传感器数据，该方法用测量模型的统计特性，递推决定统计意义下最优融合数据估计。如果系统具有线性动力学模型，且系统噪声和传感器噪声可用高斯分布的白噪声模型来表示，KF 为融合数据提供唯一的统计意义下的最优估计，KF 的递推特性使系统数据处理不需大量的数据存储和计算。

KF 分为分散卡尔曼滤波（DKF）和扩展卡尔曼滤波（EKF），DKF 可实现多传感器数据融合完全分散化，其优点是每个传感器节点失效不会导致整个系统失效。而 EKF 的优点是可有效克服数据处理不稳定性或系统模型线性程度的误差对融合过程产生的影响。

应用卡尔曼滤波器对 n 个传感器的测量数据进行融合后，既可以获得系统的当前状态估计，又可以预报系统的未来状态。

嵌入约束法传感器信息融合的最基本方法之一，其缺点是需要对多源数据的整体物理规律有较好的了解，才能准确地获得 p(d|f)，但需要预知先验分布 p(f)。

(2) 证据组合法

证据组合法就是针对完成某一智能任务的需要，而对传感器数据的处理。完成某项智能任务，实际上就是根据组合的证据作出行动的决策。它首先对每一个传感器数据对决策的支持程度给出度量，然后寻找一种证据组合的规则，通过反复运用组合规则，最终得出全体数据对决策的总的支持程度。得到最大证据支持的决策，即为信息融合的结果。利用证据组合法进行数据融合的关键有两个：一是选择合适的数学方法来描述证据、决策和支持程度等概念；二是建立快速、可靠并且易于实现的证据组合算法。

证据组合法较嵌入约束法优点：其一，无须准确地建立多种传感器数据体的模型；其二，通用性好，可以建立一种独立于各类具体信息融合问题背景形式的证据组合方法，有利于设计通用的信息融合软、硬件产品；其三，人为的先验知识可以视同数据信息一样，赋予对决策的支持程度，参与证据组合运算。

常用的证据组合法有：概率统计法和 D-S 推理法。

① 概率统计方法 假设一组随机向量 x_1，x_2，…，x_n 分别表示 n 个不同传感器得到的数据信息，根据每一个数据 x_i 可对所完成的任务做出一决策 d_i。x_i 的概率分布为 $pai(x_i)$，

a_i 为该分布函数中的未知参数，若参数已知时，则 x_i 的概率分布就完全确定了。用非负函数 $L(a_i，d_i)$ 表示当分布参数确定为 a_i 时，第 i 个信息源采取决策 d_i 时所造成的损失函数。在实际问题中，a_i 是未知的，因此，当得到 x_i 时，并不能直接从损失函数中定出最优决策。先由 x_i 做出 a_i 的一个估计，记为 $a_i(x_i)$，再由损失函数 $L[a_i(x_i)，d_i)]$ 决定出损失最小的决策。其中利用 x_i 估计 a_i 的估计量 $a_i(x_i)$ 有很多种方法。概率统计方法适用于分布式传感器目标识别和跟踪信息融合问题。

② Dempster-Shafer 证据推理（简称 D-S 推理）　登普斯特-谢弗（DS）理论也被认为是信度函数理论，由 Dempster 首先提出，由 Shafer 发展，是主观概率的贝叶斯理论的扩展。信度函数允许人们基于信度使用一个问题的概率来推导一个相关问题的概率。这些信度值可能有也可能没有概率的数学性质；他们与概率的差异大小将取决于这两个问题有多相关。

贝叶斯方法必须给出先验概率，证据理论则能够处理这种由不知道引起的不确定性。在多传感器数据融合系统中，每个信息源提供了一组证据和命题，并且建立了一个相应的质量分布函数。因此，每一个信息源就相当于一个证据体。在同一个鉴别框架下，将不同的证据体通过 Dempster 合并规则并成一个新的证据体，并计算证据体的似真度，最后用某一决策选择规则，获得最后的结果。

D-S 推理法的优点：其一，有处理信息缺失问题的能力，对不同数据的不准确性和矛盾性，提供了有效的处理方法，特别是成功应用于图像处理、机器人导航、医疗诊断决策分析等需要处理不确定信息的领域。其二，算法确定后，无论是静态还是时变的动态证据组合，其具体的证据组合算法都有一共同的算法结构。能处理类别混合问题。

D-S 证据推理缺点：其一，当对象或环境的识别特征数增加时，证据组合的计算量会以指数速度增长。其二，在证据高度冲突和完全冲突的情况下 D-S 理论的组合规则失效。

（3）人工神经网络法

人工神经网络简称神经网络，是一种模仿动物神经网络行为特征，进行分布式并行信息处理的算法模型。分布式处理与并行处理是计算机体系中的两种信息处理方式。并行处理是指：利用多个功能部件或多个处理机同时进行工作。这种系统至少包含指令级或指令级以上的并行。分布式处理是指：将不同地点的或不同功能的或拥有不同数据的多台计算机用通信网络连接起来，在控制系统的统一管理下，协调地完成信息处理任务的计算机系统。广义上说，分布式处理也可以认为是一种并行处理形式，随着通信技术的发展，两者的界限越来越模糊。

通过模仿人脑的结构和工作原理，设计和建立相应的机器和模型并完成一定的智能任务。神经网络根据当前系统所接收到的样本的相似性，确定分类标准。这种确定方法主要表现在网络权值分布上，同时可采用神经网络特定的学习算法来获取知识，得到不确定性推理机制。神经网络多传感器信息融合的实现，分三个重要步骤。

a. 根据智能系统要求及传感器信息融合的形式，选择其拓扑结构。

b. 各传感器的输入信息综合处理为一总体输入函数，并将此函数映射定义为相关单元的映射函数，通过神经网络与环境的交互作用把环境的统计规律反映网络本身结构。

c. 对传感器输出信息进行学习、理解，确定权值的分配，完成知识获取信息融合，进而对输入模式做出解释，将输入数据向量转换成高层逻辑（符号）概念。

人工神经网络法的特点：

a. 具有统一的内部知识表示形式，通过学习算法可将网络获得的传感器信息进行融合，获得相应网络的参数，并且可将知识规则转换成数字形式，便于建立知识库；

b. 利用外部环境的信息，便于实现知识自动获取及并行联想推理；

c. 能够将不确定环境的复杂关系，经过学习推理，融合为系统能理解的准确信号；

d. 由于神经网络具有大规模并行处理信息能力，使得系统信息处理速度很快；

e. 神经网络的优越性和强大的非线性处理能力，能够很好地满足多传感器数据融合技术的要求；

f. 神经网络具有较强的容错性和自组织、自学习、自适应能力，能够实现复杂的映射。

(4) 产生式规则法

产生式规则法是人工智能中常用的控制方法。产生式规则法中的规则一般要通过对具体使用的传感器的特性及环境特性进行分析后归纳出来的，不具有一般性，即系统改换或增减传感器时，其规则要重新产生。

特点：系统扩展性较差，但推理较明了，易于系统解释，所以也有广泛的应用范围。

(5) 模糊逻辑法

模糊逻辑实质上是一种多值逻辑，在多传感器数据融合中，将每个命题及推理算子赋予 0 到 1 间的实数值，以表示其在融合过程中的可信程度，又被称为确定性因子，然后使用多值逻辑推理法，利用各种算子对各种命题（即各传感源提供的信息）进行合并运算，从而实现信息的融合。利用模糊逻辑可将多传感器数据融合过程中的不确定性直接表示在推理过程中。近年来，模糊集合推理被广泛应用于移动机器人目标识别与路径规划方面。如表 7-1 所示。

表 7-1　不同信息融合方法的特点

融合方法	运行环境	信息类型	信息表示	不确定性	融合技术	适用范围
卡尔曼滤波	动态	冗余	概率分布	高斯噪声	系统模型滤波	低层数据融合
贝叶斯估计	静态	冗余	概率分布	高斯噪声	贝叶斯估计	高层数据融合
统计决策理论	静态	冗余	概率分布	高斯噪声	极值决策	高层数据融合
模糊推理	静态	冗余互补	命题	隶属度	逻辑推理	高层数据融合
神经元网络	动/静态	冗余互补	神经元输入	学习误差	神经元网络	低/高层
产生式规则	动/静态	冗余互补	命题	置信因子	逻辑推理	高层数据融合

7.3.4　信息融合的主要应用

信息融合技术在军事、机器人、航空航天领域、图像处理、生物医学工程、智能交通系统等有着广泛的应用。下面介绍几个比较典型的应用。

(1) 信息融合在机器人当中的应用

机器人多传感器信息融合是当今科学研究的热点问题。工业机器人是集机械、电子、控制、计算机、传感器、人工智能等多学科先进技术于一体的现代制造业重要的自动化装备。自从 1962 年美国研制出世界上第一台工业机器人以来，机器人技术及其产品发展很快，已成为柔性制造系统（FMS）、自动化工厂（FA）、计算机集成制造系统（CIMS）的自动化工具。

智能化是移动机器人的发展方向，而传感器技术的发展是实现移动机器人智能化的重要基础。智能机器人是一类能够通过传感器感知环境和自身状态，实现在有障碍物的环境中面向目标的自主运动，进而完成不同作业功能的机器人系统。

智能机器人平台主要由机械系统（移动平台本体）、驱动控制系统（驱动控制电路、驱动电机、云台控制电机）、视觉系统（摄像头、图像采集卡）、传感器系统（红外、超声传感器）、通信系统以及上位机系统等部分组成。目前，应用于移动机器人的传感器可分为内部传感器和外部传感器两类。内部传感器用于监测机器人系统内部状态参数，如电源电压、车轮位置等；内部传感器主要有里程计、陀螺仪、磁罗盘及光电编码器等。外部传感器用于感知外部环境信息，如环境的温度、湿度、物体的颜色和纹理、与机器人的距离等；外部传感器种类也很多，主要包括视觉传感器、激光测距传感器、超声波传感器、红外传感器、接近传感器等。不同的传感器集成在移动机器人上，构成了多传感器信息融合的感知系统。如图7-13 所示。

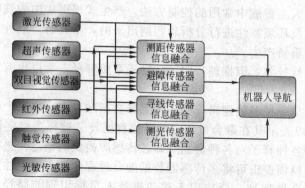

图 7-13　多传感器信息融合

智能移动平台的传感器系统可以支持不同类型的传感器，在使用上是可以任意配置的，即插即用，方便灵活。该系统支持超声传感器、红外传感器、方位传感器以及 PSD 传感器（位置敏感器件，Position Sensitive Detector），其标准配置为超声和红外传感器。数据采集处理通过 DSP 来完成，通过上位机发送指令来获取数据。

机器人领域中采用的多传感器信息融合方法主要包括：加权均匀法、Kalman 滤波、扩展 Kalman 滤波、Bayes 估计、Dempster-Shafer 证据推理、模糊逻辑、神经网络以及基于行为方法和基于规则方法等。多传感器信息融合技术在工业机器人领域应用的典型实例，如表7-2 所示。

表 7-2　多传感器信息融合技术在工业机器人领域应用

研究者	使用传感器的类型	所实现的功能
Hitachi 公司	三维视觉传感器、力觉传感器	抓取放置半导体器件
Groen 等人	视觉传感器、超声波传感器力/力矩传感器、触觉传感器	机械产品装配
Smith，Nitan 等人	视觉传感器、力觉传感器	粘贴包装标签
Kremers 等人	视觉传感器、激光测距扫描仪	完成无缝焊接
Georgia 理工学院	视觉传感器、触觉传感器	检验工件的一致性
王敏、黄心汉	视觉传感器、超声波传感器	自动识别并抓取工件

（2）信息融合在在线手写签名中的应用

在线签名鉴定是身份认证技术中的一种有效方法。基于生物特征的身份认证技术是指利用人体所固有的生理或行为特征之间的差异，通过计算机来鉴定身份的技术。常用的生理特征有指纹、虹膜、脸像等；常用的行为特征有签名、步态等。与传统鉴定方式相比，生物识别具有防伪性良好、易携带、不易遗失或遗失或遗忘等优点。

签名作为人的一种行为特征，与其他生物特征相比，具有非侵犯性、易为人所接受等特点。随之产生的签名鉴定（也称签名验证）技术在模式识别、信息处理领域都属前沿课题。签名鉴定分为离线签名鉴定和在线签名鉴定两种。前者是通过扫描仪、摄像机等输入设备，将原始的手写签名输入到计算机里，然后进行分析与鉴定；后者是通过手写板实时采集书写人的签名信息，除了可以采集签名位置等静态信息，还可以记录书写时的速度、运笔压力、握笔倾斜度等动态信息。显然，较离线签名鉴定而言，在线签名鉴定可利用的信息量更多，不易伪造，同时难度也更大。

在线手写签名的签名信息是通过手写板提取的，根据采集到的签名的位置信息可以做出签名的曲线，判定测试签名和参考签名是否匹配就是看他们的签名曲线是否匹配，有三种在线手写签名的算法可以对签名曲线进行判定分别是基于演化计算、BP 网络和离散 F 距的签名认证算法。但每种算法都有它的优点和缺点。基于演化计算的签名认证算法的 FRR（误拒率，False reject rate）比较大，但它的 FAR（误纳率，False Acceptance Rate）较小。该算法对真实签名的判定准确率比较低，对伪造签名判定的准确率比较高。基于 BP 网络的签名认证算法的 FAR 比较大，FRR 比较小，它对真实签名的判定的准确率高，对伪造签名的判定的准确率低。由于每种算法的 FRR 和 FAR 不是很理想，所以可以利用信息融合的方法把这三种算法融合起来，可以获得 FRR 和 FAR 比较理想的在线手写签名认证算法。

为了进一步提高认证效果，在演化计算、神经网络和离散 F 距手写签名认证算法的基础上，提出了基于信息融合的在线手写签名认证算法。该算法将测试签名和参考签名分别通过三种算法进行认证，得出测试签名为真实签名的置信度，然后对三种认证算法的结果进行加权融合，根据最终的融合结果进行签名真假的判定。实验结果表明，信息融合算法的误拒率和误纳率都有显著的减少。

在线签名验证系统的性能如何，主要取决于特征提取方法和分类器设计的好坏，而这一切都由算法的优劣所决定。早期研究较多的方法有基于结构特征的方法和基于相关匹配的方法等。目前鉴别方法主要有两个研究方向：一个是特征函数法，就是包含所有签名采样点的时间序列被看成重要的特征信息，因而被测签名将和模板签名进行相应的时间序列间的匹配比较，具体应用的方法包括动态时间规整算法、签名分段算法、点-点匹配方法等；另一个是特征参数法，是采用一系列的特征值构成的特征向量，这些特征值一般人为选取以试图表征签名的特征信息，具体应用的方法包括隐马尔可夫模型、基于神经网络的方法和小波变换方法等。

目前，国内有很多企业参与了签名验证技术的研发，但大多数是引进国外签名验证模块进行系统集成，只有少数企业拥有自己的算法，并且产品价格高，性能不稳定。相比之下，国外的签名鉴定技术从数据采集系统到处理、识别算法都比较成熟。许多公司都有专门的机构从事该项技术的研发与应用，包括 IBM、Cyber-SIGN、美国智通、日本富士通等，其中美国智能公司在此领域的研究独树一帜。如图 7-14 所示。

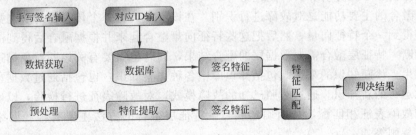

图 7-14　系统的算法流程图

（3）信息融合在飞行器中的应用

飞行器是一个外部环境多变，内部机体结构极其复杂的工程系统，其安全性和可靠性是人们关注的焦点和研究的热点。因此，其故障诊断系统就是具有实时性和高度的准确性、可靠性。同时，对于突发性故障，又要求诊断系统具有高度的自主性和自修复能力。但是，由于飞行器重量的限制，检测仪表的安装位置和数量都受到了约束，且其自身因素带来的测量误差，也导致了信息的不完全性和不确定性。针对这一问题，采用基于信息融合的故障诊断专家系统的设计方案可以较好地解决这一问题。飞行器信息融合故障诊断专家系统模型如图7-15所示。

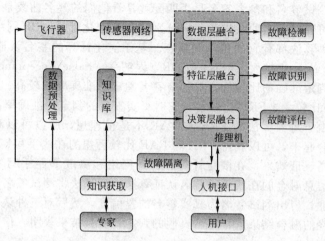

图 7-15　飞行器信息融合故障诊断专家系统模型

　　信息融合故障诊断就是根据系统的某些检测量得到故障表征（故障模式），经过融合分析处理，判断是否存在故障，并对故障进行识别和定位。设计目的就是采用合理的数据融合方法把现有的能够采集到的信息进行融合处理，从而对故障做出准确的判断和定位。

　　图中知识库中包括了诊断知识、决策知识以及故障源与故障表征之间的映射关系。推理机由数据层融合、特征层融合及决策层融合构成。三级信息融合的层次结构从低级到高级，分别实现对故障的检测、识别和评估。各层次融合推理所采用的方法各不相同，低层次融合是高层次融合的信息来源之一。

　　数据预处理过程中的主要功能是去除噪声和无关数据，并对数据进行关联、聚类，尽可能地发现隐藏在这些数据后的有用信息。目前，主要技术有最近邻滤波器、全邻最优滤波器、概率数据关联滤波器、多模型方法、联合数据关联滤波器、多假设方法以及基于神经网路的方法等。其中，联合概率数据关联滤波器和多假设方法是最有效的两种方法。

　　数据层融合用于判断是否产生了故障，并对简单的故障进行识别。融合的方法主要有数据关联、谱分析、小波分析和贝叶斯理论等。

　　特征层融合的主要功能是对故障进行识别。在该层中，对每个传感器的观测数据进行特征抽取，以得到一个特征向量，然后把这些特征向量融合起来并根据融合后得到的特征向量进行故障诊断。特征层融合需要数据层的融合结果，同时也需要有关诊断对象描述的诊断知识的融合结果。诊断知识的来源既包括知识库中各种先验知识，也包括通过数据预处理得到的有关对象运行的新知识。通过对照已知的故障模式，对故障表征进行检验，以确定哪一个故障模式与故障表征相匹配，从而确定故障。特征层融合的方法主要有神经网络、模糊推理、产生式规则等。

　　决策层融合信息的来源是特征层的融合结果和知识库中的决策知识。决策层融合用来对飞行器故障进行评估、定位和隔离。决策层融合的方法主要有 D-S 证据理论、Bayes 决策理论等。

　　飞行器的姿态和位置对飞行器起着至关重要的作用。因此飞行机器人通常配有 GPS/INS 导航器件。高精度的 GPS（全球定位系统，Global Positioning System）信息可以用来修正 INS（惯性导航系统，Inertial Navigation System），控制其误差随时间的积累，当 GPS 信号受到高强度干扰，或当卫星系统接收机出现故障时，INS 系统可以独立地进行导航定位。

7.4 数据挖掘

物联网产业涉及行业众多，数据量巨大，高效的数据挖掘能够为物联网应用企业提供智能化的信息策略。通过云计算对采集到得各行各业的、数据格式各不相同的海量数据进行整合、管理、存储，并在整个物联网中提供数据挖掘服务，实现预测、决策，进行企业运营状况，客户价值和物流等信息分析为企业规避商业风险，提供新的利益增长点。

7.4.1 数据挖掘概述

(1) 数据挖掘的概念

数据挖掘是从海量数据中提取隐含在其中的、事先未知的、但又是潜在有用的信息和知识的非平凡过程。数据挖掘是一种决策支持过程，它主要基于人工智能、机器学习、模式识别、统计学、数据库、可视化技术等，高度自动化地分析企业的数据，做出归纳性的推理，从中挖掘出潜在的模式，帮助决策者调整市场策略，减少风险，做出正确的决策。

数据挖掘（Data Mining）是一些能够实现物联网"智能化"分析技术和应用的统称。包括数据挖掘和数据仓库（Data Warehousing）、决策支持（Decision Support）、商业智能（Business Intelligence）、报表（Reporting）、ETL（数据抽取、转换和清洗等）、OLAP 在线数据分析、Dashboard、平衡计分卡（Balanced Scoreboard）等技术和应用。

各种研究机构由于观点和背景的不同，对数据挖掘都有不用的定义。可以从技术角度进行定义，也可以从商业角度进行定义。

① 技术上的定义　数据挖掘就是从大量的、不完全的、有噪声的、模糊的、随机的实际应用数据中，提取隐含在其中的、人们事先不知道的、但又是潜在有用的信息和知识的过程。

科学的定义：一种透过数理模式来分析企业内储存的大量资料，以找出不同的客户或市场划分，分析出消费者喜好和行为的方法。

② 商业角度的定义　数据挖掘是一种新的商业信息处理技术，其主要特点是对商业数据库中的大量业务数据进行抽取、转换、分析和其他模型化处理，从中提取辅助商业决策的关键性数据。

(2) 数据挖掘过程

数据挖掘过程一般包括数据预处理、数据挖掘、知识评估与表示三个阶段，通常需要数据准备、数据筛选、数据清理、数据变换、数据挖掘实施、模式评估和知识表示 6 个步骤。

① 数据预处理阶段

a. 数据准备：根据不同的领域特点和用户需求，选择合适的信息收集方法，将收集到的信息存入数据库。对于海量数据，选择一个合适的数据存储和管理的数据仓库是至关重要的。

b. 数据筛选：从原始数据库中选取相关数据或样本。

c. 数据清理：在数据库中的数据有一些是不完整的（有些感兴趣的属性缺少属性值）、含噪声的（包含错误的属性值），并且是不一致的（同样的信息不同的表示方式），因此需要进行数据清理，将完整、正确、一致的数据信息存入数据仓库中。

d. 数据变换：平滑聚集、数据概化、规范化等方式将数据转换成适用于数据挖掘的形式。对于有些实数型数据，通过概念分层和数据的离散化来转换数据也是重要的一步。

② 数据挖掘阶段 根据数据仓库中的数据信息，选择合适的分析工具，应用统计方法、事例推理、决策树、规则推理、模糊集，甚至神经网络、遗传算法的方法处理信息，得出有用的分析信息。如图7-16所示。

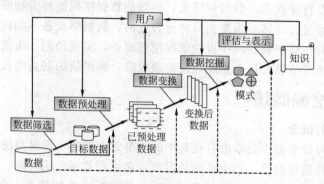

图7-16 数据挖掘过程

③ 知识评估与表示阶段

a. 模式评估：从商业角度，由行业专家来验证数据挖掘结果的正确性。

b. 知识表示：将数据挖掘所得到的分析信息以可视化的方式呈现给用户，或作为新的知识存放在知识库中，供其他应用程序使用。

数据挖掘过程是一个反复循环的过程，各步骤之间互相影响、反复调整，形成一种螺旋式上升过程。

（3）数据挖掘技术的产生和发展

从20世纪60年代到90年代，数据处理技术先后经历了数据搜索、数据访问、数据仓库和决策支持三个阶段，近年来随着数据库技术的发展和成熟，数据库应用的规模、范围和深度也在不断地扩大。目前的数据库系统已经可以高效地实现数据的录入、查询、统计等功能，但它却无法发现这些数据中存在的关系和规则，更不能根据现有的数据预测未来的发展趋势。随着信息的急剧增长，仅仅单纯地依靠统计手段和数据库管理系统的查询检索机制等方法已经远不能满足现实需要，它迫切要求自动、智能地将待处理的数据转化为有用的信息和知识。数据挖掘就是为迎合这种要求而产生并迅速发展起来的、可用于开发信息资源的一种新的数据处理技术。

数据挖掘又称为数据库中的知识发现，数据挖掘技术的发展经历了五个阶段，每个阶段的特点如表7-3所示。通过云计算的海量数据存储和分布计算，为云计算环境下的海量数据挖掘提供了新方法和手段，有效解决了海量数据挖掘的分布存储和高效计算问题。开展基于云计算的数据挖掘方法的研究，可以为更多、更复杂的海量数据挖掘提供新的理论与支撑工具。而作为传统数据挖掘向云计算的延伸将推动互联网技术成果服务于大众，是促进信息资源的深度分享和可持续利用的新方法、新途径。如表7-3所示。

表7-3 数据挖掘技术的发展阶段

代	特征	数据挖掘算法	集成	分布计算模型	数据模型
第一代	作为一个独立的应用	支持一个或者多个算法	独立的系统	单个机器	向量数据

代	特征	数据挖掘算法	集成	分布计算模型	数据模型
第二代	和数据库以及数据仓集成	多个算法	数据管理系统,包括数据库和数据仓库	同质、局部区域的计算机群集	有些系统支持对象、文本和连续的媒体数据
第三代	和预言模型系统集成	多个算法	数据管理和预言模型	intranet/extranet网络	支持半结构化数据和web数据
第四代	和移动数据/各种计算设备的数据联合	多个算法	系统数据管理、预言模型	移动系统计算移动和各种计算设备	普遍存在的计算模型
第五代	基于云计算的并行数据挖掘	并行分布式算法	系统包含 ETL 组件和数据挖掘组件	云计算模式	数据用 DFS 或者 HBASE,编程模式采用 Map/reduce

7.4.2 数据挖掘功能和常用方法

(1) 数据挖掘的功能

数据挖掘的目标是从数据库中发现隐含的、有意义的知识,主要有以下几类功能。

① 概念描述(Conceptual Description) 概念描述又称数据总结,其目的是对数据进行浓缩,给出它的综合描述,或者将它与其他对象进行对比。通过对数据的总结,可以实现对数据的总体把握。概念描述分为特征性描述和区别性描述,前者描述某类对象的共同特征,后者描述不同类对象之间的区别。生成一个类的特征性描述只涉及该类对象中所有对象的共性。生成区别性描述的方法很多,如决策树方法、遗传算法等。最简单的概念描述就是利用统计学中的传统方法,计算出数据库中各个数据项的总和、均值、方差等,或者利用 OLAP(On Line Processing,联机分析处理技术)实现数据的多维查询和计算,或者绘制直方图、折线图等统计图形。

② 关联分析(Association Analysis) 数据关联是数据库中存在的一类重要的可被发现的知识。关联分析的目的是找出数据库中隐藏的关联网。有时并不知道数据库中数据的关联函数,即使知道也是不确定的,因此关联分析就是从大量数据中发现项集之间有趣的关联或相关联系。若两个或多个变量的取值之间存在某种规律性,就称为关联。关联可分为简单关联、时序关联、因果关联等。挖掘关联规则,需要置信度和支持度越高越好。随着数据量急剧增加,许多业界人士对于从他们的数据库中挖掘关联规则越来越感兴趣。从大量商务事务记录中发现有趣的关联关系,可以帮助许多商务决策的制定。

③ 聚类分析(clustering analysis) 数据库中的记录可被化分为一系列有意义的子集,即聚类。聚类增强了人们对客观现实的认识,是概念描述和偏差分析的先决条件。聚类技术主要包括传统的模式识别方法和数学分类学。80 年代初,Mchalski 提出了概念聚类技术其要点是,在划分对象时不仅考虑对象之间的距离,还要求划分出的类具有某种内涵描述,从而避免了传统技术的某些片面性。

分类功能和聚类功能是不同的,分类是根据预先定好的一些特征值对对象分组,组或类是预先确定好的,而聚类是事先不知道的条件下根据对象的一些相似特征分组。聚类也便于将观察到的内容组织成分层结构,把类似的事件组织在一起。

④ 偏差检测(Deviation detection) 数据库中的数据常有一些异常记录,从数据库中检测这些偏差很有意义。偏差包括很多潜在的知识,如分类中的反常实例、不满足规则的特例、观测结果与模型预测值的偏差、量值随时间的变化等。偏差检测的基本方法是,寻找观测结果与参照值之间有意义的差别。

⑤ 分类和预测（Classification and Prediction）　分类和预测是两种数据分析形式，可以用于提取描述重要数据类的模型或预测数据未来的趋势。就是研究已分类资料的特征，分析对象属性，据此建立一个分类函数或分类模型，然后运用该模型计算总结出的数据特征，将其他未经分类或新的数据分派到不同的组中。计算结果通常简化为几个离散值，常用来对资料作筛选工作。分类和预测的应用十分广泛，例如，可以建立一个分类模型，对银行的贷款客户进行分类，以降低贷款的风险；也可以通过建立分类模型，对工厂的机器运转情况进行分类，用来预测机器故障的发生。

⑥ 时间序列分析（Time Series Analysis）　时间序列分析是一种动态数据处理的统计方法。该方法基于随机过程理论和数理统计学方法，研究随机数据序列所遵从的统计规律，以用于解决实际问题。在时间序列分析中，数据的属性值是随着时间不断变化的。这些数据一般在相等的时间间隔内取得，但是也可以在不相等的时间间隔内取得。通过时间序列图可以将时间序列数据可视化。时间序列分析目前有三个基本功能：一是模式挖掘，即通过分析时间序列的历史形态来研究事务的行为特征；二是趋势分析，即利用历史时间序列预测数据的未来数值；三是相似性搜索，即使用距离度量来确定不同时间序列的相似性。

其他功能包括：偏差分析（Deviation Analysis）、孤立点分析（Outlier Analysis）等。随着数据挖掘技术的发展，可能还会继续出现新的数据挖掘功能。

(2) 常用的数据挖掘方法

数据挖掘涉及的学科领域和方法很多，主要的数据挖掘方法如下。

① 分类方法：主要包括决策树、贝叶斯、人工神经网络、k-近邻、支持向量机和基于关联规则的分类等。

决策树是用于分类和预测的主要技术之一。决策树学习是以实例为基础的归纳学习算法，它着眼于从一组无次序、无规则的实例中推理出以决策树表示的分类规则。构造决策树的目的是找出属性和类别间的关系，用它来预测将来未知类别的记录的类别。它采用自顶向下的递归方式，在决策树的内部节点进行属性的比较，并根据不同属性值判断从该节点向下的分支，在决策树的叶节点得到结论。主要的决策树算法有 ID3、C4.5（C5.0）、CART、PUBLIC、SLIQ 和 SPRINT 算法等。

贝叶斯（Bayes）分类算法是一类利用概率统计知识进行分类的算法，有朴素贝叶斯（Naive Bayes）算法和 TAN（Tree Augmented Naive Bayes）算法。后者是在贝叶斯网络结构的基础上增加属性对之间的关联来实现的。

人工神经网络（Artificial Neural Networks，ANN）是一种应用类似于大脑神经突触联接的结构进行信息处理的数学模型。在这种模型中，大量的节点（或称“神经元”，或“单元”）之间相互联接构成网络，即“神经网络”，以达到处理信息的目的。目前，神经网络已有上百种不同的模型，常见的有 BP 网络、径向基 RBF 网络、Hopfield 网络、随机神经网络（Boltzmann 机）、竞争神经网络（Hamming 网络，自组织映射网络）等。但是当前的神经网络仍普遍存在收敛速度慢、计算量大、训练时间长和不可解释等缺点。

k-近邻（kNN，k-Nearest Neighbors）算法是一种基于实例的分类方法。该方法就是找出与未知样本 x 距离最近的 k 个训练样本，看这 k 个样本中多数属于哪一类，就把 x 归为那一类。k-近邻方法是一种懒惰学习方法，无法应用到实时性很强的场合。

支持向量机（SVM，Support Vector Machine）是瓦普尼克（Vapnik）根据统计学习理论提出的一种新的学习方法，它的最大特点是根据结构风险最小化准则，以最大化分类间隔构造最优分类超平面来提高学习机的泛化能力，较好地解决了非线性、高维数、局部极小点等问题。

关联规则挖掘是数据挖掘中一个重要的研究领域。近年来，对于如何将关联规则挖掘用于分类问题，学者们进行了广泛的研究。属于关联分类的算法主要包括有 apriori、改进的 apriori 算法、CBA、ADT 和 CMAR 等。

② 聚类：有 k 均值聚类（K-means）、Isodata（迭代自组织数据分析算法）等。

③ 序列分析算法。

④ 基于 web 的算法：PageRank 和 HITS、海量网页爬虫、网页结构解析、网页内容提取。

7.4.3 数据挖掘工具

近年来，数据挖掘技术越来越多的投入工程统计和商业运筹，国内外各大公司陆续推出了一些先进的挖掘工具。随着各公司产品功能的完善和使用简易性的提高，更多的没有计算机专业知识背景的人也可以享受数据挖掘的强大分析能力和预测能力。所以了解和掌握主流数据挖掘工具的适用范围、使用方法和特色创新是十分必要的。

(1) 数据挖掘工具的分类

① 数据挖掘工具根据其适用的范围分为三类：专用挖掘工具、通用挖掘工具和综合/DSS/OLAP 数据挖掘工具。

通用的数据挖掘工具不区分具体数据的含义，采用通用的挖掘算法，处理常见的数据类型，其中包括 IBM 公司阿尔玛登研究中心开发的 QUEST 系统、美国硅图公司（SGI）开发的 MineSet 系统、加拿大西蒙弗雷泽大学（Simon Fraser）开发的 DBMiner 系统、SAS Enterprise Miner、IBM Intelligent Miner、Oracle Darwin、SPSS Clementine、Unica PRW 等软件。通用的数据挖掘工具可以做多种模式的挖掘，挖掘什么、用什么来挖掘都由用户根据自己的应用来选择。

专用数据挖掘工具是针对某个特定领域的问题提供解决方案，这些工具是纵向的、贯穿这一领域的方方面面。特定领域的数据挖掘工具针对性比较强，只能用于一种应用；也正因为针对性强，往往采用特殊的算法，可以处理特殊的数据，实现特殊的目的，发现的知识可靠度也比较高。例如，IBM 公司的 Advanced Scout 系统针对 NBA 的数据，帮助教练优化战术组合；KD1 重点应用在零售业；Option&Choices 主要应用在保险业；HNC 软件针对信用卡诈欺或呆账侦测探查开发；Unica Model 1 软件针对行销业；iEM System 针对流程行业的实时历史数据。

综合数据挖掘工具能提供管理报告、在线分析处理和普通结构中的数据挖掘能力。包括 Cognos Scenario 和 Business Objects 公司的产品套件 Business Objects XI，为报表、查询和分析、绩效管理以及数据集成提供了最完善、最可靠的平台。

② 按照软件所基于的平台划分，数据挖掘工具可分为：基于 DOS 的软件工具、基于 Windows 的软件工具、基于 Linux 的软件工具和基于 Solaris 的软件工具等。

③ 根据所采用的技术将数据挖掘工具分为六类：基于规则和决策树的工具、基于神经元网络的工具、数据可视化方法、模糊发现方法、统计方法和综合多方法。

数据挖掘是一个过程，只有将数据挖掘工具提供的技术和实施经验与企业的业务逻辑和需求紧密结合，并在实施的过程中不断的磨合，才能取得成功，因此我们在选择数据挖掘工具的时候，要全面考虑多方面的因素，主要包括可产生的模式种类的数量（分类，聚类，关联等）、解决复杂问题的能力、操作性能、数据存取能力和其他产品的接口等。

(2) 常用数据挖掘工具介绍

下面介绍几种目前流行的工具。常用数据挖掘工具如表 7-4 所示。

表 7-4　常用数据挖掘工具的特点

序号	公司产品	平台	算法	功能
1	IBM Intelligent Miner	AIX、Window NT、OS/390、Sun Solaris	典型数据集自动生成、概念性分类、估值、关联规则、聚集（demographic、神经网络）、分类（树归纳和神经归纳）	自动实现数据选择、数据转换、数据发掘和结果呈现这一整套数据挖掘操作
2	SAS Enterprise Miner	DOS、MVS、Open-VMS、 UNIX、 Windows 和 z/OS 系统等	支持关联、聚类、决策树、神经元网络和经典的统计回归技术	为所有的模型开发产生全部的记分代码，能够立即应用到新的数据中。SAS的数据挖掘方法论称作 SEMMA（抽样、探索、修改、建模、评估）。用户的数据挖掘的过程在任何时候均可根据具体情况的需要进行修改、更新
3	SPSS Clementine	Win2K、 WinXP、Win2003、Vista、Win7	决策树分类方法、聚类分析方法、关联规则挖掘方法、数据筛选算法、回归分析方法、神经网络构建方法、时间序列分析方法	增强的数据管理功能，完善的结果报告功能，图表呈现功能，统计建模功能。对复杂抽样研究中各种连续性变量的建模预测功能
4	KXEN Knowledge Extraction Engines	Windows 平台	自动建模，基于 Vladimir Vapnik 的算法	KXEN独特的预处理编码技术和特征选择方式，减少建模时间 50% 以上。KXEN的算法先进性和其开发性，改变了数据挖掘应用的定位群体
5	Oracle dataware house/products/Oracle Data Mining Suite（Darwin）	Windows NT/95 、client/server、 UNIX；Sun Solaris、HP-UX支持单个或多处理器环境	神经网络，分类和回归树、k-最近邻居、遗传算法、聚集和贝叶斯算法。基于记忆的推理	通过 ODBC 访问 ASCII 和 RDBMS 数据。构造模型的过程有 wizards 引导
6	Cognos Scenario	Windows 平台	多层感知机 MLP、神经元网络技术和决策树算法	Scenario 是基于树的高度视图化的数据挖掘工具，决策树的基本功能是创立一系列标准，预测记录中目标市场的价值。Scenario 的分类树分阶展现各种因素；最终用户通过挖掘或展开树的分支来探察数据
7	Angoss Software Knowledge Studio and Knowledge Seeker	Windows	CART（分类回归树状）及 CHAID（卡方自动交互检测）算法	支持 PMML，留有与 SAS、S-Plus 的接口，能够灵活地导入外部模型和产生规则，包含神经网络建模的能力提供决策树、类神经网络、网页接口及 Java 的可移植性
8	SGI MineSet	Unix，OpenGL	关联和分类以及高级统计和可视化工具	将可视化方法和数据挖掘技术联合起来。有灵活的定制可视化报表的功能，产生预言模型，将结果以可视化方式表示
9	Unica Affinium	Windows 9X/NT	神经网络、线性回归、Logist 回归、后向传播神经元网络、CHAID 、CART 决策树、Na ve Bayes 、RFM 、K-Mean 等几百个模型和算法	包括 4 个模块：响应模型，交叉销售，客户评估，分片和概貌。算法的参数能够手工设置也能自动生成。记分 wizard 自动做所有的数据转换和预处理工作，能够对整个客户数据库迅速并且精确的记分

序号	公司产品	平台	算法	功能
10	MIS Alea and MIS DeltaMiner	Windows		MIS Alea 提供综合解决方案,将预算、汇报及突发分析整合至 Excel 系统。从多角度、多层面解读数据,更可透过内置的推动服务器,把内部工作流程整合至应用软件。DeltaMiner 是一个激活的搜索代理,专门用于异常报告、控制和分析

① Clementine (SPSS)(http：//www. spss. com/) Clementine 是 ISL 公司开发的数据挖掘工具平台。1999 年 SPSS (Statistical Product and Service Solutions,统计产品与服务解决方案)公司收购了 ISL 公司,对 Clementine 产品进行重新整合和开发,现在 Clementine 已经成为 SPSS 公司的又一亮点。作为企业级数据挖掘工作平台,Clementine 结合商业技术可以快速建立预测性模型,进而应用到商业活动中,帮助人们改进决策过程。强大的数据挖掘功能和显著的投资回报率使得 Clementine 在业界久负盛誉。它不但支持整个数据挖掘流程,从数据获取、转化、建模、评估到最终部署的全部过程,还支持数据挖掘的行业标准 CRISP-DM (cross-industry standard process for data mining,跨行业数据挖掘标准流程)。

从网上下载下面所需安装文件：

［统计数据挖掘工具］. TLF-SOFT-SPSS _ Clementine _ v12. 0-CYGiSO. bin；

［统计数据挖掘工具］. TLF-SOFT-SPSS _ Clementine _ v12. 0-CYGiSO. cue；

［统计数据挖掘工具］. TLF-SOFT-SPSS _ Clementine _ v12. 0-CYGiSO. nfo；

SPSS Clementine12・0・3 多国语言含中文破解版 .exe；

SPSS TextMining for Clementine12. 0. 1. iso。

SPSS Clementine 12. 0 中文版安装过程如下。

a. 打开虚拟光驱 Daemon Tools Lite 程序,加载文件"［统计数据挖掘工具］. TLF-SOFT-SPSS _ Clementine _ v12. 0-CYGiSO. bin",如图 7-17 所示。

b. 双击"setup. exe"图标开始安装,根据所好是否改变安装路径,选择免费使用 14 天

图 7-17　加载文件

图 7-18　安装界面

"Enable a temporary trial of 14 days"，安装界面如图 7-18、图 7-19 所示。

　　c. 安装 "SPSSClementine12・0・3 多国语言含中文破解版 .exe"。

　　d. 打开虚拟光驱 "CYGiS0" 文件夹，将 "lservrc" 和 "PlatformSPSSLic7.dll" 文件复制到 "＊：\ Program Files \ SPSSInc \ Clementine12.0 \ bin" 中。如图 7-20 所示。

　　e. 安装 "SPSS TextMining for Clementine12" 镜像文件，完成后运行，软件界面如图 7-21 所示。

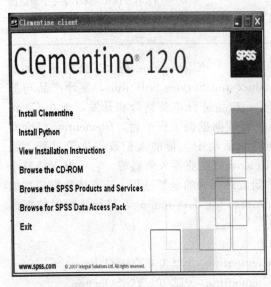

图 7-19　SPSS Clementine 12

图 7-20　文件复制

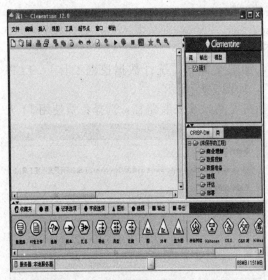

图 7-21　软件界面图

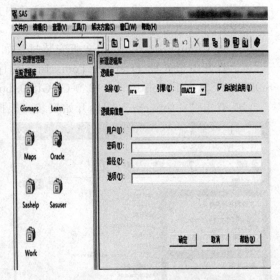

图 7-22　SAS 的工作界面

　　特点：操作界面极为友好，输出结果美观漂亮。采用类似 EXCEL 表格的方式输入与管理数据，数据接口较为通用，存储时则是专用的 SPO 格式，可以转存为 HTML 格式和文本格式。设计了语法生成窗口，用户只需在菜单中选好各个选项，然后按 "粘贴" 按钮就可以自动生成标准的 SPSS 程序。不能为 WORD 等常用文字处理软件直接打开，只能采用拷贝、粘贴的方式加以交互。

② SAS Enterprise Miner（http：//www. sas. com/）　SAS（Statistical Analysis System，统计分析系统）于 1966 年由美国北卡罗来纳州立大学统计系的两位教授最早开始开发研制，1976 年成立 SAS 研究所（SAS Institute Inc.）正式推出 SAS 软件并对其进行维护和开发。经过 30 多年的发展，SAS 系统已从最初的一款统计分析软件扩展成为以统计分析为核心的大型集成信息系统，提供包括数据仓库、数据挖掘、运筹决策等方面的技术支持。SAS 是一个大型集成软件系统，它由 Base SAS、SAS/STAT、SAS/Enterprise Miner 等三十多个功能模块集合而成，能够提供完备的数据存储、管理、分析和显示等功能。SAS Enterprise Miner 在资料探勘工具市场是非常杰出的工具，它运用了 SAS 统计模块的力量和影响力，增加了一系列的资料探勘算法，使用它的取样、探测、修改、模式、评价（SEMMA）方法提供，可以支持广泛的模式，包含合并、丛集、决策树、类神经网络和统计回归。SAS Enterprise Miner 适用于初学者及专业使用者。

安装过程如下：

a. 在 Windows 环境下，在"开始"菜单中选择"程序"｜"SAS"｜"SAS 9. 1"命令，或者双击桌面上的"SAS 9. 1"快捷方式，即可启动 SAS 系统。

b. 启动 SAS 系统后，进入到中文版界面。SAS 的工作界面（Application Workspace）包括菜单栏、工具栏、命令框和窗口四个主要部分。如图 7-22 所示。

③ IBM Intelligent Miner（http：//www. software. ibm. com）　Intelligent Miner 是美国 IBM 公司开发的一套用来分析大型资料库的统计、前处理及探勘功能的软件，提供视觉化工具、检视及解释探勘结果。在 IBM SP 的大量平行硬件系统上执行效率最好，也可以在 IBM 或非 IBM 平台上执行丰富的 APIs，可用来发展自定的资料探勘应用软件；Intelligent Miner 支持 DB2 关系型数据库管理系统，并整合大量精密的资料操作函式结论。整体而言，Intelligent Miner（for Data）是市场上最大容量及功能强大的工具，在顾客评定报告中它的整体效能是最好的，有所算法的效能甚至比其他应用不同的应用软件还要好，IBM 将它定位在企业资料探勘解决方案的先锋。

特点如下。

a. 可以提供一定程度的定制，具有可扩展性，索引的速度很快，具有先进的语言分析能力、聚集和过滤能力。

b. 有强大的 API 函数库，可以创建定制的模型。能够处理巨大的数据量，同时支持并行处理，查询速度很快。

c. Intelligent Miner for Text 图形界面 GUI 不友好，spider 和 indexing 管理需要对 UNIX 非常熟悉。对一个挖掘对象将多个挖掘操作一起执行（批处理）比较困难。

d. 元数据不开放，结构复杂。文档缺乏错误代码的详细解释。没有对算法的详细说明。

④ MineSet（http：//www. sgi. com/）　MineSet 是由 SGI 公司和美国 Standford 大学联合开发的多任务数据挖掘系统。MineSet 集成多种数据挖掘算法和可视化工具，帮助用户直观地、实时地发掘、理解大量数据背后的知识。

特点如下。

a. MineSet 以先进的可视化显示方法闻名于世。包括规则、树、地图和多维数据分散可视化工具；图形用户接口非常优美。

b. 提供多种数据挖掘模式。包括分类器、回归模式、关联规则、聚类、判断列重要度。

c. 支持多种关系数据库。可以直接从 Oracle、Informix、Sybase 的表读取数据，也可以通过 SQL 命令执行查询。

d. 多种数据转换功能。在进行挖掘前，MineSet 可以去除不必要的数据项，统计、集合、分组数据，转换数据类型，构造表达式由已有数据项生成新的数据项，对数据采样等。

e. 操作简单、支持国际字符、可以直接发布到 Web。

⑤ DBMiner　DBMiner 是加拿大 Simon Fraser 大学开发的一个多任务数据挖掘系统，它的前身是 DBLearn。该系统设计的目的是把关系数据库和数据开采集成在一起，以面向属性的多级概念为基础发现各种知识。DBMiner 系统具有如下特色：

a. 能完成多种知识的发现：泛化规则、特性规则、关联规则、分类规则、演化知识、偏离知识等。

b. 综合了多种数据开采技术：面向属性的归纳、统计分析、逐级深化发现多级规则、元规则引导发现等方法。

c. 提出了一种交互式的类 SQL 语言——数据开采查询语言 DMQL。

d. 能与关系数据库平滑集成。

e. 实现了基于客户/服务器体系结构的 Unix 和 PC（Windows/NT）版本的系统。

缺点：缺乏在数据挖掘之前对数据的可视化探索。工作流不能可视化编辑。

DBMiner 的安装过程如下：

a. 单击 DBMiner 安装图标，按照安装步骤，输入序列号，完成安装过程。如图 7-23、图 7-24 所示。

图 7-23　DBMiner 图标

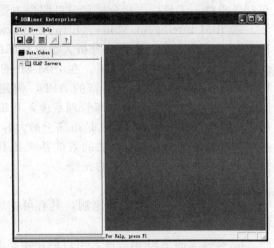

图 7-24　安装完成界面

b. 本软件允许用户和各种 DBMiner 的 OLAP 服务器联机。请选择自己的服务器名称。

c. DBMiner 数据挖掘工作面板如图 7-25 所示。

注意：本软件在使用前，需要安装 Excel2000 和 MS OLAP 服务客户端。

7.4.4　基于云计算的物联网数据挖掘平台实例

物联网快速发展的同时也制造了海量数据，如何推进物联网的建设，挖掘更多的数据资源；如何解决各数据来源公开和共享动力不足的问题；如何更有效整合这些数据，是物联网下一步发展的关键。

云计算是物联网的基石，能够保证分布式并行数据挖掘，高效实时挖掘，而云服务模式是数据挖掘的普适模式，保证挖掘技术的共享，降低数据挖掘的应用门槛，满足海量挖掘的要求。

（1）物联网数据的特性

① 数据的空间时效性：在物联网应用中，原始数据通常是从一个时空网络的四维空间中收集上来的，空间时效性是物联网数据的必要属性。所有原始数据在缺省状态下都具有时

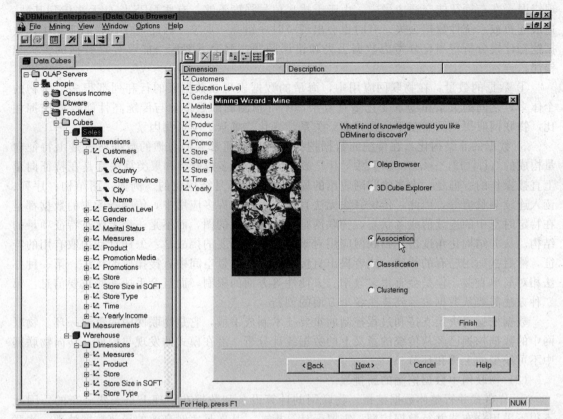

图 7-25 数据挖掘工作面板

间、空间和设备戳，即表示在特定时间、地点在特定设备上收集的。例如：在智能电网应用中，相位测量单元（PMU）记录了特定传输线路在特定时间点的测量信息；在智能交通系统中，车载 GPS 测量记录车辆记录了在特定时间的位置信息；在食品安全应用中，每个数据包都包含在特定时间和地点的加工和处理信息；在环境监控中，每个传感器都记录了在特定位置和时间的污染源测量数值。总之，在物联网应用中，时空设备信息是数据的固有属性。在数据的传输中，时空信息应当保留，不应当转换或者缺失。为了保证数据的完整性（data integrity）和安全性，应当研究有效的方案保证数据的时空完整性。

② 数据的连接关系：在物联网应用中，各个物理对象之间存在直接的或间接隐含的关联。在现有技术中，通常的做法是忽略事物之间的关系，或者只是描述一种关系。例如：在智能电网中，不同用电户在物理电网上的相对位置会影响他们之间的关系和关联程度；在食品安全应用中，不同供应方和使用方错综复杂的供求关系，会直接或间接地影响产品加工运输中的实施细节；在环境监测中，不同污染源的相对位置和相对独立性，都会对监测系统的设计与实现带来影响。在物联网应用建模时，应当充分考虑并表达物理个体之间的关系特别是直接的关系，间接的关系可以通过模型的办法（例如 SVD、拉普拉斯变换等）推导出来。各个物理个体除实时收集的时空数据之外，也应充分表达它们之间的连接关系。模型本身应有充分的能力来表达直接关系，以方便推理间接关系。

③ 数据的质量问题：由于传输错误、传感器失效、停电等原因，物联网会发生数据成批成片或者部分丢失和错误。数据出错与丢失的原因可能是随机的也可能是系统的。例如：在智能电网应用中，由于传感器电池没电了，可能在一段时间里完全得不到某些传输线路上的相位测量信息。在广域网传输中，由于设备出现故障，也会造成数据暂时丢失或者读写出

现错误。在车辆智能交通应用中，由于干扰、信号强度不够，有些 GPS 信息无法传到基站，造成随机或系统性数据丢失。有时也会出现"时序错乱"现象。因此，在物联网应用中，数据挖掘建模分析应当充分考虑数据丢失和错误问题，解决方案应当能够容忍数据的丢失和错误。

④ 数据的数量：在物联网应用中，海量的数据表现在数据表的行和列都很多，事物的个体多，之间的关系和场景变化多且复杂，不可预测的因素多。与传统高性能数据挖掘相比，物联网应用侧重点在于后几方面：关系、变化、场景、不可测因素。

⑤ 数据的非结构化：在传统的数据挖掘应用中，通常人们习惯的数据格式是由特征向量构成的 (f1, f2, …, fk)。其中，fi 是数据分量。大多数分类和聚类算法都是在特征向量上直接操作的。但是，大多物联网应用的原始数据都不是结构化的。例如：图结构、序列、读入连续测量值等，因此，传统算法无法直接应用。在许多应用中，传感器读取的数据都是在特定时空中的连续值或者状态，物联网是个时空相联的图，而不是一个天然有特征项量的结构。从非结构化角度讲，物联网应用对于数据挖掘主要的挑战是：怎样自动抽取有用的特征，然后去适用已有的算法；或者提出直接在时空非向量空间中直接操作的算法。第一种办法相对简单直接，但是会有很多效率、方便性等方面的限制，而且会丢掉一些重要信息。第二种方法需要从数据表示到算法各个方面的创新。

数据挖掘是决策支持和过程控制的重要技术制成手段，它是物联网中的重要一环。物联网中的数据挖掘已经从传统的意义上的数据统计分析、潜在模式的发现与挖掘，转向物联网中不可缺少的工具和环节。

（2）物联网中数据挖掘的新挑战

① 分布式并行整体数据挖掘。物联网的计算设备和数据在物理上是天然分布的，因此不得不采用分布式并行数据挖掘，需要云计算模式。其次是实时高效的局部数据处理。物联网任何一个控制端均需要对瞬息万变的环境实时分析并做出处理和反应，需要物计算模式利用数据挖掘结果。

② 数据管理与质量控制。多源、多模态、多媒体、多格式数据的存储与管理是控制数据质量和获得真实结果的重要保证，需要基于云计算的存储。

③ 决策和控制。挖掘出的模式、规则、特征指标用于预测、决策和控制。

（3）物联网中数据挖掘算法的选择

物联网特有的分布式特征，决定了物联网中的数据挖掘具有以下特征。

a. 高效的数据挖掘算法：算法复杂度低、并行化程度高。

b. 分布式数据挖掘算法：适合数据垂直划分的算法、重视数据挖掘多任务调度算法。

c. 并行数据挖掘算法：适合数据水平划分、基于任务内并行的挖掘算法。

d. 保护隐私的数据挖掘算法：数据挖掘在物联网中一定要注意保护隐私。

（4）分布式与并行数据挖掘的比较

云计算相关技术的飞速发展和高速宽带网络的广泛使用，使得实际应用中分布式数据挖掘的需求不断增长。分布式数据挖掘是数据挖掘技术与分布式计算技术的有机结合，主要用于分布式环境下的数据模式发现，它是物联网中要求的数据挖掘，是在网络中挖掘出来的。通过与云计算技术相结合，可能会产生更多、更好、更新的数据挖掘的方法和技术手段。

① 分布式数据挖掘的优点　考虑到商业竞争和法律约束等多方面的因素，在许多情况下，为了保证数据挖掘的安全性、容错性，需要保护数据隐私，将所有数据集中在一起进行分析往往是不可行的。分布式数据挖掘系统能将数据合理地划分为若干个小模块，并由数据挖掘系统并行处理，最后再将各个局部的处理结果合成最终的输出模式，这样做可以充分利用分布式计算的能力和并行计算的效率，对相关的数据进行分析与综合，从而节省大量的时

间和空间开销。

② 分布式数据挖掘面临的问题 算法方面：数据预处理中实现各种数据挖掘算法；实现多数据挖掘任务的调度算法。

系统方面：能在对称多处理机（symmetricalmulti-processing，SMP）、大规模并行处理机（massively parallel processor，MPP）等具体的分布式平台上实现；结点间负载平衡、减少同步与通信开销、异构数据集成等。

③ 分布式数据挖掘的系统分类 分布式数据挖掘系统，按照不同的角度可以划分为以下几类。

根据结点间数据分布情况是否同构分为同构和异构两类。同构的分布式数据挖掘系统的结点间数据的属性空间相同，异构的分布式数据挖掘系统的结点间数据具有不同的属性空间。

按照数据模式的生成方式，分布式数据挖掘系统分为集中式、局部式和重分布式三类。集中式分布式数据挖掘系统先把数据集中于中心点，再生成全局数据模式，该系统适合模型精度较高、但数据量较小的情况；局部式分布式数据挖掘系统先在各结点处生成局部数据模式，然后再将局部数据模式集中到中心结点生成全局数据模式，该系统适合模型精度较低、但效率较高的情形；数据重分布式数据挖掘系统首先将所有数据在各个结点间重新分布，然后再按照与局部式系统相同的方法生成数据模式。

④ 并行数据挖掘与分布式数据挖掘的相同点 并行数据挖掘系统与分布式数据挖掘系统都用网络连接各个数据处理结点，网络中的所有结点构成一个逻辑上的统一整体，用户可以对各个结点上的数据进行透明存取。

⑤ 并行挖掘与分布式挖掘的不同点

a. 应用目标不同。

并行数据挖掘中各个处理机结点并行完成数据挖掘任务，以提高数据挖掘系统的整体性能；分布式数据挖掘实现场地自治和数据的全局透明共享，不要求利用网络中的所有结点来提高系统处理性能。

b. 实现方式不同。

并行数据挖掘中各结点间可以采用高速网络连接，结点间的数据传输代价相对较低；分布式数据挖掘的各结点间一般采用局域网或广域网相连，网络带宽较低，点到点的通信开销较大。

c. 各结点的地位不同。

并行数据挖掘的各结点是非独立的，在数据处理中只能发挥协同作用，而不能有局部应用，适合于算法内并行；分布式数据挖掘系统的各结点除了能通过网络协同完成全局事务外，每个节点可以独立运行自己的数据挖掘任务，执行局部应用，具有高度的自治性，适合不同算法之间的并行。云计算通过廉价的 PC 服务器，可以管理大数据量与大集群，其关键技术在于能够对云内的基础设施进行动态按需分配与管理。云计算的任务可以被分割成多个进程在多台服务器上并行计算，然后得到最终结果，其优点是对大数据量的操作性能非常好。从用户角度来看，并行计算是由单个用户完成的，分布式计算是由多个用户合作完成的，云计算是可以在没有用户参与指定计算节点的情况下，交给网络另一端的云计算平台的服务器节点自主完成计算，这样云计算就同时具备了并行与分布式的特征。

(5) 数据挖掘云服务方式

在物联网中，数据挖掘采取了云服务的方式来提供数据挖掘的结果，用于决策与控制。云计算模式是物联网的基石，能够保证分布式并行数据挖掘，实现高效、实时挖掘。云服务模式是数据挖掘的普适模式，能够保证挖掘技术的共享，降低数据挖掘应用的门槛，满足海量挖掘的需求。国内中国科学院计算技术研究所于 2008 年底开发完成了基于 Hadoop 的并行分布式数据挖掘系统 PDMiner。中国移动进一步建设了 256 台服务器、1000 个 CPU、256TB 存储组成的"大云"试验平台，并在与中国科学院计算技术研究所合作开发的并行数据挖掘系统基础上，结合数据挖掘、用户行为分析等需求，在上海、江苏等地进行了应用试点，在提高效率、降低成本、节能减排等方面取得了极为显著的效果。2009 年，中国科学院计算技术研究所开发完成了面向云计算的数据挖掘服务平台 COMS，现已用于国家电网与国家信息安全领域。数据挖掘云服务平台 COMS 作为无锡"感知环境，智慧环保"环境监控物联网应用示范工程重要的一环，2010 年 7 月 2 日通过了环保部组织的专家论证，现正在落实中。

① 数据挖掘云服务平台要求　数据挖掘云服务平台包括以下几个方面的要求：

a. 基础建设：专业人士成为服务的提供者，大众和各种组织成为服务的受益方，按领域、行业进行构建。

b. 虚拟化：计算资源自主分配调度。

c. 需求：大众参与应对个性化和多样化的需求。

d. 可信：算法通用、可查、可调和可视。

e. 安全：隐私数据由客户自己在平台终端完成加密保护。

② 数据挖掘云服务平台的结构特点　硬件资源管理子系统和后台并行挖掘子系统紧密结合；平台对用户透明，资源抽象成提供数据挖掘服务的"云"；用户通过前台的 Web 交互界面定制数据挖掘任务。如图 7-26 所示。

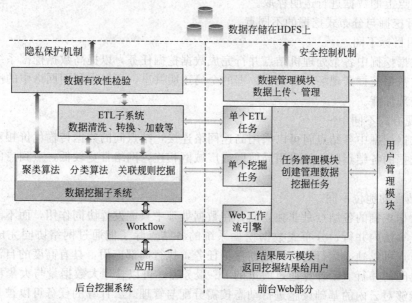

图 7-26　数据挖掘云服务系统架构

图 7-26 数据挖掘云服务系统架构，既包括了数据挖掘预处理云服务，也包括了数据挖掘算法云服务，如关联规则云服务、分类云服务、聚类云服务和异常发现云服务，总体还有工作流子系统，对数据挖掘的任务进行多任务的组合，以达到数据挖掘的目标。

本 章 小 结

智能信息处理是计算机科学中的前沿交叉学科，是应用导向的综合性学科，其目标是处理海量和复杂信息，研究新的、先进的理论和技术。本章主要介绍了常用的智能处理技术，内容分四部分。首先介绍机器学习的相关知识：机器学习诞生和发展过程、机器学习的概念、机器学习的主要分类方法以及构建机器学习系统的基本结构，随后重点介绍机器学习的主要策略以及方法，最后介绍了机器学习的几种常用的算法。

通过本章的学习，读者了解机器学习的基本概念、相关策略以及实现算法，为后续的学习和研究建立基础。接着介绍模式识别的相关知识。通过本章的学习，读者可以了解模式识别的基本概念、相关策略以及实现算法等，掌握模式识别的系统组成，解模式识别的主要应用。信息融合是本章的第三个重要部分。这一部分介绍了信息融合的基本概念原理、发展历程和相关方法。通过学习了解信息融合的主要方法，掌握信息融合的主要应用。数据挖掘是本章的重点内容。本部分介绍了数据挖掘的基本概念、发展历程和相关方法。通过学习了解数据挖掘的主要方法，掌握基于云计算的数据挖掘平台的原理及构成，为后续课程的学习打下基础。

习　题

一、选择题

1. 由教师或环境提供某概念的一些实例或反例，让学生通过归纳推理得出该概念的一般描述，这种学习策略称为_____。

A. 机械学习　　　　　B. 示例学习　　　　　C. 归纳学习　　　　　D. 基于解释的学习

2. 学生从环境（教师或其他信息源如教科书等）获取信息，把知识转换成内部可使用的表示形式，并将新的知识和原有知识有机地结合为一体。这种学习策略称为_____。

A. 机械学习　　　　　　　　　　　B. 示例学习

C. 演绎学习　　　　　　　　　　　D. 基于解释的学习

3. 通过模仿人脑的结构和工作原理，设计和建立相应的机器和模型并完成一定的智能任务。这种融合方法称为_____。

A. 加权平均法　　　　　　　　　　B. 多贝叶斯方法

C. 嵌入约束法　　　　　　　　　　D. 人工神经网络法

4. 下列哪项不属于数据挖掘的功能_____。

A. 数据融合　　　　　B. 概念描述　　　　　C. 聚类分析　　　　　D. 孤立点分析

5. _____方法将一组传感器提供的冗余信息进行加权平均，结果作为融合值。

A. 加权平均法　　　　　　　　　　B. 多贝叶斯方法

C. 嵌入约束法　　　　　　　　　　D. 人工神经网络法

二、填空题

1. 机器学习系统的基本结构包括_____、_____、_____、_____。

2. 模式识别的主要方法有_____、_____。

3. 信息融合中，若按数据抽象的层次来分，可分为_____、_____和_____。

4. 多源数据融合的通用结构有_____、_____和_____等。

5. 数据挖掘工具主要有_____、_____、_____、_____等。

三、简答题

1. 简述机器学习的概念、模型和主要策略。

2. 机器学习可分为哪几类？各有什么特点？

3. 简述模式识别的概念及主要方法。

4. 模式识别的主要应用有哪些？

5. 简述信息融合的主要处理方法。

6. 简述数据挖掘的功能及定义。

7. 简述数据挖掘的主要方法。

第8章

物联网应用

【本章学习重点】

了解智能电网、智能家居、智能物流、智能农业、智能交通以及智慧城市的概念、特征、体系架构以及各个模块的设计，掌握物联网技术在生活和工作中的应用。

8.1 智能电网

随着全球社会经济的发展，用电需求不断增加，电网规模不断扩大，影响电力系统安全运行的不确定因素和潜在风险也随之增加，而用户对电力供应的安全可靠性和质量要求越来越高，电力发展所面临的资源和环境压力越来越大，市场竞争迫使电力经营者不断提高企业运营效率，21世纪初智能电网在欧美的发展，为全世界电力工业在安全可靠、优质高效、绿色环保等方面开辟了新的发展空间。

智能电网（Smart Power Grids）就是电网的智能化，也被称为"电网2.0"，它是建立在集成的、高速双向通信网络的基础上，通过先进的传感和测量技术、先进的设备技术、先进的控制方法以及先进的决策支持系统技术的应用，实现电网的可靠、安全、经济、高效、环境友好和使用安全的目标。我国政府高度重视智能电网发展，连续两年将发展智能电网写入政府工作报告，并纳入中国《国民经济和社会发展第十二个五年规划纲要》，明确指出："发展特高压等大容量、高效率、远距离先进输电技术，依托信息、控制和储能等先进技术，推进智能电网建设。"发展特高压和智能电网，成为国家能源战略的重要内容。

8.1.1 智能电网概述

（1）智能电网的定义

智能电网是2003年由美国作为对未来电网的构想而提出的，目前对智能电网虽然还没有形成统一的定义，比较有代表性的智能电网定义或解释如下。

美国能源部《Grid 2030》：一个完全自动化的电力传输网络，能够监视和控制每个用户和电网节点，保证从电厂到终端用户整个输配电过程中，所有节点之间的信息和电能的双向流动。

美国电力科学研究院将智能电网描述为：IntelliGrid是一个由众多自动化的输电和配电系统构成的电力系统，以协调、有效和可靠的方式实现所有的电网运作；具有自愈功能；快速响应电力市场和企业业务需求；具有智能化的通信架构，实现实时、安全和灵活的信息流，为用户提供可靠、经济的电力服务。

国家电网中国电力科学研究院定义为：以物理电网为基础（中国的智能电网是以特高压电网为骨干网架、各电压等级电网协调发展的坚强电网为基础），将现代先进的传感测量技术、通信技术、信息技术、计算机技术和控制技术与物理电网高度集成而形成的新型电网。它以充分满足用户对电力的需求和优化资源配置、确保电力供应的安全性、可靠性和经济性、满足环保约束、保证电能质量、适应电力市场化发展等为目的，实现对用户可靠、经济、清洁、互动的电力供应和增值服务。

中国物联网校企联盟定义为：智能电网由很多部分组成，可分为智能变电站，智能配电网，智能电能表，智能交互终端，智能调度，智能家电，智能用电楼宇，智能城市用电网，智能发电系统，新型储能系统。

（2）智能电网的发展现状

智能电网的概念最早起源于美国，在 2008 年新一届美国总统奥巴马上任后发布的《经济复兴计划进度报告》中，美国政府宣布，计划在未来的 3 年之内，投资 40 多亿美元推动电网现代化，其核心内涵是实现电网的信息化、数字化、自动化和互动化。德国制定了"E-Energy"计划，总投资 1 亿 4 千万欧元，2009 年至 2012 年 4 年时间内，在全国 6 个地点进行智能电网实证实验。同时还进行风力发电和电动汽车实证实验，并对互联网管理电力消费进行检测。德国西门子、SAP 及瑞士 ABB 等大企业均参与了这一计划。

国内在智能电网相关技术领域已经开展了大量的研究和实践，输电技术已经达到国际先进水平，配用电领域的智能化应用研究也在积极探索之中。2007 年，华东电网公司启动了以提升大电网安全稳定运行能力为目的的智能互动电网可行性研究项目，启动了高级调度中心和统一信息平台等智能电网试点工程。2008 年，华北电网公司也开始进行智能电网相关的研究和建设，致力于打造智能调度体系，搭建智能电网信息架构，研发清洁能源关键技术，为建设智能输电网奠定基础。

2009 年初，国家电网公司启动了一系列有关智能电网的重要课题研究，通过积极探索国内外智能电网技术发展动态，分析建设中国特色智能电网的技术要求，调研中国智能电网的研究现状，揭示了坚强智能电网的内涵与特征，制定了发展目标、技术框架体系与实施计划等。2009 年 5 月 21 日，在北京召开的"2009 特高压输电技术国际会议"上，国家电网公司提出了发展坚强智能电网的内涵，即以坚强网架为基础，以信息通信平台为支撑，以智能控制为手段，包括电力系统的发电、输电、变电、配电、用电和调度各个环节，覆盖所有电压等级，实现"电力流、信息流、业务流"的高度一体化融合，是坚强可靠、经济高效、清洁环保、透明开放、友好互动的现代化电网。与此同时，国家电网公司公布了"智能电网"发展计划，将在 2020 年前完成智能电网改造。其中，2009～2010 年是规划试点阶段，重点开展坚强智能电网发展规划，制定技术和管理标准，开展关键技术研发和设备研制，开展各环节的试点。2011～2015 年是全面建设阶段，将加快特高压电网和城乡配电网建设，初步形成智能电网运行控制和互动服务体系，关键技术和装备实现重大突破和广泛应用。2016～2020 年是引领提升阶段，将全面建成统一的坚强智能电网，技术和装备达到国际先进水平。数据显示，电网建造过程中，智能化方面的投资将达每年 660～680 亿元，这使电网对 IT 支撑产生了强烈需求，智能电网将成为拉动电力行业信息化需求新的增长点。

（3）智能电网的关键技术

智能电网建设涵盖了发电、调度、输电、变电、配电和用电各个领域，主要相关技术介绍如下。

① 参考量测技术　参数量测技术是智能电网基本的组成部件，先进的参数量测技术获得数据并将其转换成数据信息，以供智能电网的各个方面使用。它们评估电网设备的健康状况和电网的完整性，进行表计的读取、消除电费估计以及防止窃电、缓减电网阻塞以及与用户的沟通。

未来的智能电网将取消所有的电磁表计及其读取系统，取而代之的是可以使电力公司与用户进行双向通信的智能固态表计。基于微处理器的智能表计将有更多的功能，除了可以计量每天不同时段电力的使用和电费外，还有储存电力公司下达的高峰电力价格信号及电费费率，并通知用户实施什么样的费率政策。更高级的功能有用户自行根据费率政策，编制时间表，自动控制用户内部电力使用的策略。

对于电力公司来说，参数量测技术给电力系统运行人员和规划人员提供更多的数据支持，包括功率因数、电能质量、相位关系（WAMS）、设备健康状况和能力、表计的损坏、故障定位、变压器和线路负荷、关键元件的温度、停电确认、电能消费和预测等数据。新的软件系统将收集、储存、分析和处理这些数据，为电力公司的其他业务所用。

未来的数字保护将嵌入计算机代理程序，极大地提高可靠性。计算机代理程序是一个自治和交互的自适应的软件模块。广域监测系统、保护和控制方案将集成数字保护、先进的通信技术以及计算机代理程序。在这样一个集成的分布式的保护系统中，保护元件能够自适应地相互通信，这样的灵活性和自适应能力极大地提高可靠性，因为即使部分系统出现了故障，其他的带有计算机代理程序的保护元件仍然能够保护系统。

② 智能电网通信技术　建立高速、双向、实时、集成的通信系统是实现智能电网的基础，没有这样的通信系统，任何智能电网的特征都无法实现。因为智能电网的数据获取、保护和控制都需要这样的通信系统的支持，因此建立这样的通信系统是迈向智能电网的第一步。通信系统建成后，可以提高电网的供电可靠性和资产的利用率，繁荣电力市场，抵御电网受到的攻击，从而提高电网价值。

适用于智能电网的通信技术需具备以下特征：一是具备双向性、实时性、可靠性特征，出于安全性考虑理论上应是与公网隔离的电力通信专网。二是具备技术先进性，能够承载智能电网现有业务和未来扩展业务。三是最好具备自主知识产权，可具有面向电力智能电网业务的定制开发和业务升级能力。

作为国家电网公司从事骨干信息通信网络建设、运行管理的直属公司，国网信息通信有限公司高度重视智能电网建设，积极开展相关前期研究工作，并着力推进有关信息通信技术（ICT）的软硬件产品研发，开展新一代电力信息通信（ICT）网络模式研究，加快信息通信产业化发展。

电力客户用电信息采集系统是智能电网的重要组成部分，信通公司积极参与其中与信息通信专业相关的研究，向国家电网公司提交了通信专题技术报告。同时，积极推进产业化进程，进一步完善了用电信息采集主站软件平台、基于电力线宽带通信技术的采集器等产品。智能电网客户服务是智能电网用电环节的重要组成部分，是实现电网与客户之间实时交互响应，增强电网综合服务能力，满足互动营销需求，提升服务水平的重要手段。

③ 信息管理系统　智能电网中的信息管理系统主要包括采集与处理、分析、集成、显示、信息安全等五个功能。

信息采集与处理。主要包括详尽的实时数据采集系统、分布式的数据采集和处理服务、智能电子设备（intelligent electronic device，IED）资源的动态共享、大容量高速存取、冗余备用、精确数据对时等。

信息分析。对经过采集、处理和集成后的信息进行业务分析，是开展电网相关业务的重要辅助工具。纵向包括"发电-输电-配电-需求侧"四级产业链业务分析和"国家-大区-省级-地县"四级电网信息分析。横向包括发电计划、停电管理、资产管理、维护管理、生产优化、风险管理、市场运作、负荷管理、客户关系管理、财务管理、人力资源管理等业务模块分析。

信息集成。智能电网的信息系统在纵向上要实现产业链信息集成和电网信息集成，横向上要实现各级电网企业内部业务的信息集成。

信息显示。为各类型用户提供个性化的可视化界面，需要合理运用平面显示、三维动画、语音识别、触摸屏、地理信息系统（GIS）等视频和音频技术。

信息安全。智能电网必须明确各利益主体的保密程度和权限，并保护其资料和经济利益。因此，必须研究复杂大系统下的网络生存、主动实时防护、安全存储、网络病毒防范、恶意攻击防范、网络信任体系与新的密码等技术。

④ 智能调度技术 智能调度是智能电网建设中的重要环节，智能电网调度技术支持系统则是智能调度研究与建设的核心，是全面提升调度系统驾驭大电网和进行资源优化配置的能力、纵深风险防御能力、科学决策管理能力、灵活高效调控能力和公平友好市场调配能力的技术基础。现有的调度自动化系统面临着许多问题，包括非自动、信息的杂乱、控制过程不安全、集中式控制方法缺乏、事故决策困难等。为适应大电网、特高压以及智能电网的建设运行管理要求，实现调度业务的科学决策、电网运行的高效管理、电网异常及事故的快速响应，必须对智能调度加以分析研究。为加快推进智能电网调度技术支持系统总体设计和应用功能规范编写工作，国网电力科学研究院受国家电力调度中心委托，承担智能电网调度技术支持系统总体设计工作。

⑤ 高级电力电子技术 电力电子技术是利用电力电子器件对电能进行变换及控制的一种现代技术，节能效果可达 10%～40%，可以减少机电设备的体积并能够实现最佳工作效率。目前，半导体功率元器件向高压化、大容量化发展，电力电子产业出现了以 SVC 为代表的柔性交流输电技术、以高压直流输电为代表的新型超高压输电技术、以高压变频为代表的电气传动技术，以智能开关为代表的同步开断技术，以及以静止无功发生器、动态电压恢复器为代表的用户电力技术等。

柔性交流输电技术是新能源、清洁能源的大规模接入电网系统的关键技术之一，将电力电子技术与现代控制技术相结合，通过对电力系统参数的连续调节控制，从而大幅降低输电损耗、提高输电线路输送能力和保证电力系统稳定水平。

高压直流输电技术对于远距离输电、高压直流输电拥有独特的优势。其中，轻型直流输电系统采用 GTO、IGBT 等可关断的器件组成换流器，使中型的直流输电工程在较短输送距离也具有竞争力。此外，可关断器件组成的换流器，还可用于向海上石油平台、海岛等孤立小系统供电，未来还可用于城市配电系统，接入燃料电池、光伏发电等分布式电源。轻型直流输电系统更有助于解决清洁能源上网稳定性问题。

高压变频技术最大的优点是节电率一般可达 30% 左右，但缺点是成本高，并产生高次谐波污染电网。同步开断（智能开关）技术是在电压或电流的指定相位完成电路的断开或闭合。目前，高压开关大都是机械开关，开断时间长、分散性大，难以实现准确的定相开断。实现同步开断的根本出路在于用电子开关取代机械开关。

⑥ 分布式能源接入技术 智能电网的核心在于构建具备智能判断与自适应调节能力的多种能源统一入网和分布式管理的智能化网络系统，可对电网与用户用电信息进行实时监控和采集，且采用最经济与最安全的输配电方式将电能输送给终端用户，实现对电能的最优配置与利用，提高电网运营的可靠性和能源利用效率。

分布式电源（DER）的种类很多，包括小水电、风力发电、光伏电源、燃料电池和储能装置（如飞轮、超级电容器、超导磁能存储、液流电池和钠硫蓄电池等）。一般来说，其容量从 1kW 到 10MW。配电网中的 DER 由于靠近负荷中心，降低了对电网扩展的需要，并提高了供电可靠性，因此得到广泛采用。特别是有助于减轻温室效应的分布式可再生能源，在许多国家政府政策上的大力支持下，迅速增长。目前，在北欧的几个国家，DER 已拥有 30% 以上的发电量份额。在美国 DER 目前只占总容量的 7%，而预期到 2020 年时这一份额将达 25%。

大量的分布式电源并于中压或低压配电网上运行，彻底改变了传统的配电系统单向潮流的特点，要求系统使用新的保护方案、电压控制和仪表来满足双向潮流的需要。然而，通过高级的自动化系统把这些分布式电源无缝集成到电网中来并协调运行，将可带来巨大的效益。除了节省对输电网的投资外，它可提高全系统的可靠性和效率，提供对电网的紧急功率和峰荷电力支持，及其他一些辅助服务功能，如无功支持、电能质量改善等；同时，它也为系统运行提供了巨大的灵活性。如在风暴和冰雪天气下，当大电网遭到严重破坏时，这些分布式电源可自行形成孤岛或微网向医院、交通枢纽和广播电视等重要用户提供应急供电。

⑦ 控制技术　先进的控制技术是指智能电网中分析、诊断和预测状态并确定和采取适当的措施以消除、减轻和防止供电中断和电能质量扰动的装置和算法。这些技术将提供对输电、配电和用户侧的控制方法并且可以管理整个电网的有功和无功。从某种程度上说，先进控制技术紧密依靠并服务于其他四个关键技术领域，如先进控制技术监测基本的元件（参数量测技术），提供及时和适当的响应（集成通信技术、先进设备技术）并且对任何事件进行快速的诊断（先进决策技术）。先进控制技术具有下列特点。

a. 收集数据和监测电网元件　先进控制技术将使用智能传感器、智能电子设备以及其他分析工具测量的系统和用户参数以及电网元件的状态情况，对整个系统的状态进行评估，这些数据都是准实时数据，对掌握电网整体的运行状况具有重要的意义，同时还要利用向量测量单元以及全球卫星定位系统的时间信号，来实现电网早期的预警。

b. 分析数据　准实时数据以及强大的计算机处理能力为软件分析工具提供了快速扩展和进步的能力。状态估计和应急分析将在秒级而不是分钟级水平上完成分析，这给先进控制技术和系统运行人员足够的时间来响应紧急问题；专家系统将数据转化成信息用于快速决策；负荷预测将应用这些准实时数据以及改进的天气预报技术来准确预测负荷；概率风险分析将成为例行工作，确定电网在设备检修期间、系统压力较大期间以及不希望的供电中断时的风险的水平；电网建模和仿真使运行人员认识准确的电网可能的场景。

c. 诊断和解决问题　由高速计算机处理的准实时数据使得专家诊断来确定现有的、正在发展的和潜在的问题的解决方案，并提交给系统运行人员进行判断。

d. 执行自动控制的行动　智能电网通过实时通信系统和高级分析技术的结合使得执行问题检测和响应的自动控制行动成为可能，它还可以降低已经存在问题的扩展，防止紧急问题的发生，修改系统设置、状态和潮流以防止预测问题的发生。

e. 为运行人员提供信息和选择　先进控制技术不仅给控制装置提供动作信号，而且也为运行人员提供信息。控制系统收集的大量数据不仅对自身有用，而且对系统运行人员也有很大的应用价值，而且这些数据辅助运行人员进行决策。

(4) 智能电网的特点

智能电网具有如下特点。

① 坚强。在电网发生大扰动和故障时，仍能保持对用户的供电能力，不发生大面积停电事故；在自然灾害、极端气候条件下或外力破坏下仍能保证电网的安全运行；具有确保电力信息安全的能力。

② 自愈。具有实时、在线和连续的安全评估和分析能力，强大的预警和预防控制能力，以及自动故障诊断、故障隔离和系统自我恢复的能力。

③ 兼容。支持可再生能源的有序、合理接入，适应分布式电源和微电网的接入，能够实现与用户的交互和高效互动，满足用户多样化的电力需求并提供对用户的增值服务。

④ 经济。支持电力市场运营和电力交易的有效开展，实现资源的优化配置，降低电网损耗，提高能源利用效率。

⑤ 集成。实现电网信息的高度集成和共享，采用统一的平台和模型，实现标准化、规

范化和精益化管理。

⑥ 优化。优化资产的利用，降低投资成本和运行维护成本。

⑦ 互动。实现与客户的智能互动，以最佳的电能质量和供电可靠性满足客户需求；实现系统运行与批发、零售电力市场无缝衔接，同时通过市场交易更好地激励电力市场主体参与电网安全管理，从而提升电力系统的安全运行水平。

8.1.2 智能电网的整体架构

智能电网需要两个主要基础结构的合并：电力系统和通信基础结构。为了提高系统的性能，实现分布能源的整合和改进电力系统的可靠性和电能质量，各种智能应用和技术在功能上需要实现传感器和设备间的通信，所以通信基础结构是实现各种智能应用和技术的基础。智能电网的另外一个重要组成部分是信息系统。实现信息系统按照智能应用进行整合需要通用信息模型和实现互操作性的准则，这两个方面实现不同电网设备和信息系统间的互相通信和协调。

(1) 智能电网的整体架构

针对目前电力通信网中存在的诸多问题搭建面向智能电网的物联网应用框架，其实质是利用物联网搭建的支撑全面感知、全景实时的通信系统，将物联网的环境感知性、多业务和多网络融合性有效地植入智能电网 ICT 平台中，从而扫除数据采集盲区，清除信息孤岛，实现实时监控、双向互动的智能电网通信平台。

从总体目标上看，面向智能电网的 ICT 平台应当是高度集成的开放式通信系统。它在覆盖范围上应涵盖电源、电网、用户的全流程，形成统一整体；在业务环节上应覆盖电网建设、生产调度、电能交易、技术管理的全方位；在管理控制上应贯穿电网规划、设计、建设、运行维护、技术改造、退役的全过程；在数据流传送上应包括信息采集、信息传输、信息集成、信息展现、决策应用等各阶段，最终形成电力流、信息流、业务流的高度融合和一体化。智能电网 ICT 平台除了为电网安全、稳定、经济、优质和高效运行提供全方位技术支撑外，还将为绿色节能环保、资源最优化配置、防灾减灾等方面提供坚强的技术支持。

智能电网的整体架构如图 8-1 所示，从具体内容上看，面向智能电网的物联网结合电网各大环节的应用需求，确立了智能输电、智能变电、智能配电和智能用电四大应用模块，从四大模块的应用需求出发搭建电力综合信息平台，面向上层的信息处理和应用，信息平台数据库作为信息处理的有效载体，紧密结合云计算技术，以实现泛在数据的实时处理分析，通过对海量信息的有效处理实现包括对输电线路、变电站设备、配电线路及配电变压器的实时监测和故障检修，统一调配电力资源，实现与用户的信息双向互动，进而实现高效、经济、安全、可靠和互动的智能电网内在要求。

在感知延伸互动阶段，面向智能电网的物联网应用框架利用大面积、高密度、多层次铺设的传感器节点、RFID 标签以及多种标识技术和近距离通信手段实现电网信息的全面采集，针对各个环节的不同特点和技术要求，分别在电力输、变、配、用四大环节搭建传感网络，同时结合多种近程通信技术，通过数据的大量采集提高信息的准确性，为智能电网的高效节能、供求互动提供数据保障。在信息传输阶段，以电力通信网作为信息传输通道，利用光纤或宽带无线接入方式传输输电线路信息、变电站设备状态信息、电力调配信息以及居民用电信息，实现对全网信息的实时监控。

(2) 面向智能电网的物联网分层网络架构

面向智能电网的物联网应用功能框架根据各大环节的不同特点提出了不同的应用需求。根据不同阶段完成功能和支撑技术的差异，结合物联网基本网络模型，将面向智能电网的物联网分为感知延伸层、网络层和应用层三层网络体系架构，如图 8-2 所示。

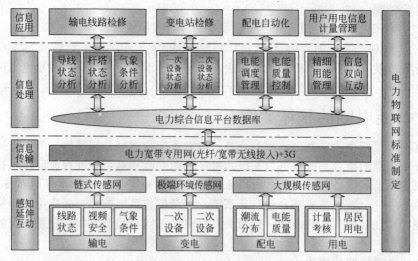

图 8-1　智能电网整体架构示意图

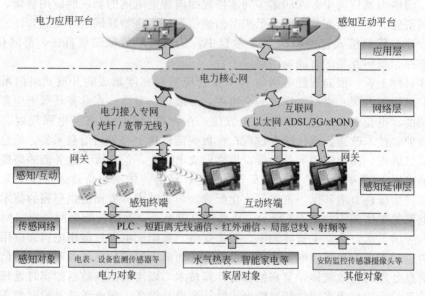

图 8-2　面向智能电网的物联网分层式网络架构图

① 感知延伸层　感知延伸层的监测目标包括与电力环节相关的电力对象、家居对象和智能安防等其他对象。电力对象的感知范围涵盖输电、变电、配电、用电四大环节中的气象环境、设备状态信息以及用户用电信息；家居对象的感知则涵盖家庭水热电表和远程操控的智能家电；而其他对象则包含各种负责安防监控的传感器、摄像头、RFID 标签等短距离通信设备。从感知对象上采集到的信息经过一定的分类和预处理，通过无线自组织传感网、红外通信、现场总线等多种短距离通信手段接入感知终端和互动终端，在终端设备上体现感知数据并实现与用户的交互式操作。

② 网络层　网络层又分为接入网和核心网。首先，感知终端和互动终端的信息通过网关屏蔽各网络之间的差异，按数据类别和安全等级分别传至电力接入专网和互联网。电力接入专网主要包括电力光纤接入网和宽带无线接入网，通过电力接入专网与电力核心网互联，对采集数据进行实时、可靠地回传；互联网侧包含以太网、ADSL、3G、xPON 等多种接入方式。

③ 应用层　应用层针对智能电网各项业务的需求，搭建各种电力应用平台。各应用平台系统在通过传感手段获得的大量数据的基础上提供更加细腻的管理和控制。另外，应该在现有电力应用平台的基础上搭建新型感知互动平台，电网企业通过这个平台与社会用户进行相互的感知与互动。感知互动平台与电力核心网之间的连接必须是在内外网相互隔离条件下，有强有力安全措施保障的间接互联，因此，图中对二者的相连选取了虚线连接，意为一种虚拟的、物理隔离条件下的互联。

面向智能电网的物联网平台相较于现有电力通信网，在环境感知性、自愈性、互动性和安全性等方面都具有较大优势，而这些优势无疑是现有电网向着信息化、自动化和互动化的智能电网迈进的根本保障。面向智能电网的物联网平台和现有电力通信网的性能比较如表8-1所示。

表 8-1　面向智能电网的物联网平台和现有电力通信网的性能比较

名称	物联网平台	现有电力通信网平台
环境感知性	利用传感器、RFID等多种感知手段对输电、变电、配电、用电环节进行全面、实时的终端数据采集	人工巡检；不适宜在复杂地形环境中作业，变电站设备监测存在盲区；综合自动化程度不高，配用电测对用户信息采集不足，无法充分做到电力资源的合理调配
自愈性	通过对数据的综合处理实时掌控电网运行状态，网络节点具有自恢复能力，能及时发现、快速诊断和消除故障隐患	仅实现了光纤通道中单维度、低层次的通道自愈，系统自愈、自恢复能力完全依赖于实体冗余
互动性	支持大规模双向数据流，为电网与客户的信息双向活动提供平台保障	尚未实现与用户之间的信息互动，对用户服务简单，信息单向
异构性	安全隔离的前提下运行异构融合，在网络层实现多种网络的互联互通	实现了电力核心网与接入网间多种通信方式的并存，但由于与公众互联网完全隔离，导致与用户实现信息互动存在技术瓶颈
安全性	利用大规模传感器网络实现对电力设备和气象环境单纯的实时在线监测，有效提高了电网对自然灾害和外力破坏的预防能力	存在多个信息孤岛，缺乏信息共享途径，导致在自然灾害和外力破坏等安全威胁下反应迟缓，应对措施匮乏

8.1.3　智能电网应用案例

(1) 美国智能电网案例

美国智能电网示范项目（Smart Grid Demonstration Projects）总投资 6.15 亿美元。能源部确定了三个示范领域：一是智能电网地区示范，对智能电网成本和收益进行量化，验证技术可行性和新的商业模式。二是公用事业规模储能示范，包括与先进蓄电池系统、超级电容器、飞轮和压缩空气储能系统相关的技术，风电和光伏发电集成和电网阻塞疏导的应用。三是电网监控示范，鼓励高分辨率同步相量测量单元（PMU）的安装和联网。能源部规定，上述每个示范项目必须与拥有电网设施的电力公用事业机构合作开展，鼓励由产品和服务供应者、终端用户、州和市级政府组成联合开发团队，同时项目承担方须分担至少50%非联邦资金。2009 年 5 月，能源部又宣布对参与智能电网建设的硬件和软件企业提供 1000 万美元资助，智能电网投资项目资助最多可达 2 亿美元，较原来提高 10 倍。智能电网示范项目的资助也从 4000 万美元提高到 1 亿美元。

① 美国负责智能电网标准制定的机构　美国负责智能电网标准制定的机构有 15 家，包括美国国家标准与技术研究所（NIST）、美国电力研究所（EPRI）、美国电气电子工程师学会（IEEE）、美国国际电工委员会（IEC）、美国机动车工程师学会（SAE）、美国国家可再生能源实验室（NREL）等。其中，美国国家标准与技术研究所承担"智能电网互操作性框

架"（Smart Grid Interoperability Framework）项目，全面负责美国智能电网标准的制定，项目总金额为 1000 万美元；美国电气电子工程师学会主要致力于互通入网、计量设备的接入（如智能电表）和时间同步性的标准制定；美国机动车工程师学会主要关注机动车接入智能电网的标准；美国国际电工委员会主要负责信息自动化的模式和环境标准的制定等。

② 迈阿密智能能源项目　"迈阿密智能能源"将是全美国最广泛的智能电网项目。2009 年 4 月 20 日，佛罗里达州迈阿密市举行"迈阿密智能能源"项目启动仪式，"迈阿密智能能源"的核心是为迈阿密-戴德县的居民提供更多用电选择，节约电费。迈阿密-戴德县的居民和企业将得到超过 100 万只"智能电表"，这些电表将帮助佛罗里达电力和照明公司（FPL）的用户节约用电，同时，电表提供的自动反馈信息将为 FPL 公司更有效地管理输出电力发挥作用。智能电表的管理系统将是一个开放的平台，各种节电方案可以在这个平台上应用，比如，它可以管理和控制空调和家电设备的用电。

"迈阿密智能能源"项目由政府和美国知名大公司组成的联盟组织实施。佛罗里达电力和照明公司（FPL）是全国领先的运用能源效益项目的公司，将负责项目的总体实施，推动智能电网技术的应用，该公司在佛州有 450 万电力用户，其中包括在迈阿密—戴德县的 100万；GE 公司是全球领先的发电、输配电设备制造和管理企业，将为项目提供主要设备，包括智能电表，并可能提供先进家电和智能电力控制系统；银春网络公司是领先的电网技术提供商，将提供开放的无线网络系统；思科公司将负责设计和实施迈阿密-戴德县电力传输网的智能平台，并为家庭提供能源管理信息和控制方案。

"迈阿密智能能源"项目包括一系列提高电力输送效率和为消费者节约用电和电费的措施如下。

a. 智能电网自动化和信息传输。新的智能电网与传统电网相比，更像一个互联网，它通过中央信息和控制系统连接智能电表、高效变压器、数字化变电所，发电厂和其他设备。该系统实时监测用电状况，识别并自动修复停电或派出人员检修，可整体提高用电效率和电厂的生产率。

b. 智能电表。项目实施的第一阶段会在迈阿密-戴德市家庭安装 100 多万部智能电表，在未来 5 年，FPL 公司会在佛罗里达全州的 400 多万个家庭安装。智能电表是一个多系统的交流平台，包括具有双向信息交流功能的读表器，和一套操作管理系统和数据库。用户可以通过上网方式，了解自己在某月、某日或者某个小时用了多少电，这样，用户就可以根据不同时段电费的高低，有效地调整家庭或单位的用电规模，从而节省电费。智能电表和网络还可以帮助用户管理家用电器的运转时间和方式。

c. 可再生能源整合。一些本地大学和学校会安装太阳能发电设备，电池技术可储存太阳能电力，以供高峰时间使用。

d. 即插式双燃料电动汽车（PHEV）。PFL 公司将在迈阿密-戴德县投入使用 300 辆即插式双燃料电动车，并提供 50 个新的充电站。同时，还将有更多的 PHEV 在迈阿密-戴德大学、佛罗里达国际大学、迈阿密大学和迈阿密市投入使用。

e. 消费者技术试用项目。政府将在迈阿密-戴德县的 1000 个家庭中进行新技术试验，以确定何种技术能够更好达到节电效果和客户满意度。

(2) IBM 解决方案

IBM 经过多年智能电网研究和实施的积累，以及与国际先进电力公司和智能电网联盟的合作，已经建立了一套相对比较完整和体系化的智能电网方法论和知识库，包括了智能电网方法、成熟度模型、概念技术模型和组件化业务模型，能够与电力公司的智能电网建设过程相结合，帮助电力公司智能电网工作的开展。

a. 智能电网方法。一组行动和任务，指导智能电网项目和智能电网知识库的规划与实施。

　　b. 组件化业务模型。明确规定了电力企业的核心价值链和业务内容。

　　c. 智能电网成熟度模型。一个评估电力企业智能电网现状和改造规划的公共框架。

　　d. 智能电网项目资产。从 IBM 许多智能电网项目中收集的模板，加速器和实施案例。

　　e. 智能电网概念架构。一个智能电网技术组件及其相互关系的参考模型。

　　① 电网自动化和分析系统（NAA） 随着用户对高质量电力服务需求的不断增长，电网企业必须寻找优化电网运行的方法，提高服务质量，特别是提高在电网中发现故障以及快速修复故障的能力。因此，提高配电网的供电可靠性，经济性与灵活性对电网企业的意义也变得愈发重大。电网企业希望通过使其配电网数字化，直接了解和获取配电网的状态数据，代替原先的手工数据采集手段。电网企业希望通过数字化的传感器网络提高其针对性判断故障位置和故障类型的能力，从而减少为客户恢复供电所需的时间；同时，还希望通过数字化的传感器网络为预防性的检修计划提供数据，在第一时间预防故障的发生。电网自动化和分析系统如图 8-3 所示。

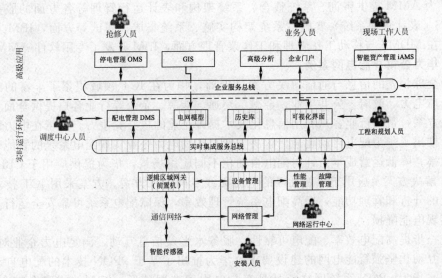

图 8-3　电网自动化和分析系统

　　基于能源和公用事业架构 SAFE 框架，IBM 设计了新的分布式的电网监测和控制系统，与 IBM 的业务合作伙伴合作，应用了先进的智能传感器装置。通过在整个电网的变电站、开闭所和配变上部署传感器装置，采集并将数据传回控制中心，使电网企业能够实时监测配电网的状态和健康水平。智能传感器提供了先进的监测和控制能力，以及综合测控技术，使电网企业能够以现有的电力基础设施为未来实现智能电网做好准备。

　　IBM 采用了 DataPower 逻辑区域网关作为数据采集系统的核心，内置了 DataPower XI50 整合设备装置。采用 WebSphere 转化扩展软件作为信息处理系统，为传感器数据分发到各个系统提供路由。数据可视化门户采用了 WebSphere 应用服务器软件。新的用户可视化功能使调度人员能够全面、直观地监视配电网，并进行相关决策。为了对数量庞大的配电网监测装置及其采集的数据进行管理，IBM 开发了基于 IEC 61970 的电网模型，保存完整的历史数据，管理电网的拓扑和连接关系；以及新的传感器设备管理系统，负责远程传感器设备的配置、操作和状态管理。

　　② 高级计量管理系统（AMM） 对于电网企业来说，电力终端用户的实时数据采集，数据交换和远程控制对增强电力需求侧管理，实施远程监控，缩短停电故障诊断恢复时间，

减少偷电所带来的损失和提高用户参与度都有很大的意义；再结合"分时电价"错峰填谷，达到平衡电网负荷的效果。

实时计量是智能电网的基础，技术标准完善，这也是电网企业纷纷开展智能计量体系的建设，实施计量系统的升级改造，将"全采集、全覆盖"作为未来工作重点的原因。

IBM 高级计量管理（AMM）是智能电网中最重要的部分。高性能的计量设备和大规模的电表数据处理系统，是高级计量管理的关键，使传统的集抄系统功能得到极大提高。结合分时电价、停电恢复控制、电网运行状态监视，使电表兼具计量设备和监控设备两方面的功能。高级计量管理系统综合实现电表数据分析、停电检测支持、电能质量分析、电能的双向计量、设备全生命管理等功能，使电网可靠性和企业运营效率得到提高。

智能电表既是数据采集装置，也可以作为家庭能量数据传输的网关，准实时通信功能要求集中器具有更强的传输、存储和分析控制等功能。AMM 后台应用系统 MDMS（Metering Data Management System）对电表数据的分析和处理能力，给整个电力企业的运营能力带来了提升。

IBM 为 AMM 提供咨询、系统整合、系统架构和表计运行管理等各方面的服务。尤其在 MDMS（表计管理系统）实施、系统架构实施、系统集成、测试等方面，IBM 具有很强的优势。在 MDMS 与移动工作管理和工作票管理方面，IBM 开发了专用软件 AMMv2。

(3) 华为公司智能电网案例

作为全球领先的信息与通信解决方案供应商，华为在 ICT 领域积累了丰富的经验，致力于为全球电力、政府、公共事业、金融、交通、能源、企业等行业客户提供全面、高效的 ICT 解决方案，帮助行业客户利用信息化技术提升企业的核心竞争力。基于在电力配电领域的积累，推出了华为配电自动化通信解决方案，帮助电力企业实现配电系统的智能管理、提高运营效率、降低运营成本。针对配电自动化不同应用场景，华为提供应用于 CBD/高新区的 xPON 解决方案及应用于成熟社区的电力无线专网接入方案。方案采用 ICT 技术实现对配电系统的分析和管理功能，提高配电系统管理效率，保障配电系统可靠安全运行，帮助电力企业实现电能降损。

为进一步提高配电效率、配电可靠性、服务水平及信息互动，满足电力企业对信息化、自动化、互动化坚强智能电网的建设要求，华为推出了基于 xPON 技术的配电自动化通信解决方案。华为 xPON 系统网络拓扑具有与电力配电网环形、链型结构完全吻合的特点，能够大大节省光纤投资，适应配电网架的延伸扩展；同时也保障了站点到配电终端之间链路的 1+1 保护功能，实现 50ms 保护倒换。系统具有单纤双向高带宽业务承载，全程无源的特点，完全满足坚强智能电网的建设要求。

① 应用场景　方案适用于全球各区域不同电网发展阶段的配电自动化建设与优化改造项目。通过构建完整的配电通信网络，逐步实现在线预警、实时监控、故障快速定位及自愈，从而大大减少停电时间，降低线损，提高供电质量。推荐在 CBD/高新区等新建城区使用该方案。

② 方案概述　基于 xPON 的 CBD/高新区配电自动化通信解决方案组网如图 8-4 所示。其通信网络由以下四部分组成。

a. OLT（Optical Line Terminal）：光线路终端，是 xPON 网络的头端设备，负责 ONU 的接入汇聚功能，安装于 110KV 变电子站处；上行可以接入目前电力通信网已有的传输网中，同时 OLT 也可以独立具备支持环网组网的能力（支持 RSTP/MSTP），当某节点链路故障，设备能快速完成设备上行链路的切换。

b. ODN（Optical Distribution Network）：ODN 设备应用在接入通信层，是 OLT 与 ONU 之间的通信光链路，负责将 ONU 从 FTU/RTU/TTU 等采集上来的监控数据传输给

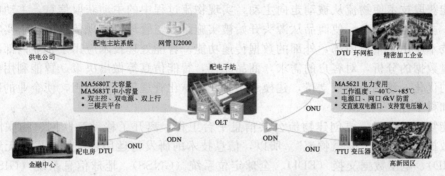

图 8-4　基于 xPON 的 CBD/高新区配电自动化通信解决方案组网图

子站通信层的 OLT，或者将子站或者主站的调度、设置信息通过 ONU 传递到 FTU/RTU/TTU 等设备，实现终端控制。

　　c. ONU (Optical Network Unit)：光网络单元，是 xPON 网络的终端设备，安放在开闭所、环网柜、柱上开关等场景，对于 ONU，主要负责对 FTU/RTU/TTU 等监控数据的采集，ONU 上行需要提供两个 EPON 端口，某端口故障后能快速切换到备用端口上。华为业界首款针对电力专网推出的自然散热式 ONU 设备 SmartAX MA5621 可应用于电力系统的远程信息采集和传输，也可满足视频监控等建设需求。使得整个系统可以采集更多的配电终端信息，进行更复杂的配电业务，以完善对用户的服务质量。

　　d. U2000 (网络管理系统)：是面向未来网络管理的主要产品和解决方案，具备强大的网元层、网络层管理功能，支持免现场软调、远程验收、远程升级打补丁、远程故障定位等多种高效的管理维护方法。

　　③ 方案亮点　本方案亮点：一是易部署，xPON 网络拓扑与配电网络相匹配，部署简单，易扩建。二是高可靠高安全：支持主备倒换与独立双上行，支持防窃听、防 MAC 欺骗等多种安全特性。三是长距离高带宽：通信带宽最高可达到 1.25G，传输长度可以达到 20km，加强了整个配电自动化通信对业务的承载能力。

8.2　智能物流

　　随着物联网的提出与发展，智能物流已被广泛关注。在物流领域看来，物联网只是技术手段，目标是物流的智能化。"基于物联网的智能物流"包含三个基本要点：一是如何部署更加广泛、及时、准确的信息采集技术；二是如何把这些信息实现互联互通，既满足专用的要求，也能实现方便的开放和共享；三是信息如何管理、加工、应用和解决各种现实问题，把虚拟世界的信息转化到实体世界的应用中来。

8.2.1　智能物流概述

　　智能物流是利用集成智能化技术，使物流系统能模仿人的智能，具有思维，感知，学习，推理判断和自行解决物流中某些问题的能力。智能物流的未来发展将会体现出四个特点：智能化，一体化和层次化，柔性化与社会化。在物流作业过程中的大量运筹与决策的智能化；以物流管理为核心，实现物流过程中运输，存储，包装，装卸等环节的一体化和智能物流系统的层次化；智能物流的发展会更加突出"以顾客为中心"的理念，根据消费者需求变化来灵活调节生产工艺；智能物流的发展将会促进区域经济的发展和世界资源优化配置，实现社会化。通过智能物流系统的四个智能机理，即信息的智能获取技术，智能传递技术，智能处理技术，智能运用技术来智能分析物流的前景。

智能获取技术使物流从被动走向主动，实现物流过程中的主动获取信息，主动监控车辆与货物，主动分析信息，使商品从源头开始被实施跟踪与管理，实现信息流快于实物流。智能传递技术应用于企业内部，外部的数据传递功能。智能处理技术应用于企业内部决策，通过对大量数据的分析，对客户的需求，商品库存，智能仿真等做出决策。智能利用技术在物流管理的优化，预测，决策支持，建模和仿真，全球化管理等方面应用，使企业的决策更加准确性和科学性。

智能物流的发展需要创建物流公共信息平台工程，离开了移动互联网、物联网、云计算、大数据，谈不上"智慧物流"。所以，信息技术的研发与运用是关键。发展无线射频识别（RFID）、电子数据交换（EDI）、全球定位系统（GNSS）、地球信息系统（GIS）、智能交通系统（ITS）等技术，大力推进物流信息化与智能化建设是智能物流发展的方向。

8.2.2　智能物流仓储管理系统

（1）智能物流仓储管理的优点

仓储物流管理广泛应用于各个行业，设计及建立整套的仓储管理流程，提高仓储周转率，减少运营资金的占用，使冻结的资产变成现金，减少由于仓储淘汰所造成的成本，是为企业提高生产效率的重要环节。

仓储管理系统通常使用条码标签或是人工仓储管理单据等方式，这些管理方式有着明显的缺点：条码管理易复制、不防污、不防潮而且只能近距离读取；人工录入工作繁琐，数据量大易出错漏，增加仓储环节人工成本；手工盘点工作量大，导致盘点周期长，货物缺失或被偷盗不能及时发现。

RFID 无线射频技术的引入，使得企业仓库管理变得透明且工作效率更高。将电子标签封装在条形码标签内，贴在每个货物的包装或托盘上，在标签中写入货物的具体资料、存放位置等信息。同时在货物进出仓库时可写入送达方的详细资料，在仓库设置固定式或手持式阅读器，以辨识、监测货物流通。其优点主要有：①人工可降低 20%～30%；②99%的仓库产品可视化，降低商品缺失的风险；③改良的供应链管理将降低 20%～25%的工作服务时间；④提高仓储信息的准确性与可靠性；⑤高效、准确的数据采集，提供作业效率；⑥入库、出库数据自动采集，降低人为失误；⑦降低企业仓储物流成本。

在物流自动化技术高速发展的今天，借助 RFID 快速扫描、无障碍阅读等特点，快速、准确地进行数据采集和处理，实现仓库的标准化和高效化运营。实现快速查货、找货，堆存直观，科学合理。通过现代先进的网络技术，实现入库、出库、库存等仓库管理信息在企业运营过程中的实时共享。方便公司对货物进行监管；方便仓库对货物进行入库、出库、盘点、拣货；方便企业了解本公司货物在仓库的情况。

（2）智能物流仓储管理系统方案

智能物流仓储管理系统方案总体结构如图 8-5 所示。仓储管理物联网通过 RFID 电子标签实现物品的自动识别和出入库，利用无线传感器网络对仓储车间进行实时监控，从而极大地提高仓储管理的智能化水平。在物流监督流程中，详细记录各个环节的进出货信息，力争使每件商品都能做到溯源追踪。企业可直接掌控货物流向信息，良好地配合企业的市场配置策略，防止窜货导致的市场无序竞争。物流各个环节反馈回的信息真实详尽，系统提供数据的决策分析，给企业经营策略的制定提供有理可循的依据。

智能物流仓储管理系统特点如下。

① 仓库管理系统：仓库的出、入口处安装识别系统，叉车通过出入口时，托盘上 RFID 所携带的相关信息被读取，并传输到仓库管理系统，完成自动出入库的过程。盘点人员使用便携式阅读器可快速大批量对货物进行盘点。

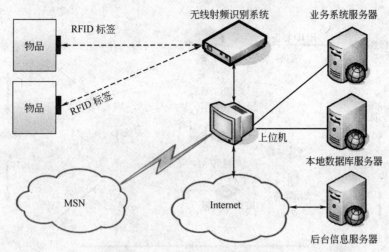

图 8-5　智能仓储物联网总体结构

② 安防系统：安防系统主要由视频监控、红外报警两大系统组成，安全防范和报警控制功能监视仓库的出入库和盘点整个过程，同时可对工作人员、叉车、拖车的现场工作进行管理与监控。

③ RFID 物流销售集成管理系统：该系统以企业信息中心为核心，以产品溯源追踪为特色，提供防伪和防窜货功能，由生产管理系统、仓储管理系统、运输管理系统、经销商货物管理系统、零售管理系统组成。

④ 运输管理系统：运输管理系统实现物流追踪的功能。采用全球定位（GPS）技术，每辆在途车辆动向都受控于运输管理系统，然后由运输管理系统进行车辆的智能调度和数据汇总统计。

⑤ 渠道管理系统：各级经销商出入库、销售出的物品情况，均汇总到经销商货物管理系统，经销商应定期盘点货物存储情况，并将货物存储情况汇报给监督部门，由监督部门核对存储记录。通过 RFID 的渠道管理系统，可以有效地抑制窜货行为。

智能物流仓储管理解决了传统仓储管理过程中物流信息处理效率低以及出入库盘点不准确等问题，系统在出入库、监控、盘点、拣货等方面具有快速、便捷、准确、高效及高度自动化等优点。在现代物流领域，物联网已经体现出其积极的促进作用。由于物联网要求所有的物品都贴上具有一定成本的电子标签，而且不断壮大的物联网会频繁招至各类病毒攻击，因此物联网在仓储物流等诸多领域的应用方面，如何降低系统成本、提高网络安全性，还需要进一步深入研究。系统整体流程图如图 8-6 所示。

8.2.3　智能生鲜食品冷链物流系统案例

（1）冷链物流概述

冷链物流泛指冷藏、冷冻类食品在生产、贮藏、运输、销售，直到消费前的各个环节中始终处于规定的低温环境下，以保证食品质量，减少食品损耗的一项系统工程。它是随着科学技术的进步、制冷技术的发展而建立起来的，是以冷冻工艺学为基础，以制冷技术为手段的低温物流过程。

适用于冷链的食品非常多，占日常饮食消费的一大半具体包括：生鲜、农产品、蔬菜、水果、肉蛋，水产品；加工食品、速冻食品、包装熟食、凉菜、奶制品、鲜啤酒、冰淇淋、快餐原料等。由于生鲜食品易腐变质的特性，产品必须在流通的全过程中持续保持适宜的温度并迅速周转。因此，冷链物流必须使加工、运输、仓储、销售等所有环节紧密衔接，并配

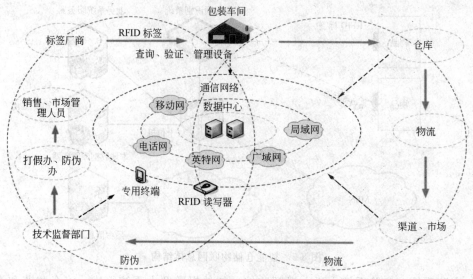

图 8-6　系统整体流程图

以合适的设备统一的管理,方能确保生鲜产品的质量。人们时常能从媒体上看到食品、药品因在生产运输过程中缺乏有效的冷链物流管理,而造成重大的人身事故、经济损失的新闻报道。对此我国政府相继出台了相关的食品安全监管法律法规来规范冷链供应链的管理。冷链供应链流程图如图 8-7 所示。

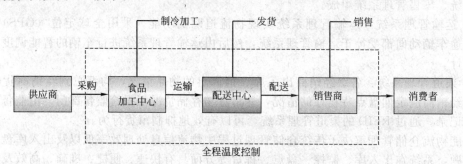

图 8-7　冷链供应链流程图

① 我国生鲜食品冷链物流存在的问题

a. 尚未形成完整的冷链物流体系。目前,我国大部分鲜活产品物流主要是以常温物流或自然物流形式为主,没有形成连贯成型的冷链物流。非冷藏状态下的散装鲜活产品物流,在运输、分销和零售的多次装卸搬运中增加了二次污染的机会,降低了产品的新鲜度,降低了产品质量。

b. 市场化程度较低,缺乏专业化运作。我国连锁企业生鲜产品的物流配送业务多由生产商和经销商完成的,食品冷链的第三方物流发展十分滞后,服务网络和信息系统不够健全,大大影响了食品物流的在途质量、准确性和及时性,同时食品冷链的成本和商品损耗很高。

c. 生鲜食品物流设施落后,配送成本。我国冷链物流的现有设施设备陈旧,发展和分布不均衡,无法为易腐食品流通系统地提供低温保障,造成大量损耗,物流费用高,易出现安全隐患。用户较少的地方设施不足,无法保证冷链物流的全程温度控制,商品质量难以保障。

② 智能生鲜食品冷链物流的优越性

a. 跟踪冷链物流，增加生鲜食品冷链管理的透明度。RFID技术的核心是标签上的EPC（产品电子代码），由于EPC提供对物理对象的唯一标识，所以利用EPC可以实现货物在整个冷链上货物的物流跟踪，而且RFID温度标签还可以提供温度的监控，保证了冷链物流中货物的质量安全。应用RFID技术后，生鲜食品从生产开始，它在供应链上的整个流动过程都会被及时、准确地跟踪，做到透明化。

b. 简化作业流程，提高生鲜食品物流效率。生鲜食品的自身特点决定对其操作应尽量简化，缩短操作时间。因此在生鲜食品托盘上和包装箱上贴上RFID标签，在配送中心出/入口处安装阅读器，无需人工操作，且可以满足叉车将货物进行出/入仓库移动操作时的信息扫描要求，而且可以远距离动态的一次性识别多个标签。这样大大节省了出/入库的作业时间，提高了作业效率。另外，在顾客最后付款的时候，只需推着选好地商品通过RFID阅读器，就可以直接在电脑屏幕上看到自己所消费的金额，而不用再花很长时间等收银员用扫描仪一件一件的扫描商品后再付款。这样节省了消费者的时间，也提高了零售商的工作效率。

c. 降低企业管理成本，增加市场销售机会。RFID应用于生鲜食品库存管理，可以减少人工审核工作，却能保证储存货物质量的安全性，降低管理成本。对于零售商来讲，当自动补货系统显示需要补货，就可以立即向上游企业订货，通过切实可行的RFID解决方案和RFID技术保证所需货物安全、准时到达，这样就不会出现短货和缺货现象，也提高了自身的顾客服务质量，增加了销售机会，提高了收入。

(2) 智能生鲜食品冷链物流系统

智能冷链物流系统集成了无线传感器网络、无线移动、RFID等先进的物联网技术。无线移动技术涉及仓储作业的全过程管理能够实现无线移动的入库作业，出库作业，盘点作业，运输作业。RFID技术实现了仓储管理的智能托盘，电子货架，以及运输过程中和温湿度传感器的结合。无线传感器网络在冷链物流的温度监控涵盖了温度记录与跟踪、温度设备控制、商品验收、温度监控点设定、运作系统建立等领域。智能生鲜食品冷链物流系统如图8-8所示。

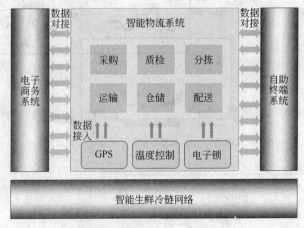

图8-8 智能生鲜食品冷链物流系统

智能生鲜食品冷链物流系统应满足以下几点要求。

a. 安全。食品安全问题的日益显现，"安全"已经成为了食品领域的第一关键词，也成为了相关企业首要解决的问题。

b. 新鲜。更短的食品保鲜期，更困难的冷链运输保鲜，更加精密的温湿度管控，生鲜相较于一般食品，对于如何保证"新鲜度"提出更高的要求。

c. 便捷。随着电子商务时代的到来，消费者的消费习惯已经在逐渐改变，能否使消费者通过更为便捷的方式获得服务、购买商品，已经成为了消费者衡量商家的重要标准之一。

d. 实惠。性价比一直都是消费者选购商品时需要着重考虑的问题。

e. 协作。从采购源头到销售终端，端到端之间的采购、分拣、运输、仓储、配送等密不可分，提高各环节之间的协作能力，是生鲜冷链行业的关键。

智能生鲜食品冷链物流系统组成各部分的功能如下。

① 供应链协作门户：通过广域网，方便企业进行订单请求、查询订单状态以及货物的运输情况查询等。

② 在途可视化：企业可对在途运输中运单状态、车辆运行、车厢内温湿度等的实时监控和估计到达时间。

③ 物流运输管理：核心应用，包括了订单管理、运输资源、运单管理、运输执行等功能。

④ 生产管理：包括对采购、分拣、运输、仓储、配送等生产环节，进行全程监控和数据记录，实现生鲜产品的跟踪溯源。

⑤ 供应链协同网络：通过供应链协同网络，实现企业之间不同系统、平台的信息交换。

⑥ 冷链运输监管：通过在冷链运输车上安装温湿度计，对车厢内的温湿度进行实时的监控，并能自动定时向管理系统的服务器传输实时数据和历史数据；可根据企业自身的需要，设置温湿度限制，进行有效的预警管理。

通过先进的 RFID 技术，在需要恰当的温度管理来保证质量的生鲜食品和药品的物流管理和生产流程管理中，将温度变化记录在 RFID 冷链温度标签上，对产品的生鲜度、品质进行细致地、实时地管理。可以简单轻松地解决食品、药品流通过程中的变质问题。系统实时化温度监控过程如图 8-9 所示。

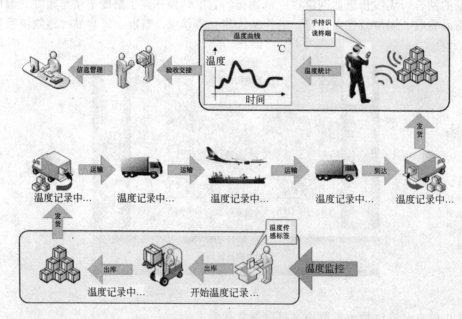

图 8-9　系统温度监控过程

RFID 冷链温度标签是一种智能化产品，实现无人监守、无线传感、智能记录，产品具备高稳定性和抗干扰性，全部按照工业等级标准进行设计生产。充分考虑冷链行业的低温、冷凝水雾环境要求，产品可以抗低温、水环境，并拥有很高的灵敏度。带温度传感器的

RFID 标签和专业的手持终端（温度标签数据采集器）操作异常简单。RFID 标签可重复使用，内置高能锂电池供电，电池寿命长（3 年），而且 RFID 存储量大，操作简便，远距离读写（最远 30 米），不需人工干预，不需脱离物品。RFID 标签提供了 ID 码，同时可以关联记录冷藏车车牌号和货物标识，可连续记录温度数据、有准确时间记录、容易责任界定，方便信息追溯，可以快捷把握生鲜度管理中最重要的运输途中的温度状况，促进流通过程中的生鲜度管理的改善（改善出货方法、选定物流路线）。更可以与 GPS 联合使用，准确记录行车路线，可以配合 GIS 系统，合理调配冷链资源。

8.3 智能农业

我国是一个农业大国，但不是农业强国，实施农业强国战略的关键在于农业的信息化。物联网产业的发展，为实现农业的信息化、产业化提供了前所未有的机遇。同时，农业也为物联网产业的发展提供了最为广阔的应用平台。未来大到一头牛，小到一粒米都将拥有自己的身份，人们可以随时随地通过网络了解它们的地理位置、生长状况等一切信息，实现所有农牧产品的互联。

8.3.1 智能农业概述

我国农业发展正处于从传统向现代化农业过渡的进程中，利用智能农业技术，实现高效精准农业，是中国从传统农业到现代农业发展历程的必然选择，也是当前国际农业发展的主导模式。

(1) 精准农业

精准农业（Precision Agriculture）也称为精细农业、精确农业，是以信息技术、生物技术、工程技术等一系列高新技术为基础的面向大田作物生产的精细农作技术，已成为发达国家 21 世纪现代农业的重要生产形式。精准农业是 20 世纪 80 年代末由美国、加拿大的一些农业科研部门提出的，得益于海湾战争后 GPS 技术的民用化。1993 年，精准农业技术首先在美国明尼苏达州的两个农场进行试验，结果当年用 GPS 指导施肥的作物产量比传统平衡施肥的作物产量提高 30％ 左右，而且减少了化肥施用总量，经济效益大大提高。此后，精准农业开始在发达国家兴起。近年来，发展中国家也广泛开始试验和应用，已成为农业发展的一种普遍趋势。

精准农业是由信息技术支持的根据空间变异，定位、定时、定量地实施一整套现代化农事操作技术与管理的系统，其基本涵义是根据作物生长的土壤性状，调节对作物的投入，即一方面查清田块内部的土壤性状与生产力空间变异，另一方面确定农作物的生产目标，进行定位的"系统诊断、优化配方、技术组装、科学管理"，调动土壤生产力，以最少的或最节省的投入达到同等收入或更高的收入，并改善环境，高效地利用各类农业资源，取得经济效益和环境效益。

精准农业由十个系统组成，即全球定位系统、农田信息采集系统、农田遥感监测系统、农田地理信息系统、农业专家系统、智能化农机具系统、环境监测系统、系统集成、网络化管理系统和培训系统。

"绿色之星"是美国约翰·迪尔公司研制开发的精准农业技术，它适合在大规模农业经营和机械化操作条件下使用。目前该公司已有成套技术设备在市场销售。

"绿色之星"精准农业技术包括：全球卫星定位系统（GPS），实施数据采集及田间耕作、播种、施肥、喷洒农药和收获等作业的准确定位；地理信息系统（GIS），包括数据输入、数据库管理、数据分析及输出系统；传感器技术，实施数据采集及田间作业参数监测；

监视器及计算机自动控制技术；智能化控制农业机械。

① 全球卫星定位系统（GPS）　全球卫星定位系统（GPS）由卫星、地面监控站和用户设备等组成。为了提高精度广泛采用了 DGPS（Differential Global Positioning System）技术，即所谓"差分校正全球卫星定位技术"。它的特点是定位精度高，根据不同的目的可自由选择不同精度的 GPS 系统。

卫星全球地面卫星共有 24 颗（其中 21 颗工作卫星和 3 颗备用卫星），分布在地球周围空间，分别运行在 6 个不同的轨道上，每个轨道上有 4 颗，每颗卫星每天有 5 小时在地平线上。同时位于地平线上的卫星数目随时间地点而异，最少有 4 颗，最多有 11 颗。因此，能保证地面在任何时间、地点均可同时受到至少 4 颗卫星的监视。卫星信号的传播和接收不受天气影响。全球卫星定位是全球性、全天候的连续定时定位，并免费提供服务。

地面监控站共 5 个监控站 3 个注入站和 13 个主控站。监控站通过双频 GPS 接收机、原子钟、双环数据传感器、计算机等设备可自动采集数据，为主控站提供各种观测数据。主控站的功能是数据处理和数据管理；利用监控站观测的数据推算各个卫星的星历、卫星钟差和大气延迟修正参数；提供全球卫星定位系统的时间基础，并将这些数据传送到注入站；调整偏离轨道的卫星，使其沿预定轨道运行；启用备用卫星代替失效卫星。注入站将主控站推算和编制的卫星星历、时钟差和其他控制指令等注入相应的卫星储存系统，并保证信息的精确性。

② 地理信息系统（G1S）　地理信息系统（Geographical Information System，G1S）是采集、储存、管理、分析和描述具有区域性、多维性数据的空间信息系统。利用可移动的 GPS 取样器、田间数据采集装置、计算机处理系统将土地边界、土壤类型、地形地貌、排灌系统、历史土壤测试结果、化肥和农药使用情况以及历年产量结果做成各自的层图管理起来。通过历年产量分析，可以观察田间产量的变异情况，找出低产区域，然后通过产量图及其他相关因素层图的比较分析，找出影响产量的主要限制因素。在此基础上，制定出地块的优化管理系统，用于指导当年的播种、施肥、除草、防治病虫害、中耕和灌溉等措施。同时，当前的各项管理措施又做成新的 G1S 层图储存起来，为下一季作物管理提供参考。G1S 系统做成的操作系统以数据卡的形式输出，将数据卡插入农业机械上的监视器插口内，可使农机自动控制变量，实现田间变量作业。

③ 传感器技术　依据变量投入地图，应用传感器进行田间定位操作。实时传感器在开始时进行土地特征或产量测定，由变量投入控制系统自动地按土地特征或产量需求控制投入化肥、农药等物料。传感器必须不间断地监测数据参数，监测数据的方式必须与定位系统同步使用，实施定位监测或定位投入控制。传感器也可以单独应用于田间数据采集。常用的传感器有：土壤和作物数据采集传感器（土壤有机物含量、土壤水分含量、作物与杂草比率、土壤养分含量等数据）、压力传感器、流量传感器、转数和速度传感器。

④ 监视器及计算机自动控制技术　监视器应用于联合收割机和拖拉机作业运行中监视、显示和记录农机性能及运行参数，计算、显示工作效率及投入量，并以数据卡形式输出或输入。计算机主要用于数据输入、数据分析、编辑及显示，构成分析模型、预测模型、决策模型和经济分析模型。将土壤资源、农用物资投入及作物栽培的有关数据合成，输出田间处方电子图。"绿色之星"农业技术的一切控制都来源于高精度的电子图，将产量数据、土壤成分和田地条件、农艺要求数据构成综合数据卡，与全球卫星定位系统结合起来，用来控制农业机械设备，实施定位变量投入。

⑤ 智能化控制农业机械　智能化控制的农业机械包括装有全球卫星定位天线接收机、产量传感器及监视器的联合收割机和拖拉机，带有自动控制装置的播种机、施肥机、施药机以及其他与拖拉机配套的农机具。

20 世纪 90 年代后，无线技术在许多国民经济领域的应用获得迅速发展。尤其以 ZigBee 无线技术为主的物联网系统，使得精准农业的技术体系广泛运用于生产实践成为可能。我国实施精准农业，一方面是总结国外发展经验，根据中国的国情找准自己的切入点，另一方面切实做好有关基于 ZigBee 无线技术的物联网应用与研究开发，力求走出适合中国国情的精确农业的发展道路。

（2）智能农业

智能农业是农业生产的高级阶段，是集新兴的互联网、移动互联网、云计算和物联网技术为一体，依托部署在农业生产现场的各种传感节点（环境温湿度、土壤水分、二氧化碳、图像等）和无线通信网络实现农业生产环境的智能感知、智能预警、智能决策、智能分析、专家在线指导，为农业生产提供精准化种植、可视化管理、智能化决策。

智能农业将无线传感器网络布设于农田、园林、温室、禽舍等目标区域，网络节点大量实时地收集温度、湿度、光照、气体浓度等物理量，精准地获取土壤水分、pH 值、氮素等农业生产相关信息。

智能农业有助于实现农业生产的标准化、数字化、网络化。将从四个方面有效促进农业的发展：节约能耗，降低污染、增产增收、提高品质和保障食品安全。

为全面贯彻落实中华人民共和国农业部《国家农业科技发展十二五规划》要求，加快推进物联网技术在现代农业上的应用，全国多省地市都制定了智能农业发展"十二五"规划，现以无锡市智能农业发展"十二五"规划为例加以介绍。其目标如下。

a. 构建、熟化并完善低成本、高可靠性、适于大面积推广的农业物联网解决方案。

b. 对农业传感器技术、无线传感网络、宽带移动互联、无线射频、自动控制、智能信息处理、云计算、云服务等物联网技术在农业领域进行大规模产业化示范。

c. 政府、企业和高校科研院所共同参与，积极探索农业物联网产业商业化运营机制和模式，实现对农业物联网产业的可持续发展。

d. 通过大规模产业化示范，扶持一批农业传感器生产企业、无线传感网络系统生产企业、终端设备企业、通信设备企业、农业应用系统开发企业、农业信息服务企业等，刺激与拉动我国物联网产业及相应信息产业的发展，抢先占领国际制高点。

无锡农业将以率先制定我国智能农业国家标准为目标，以创新为驱动，以应用为牵引，突出核心技术的研发，突出创新示范应用基地建设，突出产业发展模式探索，重点推进智能农业"136"战略，即：建设"一个无锡智能农业基地、构建三大智能农业产业支撑平台，实施六大智能农业综合应用工程"。

① 基地功能定位　基地将形成以智能农业云计算和感知标准化设施应用研发为核心的智能农业信息技术服务综合应用平台。

② 基地建设内容　建设一个集现代智能农业标准研发、成果展示、示范体验、技术转换、科普教育于一体的综合性智能农业创新示范基地；通过现代智能农业信息手段率先搭建以中国"农产品（生长模型）数据库、现代农业科技课题库、农业企业资料库、在线农业专家智库"为核心的全国现代农业服务公共技术服务平台体系。

基地将研究以多知识共享的知识表达方式，多数据库协同的数据挖掘方法，多信息融合的智能预测与决策方法为特色，研究农业信息的获取——表达——存储——共享——分析——展现——应用等内在机理，建立与发展无锡智能农业示范区。率先构建我国农业信息化支撑工具与应用平台，开发农业智能决策重大应用系统，并在农业产业规划，订单化生产、优化施肥、节水灌溉、病虫害预测预报等生产决策方面广泛应用。

③ 智能农业管理控制平台　主要作用和功能是进行数据采集、量性分析、生产控制。

农业技术专家远程支撑平台将通过 Internet 汇集全国农业领域科研院所、重点高校、实验室和专家团队，采用合宜的知识表示现代农业技术和推理策略，运用多媒体技术以信息网络为载体，实现现代农业智能决策，远程在线指导等功能。

农产品质量安全追溯平台。运用物联网（传感网）技术结合现代信息化技术手段，利用RFID、二维码、条形码等技术手段，对无锡地产及部分进入无锡市场销售的农产品质量安全进行全程"数字化"管理，为农产品建立"身份证"制度，建立全市地产农产品质量控制追溯信息系统，实现无锡农产品质量和安全水平的提高，使农产品生产标准与安全质量率先达到欧美日发达国家水平，提升农产品出口比例。

"十二五"期间，通过研究农业土、水、气和动植物生长环境信息的先进传感器技术、智能信息变送技术、现代网络通信技术和一体化工艺技术，联合相关科研院所及相关农业企业开发不同集成度的农业智能传感器和无线测控终端，应用于水稻、茶果、花卉、水产、蔬菜、畜禽六大现代农业工程。通过六大工程的应用建立先进的农产品加工、流通、交易、追溯智能系统，构建精准、集约、高产、高效、生态、安全、可控的智能农业平台。

8.3.2　智能农业系统架构

智能农业系统应实现的目标为：利用物联网信息化手段进行农业经济运行监测，掌握农业生产与农业经济运行的动态，监测农业生产经营的成本收益变化，对农业生产经营活动提供分析；提高农业市场监管的电子化、网络化水平，公开一站式服务，提高工作效率，降低企业成本；利用信息化为决策支持、生产经营服务，实现动态监测、先兆预警等。加强农业信息化服务体系，提高信息化装备，健全信息服务队伍，延伸信息网络，提高信息服务能力。因此，农业物联网的智慧农业系统解决方案，如图8-10所示。

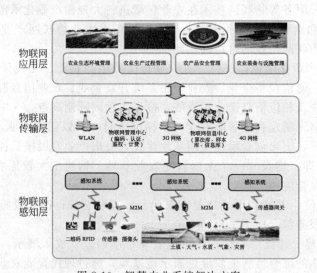

图8-10　智慧农业系统解决方案

系统采用三层架构，分别由感知层、传输层、应用层构成，其功能如下。

① 农业物联网感知层　该层的主要任务是将大范围内的现实世界农业生产等的各种物理量通过各种手段，实时并自动化的转化为虚拟世界可处理的数字化信息或者数据。

农业物联网所采集的信息主要有如下种类：

a. 农业传感信息：如温度、湿度、压力、气体浓度、生命体征等；

b. 农业物品属性信息：如物品名称、型号、特性、价格等；

c. 农业工作状态信息：如仪器、设备的工作参数等；

d. 农业地理位置信息：如物品所处的地理位置等。

信息采集层的主要任务是对各种信息进行标记，并通过传感等手段，将这些标记的信息和现实世界的物理信息进行采集，将其转化为可供处理的数字化信息。信息采集层涉及的技术有：二维码标签和识读器、RFID 标签和读写器、摄像头、GPS、传感器、终端、传感器网络等。

② 农业物联网传输层　该层的主要任务是将农业信息采集层采集到的农业信息，通过各种网络技术进行汇总，将大范围内的农业信息整合到一起，以供处理。传输层是农业物联网的神经中枢和大脑信息传递和处理。网络层包括通信与互联网的融合网络、网络管理中心、信息中心和智能处理中心等。

③ 农业物联网应用层　该层的主要任务是将信息汇总，对汇总而来的信息进行分析和处理，从而对现实世界的实时情况形成数字化的认知。应用层是农业物联网的"社会分工"与农业行业需求结合，实现广泛智能化。

8.3.3　智能农业应用案例

(1) 大唐电信农业远程诊断系统

2008 年，大唐电信推出针对农业、种植、养殖生产过程监控和灾害防治专项应用的无线视频监控的农业远程诊断系统。该产品由前端设备、2G/3G 无线通信传输网络（TD-SC-DMA、WCDMA、CDMA2000）、专家诊断控制平台和农业专家团构成，是一套基于最新图像采集处理技术、网络传输技术的全数字化远程信息管理系统。

农业远程诊断系统前端设备支持多种传感器接口，同时支持音频、视频功能，可以有效地为农业专家提供第一手的现场专业数据；此外，农业专家还可以通过 PC 终端登录农业诊断系统，实现远程控制灌溉等操作，解决了农业专家极为缺乏的现状，为实现农业现代化起到了重要作用。

该方案具有如下特色。

a. 支持 H.264 编码，能实现窄带宽下流畅视频传输，具有超低码率，带宽自适应功能。其单卡传输 CIF 图像在 2.5G 网络环境下，最高可达 8 帧/秒；双卡传输 CIF 图像最高可达 15 帧/秒；在 3G 网络环境下，可达 15 帧/秒。

b. 前端设备是传感器接口、视频采集和无线传输为一体的智能采集终端，采用便携式设计，自带电源，一次充电可使用 2～4 个小时；支持可变倍摄像机，可调节摄像机，满足对诊断植物推近观察的需要。

c. 后端软件平台支持灵活的管理和调度功能，满足一位专家对多个前端的农业咨询支持需要，支持农业专家远程双向语音对讲功能。

d. 支持分级用户权限管理，采用数据流加密技术，保证网络通信安全。

e. 支持多种 PTZ 协议，协议可扩展，工业标准的控制 I/O。

系统由前端设备、专家诊断管理平台、专家诊断终端专家诊断系统和手机监控端软件组成。如图 8-11 所示。

① 前端设备　集音、视频为一体，采用运营商无线网络实时无线传输。该系统内置 4AH 锂电池，可以在户外连续工作 2～4 小时，电池可以反复充电使用，并具有电源自动保护电路。该设备还支持 U 盘、SD 卡和硬盘的本地存储。前端设备可配备云台、麦克风、耳机等配件，实现更多扩展功能。

② 专家诊断管理平台　集存储服务器、流媒体服务器、FTP/WWW 服务器于一体，可接收移动运营商网络覆盖区内的农田、作物的图像视频信息的上传，将旱涝和农作物病虫害等自然灾害对作物的受损情况统计并进行存储。还可通过流媒体服务器为专家远程诊断终端提供服务，通过 FTP/WWW 服务器为农村一线科技工作者提供指导和信息下载服务。

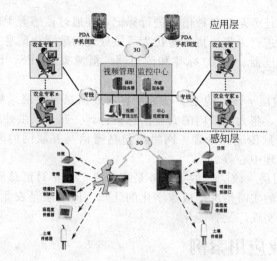

图 8-11　远程诊断系统结构图

③ 专家诊断终端专家诊断系统　大唐电信终端专家诊断系统，可以利用无线网络视频系统运营商业的专业监控平台，也可以使用"普通 PC"作为监控诊断终端，专家诊断系统由视频管理系统和专业查询分析系统组成。

④ 手机监控端软件　农业专家可以充分利用随身携带的移动终端，比如手机通过 TD-SCDMA、EDGE、EVDO、WCDMA 公共移动通信网络来远程指导、诊断农业生产。手机就是专家的移动指导平台。

山东寿光蔬菜远程诊断系统，是基于大唐电信无线 EDGE/TD 视频系统平台的远程农业专家系统，如图 8-12 所示。应用此系统，可对大棚里的温度、湿度进行采集，并叠加到视频图像上，进行上传。农业专家可通过视频图像判断植株生长情况、检查是否有病虫害、大棚的温湿度是否合适，并可以检测土壤的酸碱度等信息，为农户提供相应的指导。获得了良好的社会效益和经济效益。

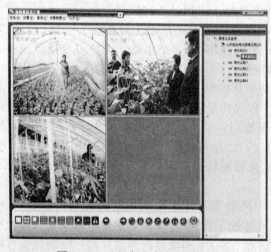

图 8-12　远程农业专家系统平台

（2）牧场云计算管理系统

① Farmeron 公司云计算管理系统　在克罗地亚，马蒂亚·科皮克（Matija Kopic）创立了 Farmeron 公司，把云计算应用的领域瞄准了农业。农场主可以使用 Farmeron 的网络数据服务，收集有关养殖的信息，比如进食状况、健康情况、繁殖情况、牛奶产量、药物种

类或者药剂量等信息。这些大量的数据对于一般农场主来说，缺少专业的培训或者相关的工具帮助其进行分析。比如一般拥有 300 头奶牛的农场中，从业者需要每天花 1 个半小时采集相关数据，才能使农场运作处于高效盈利的状态。普通的农场主没有时间和成本从事这些工作，使得他们放弃了营收蒸蒸日上的机会。

科皮克创立 Farmeron 的目的便是将这些来自农场的数据，直接连接到网络上。针对农场主既要求数据的完整，又要求符合原来的使用习惯，科皮克采取一种非常简单的方法，让这些农场主直接将他们的数据文本上传至云服务中，而科皮克的工作则是专注地分析这些数据，以此为农场主提供详细的分析报告。

Farmeron 的盈利模式则是向农场主收取服务费。对于中小规模的农场，每头牛的服务费从 25～45 美分每月不等。大型农场则根据自定义计划付费。科皮克计划再进军农作物管理领域，并有意对鸡类和猪类家禽提供数据分析服务，甚至还拥有青蛙养殖主需要的软件。

② 历源科技公司的奶牛牧场云计算管理系统　系统根据农业行政部门和现代牧场的管理需求，基于自主知识产权研发而成，可快速进行个性化定制开发和二次开发，允许用户快速设计各类型报表，能对多牧场进行分析比较。建立云计算数据中心，不仅有利于数据统计和行业监管，而且可以便捷地开展营养研究、联合育种等一些专业领域的数据开发利用。目前，历源科技已经为该系统建立了试运行的服务平台，向首批合作牧场提供云应用软件、牧场数据托管、牧场数据智能分析、数据日常监管服务、信息部外包、专家智能分析等服务。牧场可以随时随地获取管理软件，免去了维护信息软件的投入。

奶牛牧场云计算管理系统为现代奶业发展提供了一个信息化平台，促进了奶业产业水平的三大提升：一是通过物联网实现牧场内部数据精确、全面、即时地采集与预警，并与各种硬件进行数据传输，为操作人员提供及时准确的信息支撑；二是通过云计算进行多牧场深层次数据挖掘分析，并根据不同管理需要生成报表、预警及智能分析结果，为管理者快速决策作参考；三是通过各类型移动客户端的应用，实现智能化生产现场管理与随时随地获取数据。

8.4　智能家居

智能家居是在互联网的影响之下物联化的体现。智能家居通过物联网技术将家中的各种设备连接到一起，提供家电控制、照明控制、窗帘控制、电话远程控制、室内外遥控、防盗报警、环境监测、暖通控制、红外转发以及可编程定时控制等多种功能和手段。与普通家居相比，智能家居不仅具有传统的居住功能，兼备建筑、网络通信、信息家电、设备自动化，集系统、结构、服务、管理为一体的高效、舒适、安全、便利、环保的居住环境，提供全方位的信息交互功能。帮助家庭与外部保持信息交流畅通，优化人们的生活方式，帮助人们有效安排时间，增强家居生活的安全性，甚至为各种能源费用节约资金。

8.4.1　智能家居概述

(1) 智能家居的概述与特点

智能家居 (Smart Home) 是利用先进的计算机技术、网络通信技术、综合布线技术，依照人体工程学原理，融合个性需求，将与家居生活有关的各个子系统（如安防、灯光控制、窗帘控制、气体控制、家电控制、场景控制等）有机结合在一起，通过网络化综合智能控制和管理，实现"以人为本"的全新家居生活体验。智能家居示意图如图 8-13 所示。

智能家居是在家庭产品自动化、智能化的基础上，通过网络按照拟人化的需求而实现的。智能家居是一个综合系统，利用先进的网络通信、电力自动化、计算机、短距离通信嵌

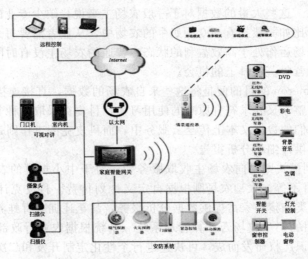

图 8-13　智能家居示意图

入式等技术将与居家生活有关的各种设备有机地结合起来，通过网络化综合管理平台或者先进的云计算平台，实现人与家、人与家用电器、家用电器与环境之间的信息互通。智能家居强调人的主观能动性，要求重视人与居住环境之间的协调，能够随心所欲地控制室内各种电器及环境。为此，智能家居系统必须具备以下几个特征：安全性、易用性、稳定性、扩展性。

　　a. 安全性　安全性是智能家居系统首先要解决的问题。主要包含两个层面：一是安全的智能家用电器设备，保障其安全可控；二是安全的网络和控制系统，需要有足够安全的网络来防止他人的入侵。

　　b. 易用性　智能家居要做到为最终用户提供良好的舒适度，就需要在易用性方面下功夫。这就要求智能家居系统在功能上人性化、个性化。设计时要考虑到不同层次人群的需求，让最终用户真正体会到智慧化的"个性"服务。

　　c. 稳定性　系统的稳定性是家庭生活更舒适的前提保证。如果系统不够稳定不但不能提供方便反而会带来不必要的麻烦。

　　d. 扩展性　智能家居系统必须具有良好的兼容性和扩展性，能够保证各种设施的即插即用以及网络组建的便捷性。

　　e. 可靠性　整个建筑的各个智能化子系统应能二十四小时运转，系统的安全性、可靠性和容错能力必须予以高度重视。对各个子系统，以电源、系统备份等方面采取相应的容错措施，保证系统正常安全使用、质量、性能良好，具备应付各种复杂环境变化的能力。

　　f. 标准性　智能家居系统方案的设计应依照国家和地区的有关标准进行，确保系统的扩充性和扩展性，在系统传输上采用标准的 TCP/IP 协议网络技术，保证不同产商之间系统可以兼容与互联。系统的前端设备是多功能的、开放的、可以扩展的设备。如系统主机、终端与模块采用标准化接口设计，为家居智能系统外部厂商提供集成的平台，而且其功能可以扩展，当需要增加功能时，不必再开挖管网，简单可靠、方便节约。设计选用的系统和产品能够使本系统与未来不断发展的第三方受控设备进行互通互连。

　　(2) 智能家居的主流技术

　　智能家居领域由于其多样性和个性化的特点，也导致了技术路线和标准众多，没有统一通行技术标准体系的现状，从技术应用角度来看主要有三类主流技术。

　　a. 总线技术类　总线技术的主要特点是所有设备通信与控制都集中在一条总线上，是一种全分布式智能控制网络技术，其产品模块具有双向通信能力以及互操作性和互换性，其控制部件都可以编程。典型的总线技术采用双绞线总线结构，各网络节点可以从总线上获得供电，亦通过同一总线实现节点间无极性、无拓扑逻辑限制的互联和通信。总线技术类产品比较适合于楼宇智能化以及小区智能化等大区域范围的控制，但一般设置安装比较复杂，造价较高，工期较长，只适用新装修用户。

b. 无线通信技术类　无线通信技术众多，已经成功应用在智能家居领域的无线通信技术方案主要包括：射频（RF）技术（频带大多为 315 和 433.92MHz）、IrDA 红外线技术、HomeRF 协议、ZigBee 标准、Z-Wave 标准、Z-world 标准、X2D 技术等。无线技术方案的主要优势在于无需重新布线，安装方便灵活，而且根据需求可以随时扩展或改装，可以适用于新装修用户和已装用户。

c. 电力线载波通信技术　电力线载波通信技术充分利用现有的电网，两端加以调制解调器，直接以 50Hz 交流电为载波，再以数百赫兹的脉冲为调制信号，进行信号的传输与控制。

8.4.2　智能家居系统体系结构

智能家居系统主要由智能灯光控制、智能家电控制、智能安防报警、智能娱乐系统、可视对讲系统、远程监控系统、远程医疗监护系统等组成。其结构框图如图 8-14 所示。

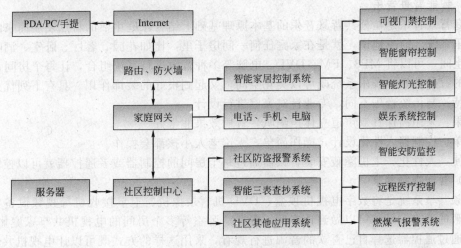

图 8-14　智能家居系统结构框图

（1）智能灯光控制系统

实现对全宅灯光的智能管理，可以用遥控等多种智能控制方式实现对全宅灯光的遥控开关、调光、全开全关及"会客、影院"等多种一键式灯光场景效果的实现；并可用定时控制、电话远程控制、电脑本地及互联网远程控制等多种控制方式实现功能，从而达到智能照明的节能、环保、舒适、方便的功能。

具有的优点：一是控制：就地控制、多点控制、遥控控制、区域控制等。二是安全：通过弱电控制强电方式，控制回路与负载回路分离。三是简单：智能灯光控制系统采用模块化结构设计，简单灵活、安装方便。四是灵活：根据环境及用户需求的变化，只需做软件修改设置就可以实现灯光布局的改变和功能扩充。

（2）智能电器控制系统

电器控制采用弱电控制强电方式，即安全又智能。可以用遥控、定时等多种智能控制方式实现对饮水机、插座、空调、地暖、投影机、新风系统等进行智能控制，避免饮水机在夜晚反复加热影响水质，在外出时断开插排通电，避免电器发热引发安全隐患；以及对空调、地暖进行定时或者远程控制，让您到家后马上享受舒适的温度和新鲜的空气。

具有的优点：一是方便：就地控制、场景控制、遥控控制、电话电脑远程控制、手机控制等。二是控制：通过红外或者协议信号控制方式，安全方便不干扰。三是健康：通过智能检测器，可以对家里的温度、湿度、亮度进行检测，并驱动电器设备自动工作。四是安全：系统可以根据生活节奏自动开启或关闭电路，避免不必要的浪费和电气老化引起的火灾。

(3) 智能安防监控系统

随着人们居住环境的升级，人们越来越重视自己的个人安全和财产安全，对人、家庭以及住宅的小区的安全方面提出了更高的要求；同时，经济的飞速发展伴随着城市流动人口的急剧增加，给城市的社会治安增加了新的难题，要保障小区的安全，防止偷抢事件的发生，就必须有自己的安全防范系统，人防的保安方式难以适应我们的要求，智能安防已成为当前的发展趋势。主要由各种报警传感器（人体红外、烟感、可燃气体等）及其检测、处理模块组成。

具有的优点：一是安全：安防系统可以对陌生人入侵、煤气泄漏、火灾等情况提前及时发现并通知主人；二是简单：操作非常简单可以通过遥控器或者门口控制器进行布防或者撤防。三是实用：视频监控系统可以依靠安装在室外的摄像机可以有效地阻止小偷进一步行动，并且也可以在事后取证给警方提供有利证据。

(4) 智能背景音乐

家庭背景音乐是在公共背景音乐的基本原理基础上结合家庭生活的特点发展而来的新型背景音乐系统。简单地说，就是在家庭任何一间房子里，比如花园、客厅、卧室、酒吧、厨房或卫生间，可以将 MP3、FM、DVD、电脑等多种音源进行系统组合，让每个房间都能听到美妙的背景音乐，音乐系统既可以美化空间，又起到很好的装饰作用。具有下列优点。

独特：与传统音乐不同，专业针对家庭进行设计。

效果：采用高保真双声道立体声喇叭，音质效果非常好。

简单：控制器人性化设计，操作简单，无论老人小孩都会操作。

方便：人性化、主机隐蔽安装，只需通过每个房间的控制器或者遥控器就可以控制。

(5) 智能视频共享

视频共享系统是将数字电视机顶盒、DVD 机、录像机、卫星接收机等视频设备集中安装于隐蔽的地方，系统可以做到让客厅、餐厅、卧室等多个房间的电视机共享家庭影音库，并可以通过遥控器选择自己喜欢的音源进行观看，采用这样的方式既可以让电视机共享音视频设备，又不需要重复购买设备和布线，既节省了资金又节约了空间。

具有的优点：一是简单：布线简单，一根线可以传输多种视频信号，操作更方便。二是实用：无论主机在哪里，一个遥控器就可以对所有视频主机进行控制。三是安全：采用弱电布线，网线传输信号，永不落伍，即使以后升级还是用网线。

(6) 可视对讲系统

可视对讲产品已比较成熟，成熟案例随处可见，这其中有大型联网对讲系统，也有单独的对讲系统，比如别墅用的，其中有一拖一、二、三等；一般实现的功能是可以呼叫、可视、对讲等功能。

(7) 家庭影院系统

对于高档别墅或者公寓的户型，客厅或者影视厅一般为 20 米² 左右，是目前最主要的建筑面积之一，客厅或者视听室自然是家里最气派的地方，除了要宽敞舒服，也得热闹娱乐才行。本系统可配合智能灯光、电动窗帘、背景音乐等进行联动控制。

具有的优点：一是简单：操作非常简单，一键可以启动场景，如音乐模式、试听模式、卡拉 OK 模式等。二是实用：拥有私人电影院，在家可以随时看大片。三是气派：在周末可以与自己的好朋友拉近距离。

（8）远程医疗系统

在智能家居系统中，远程医疗应用是引起人们广泛关注的，而且是未来智能家居发展的方向之一。可选用基于 GPRS 的远程医疗监控系统，由中央控制器、GPRS 通信模块、GPRS 网络、Internet 公共网络、数据服务器、医院局域网等组成。当系统工作时，患者随身携带的远程医疗智能终端首先对患者心电、血压、体温进行监测，当发现可疑病情时，通信模块就对采集到的人体现场参数进行加密、压缩处理，再以数据流形式，通过串行方式（RS-232）连接到 GPRS 通信模块上，与中国移动基站进行通信后，基站 SGSN（服务 GPRS 支持节点）再与网关支持节点 GGSN 进行通信，GGSN 对分组资料进行相应的处理，把资料发送到互联网上，去寻找在互联网上的一个指定 IP 地址的监护中心，并接入后台数据库系统。这样，信息就开始在移动患者单元和远程移动监护医院工作站之间不断进行交流，所有的诊断数据和患者报告都会被传送到远程移动监护信息系统存档，以供将来研究、评估、资源规划所用。

8.4.3 智能家居系统应用案例

霍尼韦尔国际公司（Honeywell International，以下简称"霍尼韦尔"）是一家在技术和制造业方面占世界领先地位的多元化跨国公司，在全球，其业务涉及航天航空产品及服务；住宅及楼宇控制和工业控制技术；自动化产品；安防产品；特种化学、纤维、塑料、电子和先进材料、交通和动力系统及产品等领域。霍尼韦尔公司在全球近 100 个国家拥有 12 万员工，总部设在美国新泽西州莫里斯镇。名列"财富 100 强"，在纽约、伦敦和芝加哥证券市场的交易代码为 HON。

霍尼韦尔智能家居产品家族包括霍尼韦尔 HS7000 系列社区规模智能家居系统，霍尼韦尔 HRIS-1000 系列单户型智能家居系统及霍尼韦尔智能控制面板 C1/G1/G2 系列。

家庭自动化控制系统是霍尼韦尔居领导地位的自动化控制、安防和能源管理技术领域的核心优势产品，在数字技术和移动控制越来越成为主流的今天，在霍尼韦尔智能家居产品所创造智能生活的空间，人们可享受各种时尚控制终端的应用：只需用指尖轻点支持 Wi-Fi 的移动终端设备如 iPhone、iPad、iPodtouch、数码相框、上网本等即可随时随地轻松管理和控制灯光、窗帘、空调、地暖、新风、可视对讲、防盗报警、环境监测、节能探测等家居设备及实现多种设备的一键联动控制，霍尼韦尔智能家居的简易操作、个性设定、自动运行，带给人们安全、舒适、健康、低碳的时尚高品质生活。

霍尼韦尔智能家居产品和解决方案已在中国的房地产行业得到了广泛应用：霍尼韦尔已与各地知名开发商合作开发了诸多智能化豪华社区，如中国首个顶级智能社区深圳滨海豪宅项目典范红树西岸，最早落户天津市中心的"顶尖豪宅"天津赛顿中心，名列 2007《中国 10 大超级豪宅》榜前三的杭州东方润园等。在韩国、东南亚、中东等亚太其他国家和地区以及美洲和欧洲，霍尼韦尔的智能社区产品也正被广泛采用。事实上，全球有超过一亿个家庭和五百多万幢大型建筑在使用霍尼韦尔的楼宇和住宅产品与技术。

（1）系统介绍

Honeywell HRIS-1000 系统是基于 TCP/IP 协议和 Ethernet 网络平台的全数字化智能家居平台。在这个平台上集成了丰富的居住环境控制及安防功能，各种功能协调统一，有机融合。家庭网关是户内控制和网络协议转换的中心，利用家庭网关使所有可能的设备信息互通，实现环境自动控制、就地集中监控、网络远程监控。在这个有充足软硬件冗余的平台上可以轻松搭建一个未来型的智能住宅和智能社区空间。

（2）系统功能

霍尼韦尔 HRIS-1000 系统完全基于 TCP/IP 协议和以太网平台运行，所有的音频、视频、控制、监视、状态等信息全部数字化传输。家庭智能主机通过的 RJ-45 接口连接到小区局域网，成为以太网上的一个普通节点，进而路由到 Internet 网络成为全部信息流的通道。在户内家庭网关将所有辅助的设备整合为一个系统，支持多系统多协议接入，成为就地集中控制和 WAP/WEB 和电话远程控制的基础设备。

霍尼韦尔智能家居系统的优势如下。

① 安心的生活　霍尼韦尔为家庭用户提供全套安全解决方案，如防盗和防火的高科技集成系统以及门禁控制系统等。家庭网络将监视触角延伸至家庭的每一个角落，保证一个安全的居住空间：非法入侵检测、防火检测、煤气监测、煤气泄漏后自动关闭煤气阀门，告警信息的双从传送（一路传给小区的警卫中心，另一路传给业主的电话），避免重灾情的出现；紧急情况报警系统营造一个多层防范的环境。霍尼韦尔 HS 多层次监控系统如图 8-15 所示。

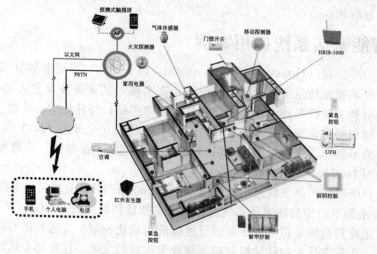

图 8-15　霍尼韦尔 HS 多层次监控系统

② 舒适的生活　霍尼韦尔利用世界最好的自动控制技术实现对温度、灯光、煤气、信息家用电器等设备的优化控制，从而保证了用户能过上舒适的生活。霍尼韦尔智能家居系统通过红外发生器提供家用电器控制界面。主要控制为红外空调、开关、温度等红外控制。家用电器控制如图 8-16 所示。

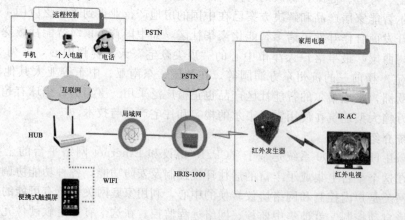

图 8-16　家用电器控制

③ 方便的生活　霍尼韦尔采用可通过互联网访问家中的最新信息技术，实现了通过局域网和 PSTN 进行互联网交互访问。PSTN 使住户可以设置灯具、电器、安全设施以及恒温器的状态，用户还可以在家外面设置事件。通过 Internet/intranet 和 WAP 方式或者普通电话可以远程监视控制家中灯光、窗帘、远程布撤防，远程调节温度。如图 8-17 所示。

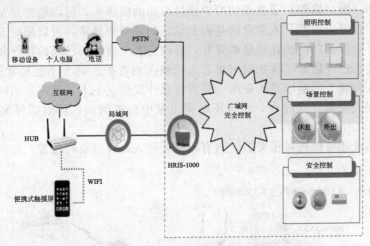

图 8-17　通过互联网和家互访

④ 节能的生活　霍尼韦尔利用集成场景模式提供节能型生活环境的中级生活方式，无论是易于使用的彩色触摸屏，还是远程或自定义键盘，只需轻轻一点，一切尽在掌握。霍尼韦尔智能家居系统提供用户可自定义的快捷场景，包括"休息"、"出门"、"在家"、"娱乐"等场景。用户可以通过 PSTN 和网络控制实现对这些自定义场景的控制。如图 8-18 所示。

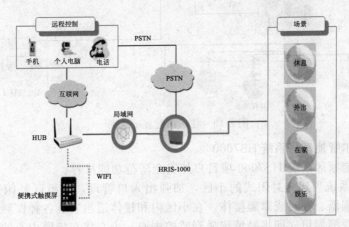

图 8-18　节能型生活环境控制

⑤ 全面的网络视频监控　霍尼韦尔家用网络视频监控系统 HVSS-1000 可通过网络技术进行远程实时监视，远程录像查询回放及云台控制。利用先进的 3G 技术，在外用手机就可以查看家中实时画面，了解家中情况。霍尼韦尔家用网络视频监控系统 HVSS-1000 使用霍尼韦尔优秀的信号处理技术，可以支持模拟/数字/高清三种信号输出。画面清晰，拥有日夜两种模式，宽动态技术，可以全天候监控室内外，并根据不同光源进行自动调整，保证画面清晰。

通过 HVSS-1000 系统，用户可以在离开家的时候依然照顾和看护家里需要照顾的人。

对家里儿童的看护，视频监控可以随时查看儿童的脸蛋，确认儿童是否受到很好的照料，有没有什么异常。遇到特殊情况，孩子无大人陪护，一个人在家玩耍，可随时通过手机访问监控设备确认孩子是不是有什么意外，消除不必要的担心；大人返家前，孩子已提前放学回家，视频可以帮助确认孩子是否已经按时吃饭，是否在做作业，或练钢琴，作息是否正常，助你沟通和管理好孩子的日常起居。

对家里宠物（狗，猫等）或花草的看护通过房前的摄像头，可以巡查到宠物是否安静地躺在窝里，或在花园里嬉戏，水和食物是否充足，如果看到异常，可以随时安排家人或保安帮忙进行管理可以看到门前的花草是否完好，有没有人来破坏自己家的草坪和花卉，天气变恶劣前，确认是否已经做好了保护对家里老人或病人的看护。对于不能经常回家的人来说，可随时确认老人和病人的起居是否正常，是否有意外发生在主人长期离家的时候，家中可能只有佣人、保安或保姆，这时候，主人不时调出家中监视画面，可以指导家中工作人员的工作。

视频监控系统还可以连接报警器，当有入侵者闯入，可以及时报警。住房内配置示意图如图 8-19 所示。

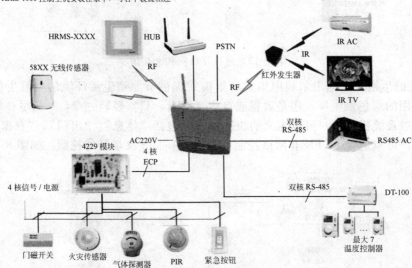

图 8-19　住房内配置示意图

(3) 霍尼韦尔智能家居系统 HS7000

霍尼韦尔智能家居系统 HS7000 项目户外安全防范功能推荐。

a. 周界防范系统　建立封闭式的小区，加强出入口管理，防范区外闲杂人员进入，同时防范非法翻越围墙、栅栏或攀爬楼体。在小区内和楼体适当安装各种探测器，当发生非法翻越、攀爬时，探测器可立即将警情传送到监控中心，中心将在接警中心的电子地图上显示出翻越、攀爬区域，以利于保安人员及时准确地处理。

b. 闭路电视监控系统　系统是在小区主要通道、重要公建及周界设置前端摄像机，将图像传送到监控中心以及相关大堂管家处，以对整个小区进行实时监控和记录，使管理人员充分掌控小区的安全动态。

c. 智能楼宇对讲系统　系统是在小区出入口、各单元入口防盗门处以及用户入户门口安装可视对讲装置，在大堂保安处、物业管理中心安装对讲管理机装置，以实现访客、住户以及工作人员之间可视对讲。

d. 停车场管理系统　系统对业主的车做到远距离读卡、不停车入场，读卡机自带液晶发布系统，发布一些重要的信息或者物业提醒，让业主感受到更多人文关怀并为小区创造一个温馨和谐的环境。

e. 巡更系统　巡更系统是巡更员按照管理人员设定的巡更路线，按时经过指定巡更点，同时用虽身携带的巡更器读取巡更点的标示信息，产生一条巡更记录存储在巡更器里。

f. 电梯控制系统　电梯控制系统，是控制业主或访客在使用电梯上行时，只能到达预定的楼层可以拒绝陌生人或非法人员随便使用电梯，业主也可以替访客呼叫电梯。

g. 闭路电视监控与周界防范报警的硬件集成和联动　应用于闭路电视监控子系统的硬盘录像报警主机，硬件上以具有报警输入端口，对周界防越报警子系统的报警信号，通过设置可实现与周界处的摄像机、云台预置位、周界灯光、声光报警装置进行报警联动。

h. 社区背景音乐广播及信息发布系统　背景音乐系统是体现现代化高品位居住型小区设计理念的必备系统，通过这套系统可以使得小区沉浸在浪漫悠闲的音乐之中，为住户创造优美恬静的居住环境，提高小区的居住档次和品味价值。

i. 小区物业管理系统　物业管理系统以组织机构为主线，以收费管理、客户服务为核心功能，同时提供仓库管理、基础资料管理、房产管理、客户管理、收费管理、保安消防管理、绿化卫生管理、设备管理、仓库管理、安全防范管理和领导查询等功能模块，既满足了管理处业务操作层面的各项需要，还满足了总公司和区域公司管理层面的各项要求。

j. 小区综合通信系统　以无线的方式覆盖整个小区可对每一位用户和每个无线接入点/无线网桥进行管理充分考虑网络的安全性，系统具有多层次的安全保护措施，以满足用户身份鉴别、访问控制、可稽核性和保密性等要求。小区门禁、电梯、车库、出入口管理"一卡通"集成。

室内部分安全防范功能推荐如表 8-2 所示。

表 8-2　室内部分安全防范功能推荐

序号	功能	序号	功能
1	公共门口可视对讲及门禁、电视监控功能	10	空调控制功能
2	单户门口可视对讲及门禁、电视监控功能	11	地采暖控制功能
3	智能指纹门锁系统联动功能	12	家用电器控制功能
4	社区内住户之间数字可视电话功能	13	室内呼叫电梯功能
5	外线电话功能	14	场景模式控制功能
6	户内可添加分机功能	15	电子公告、电子邮件信息管理功能
7	户内分机通话功能	16	远程控制、远程升级功能
8	安全防范功能	17	音视频留言功能
9	灯光窗帘控制功能	18	访客图像记忆查询、网路摄像机功能

案例项目之一为厦门环岛路低密度顶级海景别墅及公寓，包括 9 栋独立别墅、10 栋双拼别墅、3 幢高层海景公寓。项目采用全套霍尼韦尔智能家居系统 HS7000。2006 年 6 月开盘，公寓销售起价为人民币 15000 元，成为厦门高档公寓的经典。9 栋独体别墅（临海）：单栋最低 2388 万元，最高 5388 万元。爱琴海项目 2006 年 12 月 15 日参加深圳国际顶级私人物品展，与世界上顶级的跑车、游艇、私人飞机、珠宝手表等奢侈品同台呈现。2007 年 5 月 24 日，霍尼韦尔等五家世界 500 强企业同开发商举行盛大仪式及媒体发布会"爱琴海国际顶级配套签约仪式"，在厦门房地产业掀起巨大反响。

8.5 智能交通

随着社会经济和科技的快速发展，城市化水平越来越高，机动车保有量迅速增加，交通拥挤、交通事故救援、交通管理、环境污染、能源短缺等问题已经成为世界各国面临的共同难题，无论是发达国家，还是发展中国家，都毫无例外地承受着这些问题的困扰。在此大背景下，把交通基础设施、交通运载工具和交通参与者综合起来系统考虑，充分利用信息技术、数据通信传输技术、电子传感技术、卫星导航与定位技术、控制技术、计算机技术及交通工程等多项高新技术的集成及应用，使人、车、路之间的相互作用关系以新的方式呈现出来，这种解决交通问题的方式就是智能交通系统。

8.5.1 智能交通概述

(1) 智能交通概念

交通是经济发展的动脉，智能交通是智慧城市的重要构成，是解决交通问题的最佳方法。

智能交通系统（Intelligent Transport System，简称 ITS）是指将先进的信息技术、数据通信传输技术、电子传感技术、卫星导航与定位技术、电子控制技术以及计算机处理技术等有效地集成，运用于整个交通运输管理体系建立起的一种在大范围内全方位发挥作用的、实时、准确、高效的综合运输和管理系统。其目的是使人、车、路密切配合达到和谐统一，发挥协同效应，极大地提高交通运输效率、保障交通安全、改善交通运输环境和提高能源利用效率。这里的"人"是指一切与交通运输系统有关的人，包括交通管理者、操作者和参与者；"车"包括各种运输方式的运载工具；"路"包括各种运输方式的通路、航线。"智能"是 ITS 区别于传统交通运输系统的最根本特征。智能交通系统架构图如图 8-20 所示。

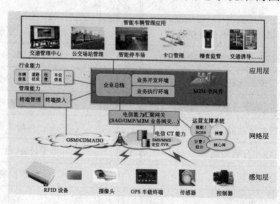

图 8-20 智能交通系统架构图

中国物联网校企联盟认为，智能交通的发展跟物联网的发展是离不开的，只有物联网技术概念的不断发展，智能交通系统才能越来越完善。智能交通是交通的物联化体现。《2013年中国城市智能交通市场研究报告》中指出，2012 年中国城市智能交通市场规模保持了高速增长态势，包含智能公交、电子警察、交通信号控制、卡口、交通视频监控、出租车信息服务管理、城市客运枢纽信息化、GPS 与警用系统、交通信息采集与发布和交通指挥类平台等 10 个细分行业的项目数量达到 4527 项；市场规模达到 159.9 亿元，同比增长 21.7%。从企业规模看，目前国内从事智能交通行业的企业约有 2000 多家，主要集中在道路监控、高速公路收费、3S（GPS、GIS、RS）和系统集成环节。高速公路收费系统是中国非常有特色的智能交通领域，国内约有 200 多家企业从事相关产品的生产，并且国内企业已取得了具有自主知识产权的高速公路不停车收费双界面 CPU 卡技术。

智能交通系统具有以下两个特点：一是着眼于交通信息的广泛应用与服务，二是着眼于提高既有交通设施的运行效率。与一般技术系统相比，智能交通系统建设过程中的整体性要求更加严格。这种整体性体现在跨行业；综合了交通工程、信息工程，通信技术、控制工程、计算机技术等众多科学技术领域；需要政府、企业、科研单位及高等院校共同参与；由移动通信、宽带网、RFID、传感器、云计算等新一代信息技术作支撑，更符合人的应用需求，可信任程度高等多个方面。

（2）智能交通系统组成

a. 先进的交通信息服务系统（ATIS）　ATIS 是建立在完善的信息网络基础上的。交通参与者通过装备在道路上、车上、换乘站上、停车场上以及气象中心的传感器和传输设备，向交通信息中心提供各地的实时交通信息；ATIS 得到这些信息并通过处理后，实时向交通参与者提供道路交通信息、公共交通信息、换乘信息、交通气象信息、停车场信息以及与出行相关的其他信息；出行者根据这些信息确定自己的出行方式、选择路线。更进一步，当车上装备了自动定位和导航系统时，该系统可以帮助驾驶员自动选择行驶路线。

b. 先进的交通管理系统（ATMS）　ATMS 有一部分与 ATIS 共用信息采集、处理和传输系统，但是 ATMS 主要是给交通管理者使用的，用于检测控制和管理公路交通，在道路、车辆和驾驶员之间提供通信联系。它将对道路系统中的交通状况、交通事故、气象状况和交通环境进行实时的监视，依靠先进的车辆检测技术和计算机信息处理技术，获得有关交通状况的信息，并根据收集到的信息对交通进行控制，如信号灯、发布诱导信息、道路管制、事故处理与救援等。

c. 先进的公共交通系统（APTS）　APTS 的主要目的是采用各种智能技术促进公共运输业的发展，使公交系统实现安全便捷、经济、运量大的目标。如通过个人计算机、闭路电视等向公众就出行方式和事件、路线及车次选择等提供咨询，在公交车站通过显示器向候车者提供车辆的实时运行信息。在公交车辆管理中心，可以根据车辆的实时状态合理安排发车、收车等计划，提高工作效率和服务质量。

d. 先进的车辆控制系统（AVCS）　AVCS 的目的是开发帮助驾驶员实行本车辆控制的各种技术，从而使汽车行驶安全、高效。AVCS 包括对驾驶员的警告和帮助，障碍物避免等自动驾驶技术。

e. 货运管理系统　货运管理系统指以高速道路网和信息管理系统为基础，利用物流理论进行管理的智能化的物流管理系统。综合利用卫星定位、地理信息系统、物流信息及网络技术有效组织货物运输，提高货运效率。

f. 电子收费系统（ETC）　ETC 是目前世界上最先进的路桥收费方式。通过安装在车辆挡风玻璃上的车载器与在收费站 ETC 车道上的微波天线之间的微波专用短程通信，利用计算机联网技术与银行进行后台结算处理，从而达到车辆通过路桥收费站不需停车而能交纳路桥费的目的，且所交纳的费用经过后台处理后清分给相关的收益业主。在现有的车道上安装电子不停车收费系统，可以使车道的通行能力提高 3~5 倍。

g. 紧急救援系统（EMS）　EMS 是一个特殊的系统，它的基础是 ATIS、ATMS 和有关的救援机构和设施，通过 ATIS 和 ATMS 将交通监控中心与职业的救援机构联成有机的整体，为道路使用者提供车辆故障现场紧急处置、拖车、现场救护、排除事故车辆等服务。具体包括车主可通过电话、短信、翼卡车联网三种方式了解车辆具体位置和行驶轨迹等信息；车辆失盗处理；车辆故障处理；交通意外处理等方面。

8.5.2　车联网概述

　　车联网是物联网在智能交通领域的运用，车联网项目是智能交通系统的重要组成部分。踏入新世纪，物联网、智慧地球、智慧城市等概念兴起，具体到交通领域的应用便产生了智慧交通、车联网的概念。物联网的概念，在中国早在 1999 年就提出来了，当时不叫"物联网"而叫传感网，物联网概念的产生与物联网行业的快速发展，与智能交通交汇融合，产生了智能交通行业的新动向-车联网。车联网车载系统模式示意图如图 8-21 所示。

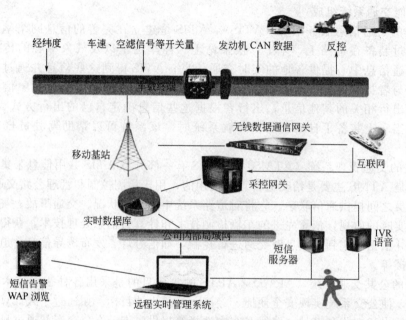

图 8-21　车联网车载系统模式示意图

　　车联网（Internet of Vehicles）概念引申自物联网（Internet of Things），根据行业背景不同，对车联网的定义也不尽相同。传统的车联网定义是指装载在车辆上的电子标签通过无线射频等识别技术，实现在信息网络平台上对所有车辆的属性信息和静、动态信息进行提取和有效利用，并根据不同的功能需求对所有车辆的运行状态进行有效的监管和提供综合服务的系统。

　　随着车联网技术与产业的发展，上述定义已经不能涵盖车联网的全部内容。根据车联网产业技术创新战略联盟的定义，车联网是以车内网、车际网和车载移动互联网为基础，按照约定的通信协议和数据交互标准，在车-X（X：车、路、行人及互联网等）之间，进行无线通信和信息交换的大系统网络，是能够实现智能化交通管理、智能动态信息服务和车辆智能化控制的一体化网络，是物联网技术在交通系统领域的典型应用。

　　只与"人-车"相关的部分在国外叫车载信息服务系统（Telematics），也就是"狭义"的汽车物联网。Telematics 是以无线语音、数字通信和卫星导航定位系统为平台，通过定位系统和无线通信网，向驾驶员和乘客提供交通信息、紧急情况应付对策、远距离车辆诊断和互联网（金融交易、新闻、电子邮件等）服务的综合信息服务系统。

　　通过"车联网"，汽车具备了高度智能的车载信息系统，并且可以与城市交通信息网络、智能电网以及社区信息网络全部连接，从而可以随时随地获得即时资讯，并且作出与交通出行有关的明智决定。

2010 年，车联网项目被列为国家重大专项第三专项中的重要项目，首期资金投入达百亿。2013 年 8 月 27 日，由中国汽车工程学会发起成立的"车联网产业技术创新战略联盟"在北京正式成立。该联盟由包括 15 家整车厂在内的共 30 家单位组成，成员涵盖了汽车制造商、移动通信运营商、硬件设备制造商、软件服务提供商及有关科研院所。联盟旨在通过联合各相关行业的力量，协同攻关、协调发展，在推进 Telematics 车载应用服务之外，重点推动车联网技术对于汽车安全性与经济性等性能提升的应用。

车辆运行监控系统长久以来都是智能交通发展的重点领域。在国际上，美国的 IVHS、日本的 VICS 等系统通过车辆和道路之间建立有效的信息通信，已经实现了智能交通的管理和信息服务。而 Wi-Fi、RFID 等无线技术也在交通运输领域智能化管理中得到了应用，如在智能公交定位管理和信号优先、智能停车场管理、车辆类型及流量信息采集、路桥电子不停车收费及车辆速度计算分析等方面取得了一定的应用成效。

当今车联网系统发展主要通过传感器技术、无线传输技术、海量数据处理技术、数据整合技术相辅相成配合实现。车联网系统的未来，将会面临系统功能集成化、数据海量化、高传输速率。车载终端集成车辆仪表台电子设备，如硬盘播放、收音机等，数据采集也会面临多路视频输出要求，因此对于影像数据的传输，需要广泛运用当今流行 3G 网络。

8.5.3 智能交通应用案例

(1) IBM 智能交通应用方案

智能交通系统是城市社会经济发展过程中交通信息化建设的第一步，顺应物联网技术、云计算技术以及信息传输技术的快速发展和应用，未来的智能交通依托完善的智能交通物联网体系，会进一步在向智慧化交通发展，其目标是让城市交通变得更智慧。到时，基于智能交通的智慧交通、交通物联网、交通云计算、交通云服务、交通云管理、交通云群等的体系形成，将极大地促进智能交通产业化的崛起与发展，激发全新的智能交通产业链以及新的市场需求。

2008 年底，IBM 推出了"智慧地球"发展战略，引领数字城市走向智慧城市。智慧交通是 IBM "智慧地球"（Smart Planet）战略的重要内容之一。IBM 智能交通解决方案意图协助用户解决以下 4 个问题：

① 预测交通需求，优化道路交通基础设施和通行能力（具体方法包括：收集实时交通数据，识别交通流动和交通工具的使用模式，预测交通需求，促进交通基础设施和通行能力的平衡使用）；

② 改善点到点通行体验；

③ 提高交通系统运行效率，同时减轻环境影响；

④ 确保安全、保密。

为此，IBM 首先建立了一个 2 层级，共 10 个指标的城市智能交通成熟度评估模型，以帮助了解用户智能交通发展现状及实际需求，协助用户制订并实施长期的、与城市交通愿景整合的智能交通战略。该模型的指标体系如表 8-3 所示。

此外，IBM 还提供了完整的智能交通解决方案（the IBM Smarter Traffic Solution）和 IBM 资产管理和优化方案及相应工具集，其中智能交通解决方案包括 IBM 智慧交通第一版 (IBM Intelligent Transportation Version 1 Release 0)、IBM 交通流量预测 (IBM Traffic Prediction Tool) 两套工具。

表 8-3 IBM 智能交通成熟度模型

	主要指标	1级单一模式	2级协调模式	3级部分整合	4级多模式整合	5级多模式优化
监督	战略规划	功能区域规划（单一模式）	基于项目的规划（单一模式）	整合的全机构规划（单一模式）	基于廊道的整合的多模式计划	整合的区域多模式计划
	绩效衡量	最低	根据模式定义的参数	跨各个独立组织的有限整合	共享的多模式全系统衡量参数	持续的全系统绩效衡量
	需求管理	独立的静态衡量	独立的衡量方法，具有长期可变性	协调的衡量方法，具有短期可变性	动态定价	多模式动态定价
交通网络优化	数据收集	有限的或手动输入	主要路线的准实时数据收集	使用多种输入信息实时手机主要路线数据	实时覆盖主要廊道，所有主要模式	所有模式中的全系统实时数据收集
	数据整合与分析	仅限于特定分析	网络但定期分析	通用的用户界面，提供总体分析	实时的双向系统整合与分析	全面的整合，提供实时的多模式分析
	网络运行响应	特定，单一模式	集中，单一模式	自动化，单一模式	自动化，多模式	多模式实时优化
	事故管理	手动检测，响应与恢复	手动检测，协调响应，手动恢复	自动检测，协调响应，手动恢复	自动的，预定的多模式恢复计划	基于实时数据的动态多模式恢复计划
整合的交通服务	客户关系	最低的能力，无客户账户	为每个系统/模式分别管理的客户账户	根据模式而订的多渠道账户交互	多种模式间的统一客户账户	整合的多模式奖励方法，以优化多模式的使用
	支付系统	手动收款	自动提款机	电子支付	多模式整合的计费卡	多模式多渠道（计费卡、手机等）
	旅客信息	静态信息	静态路程计划，提供有限的实时提醒	多渠道路程计划和基于账户的提醒预约	基于位置的途中多模式信息	基于位置的多模式主动改变路线

（2）瑞典斯德哥尔摩智能交通系统

瑞典斯德哥尔摩是全球智能交通的典范城市，采用了 IBM 的技术方案。由于在城市绿色发展方面的出色表现，2010 年 2 月，斯德哥尔摩被欧盟委员会评为首个“欧洲绿色首都”。斯德哥尔摩的智慧交通系统主要是由瑞典交通管理局（the Swedish Transport Administration）、斯德哥尔摩市议会（Stockholm County Council）等负责组织规划实施，采用了 IBM 提供的智能交通解决方案。IBM 智能交通管理系统如图 8-22 所示。

斯德哥尔摩智慧交通系统提出了以下 3 个目标：提高交通信息透明，对交通基础设施的高效利用，便捷的交通收费支付系统；同时还提出智能交通建设的基本策略：基于用户需求，聚焦气候、安全的交通解决方案，推动合作，基于地区的创新能力，充分借鉴其他地区的经验。

斯德哥尔摩已经建成的智慧交通系统包括以下几个部分：多种方式的交通信息采集整合系统，如浮动车数据采集技术（Floating Car Data，FCD）；综合的交通信息管理中心（Trafik Stockholm）；隧道智能交通信息系统，如隧道安全系统等；基于污染物排放和天气条件的速度、交通流量控制；基于网站（www.trafiken.com）、手机短信的交通信息实时发布系统；基于多式联运的路线规划；基于绿色驾驶的智慧速度适应系统（Intelligent Speed Adaption，ISA）；流量管理系统；智能公共交通系统，包括流量和事故管理、公交优先系

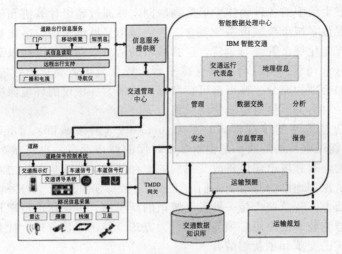

图 8-22　IBM 智能交通管理系统

统、交通信息发布系统、路线规划、交通安全系统、智能卡系统。

此外，收取交通拥堵税也是斯德哥尔摩智慧交通建设配套政策的重要一环。瑞典当局在 2006 年初宣布征收"交通拥堵税"。IBM 为瑞典交通管理局设计、建设并且运行了一套先进的智能收费系统。该系统在通往斯德哥尔摩城区的主要出入口处设置 18 个路边控制站，通过采用 RFID、激光、照相、图像识别（OCR）技术和先进的自由车流路边系统，自动连贯地对进入城区车辆进行探测、识别和收费。交通拥堵税单次的税金为 10、15 或 20 瑞典克朗 3 档，收费最高的是上午 7:30 到 8:29 和下午 4:00 到 5:29 的高峰时段，单车日缴费额最高为 60 瑞典克朗。通过收取"交通拥堵税"减少了车流，交通拥堵降低了 20%～25%，交通排队时间下降 30%～50%，中心城区道路交通废气排放量减少了 14%，整个斯德哥尔摩地区废气排放减少 2.5%，二氧化碳等温室气体排放量下降了 40%。

8.6　智慧城市

8.6.1　智慧城市概述

(1) 智慧城市概念

智慧城市是把新一代信息技术充分运用在城市的各行各业之中的基于知识社会下一代创新（创新 2.0）的城市信息化高级形态。智慧城市基于互联网、云计算等新一代信息技术以及大数据、社交网络、Fab Lab（微观装配实验室）、Living Lab（生活实验室）、综合集成法等工具和方法的应用，营造有利于创新涌现的生态，实现全面透彻的感知、宽带泛在的互联、智能融合的应用以及以用户创新、开放创新、大众创新、协同创新为特征的可持续创新。

2008 年底，IBM 推出了"智慧地球"发展战略，引领数字城市走向智慧城市。2009 年 1 月 28 日，为应对金融危机，奥巴马与美国工商业领袖举行了一次圆桌会议，IBM 的 CEO 彭明盛向美国总统奥巴马提出了"智慧地球"的概念。该战略定义大致为：将感应器嵌入和装备到电网、铁路、建筑、大坝、油气管道等各种物体中，形成物物相连，然后通过超级计算机和云计算将其整合，实现社会与物理世界的融合。奥巴马则回应会将经济刺激资金投入到宽带网络等新兴技术领域。于是这一概念迅速升温，并上升为美国国家长期发展战略。

智慧城市的内涵是将数字城市、物联网与云计算三个概念的融合。智慧城市的理念是把传感器装备到城市生活中的各种物体中形成物联网，并通过超级计算机和云计算实现物联网的整合，从而实现数字城市与城市系统整合。智慧城市是城市全面数字化基础之上建立的可视化和可量测的智能化城市管理与运营，包括城市的信息数据基础设施以及在此基础上建立网络化的城市信息管理平台与综合决策支撑平台。智慧城市需要更加智能的城市规划和管理、资源分配更加合理和充分、城市有可持续发展的能力、城市的环境保护到位、能够提供更多的就业机会、对突发事件具备应急反应能力等。

智慧城市是智慧地球的体现形式，是 Cyber-City（网络城市）、Digital-City（数字城市）、U-City（智能城市）的延续，是创新 2.0 时代的城市形态，也是城市信息化发展到更高阶段的必然产物。智慧城市建设将改变我们的生存环境，改变物与物之间、人与物之间的联系方式，也必将深刻地影响和改变人们的工作、生活、娱乐、社交等一切行为方式和运行模式。因此，本质上，智慧城市是一种发展城市的新思维，也是城市治理和社会发展的新模式、新形态。智慧化技术的应用必须与人的行为方式、经济增长方式、社会管理模式和运行机制乃至制度法律的变革和创新相结合。

（2）智慧城市特征

在 IBM 的《智慧的城市在中国》白皮书中，基于新一代信息技术的应用，对智慧城市基本特征的界定是全面物联、充分整合、激励创新、协同运作四方面。

① 全面物联：智能传感设备将城市公共设施物联成网，对城市运行的核心系统实时感测。

② 充分整合：物联网与互联网系统完全连接和融合，将数据整合为城市核心系统的运行全图，提供智慧的基础设施。

③ 激励创新：鼓励政府、企业和个人在智慧基础设施之上进行科技和业务的创新应用，为城市提供源源不断的发展动力。

④ 协同运作：基于智慧的基础设施，城市里的各个关键系统和参与者进行和谐高效地协作，达成城市运行的最佳状态。

（3）智慧城市的主要应用功能

目前，智慧城市发展处于起步阶段，其主要应用功能包括智能交通系统、智慧电网系统、智慧建筑系统、城市指挥中心、智慧医疗、城市公共安全、城市环境管理、政府公共服务平台等方面。

① 智能交通系统：通过道路收费系统、多功能智能交通卡系统、数字化交通智能信息管理系统等多种模式的数据整合，提供基于交通预测的智能交通灯控制、交通疏导、出行提示、应急事件处理管理平台，帮助进行城市路网优化分析，为城市规划决策提供支持。

② 智慧电网系统：以物理电网为基础，即以特高压电网为骨干网架、各电压等级电网协调发展的坚强电网为基础，将现代先进的传感测量技术、通信技术、信息技术、计算机技术和控制技术与物理电网高度集成而形成的新型电网。它以充分满足用户对电力的需求和优化资源配置、确保电力供应的安全性、可靠性和经济性、满足环保约束、保证电能质量、适应电力市场化发展等为目的，实现对用户可靠、经济、清洁、互动的电力供应和增值服务。

③ 智慧建筑系统：智能建筑是智能建筑技术和新兴信息技术相结合的产物，智能楼宇利用系统集成的方法，将智能型计算机技术、通信技术信息技术与建筑艺术有机的结合，通过对设备的自动监控，对信息资源的管理和对使用者的信息服务及其功能与建筑的优化组合，所获得的投资合理，适合信息社会需要，并且具有安全、高效、舒适、便利和灵活特点的建筑物。

④ 城市指挥中心：传统意义上的城市建设和治理通常是以单个部门为中心，关注各自孤立的目标而没有把对整个城市的影响进行全盘考虑。智慧城市是一个单一整体，同时又能

拆分为许多互通互联的子系统。各子系统发送重要的事件消息给城市指挥中心，指挥中心有能力对这些事件进行协调处理和提供指导性的处理方案。

⑤ 智慧医疗：在城市"老年化"不断加剧的今天，社区远程医疗照顾系统能有效的节约社会资源，高效的服务于大众。电子健康档案系统和医疗公共服务平台的建立能解决目前突出的"看病难，看病贵"的医患矛盾。

⑥ 城市公共安全：利用现代信息技术，以互联网、无线通信技术为平台，以数字地理信息为基础，结合移动定位系统、数字通信技术和计算机软件平台，为城市管理者提供声、像、图、文字四位一体的城市数字化管理平台，实现针对城市部件的检查、报警、紧急事件处理、指挥调度、督察督办等功能。如：食品安全追溯、危险品安全处置、灾害预警与处理等。

⑦ 城市环境管理：对水、大气等与人类生活环境紧密相关的各种资源进行信息实时采集和监控，及时发现和处理各种污染事件产生。借助先进的数据挖掘、数学模型和系统仿真，提升环境管理决策水平。达到节能减排，同时提升经济效益和社会效益的目的。

通过电子政务，公共物流服务，公共交通信息服务等政府公共服务平台，改变"公告栏"式的政府网站，将其变成"服务型"的业务网站，树立服务型政府为民办事的形象。为市民提供各种咨询信息和服务，提高市民的生活质量和满意度。

8.6.2 智慧城市标准体系框架

中国信息技术标准化技术委员会 SOA 分技术委员会是中国标准化研究院下的标准研究组织，于 2012 年 8 月正式启动智慧城市标准研究，研究并初步形成了《我国智慧城市标准体系研究报告》草稿。之后，SOA 分委会将由智慧城市应用工作组负责，进一步梳理研究智慧城市标准需求、现有标准对智慧城市的适用情况和急需新制定的标准项目，为我国各地智慧城市建设提供指导和支撑，同时为我国下一步智慧城市关键标准制定工作提供参考。

SOA 分技术委员会受工业和信息化部软件服务业司、国家标准化管理委员会的共同领导，开展我国 SOA、云计算、WEB 服务、中间件领域的标准制（修）订及应用推广工作，并负责代表中国参与 ISO/IEC JTC1/SC38 和 ISO/IECJTC1/SC7/SG-SOA 的国际标准化工作。

在城市化与信息化融合的背景下，综合利用物联网、云计算等信息技术手段，结合城市信息化基础，从而改善民生、增强企业竞争力、促进城市可持续发展，这样的"智慧城市"理念已经被全球所认可。据 SOA 分委会研究，目前已有 24 个国际或国外组织开展了智慧城市相关标准研究，建立广泛覆盖和深度互联的城市信息网络。

标准体系框架包含智慧城市建设涉及的基础设施、建设与宜居、管理与服务、产业与经济、安全与运维 5 大类别标准，分 4 个层次表示，涵盖 16 个技术领域，包含 101 个分支的专业标准。这是目前国家级关于智慧城市标准方面最新、最具权威性的文件，也是指导国家智慧城市建设的方向和道路，以免盲目建设过程中带来的人、财、物、力等不必要的经济损失。修改完善后的智慧城市基础参考模型和智慧城市标准体系框图分别见图 8-23 和图 8-24。

智慧城市作为信息技术的深度拓展和集成应用，是新一代信息技术孕育突破的重要方向之一，是全球战略新兴产业发展的重要组成部分。开展"智慧城市"技术和标准试点，是科技部和国家标准委为促进我国智慧城市建设健康有序发展，推动我国自主创新成果在智慧城市中推广应用共同开展的一项示范性工作，旨在形成我国具有自主知识产权的智慧城市技术与标准体系和解决方案，为我国智慧城市建设提供科技支撑。2013 年 10 月，国家"智慧城市"技术和标准试点城市（"智慧城市"双试点）工作展开，科技部、国家标准化管理委员会确定首批试点城市为 20 个。其中副省级城市 9 个。分别为济南、青岛、南京、无锡、扬

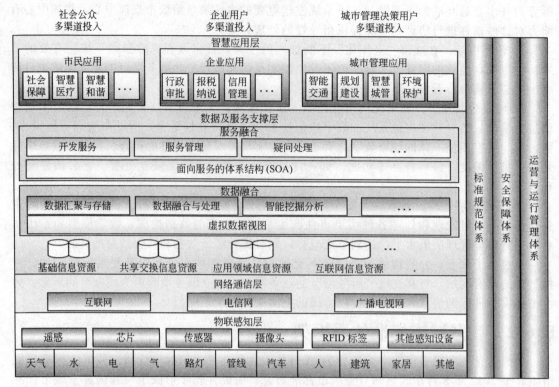

图 8-23　智慧城市基础参考模型

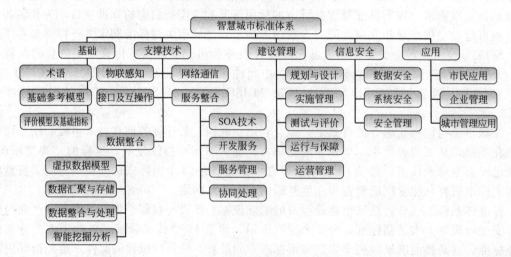

图 8-24　智慧城市标准体系框图

州、太原、阳泉、大连、哈尔滨、大庆、合肥、武汉、襄阳、深圳、惠州、成都、西安、延安、杨凌示范区和克拉玛依。

为规范和推动智慧城市的健康发展，构筑创新 2.0 时代的城市新形态，引领中国特色的新型城市化之路，住房城乡建设部启动了国家智慧城市试点工作。包括北京市东城区、河北省石家庄市、江苏省无锡市等在内的首批国家智慧城市试点共 90 个，其中地级市 37 个，区（县）50 个，镇 3 个。2013 年 8 月，住房和城乡建设部再度公布 2013 年度国家智慧城市试点名单，又确定 103 个城市（区、县、镇）为 2013 年度国家智慧城市试点，目前国家智慧城市试点总数已达 193 个。经过地方城市申报、省级住房城乡建设主管部门初审、专家综合评审等程序，试点城市将经过 3 — 5 年的创建期，住建部将组织评估，对评估通过的试点城市（区、镇）进行评定，评定等级由低到高分为一星、二星和三星。

随着现代城市的发展和国家"十二五"规划对智慧城市建设的鼓励和支持，整个"十二五"期间将有大约 500 个城市和地区启动智慧城市的建设，许多城市也把建设智慧城市作为城市发展的核心战略，以提高城市的效率和竞争力。

8.6.3 华为智慧城市应用案例

经过多年在 ICT（Information Communication Technology，简称 ICT）领域的积累和对智慧城市发展的研究，华为提出智慧城市主要体现市民对智慧服务的体验，透过高效的城市运营管理提供丰富的智能服务，公共信息平台的建设，解决系统间信息孤岛的问题，使城市资源得到最充分利用和配置，构建高效、平衡、可持续发展的智慧城市。智慧城市整体架构图如图 8-25 所示。

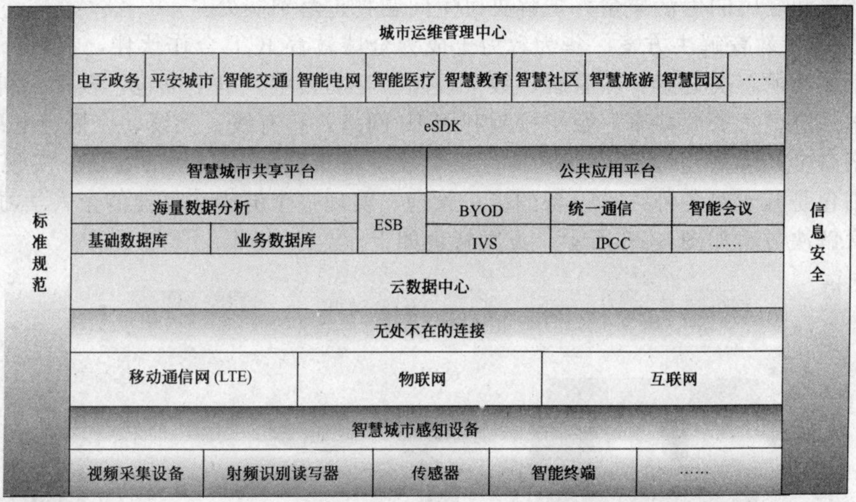

图 8-25　智慧城市整体架构图

① 华为智慧城市方案特色　无处不在的连接是智慧城市的必要条件，基础设施层的三网融合，就像城市纵横交错的"树根"。智慧城市体现城市的互通互联，高效的综合信息管理能力，云数据中心提供各个系统数据信息共享，改变信息碎片和信息孤岛的现状。

华为智慧城市打造一个统一的网络和数据平台，设立城市云数据中心，构建三张基础网络，通过分层建设，达到平台能力及应用的可成长、可扩充，创造面向未来的智慧城市系统框架。智慧城市架构以云计算、网络和服务平台为支撑，构建城市的智慧应用群。智慧城市云架构的核心价值在于：方便实现资源的集约化、数据整合及挖掘以及横向业务的联动与协同。

智慧城市的规划和建设注重整体的统一性、标准性、协同性、前瞻性。根据城市的特点设计，打造凸显城市特色的智慧名片，提升城市的品牌形象；应以客户需求为中心，根据城市的基本特点和长远发展规划，旨在通过基础网络、云数据中心和跨部门协同平台，帮助城市建设具有智慧管理、智慧产业、智慧民生等特点的智慧城市。智慧城市体现人与社会、环境的相互融合，在现代移动互联网快速发展的时代，更多的实时视频与数据，更多的自动控制与高清体验，更多的社交媒体与互动，都需要大带宽的网络支撑智慧城市的建设。

② 智慧城市的收益　通过互联网与物联网连接和融合，统一共享的数据中心平台，以及相互协同运作，构建一个高效透明的政府、平安有序的社会、绿色和谐的产业，幸福安康

的民生,提升城市的综合竞争力。

a. 高效透明的政府:通过云计算中心提供数据共享,挖掘和分析,各部门相互协同,提高政府的管理和服务效率,体现城市的可持续发展;并通过数据库管理中心将政府运营数据统一分布,实现政府政务公开化。

b. 平安有序的社会:城市指挥调度中心通过融合视频监控系统、GIS 系统、智能分析系统、城市报警系统等形成告警联动系统,及时解决城市应急突发事件、保护市民的生命财产,保障城市平安有序。

c. 绿色和谐的产业发展:为企业提供专业的 IT 应用服务,基于云数据中心智慧化服务,帮助企业聚焦主营业务,免除企业运营发展的后顾之忧,同时衍生相关产业的快速发展。

d. 幸福安康的民生:通过智慧城市资源共享平台,部署智慧民生应用系统和服务支持,为市民提供便利的交通、医疗、教育、环境监测等方面的智慧应用和互动平台,真正提高城市的运营效率和居民的生活质量,把解决民生问题真正落到实处。

③ 华为智慧教育解决方案 华为致力于成为全球教育 ICT 合作伙伴,在教育信息化主要提供四个层面的解决方案:教育云、数字校园、互动教室、电子书包。教育云利用先进的云计算技术促进教育资源共享;数字校园利用 IP 网络,将有线、无线、广播、电视、管理、生活等网络融合,降低建设和运维成本;互动教室基于高清和互动的通信,实现教学的创新;电子书包是基于对各种终端设备的统一管理,实现一个健康、便捷的个人学习环境。华为智慧教育解决方案如图 8-26 所示。方案特色如下。

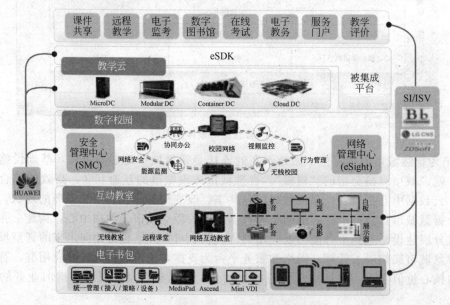

图 8-26 华为智慧教育解决方案

a. 校园基础网络:有线和无线一体化,灵活认证计费,全网安全管控,精细化管理。

b. 安全管控:校级统一数据中心,高可用统一存储,统一容灾备份。

c. 精细化管理:高清远程视频教学和会议,平安校园、视频监控。

④ 华为平安城市解决方案 华为平安城市解决方案将遍布城市各种角落的信息资源整合在一起,通过统一管理和分析使其发挥作用,帮助政府管理者实时了解城市各方面情况,及时响应和处理。解决方案由网络、视频云、智能视频管理平台、视频搜索、信息安全管控、融合指挥中心、多媒体集群及监测与预警子系统组成,使用统一的管理和分析平台,提

高不同系统之间的互操作性，同时结合各种应用系统，形成一个综合的城市安全视频监控体系。华为平安城市解决方案如图8-27所示。方案特色如下。

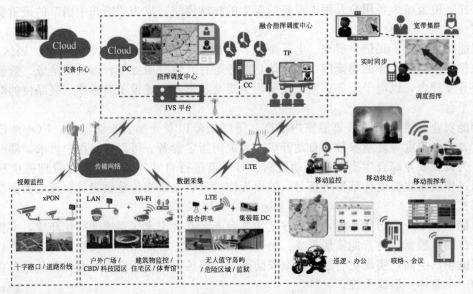

图8-27　华为平安城市解决方案

a. 提供"更安全可靠"的安防系统：华为独创了7级保护技术，从缓存补录、硬件冗余、RAID组内保护、RAID组间保护、集成一体化、云化集群、多级联网7个维度，提供7级保护机制，最大程度的保障客户系统的和可靠性安全性，为客户打造99.999％安全监控系统。

b. 华为高清智能监控技术使监控更高效：视频监控业务产生的数据绝大多数以无序、无用的数据为主，而在视频监控领域，有效视频的挖掘分析决定价值，更快、更准确往往是平安城市客户的普遍需求。华为从前端摄像机到平台全面支持智能分析功能，能够从庞大的数据流中快速挖掘出有效信息，既避免无用视频占用大量网络带宽、在后端占用大量存储资源，更为客户高效决策、应对提供了便利。

c. 独有的4G LTE移动监控解决方案，让城市监控无死角：华为已经在全球完成了若干基于LTE（Long Term Evolution，长期演进）的无线高清视频接入的安全城市解决方案局点，推出了业界首款基于LTE的网络摄像机，高清低带宽技术和无线上行带宽优化确保高质量的无线视频码流传输。同时考虑在无线环境下网络带宽不稳定的情况，华为在视频编码方面加支持超强纠错，在5％网络丢包率情况下保证网络有效传输和图像质量。

d. 完备的网络解决方案：从接入网络来看，华为公司能够提供包括LAN、WLAN和xPON接入等各种技术及组合匹配各种视频监控场景。从整体网络来看，华为公司能够为不同的应用场景提供完备的网络解决方案，包括万兆园区网，有线无线一体化网络，灵活的xPON网络，高速骨干传输网络，高可靠广域互联网络以及全方位的安全网络方案。

本 章 小 结

物联网应用涉及国民经济和人类社会生活的方方面面，本章以智能电网、智能物流、智能农业、智能家居、智能交通和智慧城市为例，介绍了物联网技术在生活实际中的应用案例。

智能电网与物联网作为具有重要战略意义的高新技术和新兴产业，已引起世界各国的高度重视，我国政府不仅将物联网、智能电网上升为国家战略，并在产业政策、重大科技项目支持、示范工程建设等方面进行了全面部署。应用物联网技术，智能电网将会形成一个以电网为依托，覆盖城乡各用户及用电设备的庞大的物联网络，成为"感知中国"的最重要基础设施之一。

智能物流打造了集信息展现、电子商务、物流配载、仓储管理、金融质押、园区安保、海关保税等功能为一体的物流园区综合信息服务平台。信息服务平台以功能集成、效能综合为主要开发理念，以电子商务、网上交易为主要交易形式，建设了高标准、高品位的综合信息服务平台。

智能农业是通过实时采集温室内温度、湿度信号以及光照、土壤温度、CO_2 浓度、叶面湿度、露点温度等环境参数，自动开启或者关闭指定设备。可以根据用户需求，随时进行处理，为设施农业综合生态信息自动监测、对环境进行自动控制和智能化管理提供科学依据。通过模块采集温度传感器等信号，经由无线信号收发模块传输数据，实现对大棚温湿度的远程控制。

智能家居是一个居住环境，是以住宅为平台安装有智能家居系统的居住环境，实施智能家居系统的过程就称为智能家居集成。与普通家居相比，智能家居不仅提供舒适宜人且高品位的家庭生活空间，实现更智能的家庭安防系统；还传统家居环境中那个各自单独存在的设备联为一个整体，形成系统。

智能交通系统包括公交行业无线视频监控平台、智能公交站台、电子票务、车管专家和公交手机一卡通五种业务。公交行业无线视频监控平台利用车载设备的无线视频监控和GPS 定位功能，对公交运行状态进行实时监控。智能公交站台通过媒体发布中心与电子站牌的数据交互，实现公交调度信息数据的发布和多媒体数据的发布功能，还可以利用电子站牌实现广告发布等功能。电子门票是二维码应用于手机凭证业务的典型应用，从技术实现的角度，手机凭证业务就是手机凭证，是以手机为平台、以手机身后的移动网络为媒介，通过特定的技术实现完成凭证功能。

智慧城市将人与人之间的 P2P 通信扩展到了机器与机器之间的 M2M 通信；通信网＋互联网＋物联网构成了智慧城市的基础通信网络；并在通信网络上叠加城市信息化应用。智慧城市的热潮很大程度上缘于政府的推动，智慧城市的营造正成为全球城市之间竞争的基础要件之一，是证明一个城市信息化水平的"名片"、是保持城市竞争力的重要手段。

习　题

一、选择题

1. 下面＿＿＿＿描述的不是智能电网。

A. 发展智能电网，更多地使用电力代替其他能源，是一种"低碳"的表现

B. 将家中的整个用电系统连成一体，一个普通的家庭就能用上"自家产的电"

C. 家中空调能够感应外部温度自动开关，并能在自动调整室内温度

D. 通过先进的传感和测量技术、先进的设备技术、控制方法以及先进的决策支持系统技术等，实现电网的可靠、安全、经济、高效、环境友好和使用安全的目标

2. 智能物流系统（ILS）与传统物流显著的不同是它能够提供传统物流所不能提供的增值服务，下面＿＿＿＿＿属于智能物流的增值服务。

A. 数码仓储应用系统　　　　　　B. 供应链库存透明化

C. 物流的全程跟踪和控制　　　　D. 远程配送

3. 精细农业系统基于＿＿＿＿等实现短程，远程监控。

A. Zigbee 网络　　　　　　　　B. GPRS 网络

C. internet　　　　　　　　　　D. CDMA

二、简答题

1. 智能家居是怎样定义的?
2. 简述智能家居的体系架构。
3. 智能电网的特点有哪些?
4. 写出智能电网架构的特点。
5. 智能农业有哪些特点?
6. 智能物流体系架构的特点有哪些?
7. 智能交通体系架构的特点有哪些?
8. 智慧城市运用了哪些技术?应用功能包括哪些方面?
9. 搜索物联网技术在其他领域中的应用实例,并写成报告。

Chapter **09**

第9章

物联网安全

【本章学习重点】

　　了解物联网安全的概念和特点，掌握无线传感器网络、RFID 技术以及云计算技术等方面的安全机制和策略，掌握物联网体系的安全防范措施。

　　目前，物联网技术越来越多地受到了人们的关注。正如任何一个新的信息系统出现都会伴生着信息安全问题一样，物联网也不可避免。同样，与任何一个信息系统所存在的安全问题均有着自身的安全和对他方的安全的两面性一样，物联网的安全也存在着自身的安全和对他方的安全问题。其中自身的安全就是物联网是否会被攻击而不可信，其重点表现在如果物联网出现了被攻击、数据被篡改并致使其出现了与所期望的功能不一致的情况，或者不再发挥应有的功能，那么依赖于物联网的控制结果将会出现灾难性的问题，如工厂停产或出现错误的操控结果，此为物联网的安全问题。而对他方的安全则涉及的是通过物联网来获取、处理、传输的用户的隐私数据，如果物联网没有防范措施则会导致用户隐私的泄露，此为物联网的隐私保护问题。因此，人们习惯于说物联网的安全与隐私保护问题是最让人困惑的物联网安全问题。

9.1　信息安全

9.1.1　信息安全的基本概念

　　信息安全是指信息网络的硬件、软件及其系统中的数据受到保护，不受偶然的或者恶意的原因而遭到破坏、更改、泄露，系统连续可靠正常地运行，信息服务不中断。它是一门涉及计算机科学、网络技术、通信技术、密码技术、信息安全技术、信息论等多种学科的综合性学科。国际标准化组织已明确将信息安全定义为"信息的完整性、可用性、保密性和可靠性"。

　　信息安全又是一门以人为主，涉及技术、管理和法律的综合学科，同时还与个人道德意识等方面紧密相关。信息安全有以下几个基本属性。

　　(1) **保密性** (Confidentiality)

　　保密性指信息不被泄漏给非授权的用户、实体或进程，或被其利用的特性。主要包括信息内容的保密和信息状态的保密。常用的技术有防侦听、防辐射、信息加密、物理保密、信息隐形。

　　(2) **完整性** (Integrality)

　　完整性指信息未经授权不能进行更改的特性，即信息在存储或传输过程中保持不被偶然

260　▶　物联网技术概论

或蓄意地删除、修改、伪造、乱序、重放、插入等破坏和丢失的特性。主要因素：设备故障、误码、人为攻击、计算机病毒等，主要保护方法：协议、纠错编码方法、密码校验和方法、数字签名、公证等。

(3) 可用性 (Availability)

可用性指信息可被授权实体访问并按需求使用的特性。目前没有理论模型，是综合性的度量，信息的可用性涉及面广，主要有硬件可用性、软件可用性、人员可用性、环境可用性。

(4) 可控性 (Controllability)

可控性指能够控制使用信息资源的人或实体的使用方式。主要包括信息的可控、安全产品的可控、安全市场的可控、安全厂商的可控、安全研发人员的可控。

(5) 不可否认性 (Non-repudiation)

不可否认性也称抗抵赖性，是防止实体否认其已经发生的行为。包括原发不可否认与接收不可否认。

(6) 可追究性 (Accountability)

可追究性指确保某个实体的行动能唯一地追溯到该实体。

9.1.2 信息安全的分类

物联网是一种广义的信息系统，因此物联网安全也属于信息安全的一个子集。就信息安全而言，通常分为四个层次：包括物理安全，即信息系统硬件方面，表现在信息系统电磁特性方面的安全问题；运行安全，即信息系统的软件方面，表现在信息系统代码执行过程中的安全问题；数据安全，即信息自身的安全问题；内容安全，即信息利用方面的安全问题。物联网作为以控制为目的的数据体系与物理体系相结合的复杂系统，一般不会考虑内容安全方面的问题。但是，在物理安全、运行安全、数据安全方面则与互联网有着一定的异同性，这一点需要从物联网的构成来考虑。

物联网的构成要素包括传感器、传输系统（泛在网）以及处理系统，因此，物联网的安全形态表现在这三个要素上。就物理安全而言，主要表现在传感器的安全方面，包括对传感器的干扰、屏蔽、信号截获等。就运行安全而言，则存在于各个要素中，即涉及到传感器、传输系统及信息处理系统的正常运行，这方面与传统的信息安全基本相同。数据安全也是存在于各个要素中，要求在传感器、传输系统、信息处理系统中的信息不会出现被窃取、被篡改、被伪造、被抵赖等性质。但传感器与传感网所面临的问题比传统的信息安全更为复杂，因为传感器与传感网可能会因为能量受限的问题而不能运行过于复杂的保护体系。

从保护要素的角度来看，物联网的保护要素仍然是可用性、保密性、可鉴别性与可控性。由此可以形成一个物联网安全体系。其中可用性是从体系上来保障物联网的健壮性、可生存性；机密性是要构建整体的加密体系来保护物联网的数据隐私；可鉴别性是要构建完整的信任体系来保证所有的行为、来源、数据的完整性等都是真实可信的；可控性是物联网最为特殊的地方，是要采取措施来保证物联网不会因为错误而带来控制方面的灾难。包括控制判断的冗余性、控制命令传输渠道的可生存性、控制结果的风险评估能力等。

总之，物联网安全既蕴含着传统信息安全的各项技术需求，又包括物联网自身特色所面临的特殊需求，如可控性问题、传感器的物联安全问题等。

9.2 无线传感器网络安全

无线传感器网络 WSN 作为一种新兴技术，它的应用前景非常广泛，主要表现在军事、环境、健康、家庭和其他商业领域等各个方面。随着无线传感器网络研究的深入和不断走向实用，安全问题引起了人们的极大关注。

9.2.1 传感器网络的安全分析

(1) 与安全相关的特点

WSN 与安全相关的特点主要有以下几个。

a. 资源受限，通信环境恶劣。WSN 单个节点能量有限，存储空间和计算能力差，直接导致了许多成熟有效的安全协议和算法无法顺利应用。另外，节点之间采用无线通信方式，信道不稳定。信号不仅易被窃听，而且易被干扰或篡改。

b. 部署区域的安全无法保证，节点易失效。传感器节点一般部署在无人值守的恶劣环境或敌对环境中。其工作空间本身就存在不安全因素，节点很容易受到破坏或被俘，一般无法对节点进行维护，节点很容易失效。

c. 网络无基础框架。在 WSN 中，各节点以自组织的方式形成网络，以单跳或多跳的方式进行通信，由节点相互配合实现路由功能。没有专门的传输设备，传统的端到端的安全机制无法直接应用。

d. 部署前地理位置具有不确定性。在 WSN 中，节点通常随机部署在目标区域，任何节点之间是否存在直接连接在部署前是未知的。

(2) 安全需求

WSN 的安全需求主要有以下几个方面。

a. 机密性。机密性要求对 WSN 节点间传输的信息进行加密，让任何人在截获节点间的物理通信信号后不能直接获得其所携带的消息内容。

b. 完整性。WSN 的无线通信环境为恶意节点实施破坏提供了方便，完整性要求节点收到的数据在传输过程中未被插入、删除或篡改，即保证接收到的消息与发送的消息是一致的。

c. 健壮性。WSN 一般被部署在恶劣环境、无人区域或敌方阵地中，外部环境条件具有不确定性，另外，随着旧节点的失效或新节点的加入。网络的拓扑结构不断发生变化。因此，WSN 必须具有很强的适应性，使得单个节点或者少量节点的变化不会威胁整个网络的安全。

d. 真实性。WSN 的真实性主要体现在两个方面：点到点的消息认证和广播认证。点到点的消息认证使得某一节点在收到另一节点发送来的消息时，能够确认这个消息确实是从该节点发送过来的，而不是别人冒充的；广播认证主要解决单个节点向一组节点发送统一通告时的认证安全问题。

e. 新鲜性。在 WSN 中由于网络多路径传输延时的不确定性和恶意节点的重放攻击使得接收方可能收到延后的相同数据包。新鲜性要求接收方收到的数据包都是最新的、非重放的，即体现消息的时效性。

f. 可用性。可用性要求 WSN 能够按预先设定的工作方式向合法的用户提供信息访问服务，然而，攻击者可以通过信号干扰、伪造或者复制等方式使 WSN 处于部分或全部瘫痪状态，从而破坏系统的可用性。

g. 访问控制。WSN 不能通过设置防火墙进行访问过滤，由于硬件受限，也不能采用非对称加密体制的数字签名和公钥证书机制。WSN 必须建立一套符合自身特点。综合考虑性能、效率和安全性的访问控制机制。

9.2.2 传感器网络的攻击防御机制

(1) WSN 可能受到的攻击分类

① 节点的捕获（物理攻击） WSN 在开放的环境中大量分布的传感器节点易受物理攻

击，例如，攻击者破坏被捕获传感器节点的物理结构，或者基于物理捕获从中提取密钥，撤出相关电路，修改其中的程序，或者在攻击者的控制下用恶意的程序起来取代他们。这类破坏是永久性的、不可恢复的。

② 违反机密性攻击 WSN 的大量数据能被远程访问加剧了机密性威胁。攻击者能够以一种低风险、匿名的方式收集信息，他可以同时检测多个站点。通过监听数据，敌方容易发现通信的内容（内容的截取），或分析得出与机密通信相关的知识（流量分析）。

③ 拒绝服务攻击（Dos） 针对 WSN 的拒绝服务攻击包括黑洞、资源耗尽、方向误导、槽洞攻击（Sinkhole）、虫洞攻击（Wormhole）和泛洪攻击等，它们直接威胁 WSN 的可用性。

④ 假冒的节点和恶意的数据 入侵者加一个节点到系统中，向系统输入伪造的数据或组织真正数据的传递，或插入恶意的代码节点的珍贵能量，潜在地破坏真正的网络，更糟糕的是，敌方可能控制整个网络。

⑤ Sybil 攻击 女巫攻击（Sybil）指恶意的节点向网络中的其他节点非法地提供多个身份。Sybil 攻击利用多身份特点，威胁路由算法、数据融合、投票、公平资源分配和阻止不当行为的发现。如对位置敏感的路由协议的攻击，依赖于恶意节点的多身份产生多个路径。

⑥ 路由威胁 WSN 路由协议的安全威胁分为外部攻击和内部攻击两个方面。外部攻击包括注入错误路由信息、重放旧的路由信息、篡改路由信息，攻击者通过这些方式能够成功分离一个网络或者向网络中引入大量的流量，一起重传无效的路由消耗系统有限的资源。内部攻击是指一些内部被攻陷的节点可以发送恶意的路由信息给别的节点，这类节点由于能生成有效地签名，因此要发现内部的攻击更困难。

（2）WSN 的物理攻击的防护方法

基于 WSN 的应用提出了相应的安全要求，WSN 节点资源有限性特征决定了现有的通信安全的成熟解决方案不能直接使用。针对 WSN 各种不同的攻击类别分别讨论提供不同的防御方法或机制。

WSN 对抗物理攻击的一种方法是当它感觉到一个可能的攻击时实施自销毁，包括破坏所有的数据和密钥，这在拥有足够冗余信息的传感器网络中是一个切实可行的解决方案。关键在于发现物理攻击，一个简单的解决方案是定期进行邻居核查（对于静态分布的 WSN 有效）。

物理攻击可能通过手动微探针探测、激光切割、聚集离子束操纵、短时脉冲波形干扰、能量分析等方法实现，相应的防护手段包括在任何可观察的反应和关键操作间加入随机时间延迟、设计多线程处理器在两个以上的执行线程间随机地执行指令、建立传感器自测试功能，使得任何拆开传感器的企图都将导致整个器件功能的损坏、测试电路的结构破坏或失效。

（3）WSN 实现机密性的方法

① 针对消息截取 对称密码加密是确保传感器网络机密性的标准解决方案，一些文献认为密码分组链接模式是传感器网络是最适合的密码操作模式。针对流量分析攻击，对抗流量分析的方法是使用随机转发技术，及偶尔转发一个数据包给一个随机选定的节点，使得清晰的区分从节点到基站的路径更为困难，也有助于减弱门限监视攻击；为了增强其对抗时间相关攻击的能力，可使用不规则传播策略。

② 密钥管理 密码技术是提供机密性、完整性和真实性等安全服务的基本技术，但传感器网络有限的资源和无线通信特征决定了密钥管理的困难性。

目前针对 WSN 提出的密钥管理机制主要如下。

a. 预置全局密钥，所有节点共享同一密钥，这种方案简单、代价小，但安全性差。

b. 预置节点对密钥，即网络中没对节点间共享一个不同的密钥，随着网络规模的扩大全网密钥总量将快速上升，且为新插入的节点分配共享密钥困难。

c. 随机密钥分配，每个节点的通信代价与网络的规模无关，但密钥存储量将随网格规模增大而线性增加。

d. 基于密钥分发中心（KDC）的密钥分配，基站作为 KDC，每个节点与基站间共享一个不同的密钥，其他节点间的密钥基于基站来建立。通信量较大，适用于小规模网络；KDC 易受到威胁。

e. 公钥密码体制，一般将消耗较多的存储空间和能量，实用性差。

LEAP 密钥管理协议支持为每个传感器节点建立四类密钥：和基站共享的单个密钥、和其他节点共享的对称密钥、和多个邻居节点共享簇密钥及由网络中所有节点共享的群密钥。不同类型密钥的选用取决于节点与谁通信。传感器先装载一个初始密钥，基于该初始密钥生成其他密钥；为了防止传感器节点在受到攻击后威胁其他节点，初始密钥用完后将被删除。

f. 阻止拒绝服务　传感器网络分层拒绝服务攻击及其防御方法如表 9-1 所示。

表 9-1　传感器网络分层拒绝服务攻击及其防御方法

网路层次	攻击	防御方法
物理层	拥塞	跳频、消息优先权、低占空比、区域映射、模式转变
	物理篡改	物理防篡改、隐藏
链路层	碰撞	纠错编码
	耗尽	MAC 请求速率限制（门限）
	非公平竞争	使用短帧
网络层	汇聚节点攻击	加密
	方向误导	出口过滤、认证、监视
	黑洞	认证、监视、冗余
传输层	泛洪	客户端谜题
	不同步	认证

建议一般不选择物理篡改，因为它将大大增加低成本传感器网络节点的制作成本。应建立一种基于冗余的防护机制，使得即使有部分节点被攻陷也不会导致整个 WSN 崩溃。

g. 对抗假冒的节点或恶意的数据　认证是解决这类问题的有效方法。链路层安全体系结构 TinySec 能发信注入网络的非授权的数据包，提供消息认证和完整性、消息机密性、语义安全和重放保护等基本安全属性。TinySec 支持认证加密和未认证，前者加密数据载荷并用 MAC 认证数据包，对加密数据和数据包头一起计算 MAC；后者仅基于 MAC 认证数据包，并不加密数据载荷。

h. 对抗 Sybil 攻击的方法　要对付 Sybil 攻击，网络必须有某种机制来保证一个给定物理节点只能有一个有效地址。无线资源检测来发现 Sybil 攻击，并使用身份注册和随机密钥与分发方案建立节点间安全连接来防止。认证和加密是组织来源于传感器网络外部的 Sybil 攻击的有效方法，但对于网络内部入侵者是无效的；对于内部攻击而言，可使每一个节点都和可信基站间共享一个不同的对称密钥，两个节点间可以基于它实现身份认证并建立其他的共享密钥。

i. 安全路由　WSN 的安全路由需要解决以下问题：建立低计算、低通信开销的认证机制以组织攻击者基于泛洪节点执行 Dos 攻击、安全路由发现、路由维护、避免路由误操作和防止泛洪攻击。

SPINS 应用于静态拓扑且未接解决网络流量分析等问题。一个改进的方案是用广播密钥链代替单播以减弱流量分析攻击，并提供了一种发现和去除有不正常行为节点的机制。针对 SPINS 在理论上和在实际实施过程中存在的问题进行研究，对改进 WSN 的安全性具有重要意义。

入侵容忍路由协议（INSENS，Intrusion-Tolerant Routing in Wireless Sensor Networks）是一种面向无线传感器网络的安全入侵容忍路由协议。它的一个重要特点是允许恶意节点（包括误操作节点）威胁他周围少量的节点，但威胁被限制在一定的范围内，解决的办法是冗余机制。该协议能够为 WSN 安全有效地建立树结构的路由。整个过程分为三个阶段：其一是基站广播路由请求包；其二是每个节点单播一个包含邻近节点拓扑信息的路由回馈信息包；其三是基站验证收到的拓扑信息，然后单播路由表到每个传感器。协议结合有效的单向散列链去阻止入侵者发起泛洪攻击。

内嵌的 MAC 可以唯一安全地把一个 MAC 与某个节点、某个路径和特定的 OHC（单向散列函数链，The one-way hash chain）号相关联，因此可以防御通过虫洞的重放攻击。该协议借鉴了 SPINS 协议的某些思想。例如，利用类似 SNEP 的密码 MAC 来验证控制数据包的真实性和完整性，密码 MAC 是验证发送到基站的拓扑信息完整性的关键。它还利用 μTESLA 中单向散列函数链所实现的单向认证机制来认证基站发出的所有信息，这是限制各种拒绝服务攻击和 rashing 攻击的关键。另外，该协议还通过每个节点只与基站共享一个密钥、丢弃重复报文、速率控制以及构建多路径路由等的方法，限制了洪泛攻击，并使得恶意节点所能造成的破坏被限制在局部范围，而不会导致整个网络的断裂或失效。除了通过采用对称密钥密码系统和单向散列函数这些低复杂度安全机制外，该协议还将路由表计算等复杂性工作从传感器节点转移到资源相对丰富的基站（sink 节点）进行，以解决节点资源约束问题。

无线传感器网络将在下一代网络中发挥关键性的作用。由于传感器网络本身在计算能力、存储能力、通信能力、电源能量、物理安全和无线通信等方面存在固有的局限性和脆弱性，因此，其安全问题是一个重大的挑战。

9.3 RFID 安全

9.3.1 RFID 的安全和隐私问题

RFID 系统容易受到各种攻击，主要是由于标签和读写器之间的通信是通过电磁波的形式实现的，中间没有任何物理的接触，这种非接触和无线通信存在严重安全隐患。例如，在 RFID 系统应用过程中，攻击者通过向 RFID 系统提供不能辨认的虚假信息欺骗系统或发送大量的错误信息，导致 RFID 系统拒绝服务或中断正常通信；攻击者通过向标签数据存储区写入非法命令，并将命令以数据形式传输到后台服务器，导致系统被非法访问和控制；攻击者通过截取并记录标签返回到读写器的部分数据信息，再重新发送给读写器，导致读写器与攻击者建立通信。同时，由于 RFID 标签的成本和功耗受限，这都极大地限制了系统的处理运算能力和安全算法实现能力，进一步增加了系统的安全隐患。RFID 的安全缺陷主要体现在以下三方面。

（1）RFID 标识自身访问的安全性问题

由于标签成本、工艺和功耗受限，其本身并不包含完善的安全模块，很容易被攻击者操控，其数据大多采用简单的加密机制进行传输，很容易被复制、篡改甚至删除。特别是对于无源标签，由于缺乏自身能量供应系统，标签芯片很容易受到"耗尽"攻击。未授权用户可以通过合法的读写器直接与 RFID 标签进行通信。这样，就可以很容易地获取 RFID 标识中的数据并能够修改。此外，标签的一致开放性对于个人隐私、企业利益和军事安全都形成了风险，容易造成隐私泄露。

（2）通信信道的安全性问题

由于 RFID 使用的是无线通信信道，这就容易遭受攻击。攻击者可以非法截取通信数据；可以通过发射干扰信号来堵塞通信链路，使得读写器过载，无法接收正常的标签数据，制造拒绝服务攻击；可以冒名顶替向 RFID 发送数据，篡改或伪造数据。RFID 系统的通信链路包括前端标签到读写器的空中接口无线链路和后端读写器到后台系统的计算机网络。在前端空中接口链路中，由于无线传输信号本身具有开放性，使得数据安全性十分脆弱，给非法用户的非法操作带来了方便。攻击者可以利用非法的读写器拦截数据；可以阻塞通信信道进行 DoS 攻击；可以假冒用户身份篡改、删除标签数据等。该环节是 RFID 系统安全研究的重点。在后端通信链路中，系统面临着传统计算机网络普遍存在的安全问题，属于传统信息安全的范畴，具有相对成熟的安全机制，我们可以认为具有较好的安全性。

（3）RFID 读写器的安全性问题

RFID 读写器自身可以被伪造；RFID 读写器与主机之间的通信可以采用传统的攻击方法截获。因而，读写器同样存在和其他计算机终端数据类似的安全隐患，也是攻击者要攻击的对象。

9.3.2　RFID 安全解决方案

RFID 安全和隐私保护与成本之间是相互制约的。根据自动识别（Auto-ID）中心的试验数据，在设计 5 美分标签时，集成电路芯片的成本不应该超过 2 美分，这使集成电路门电路数量限制在了 7.5kb～15kb。一个 96b 的 EPC 芯片约需要 5kb～10kb 的门电路，因此用于安全和隐私保护的门电路数量不能超过 2.5kb～5kb，使得现有密码技术难以应用。优秀的 RFID 安全技术解决方案应该是平衡安全、隐私保护与成本的最佳方案。

现有的 RFID 安全和隐私技术可以分为两大类：一类是通过物理方法阻止标签与阅读器之间通信，另一类是通过逻辑方法增加标签安全机制。

（1）物理方法

① 杀死（Kill）标签　原理是使标签丧失功能，从而阻止对标签及其携带物的跟踪。如在超市买单时的处理。但是，Kill 命令使标签失去了它本身应有的优点。如商品在卖出后，标签上的信息将不再可用，不便于日后的售后服务以及用户对产品信息的进一步了解。另外，若 Kill 识别序列号一旦泄露，可能导致恶意者对超市商品的偷盗。

② 法拉第网罩　根据电磁场理论，由传导材料构成的容器如法拉第网罩可以屏蔽无线电波。使得外部的无线电信号不能进入法拉第网罩，反之亦然。把标签放进由传导材料构成的容器可以阻止标签被扫描，即被动标签接收不到信号，不能获得能量，主动标签发射的信号不能发出。因此，利用法拉第网罩可以阻止隐私侵犯者扫描标签获取信息。比如，当货币嵌入 RFID 标签后，可利用法拉第网罩原理阻止隐私侵犯者扫描，避免他人知道你包里有多少钱。

③ 主动干扰　主动干扰无线电信号是另一种屏蔽标签的方法。标签用户可以通过一个设备主动广播无线电信号用于阻止或破坏附近的 RFID 阅读器的操作。但这种方法可能导致非法干扰，使附近其他合法的 RFID 系统受到干扰，也可能阻断附近其他无线系统。

④ 阻止标签　原理是通过采用一个特殊的阻止标签干扰防碰撞算法来实现，阅读器读取命令每次总是获得相同的应答数据，从而保护标签。

(2) 逻辑方法

① 哈希（Hash）锁方案　Hash 锁是一种更完善的抵制标签未授权访问的安全与隐私技术。整个方案只需要采用 Hash 函数，因此成本很低。方案原理是阅读器存储每个标签的访问密钥 K，对应标签存储的元身份（MetaID），其中 MetaID＝Hash（K）。标签接收到阅读器访问请求后发送 MetaID 作为响应，阅读器通过查询获得与标签 MetaID 对应的密钥 K 并发送给标签，标签通过 Hash 函数计算阅读器发送的密钥 K，检查 Hash（K）是否与 MetaID 相同，相同则解锁，发送标签真实 ID 给阅读器。

② 随机 Hash 锁方案　作为 Hash 锁的扩展，随机 Hash 锁解决了标签位置隐私问题。采用随机 Hash 锁方案，阅读器每次访问标签的输出信息都不同。随机 Hash 锁原理是标签包含 Hash 函数和随机数发生器，后台服务器数据库存储所有标签 ID。阅读器请求访问标签，标签接收到访问请求后，由 Hash 函数计算标签 ID 与随机数 r（由随机数发生器生成）的 Hash 值。标签发送数据给请求的阅读器，同时阅读器发送给后台服务器数据库，后台服务器数据库穷举搜索所有标签 ID 和 r 的 Hash 值，判断是否为对应标签 ID。标签接收到阅读器发送的 ID 后解锁。

尽管 Hash 函数可以在低成本的情况下完成，但要集成随机数发生器到计算能力有限的低成本被动标签，却是很困难的。其次，随机 Hash 锁仅解决了标签位置隐私问题，一旦标签的秘密信息被截获，隐私侵犯者可以获得访问控制权，通过信息回溯得到标签历史记录，推断标签持有者隐私。后台服务器数据库的解码操作是通过穷举搜索，需要对所有的标签进行穷举搜索和 Hash 函数计算，因此存在拒绝服务攻击。

③ Hash 链方案　作为 Hash 方法的一个发展，为了解决可跟踪性，标签使用了一个 Hash 函数在每次阅读器访问后自动更新标识符，实现前向安全性。方案原理是标签最初在存储器设置一个随机的初始化标识符 s1，同时这个标识符也储存在后台数据库。标签包含两个 Hash 函数 G 和 H。当阅读器请求访问标签时，标签返回当前标签标识符 rk＝G（sk）给阅读器，同时当标签从阅读器电磁场获得能量时自动更新标识符 sk＋1＝H（sk）。

Hash 链与之前的 Hash 方案相比主要优点是提供了前向安全性。然而，它并不能阻止重放攻击。并且该方案每次识别时需要进行穷举搜索，比较后台数据库每个标签，一旦标签规模扩大，后端服务器的计算负担将急剧增大。因此 Hash 链方案存在着所有标签自更新标识符方案的通用缺点，难以大规模扩展，同时，因为需要穷举搜索，所以存在拒绝服务攻击。

④ 匿名 ID 方案　采用匿名 ID，隐私侵犯者即使在消息传递过程中截获标签信息也不能获得标签的真实 ID。该方案通过第三方数据加密装置采用公钥加密、私钥加密或者添加随机数生成匿名标签 ID。虽然标签信息只需要采用随机读取存储器（RAM）存储，成本较低，但数据加密装置与高级加密算法都将导致系统的成本增加。因标签 ID 加密以后仍具有固定输出，因此，使得标签的跟踪成为可能，存在标签位置隐私问题。并且，该方案的实施前提是阅读器与后台服务器的通信建立在可信通道上。

⑤ 重加密方案　该方案采用公钥加密。标签可以在用户请求下通过第三方数据加密装置定期对标签数据进行重写。因采用公钥加密，大量的计算负载超出了标签的能力，通常这个过程由阅读器来处理。该方案存在的最大缺陷是标签的数据必须经常重写，否则，即使加密标签 ID 固定的输出也将导致标签定位隐私泄露。与匿名 ID 方案相似，标签数据加密装置与公钥加密将导致系统成本的增加，使得大规模的应用受到限制。并且经常地重复加密操作也给实际操作带来困难。

RFID 标签已逐步进入人们的日常生产和生活当中，同时，也带来了许多新的安全和隐私问题。对低成本 RFID 标签的追求，使得现有的密码技术难以应用。如何根据 RFID 标签有限的计算资源，设计出安全有效的安全技术解决方案，仍然是一个具有相当挑战性的课题。为了有效地保护数据安全和个人隐私，引导 RFID 的合理应用和健康发展，还需要建立和制订完善的 RFID 安全与隐私保护法规、政策。

9.4　云计算所面临的安全挑战

云计算是计算模式的一场重大的变革，具有重大意义。目前云计算仍然处于被接纳的早期状态。在取得广泛接纳之前，云计算需要解决一系列的问题，要说服企业将 IT 服务迁移至云计算服务商的数据中心，要保证的最关键的问题就是安全问题。因此，安全问题成为制约云计算发展的首要条件之一。

9.4.1　云计算存在的安全威胁

(1) 云计算安全威胁

2009 年主要的云计算厂商相继出现多起事故，首先亚马逊的 AWS 云计算平台多次出现服务中断的事件，之后 Google Gmail 邮箱更是爆发长达 4 小时的全球性故障，微软 Azure 云计算平台也出现停运 22 小时的严重事故。更为严重的是 Google Docs 的安全漏洞甚至导致用户个人隐私泄露的严重问题。严重的安全事件甚至导致云计算厂商的倒闭，云存储厂商 LinkUp 就因为管理员误操作损失 45％的客户数据而倒闭。

云计算安全威胁大致可以分为如下类型：
a. 对云计算的滥用和恶意使用；
b. 不安全应用开发接口；
c. 恶意的内部人员；
d. 共享技术的缺陷；
e. 数据损失；
f. 账户、服务、通信劫持；
g. 未知风险度量。

(2) 云计算中的安全研究

目前针对云计算中的安全研究分为三个主要的方向。
a. 云计算的基础结构安全。包括应用层安全、主机安全以及网络安全。
b. 云计算的数据安全，包括数据加密、数据隐藏、内容保护等。
c. 云计算中的安全管理与监控服务。监控包括如健康监控、安全事件监控等；管理包括虚拟机影像的管理、访问控制管理、漏洞管理、补丁管理与系统配置管理等。

云计算的特征体现为虚拟化、分布式和动态可扩展。虚拟化是云计算最主要的特点。每一个应用部署的环境和物理平台是没有关系的，通过虚拟平台进行管理、扩展、迁移、备份，种种操作都是通过虚拟化技术完成。虚拟化的安全也直接关系到云计算的安全。基础结构安全目前主要是虚拟化的安全问题。虚拟化技术会引入一些独有的安全风险。云计算的虚拟化安全问题主要集中在以下几点。

① VM Hopping（跳跃）　一台虚拟机可能监控另一台虚拟机甚至会接入到宿主机，称为 VM Hopping。如果两个虚拟机在同一台宿主机上。一个在虚拟机上的攻击者通过获取另一台虚拟机的 IP 地址或通过获得宿主机本身的访问权限的方式，接入到该虚拟机。攻击者监控此虚拟机的流量，可以通过操纵流量攻击，或改变它的配置文件，将虚拟机由运行改为离线，造成通信中断。当连接重新建立时。通信将需要重新开始。

② 虚拟机和宿主机之间的通信　在虚拟机之间共享剪切板是一个非常有用的特点，允

许用户在虚拟机之间以及宿主机之间传送数据，但是同样可以用来在不同主机之间传送恶意程序。最坏的情形，可以在虚拟机和宿主机之间进行渗透攻击。即在一台虚拟机上运行的程序，不能与其他虚拟机上运行的程序进行通信。

③ VM Escape VM Escape 攻击获得 Hypervisor 的访问权限，从而对其他虚拟机进行攻击。若一个攻击者接入的主机运行多个虚拟机，它可以关闭 Hypervisor，最终导致这些虚拟机关闭。

④ 远程管理缺陷 Hypervisor 通常由管理平台来为管理员管理虚拟机。例如，Xen 用 XenCenter 管理其虚拟机。这些控制台可能会引起一些新的缺陷。例如跨站脚本攻击、SQL 入侵等。

⑤ 迁移攻击 迁移攻击可以将虚拟机从一台主机移动到另一台，也可以通过网络或 USB 复制虚拟机。虚拟机的内容存储在 Hypervisor 的一个文件中。在虚拟机移动到另一个位置的过程中，虚拟磁盘被重新创建。

⑥ 拒绝服务攻击 在虚拟化环境下，资源（如 CPU、内存、硬盘和网络）由虚拟机和宿主机一起共享。因此，DOS 攻击可能会加到虚拟机上从而获取宿主机上所有的资源。因为没有可用资源，从而造成系统将会拒绝来自客户的所有请求。

另外，还有宿主机对虚拟机的监控、虚拟机之间的监控、客户间攻击、虚拟机的外部更改、从外部更改监控程序等。

为了能够取得企业级的应用，对云计算更为重要的则是用户数据安全。云计算中用户的数据主要有三种形式，即文件/对象、数据库和结构化表格。数据存储主要由云存储服务提供，如 Amazon S3，Nirvanix CloudNAS，Microsoft SkyDrive，Apple MobileMe 等。云计算中的数据安全机制需要满足用户数据的完整性与私密性。用户数据根据状态可以分为静态数据、传输中数据和处理中数据。数据的完整性是指用户的数据存在且有效，不会受到未授权的篡改；私密性是要保证用户的数据在未授权的条件下，不能被包括服务供应商在内的其他方面得到。

数据安全的核心技术是密码技术和密钥管理技术，为了能够支持超大规模的用户量和数据量，密码和密钥管理技术必须具备高效、易于管理、易于使用，而且必须具有可扩展性。当前的很多密码和密钥管理技术，经过高效的实现和配置，都能够支持一个大中型企业的用户数量，但是在云计算时代，例如 Google 有 1.7 亿个电子邮件账户（用户），而中国移动更是拥有超过 5 亿的用户数量，传统技术都不足以支持如此大规模的应用。

基于标识的组合公钥体制 CPK 是我国具有自主知识产权的解决大规模网络环境中密钥生产、分发与证书验证难题的极富创造性的新技术。CPK 的突出优势在于：它采用种子密钥组合的方法，可以用很小的资源生产出数量庞大的由公钥和私钥组成的密钥对；它基于实体的标识生成证书解决实体与公开密钥的"捆绑"，无需在线的第三方认证；它采用私有密钥的集中生产与分发方式，便于管理与建立网络上的秩序。CPK 密码技术能够为超大规模的云计算用户提供安全支持，具有大规模、高效率、低带宽、易使用的特点。可以广泛地应用于云计算中的用户认证、数据保密、隐私保护以及代码可信分发。

9.4.2 云计算安全的目标和策略

(1) 云计算安全目标

云计算的广泛采用，为未来的信息安全产业带来巨大的挑战，同时也蕴藏着巨大的机遇。

云计算已经成为全球信息产业的重要发展方向。但对信息安全的担忧，也成为全球部署云计算的重要障碍。一项调查显示，全球 51% 的首席信息官认为安全问题是部署云计算时最大的顾虑。云计算安全问题的挑战主要来自于如何在云计算环境下保护用户的数据、如何保证可管理性和性能。实现云计算安全的四个具体目标是安全的可见性、可评估性、可信任性和可提供合规证明。

不难看出，云计算所采用的技术和服务同样可以被黑客利用来发送垃圾邮件，或者发起针对下载、数据上传统计、恶意代码监测等更为高级的恶意程序攻击。所以，云计算的安全技术和传统的安全技术一样：云计算服务提供商需要采用防火墙保证不被非法访问；使用杀病毒软件保证其内部的机器不被感染；使用入侵检测和防御设备防止黑客的入侵；用户采用数据加密、文件内容过滤等防止敏感数据存放在相对不安全的云里。

在云计算时代，安全设备和安全措施的部署位置有所不同；安全责任的主体发生了变化。原来，用户自己要保证服务的安全性，现在由云计算服务提供商来保证服务提供的安全性。和云计算安全问题同样重要，云计算的可靠性和可用性值得高度关注。云计算提供给传统安全厂商以极大的优势来提高服务质量和水平。解决云计算安全问题的办法和传统的解决安全问题的办法一样，也是策略、技术和人的三个要素的组合。

（2）云计算安全的策略

当前云端面临的安全问题主要有数据丢失/泄漏；账户、服务和通信劫持；共享技术漏洞；不安全的应用程序接口；没有正确运用云计算；内奸等。

对于云端的基础架构而言，其基础设施的配置、管理及评估的快速性和准确性，决定了整体云服务和应用的易用性和有效性。虚拟化技术是云端基础设施配置的基础，云端基础架构的安全隐患主要包含在虚拟化的安全之中。此外，还需要考虑基础设施的灾备、能耗问题，以免引起大规模云"瘫痪"。

云端虚拟化分类很多，其中随着虚拟主机的高速增长，虚拟机的安全级别混杂和大规模虚拟机间的 DDoS 攻击，将成为云端虚拟化过程成最大的威胁。同时，云端虚拟化还面临诸如利用虚拟化技术来隐藏病毒、特洛伊木马及其他各种恶意软件等安全问题。

其应对策略可从几个角度思考：

① 重新定义以虚拟主机为基础的安全政策；

② 使用在虚拟基础设施中运行的虚拟安全网关；

③ 加强对非法及恶意的虚拟机流量监视。

云计算所面临的安全问题，主要体现在计算模式、存储模式和运营模式三个方面。具体来说，在计算模式上有访问权、管理权和使用权等问题；在存储模式上有数据隔离、数据清除、数据备份和时限恢复等问题；在运营模式上有法规遵从、持续运营、国家风险等问题。其应对措施可以从安全接入、认证授权、协同防护、数据加密、集中运维五个角度思考。

云存储的实质是共享存储和虚拟存储。在共享存储中面临最大的风险是数据丢失/泄漏，在虚拟存储环境中面临最大的风险是存取权限、数据备份和销毁。云存储还面临着服务供应商的"没有责任"。因此需要我们从数据隔离、数据加密、第三方实名认证、灵活转移、安全清除、完整备份、时限恢复、行为审计、外围防护等方面综合考虑解决云存储安全问题。

云应用本质上也是由各种应用程序和协议组成的应用系统，只是在服务模式和运营模式上存在差异性，云应用的主要安全隐患在不安全的应用程序接口和没有正确运用上。

获得安全的云服务，可以采用的方法：第一，由于许多云计算部署中缺少对基础设施的物理控制，因此与传统的企业拥有基础设施相比，服务水平协议（SLA）、合同需求及提供商文档化在风险管理中会扮演更重要的角色。第二，如果提供商不能演示证明其云服务的全面有效的风险管理流程，用户应详细评估该供应商，以及是否可以使用用户自身的能力来补偿潜在的风险管理差距。用户最关心的是其存储在云端的用户数据及隐私的安全性问题，这也意味着云端安全的核心是用户数据安全。数据安全的核心技术是密码技术和密钥管理技术，为了能够支持超大规模的用户量和数据量，密码和密钥管理技术必须具备高效、易于管理、易于使用的特性，而且必须具有可扩展性。

私有云、公共云、混合云在安全问题上存在差异性。

私有云主要指组织在企业防火墙内的云，其安全重点应在内网安全审计上。公共云是建立在开放的网络环境中，安全重点应在访问控制、操作权限管理上。混合云包含了公共云与私有云的特征，是由多个云协同工作的方式，其安全重点应包括用户的身份认证、资源访问权限管理及互操作行的管理等。

法律界现在开始意识到信息安全管理服务是电子信息是否能被接受作为证据的关键因素。当然这是传统 IT 架构的问题，对其特别关注的原因是法律界对于云没有相关的经验。针对云计算环境的网络取证和服务器、CPU 的取证情况给出以下建议。

a. 在电子证据发现方面，用户和云提供商必须对对方的角色和责任有共同的认识，包括诉讼保留、发现搜索、专家证词提供方等。

b. 建议云服务提供商提供真实可靠的数据，以保证他们的信息安全系统可以响应客户的要求，比如类似元数据和日志文件的主要和次要信息。

c. 云服务提供商保存的数据必须接受与在数据所有者处保存时同样级别的监管。

d. 提前计划意料内和意料外关系终止后的合同协商事宜，并有序地恢复或处置资产的安全。

e. 云服务用户的责任包括合同前尽职调查、合同期限的谈判、合同执行后的监测、合同终止以及数据保管变更等。

f. 实施安全策略以满足当地法规对跨边界数据流合规要求的先决条件，是了解云服务提供商数据存贮的地点。

g. 作为个人数据或企业知识产权资产的保管者，采用云计算服务的企业应该保证该数据以原始的、可认证的格式保存所有者信息。

h. 云提供商和用户应该对回应传票、服务过程和其他法律要求有统一的流程。

i. 云服务协议必须允许云服务客户或者指派的第三方来监控服务提供商的效率，并测试系统的脆弱性。

9.4.3　云计算的安全标准

随着云计算应用模式的不断推广，产业化形态的日趋形成，云安全被认为是决定云计算能否生存下去的关键问题，在针对云计算安全问题诸多解决思路中，云计算安全标准体系的建设，相关标准的研究和制定成为业界的一致诉求。云计算安全标准是度量云用户安全目标与云服务商安全服务能力的尺度。目前，各国政府、标准组织等正在积极着手标准研究制定工作，但云计算安全研究尚处于起步阶段，业界尚未形成相关标准。国际上主要研究云计算标准的组织及相关研究概况如下。

(1) ISO/IEC JTC1/SC27

ISO/IEC JTC1/SC27 是国际标准化组织（ISO）和国际电工委员会（IEC）的信息技术联合技术委员会（JTC1）下专门从事信息安全标准化的分技术委员会（SC27），是信息安全领域中最具代表性的国际标准化组织。SC27 下设 5 个工作组，工作范围广泛地涵盖了信息安全管理和技术领域，包括信息安全管理体系、密码学与安全机制、安全评价准则、安全控制与服务、身份管理与隐私保护技术，如表 9-2 所示。SC27 于 2010 年 10 月启动了研究项目《云计算安全和隐私管理系统》，由 WG1/WG4/WG5 联合开展。目前，SC27 已基本确定了云计算安全和隐私的概念体系架构，明确了 SC27 关于云计算安全和隐私标准研制的 3个领域，如表 9-3 所示。相关标准研究成果如下。

① ISO/IEC WD TS 27017：云服务安全控制措施指南。

② ISO/IEC NP 27018：公共云计算服务数据保护控制措施实用规则。如表 9-2、表 9-3 所示。

表 9-2　SC27 工作组简介

名称	研究领域
WG1	信息安全管理体系
WG2	密码与安全机制
WG3	安全评估准则
WG4	安全控制与服务
WG5	身份管理与隐私技术

表 9-3　云计算安全和隐私研究一览

云计算和隐私的概念体系架构	标准研制领域	负责工作组	范围
概念和定义 安全管理要求	信息安全管理	WG1	标准项目主要涉及要求、控制措施、审计和治理
安全管理控制措施 安全技术 身份管理和隐私技术 审计 治理 参考文件	安全技术	WG4	主要基于现有的信息安全服务和控制方面的标准成果，以及必要时专门制定相关云计算安全服务和控制标准
	身份管理和 隐私技术	WG5	主要基于现有的身份管理和隐私方面的标准成果，以及必要时专门制定相关云计算隐私标准

（2）国际电信联盟远程通信标准化组织

国际电信联盟远程通信标准化组织（ITU-T for ITU Telecommunication Standardization Sector，ITU-T）创建于 1993 年，前身是国际电报电话咨询委员会（CCITT），总部设在瑞士日内瓦。成员主要来自世界上大多数电信业务提供商、软件生产商等，目前已有 190 多个政府机构和 700 多个私营部门实体。ITU-T 于 2010 年 6 月成立了云计算焦点组（Focus Group on Cloud Computing，FG Cloud），致力于从电信角度为云计算提供支持，焦点组运行时间截止到 2011 年 12 月，后续云工作已经分散到别的研究组。

云计算焦点组发布了包含《云安全》和《云计算标准制定组织综述》在内的 7 份技术报告。《云安全》报告旨在确定 ITU-T 与相关标准化制定组织需要合作开展的云安全研究主题。确定的方法是对包括欧洲网络信息安全局（ENISA）、ITU-T 等标准制定组织目前开展的云安全工作进行评价，在评价的基础上确定对云服务用户和云服务供应商的若干安全威胁和安全需求。《云计算标准制定组织综述》报告主要对美国国家标准与技术研究院（NIST）、分布式管理任务组（DMTF）、云安全联盟（CSA）等标准制定组织，在以下 7 个方面开展的活动及取得的研究成果进行了综述和列表分析，包括：云生态系统、使用案例、需求和商业部署场景；功能需求和参考架构；安全、审计和隐私（包括网络和业务的连续性）；云服务和资源管理、平台及中间件；实现云的基础设施和网络；用于多个云资源分配的跨云程序、接口与服务水平协议；用户友好访问、虚拟终端和生态友好的云。

报告指出，上述标准化组织都出于各自的目的制定了自己的云计算标准架构，但这些架构并不相同，也没有一个组织能够覆盖云计算标准化的全貌。报告建议 ITU-T 应在功能架构、跨云安全和管理、服务水平协议研究领域发挥引领作用。而 ITU-T 和国际标准化组织/国际电工委员会的第一联合技术委员会（ISO/IEC JTC1）则应采取互补的标准化工作，以提高效率和避免工作重叠。

(3) 云安全联盟

云安全联盟（Cloud Security Alliance，CSA）是在 2009 年 4 月的 RSA（信息安全）大会上宣布成立的一个非盈利性组织。成员包括 100 多家来自全球 IT 企业加盟，并与 ITU、ENISA 等二十家标准组织及机构合作，在云安全最佳实践与标准制定方面具有很大的影响力有影响力。云安全联盟致力于在云计算环境下提供最佳的安全方案。如今 CSA 获得了业界的广泛认可，其发布的一系列研究报告从技术、操作、数据等多方面强调了云计算安全的重要性、保证安全性应当考虑的问题以及相应的解决方案，对形成云计算安全行业规范具有重要影响。已完成《云计算面临的严重威胁》、《关键领域的云计算安全指南》、《身份隐私与接入安全》3 项标准化建议。其中，《云计算关键领域安全指南》最为业界所熟知。CSA 于 2011 年 11 月发布了指南第三版，从架构、治理和实施 3 个部分、14 个关键域对云安全进行了深入阐述。发布了《如何保护云数据》、《定义云安全：六种观点》2 项云安全相关的建议书。2011 年 4 月，CSA 宣布与国际标准化组织及国际电工委员会一起合作进行云安全标准的开发。CSA 工作组介绍如表 9-4 所示。

表 9-4 CSA 工作组介绍

工作组名称	主 要 职 责
结构及框架工作组	主要负责技术结构和相关框架定义的研究
GRC，Audit，Physical，BCM，DR 工作组	主要负责管理、风险控制、适应性、审计传统及物理安全性、业务连续性管理和灾难恢复方面的研究
法律及电子发现工作组	主要负责法律指导、合约问题、全球法律、电子发现及相关问题的研究
可移植性、互操作性及应用安全工作组	主要负责应用层的安全问题研究并制定促进云服务提供商间互操作性及可移植性发展的指导意见
身份与接入管理、加密与密钥管理工作组	主要负责身份及访问管理、密码及密钥管理问题的研究以及明确企业整合中出现的新问题及解决方案
数据中心运行及事故响应工作组	主要负责事故响应及取证问题的研究，并明确基于云的数据中心在运行中出现的问题
信息生命周期管理及存储工作组	主要负责云数据相关问题的研究
虚拟化及技术分类工作组	主要负责如何对技术进行分类，包括但也不局限于虚拟化技术
安全即服务工作组	主要负责研究如何通过云模式来提供安全解决方案
一致性评估工作组	主要负责研究用于对云服务提供商进行一致性检验的工具和流程

(4) 美国国家标准与技术研究院

美国国家标准与技术研究院（National Institute of Standard and Technology，NIST）直属美国商务部，提供标准、标准参考数据及有关服务，在国际上享有很高的声誉，前身为国家标准局。2009 年 9 月，奥巴马政府宣布实施联邦云计算计划。为了落实和配合美国联邦云计算相关的政策和计划，隶属于商务部的国家标准和技术研究院（NIST）、通过与标准化机构、私营部门以及其他利益相关方的合作，牵头制定云计算标准和指南，加快联邦政府安全采用云计算的进程。NIST 云计算工作的长期目标是确立在云计算方面的思维领导力并提供相关指导，以促进云计算在产业界和政府的应用。NIST 计划缩短云计算的采用周期，以实现短期的成本节省和企业应用的快速部署；同时 NIST 也致力于促进满足互操作性、可移植性和安全需求的云计算系统的开发和实践开展。

2010 年 11 月，NIST 云计算计划正式启动。为了向联邦政府的云计算实施工作提供云计算技术和标准指南支持，NIST 成立了以下五个工作组：云计算参考架构和分类工作组，旨在促进云计算应用标准推进工作组、云计算安全工作组、云计算标准路线图工作组和云计算业务用例工作组。

云计算安全工作组是 NIST 为政府部门安全使用云计算所组建的必不可少的工作组。工作组成立之初的目标有三个：

a. 从所有利益相关方（包括美国联邦政府和企业）中收集云计算服务中关于安全方面的担心；

b. 分析/区分优先级妨碍美国联邦政府采用云服务所面临的障碍；

c. 分析缓解这些障碍所有可能使用的方法。

后调整增加了第四个目标：定义补充 NISTSP 500-293 中描述的参考体系架构和分类的安全参考体系架构。工作组目前主要的成果是：云计算安全障碍和缓解措施列表以及 2011 年 11 月发布的草案：《美国联邦政府使用云计算的安全需求》。

NIST 目前正式发布的与云计算相关的 SP 系列研究成果从顶层设计、概念界定、标准规范、技术路线等方面对美国推进云计算发展和应用进行了具体部署，是对美国《联邦信息技术管理改革 25 点实施计划》和《联邦云计算战略》的落实和推动。如表 9-5 所示。

表 9-5　NIST 云计算相关出版物

序号	名称	发布日期	主要内容
1	SP800-125《完全虚拟化技术安全指南》	2011-01	描述了面向服务器和桌面虚拟化的完全虚拟化技术(在一台机器上虚拟多个 OS)中的虚拟机隔离、虚拟机监控以及虚拟面临的安全威胁等问题,并为解决这些问题提出了相关建议
2	SP800-144《公有云中的安全和隐私指南》	2011-12	提供公有云计算的概况以及在安全和隐私方面的挑战,论述了公有云环境的威胁、技术风险和保护措施,并为规划出合理的信息技术解决方案提供了一些见解
3	SP800-145《云计算定义》	2011-09	对云计算的定义、服务模式、部署模式进行了正式界定
4	SP800-146《云计算梗概和建议》	2012-05	审视了 NIST 的云计算定义,描述了云计算的优势与问题,概述了云计算技术的主要类别,并为机构如何应对云计算带来的机遇与风险提供了指导与建议
5	SP500-291《云计算标准路线图》	2011-08	调研了目前与云计算的安全、可移植性、互操作性标准/模式/研究/用例有关的标准布局,并在此基础上确定了云计算的现有标准、标准方面的差距,标准工作方面的优先领域等
6	SP500-292《云计算参考体系架构》	2011-09	提出 NIST 云参考体系架构,定义了云计算中部署模型、各层的组成及参与实体
7	SP500-293《美国政府云计算技术路线图》	2011-11	包括三卷。第一卷主要提出政府应用云计算的 10 大需求,以及应用云计算过程中需要考虑的各种因素;第二卷主要对政府应用云计算提供一些理论指导和案例,分析现有的不足,强调了安全问题,并提出一些指导性建议;第三卷主要为政府部门部署云计算提供技术指引

(5) 欧洲网络与信息安全管理局

2004 年 3 月，为提高欧共体范围内网络与信息安全的级别，提高欧共体、成员国以及业界团体对于网络与信息安全问题的防范、处理和响应能力，培养网络与信息安全文化，欧盟成立了"欧洲网络与信息安全管理局（ENISA, The European Network and Information Security Agency）"。总部设在希腊的伊拉克利翁。2009 年，欧盟网络与信息安全局就启动了相关研究工作，先后发布了《云计算：优势、风险及信息安全建议》和《云计算-信息安全保障框架》。2011 年又发布了《政府云的安全和弹性》报告，为政府机构提供了决策指南。2012 年 4 月，欧盟网络与信息安全局发布了《云计算合同安全服务水平监测指南》，提供了一套持续监测云计算服务提供商服务级别协议运行情况的操作体系，以达到实时核查用户数据安全性的目的。ENISA 云计算相关规范标准如表 9-6 所示。

表 9-6　ENISA 云计算相关规范标准

名　称	发布日期	主　要　内　容
《云计算——信息安全保障框架》	2009 年	分析云服务体系架构,评估采用云服务后的风险,减轻云服务提供商需担保的负担
《云计算——信息安全的好处、风险和建议》	2009 年	首先定义了云里的风险类型、资产类型、脆弱性类型,对风险详细分类并给出其可能性、影响大小、与脆弱性的关系和影响资产风险等级
《政府云的安全和弹性》	2011 年	分步分阶段进行,因为云计算环境比较复杂,可能会带来一些没有预料到的问题;制定云计算策略,包括安全和弹性方面。该策略应该能够指导 10 年内的工作;应该研究在保护国家关键基础设施方面,云能够发挥的作用,扮演的角色;建议在法律法规、安全策略方面做进一步的研究和调查
《云计算合同安全服务水平监测指南》	2012 年 4 月	主要从 SLA 角度出发,为客户提出了包括服务可用性、事故响应、服务弹性、数据生命周期管理等 8 个方面的一整套持续监测其服务提供商 SLA 运行情况的指标体系,旨在通过对这 8 项反映 SLA 运行情况的关键指标的持续监测和预警,帮助客户达到核查其数据安全性的目的

(6) 分布式管理任务组

分布式管理任务组 (Distributed Management Task Force，DMTF)，成立于 1992 年，目标是联合整个 IT 行业协同起来开发、验证和推广系统管理标准，帮助全世界范围内简化管理，降低 IT 管理成本。DMTF 组织到 2010 年 8 月底为止共有来自 43 个国家的 160 个公司和组织成员，4000 个积极参加者，董事会成员有 Dell、HP、IBM、Cisco、Intel、AMD、Oracle、Microsoft、EMC、CA、Citrix、VMware、Hitachi、Fujitsu、Broadcom 十五家公司。

2009 年 4 月，成立了工作组-开放云标准孵化器 (Open Cloud Standard Incubator)；2010 年 7 月成立了云管理工作组 (Cloud Management Working Group，CMWG)；2011 年 4 月成立了云审计数据联邦工作组，它致力于促使云供应商提高安全能力。2010 年 6 月 18 日发布《云管理体系结构》，内容涉及云安全体系架构、云管理安全接口、租户身份管理与存储等。

DMTF 最近提出了 Open Virtualization Format (OVF) 1.0，规定虚拟化镜像的部署和封装标准，描述了一个用来封装和分发运行在虚拟机上的软件的安全的、开放的、可移植的、有效的、可扩展的格式。具有易于分发；简单、自动的用户体验；支持单虚拟机和多虚拟机部署；可移植的虚拟机封装；独立于供应商和平台；可扩展；易于本地化等特点。一个 OVF 包含如下内容：一个描述符文件，以 ovf 为后缀；0 或 1 个清单文件，以 mf 为后缀；0 或 1 个证书文件，以 cert 为后缀；0 或多个磁盘镜像文件；0 或多个资源文件，比如 iso 镜像。

(7) 中国通信标准化协会

中国通信标准化协会 (China Communications Standards Association，CCSA) 于 2002 年 12 月 18 日在北京正式成立。该协会是国内企、事业单位自愿联合组织起来，经业务主管部门批准，国家社团登记管理机关登记，开展通信技术领域标准化活动的非营利性法人社会团体。

相关云安全标准有：《移动环境下云计算安全技术研究》，由中国联合网络通信集团有限公司牵头，针对移动环境中云计算中面临的安全关键问题进行详细分析和研究；《电信业务云安全需求和框架》，由中兴通信股份有限公司牵头，旨在构建电信业务云环境的安全业务云体系框架。

(8) 全国信息安全标准化技术委员会

全国信息安全标准化技术委员会（TC260）成立于 1983 年，受国家标准化管理委员会和工业和信息化部的共同领导，下设 17 分技术委员会和 10 个直属工作组。TC260 专注于云计算安全标准体系建立及相关标准的研究和制定，成立了多个云计算安全标准研究课题组，承担并组织协调政府机构、科研院校、企业等开展云计算安全标准化研究工作。于2011 年 9 月完成《云计算安全及标准研究报告 V1.0》。目前正在研究的标准项目为《政府部门云计算安全》和《基于云计算的因特网数据中心安全指南》等。

(9) 目前可借鉴信息安全领域标准

在身份认证与隐私保护方面有《隐私保护框架》、《隐私参照体系架构》等标准；在数据隐私与安全方面有《公钥基础设施安全支撑平台技术框架》、《证书认证系统密码及其相关安全技术规范》等标准；在风险评估方面有《信息安全管理系统》、《风险管理——风险评估技术》等标准。

目前，云安全的标准化尚处于初级阶段。标准和互操作问题成为云计算发展的瓶颈，众多标准组织都把云的互操作、业务迁移和安全列为云计算三个最重要的标准化方向。云安全被认为是决定云计算能否生存下去的关键问题，开展云计算安全标准的研究，制定云安全相关标准，已成为急需解决的问题。大多数国家都是以政府为主导在逐步推动云计算，2011年 2 月美国政府发布《联邦云计算战略》，规定在所有联邦政府信息化项目中云计算优先。英国开始实施政府云（G-Cloud）计划，所有的公共部门可以根据自己的需求通过 G-Cloud平台来挑选和组合所需的服务。日本提出霞关云计划以推动政府云服务，并计划建设云计算特区以支持大规模的市场应用。欧盟提出"第 7 框架计划（FP7）"为云计算项目提供资金支持。我国政府也先后出台了多项政策推动云计算。开展云计算安全标准研究，应首先对云计算安全问题进行深入分析，统一对云安全的认识；在数据保护方面，抓紧对数据隔离与管理、身份管理等关键技术的研究；对国外已有标准通过深入分析、梳理和比对，决定借鉴或者采用；逐步制定云计算安全技术保障标准和关键技术标准，填补国内外云安全标准空白。

9.5　物联网安全体系

9.5.1　物联网的安全层次模型及体系结构

随着物联网建设的加快，物联网的安全问题必然成为制约物联网全面发展的重要因素。在物联网发展的高级阶段，由于物联网场景中的实体均具有一定的感知、计算和执行能力，广泛存在的这些感知设备将会对国家基础、社会和个人信息安全构成新的威胁。物联网相较于传统网络，其感知节点大都部署在无人监控的环境，具有能力脆弱、资源受限等特点，并且由于物联网是在现有的网络基础上扩展了感知网络和应用平台，传统网络安全措施不足以提供可靠的安全保障，从而使得物联网的安全问题具有特殊性。所以在解决物联网安全问题时候，必须根据物联网本身的特点设计相关的安全机制。

物联网应具备三个特征：一是全面感知；二是可靠传递；三是智能处理。因此在分析物联网的安全性时，也相应地将其分为三个逻辑层，即感知层，传输层和处理层。除此之外，在物联网的综合应用方面还应该有一个应用层，它是对智能处理后的信息的利用。在某些框架中，智能处理与应用层可能被作为同一逻辑层进行处理，但从信息安全的角度考虑，将应用层独立出来更容易建立安全架构。

物联网安全的总体需求就是物理安全、信息采集安全、信息传输安全和信息处理安全的综合，安全的最终目标是确保信息的机密性、完整性、真实性和网络的容错性，因此结合物联网分布式连接和管理（DCM）模式，物联网的安全层次架构如图9-1所示。

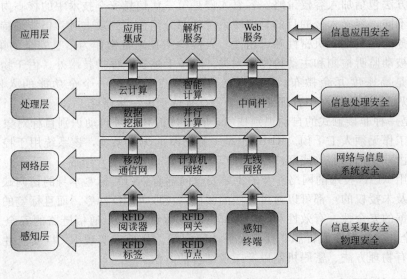

图 9-1　物联网安全层次模型图

9.5.2　感知层安全

物联网感知层的任务是实现智能感知外界信息功能，包括信息采集、捕获和物体识别，该层的典型设备包括 RFID 装置、各类传感器（如红外、超声、温度、湿度、速度等）、图像捕捉装置（摄像头）、全球定位系统（GPS）、激光扫描仪等，其涉及的关键技术包括传感器、RFID、自组织网络、短距离无线通信、低功耗路由等。

作为物联网的基础单元，传感器在物联网信息采集层面能否如愿以偿完成它的使命，成为物联网感知任务成败的关键。传感器技术是物联网技术的支撑、应用的支撑和未来泛在网的支撑。传感网到物联网的演变是信息技术发展的阶段表征。传感技术利用传感器和多跳自组织网，协作地感知、采集网络覆盖区域中感知对象的信息，并发布给向上层。由于传感网络本身具有无线链路比较脆弱、网络拓扑动态变化、节点计算能力、存储能力和能源有限、无线通信过程中易受到干扰等特点，使得传统的安全机制无法应用到传感网络中。传感技术的安全问题如表9-7所示。

表 9-7　传感器组网技术面临的安全问题

层　　次	受　到　攻　击
物理层	物理破坏、通信阻塞
链路层	制造碰撞攻击、反馈伪造攻击、耗尽攻击链路层阻塞
网络层	路由攻击、虫洞攻击、女巫攻击、陷洞攻击、Hello泛洪攻击
应用层	去同步、拒绝服务流等

目前传感器网络安全技术主要包括基本安全框架、密钥分配、安全路由和入侵检测和加密技术等。安全框架主要有 SPIN（包含 SNEP 和 uTESLA 两个安全协议）、Tiny Sec、参

数化跳频、Lisp（名址分离网络协议，Location-ID Separation Protocol）、轻量级扩展认证协议（LEAP，Lightweight Extensible Authentication Protocol）。SNEP 协议是针对 WSN 特点提出的 SPINS 协议中的重要部分，主要负责基于可信基站的节点间会话密钥建立以及认证。传感器网络的密钥分配主要倾向于采用随机预分配模型的密钥分配方案。安全路由技术常采用的方法包括加入容侵策略。容忍入侵是第三代信息安全技术中的核心内容，与传统的安全技术不同，容忍入侵的目的是即使系统的部分组件受到攻击时，仍能维持整个系统关键信息和服务的完整性、机密性和可用性。入侵检测技术常常作为信息安全的第二道防线，其主要包括被动监听检测和主动检测两大类。除了上述安全保护技术外，由于物联网节点资源受限，且是高密度冗余撒布，不可能在每个节点上运行一个全功能的入侵检测系统（IDS），所以如何在传感网中合理地分布 IDS，有待于进一步研究。

　　RFID 是一种非接触式的自动识别技术，它通过射频信号自动识别目标对象并获取相关数据。识别工作无须人工干预。RFID 也是一种简单的无线系统，该系统用于控制、检测和跟踪物体，由一个询问器（或阅读器）和很多应答器（或标签）组成。

　　通常采用 RFID 技术的网络涉及的主要安全问题有：（1）标签本身的访问缺陷。任何用户（授权以及未授权的）都可以通过合法的阅读器读取 RFID 标签。而且标签的可重写性使得标签中数据的安全性、有效性和完整性都得不到保证。（2）通信链路的安全。（3）移动 RFID 的安全。主要存在假冒和非授权服务访问问题。目前，实现 RFID 安全性机制所采用的方法主要有物理方法、密码机制以及二者结合的方法。

9.5.3　网络层安全

　　物联网网络层主要实现信息的转发和传送，它将感知层获取的信息安全可靠地传送到信息处理层，根据不同的应用需求进行信息处理，为数据智能处理和分析决策提供强有力的支持。物联网本身具有专业性的特征，网络基础设施包括互联网、移动网和一些专业网（如国家电力专用网、广播电视网）等。在信息传输过程中，可能经过一个或多个不同架构的网络进行信息交接。物联网的网络层按功能可以大致分为接入层和核心层，因此物联网的网络层安全一方面体现在来自物联网本身的架构、接入方式和各种设备的安全问题，另一方面体现在物联网的网络核心层的安全问题。

　　物联网的接入层采用移动互联网、有线网、Wi-Fi、WiMAX 等各种无线接入技术。接入层的异构性使得如何为终端提供移动性管理以保证异构网络间节点漫游和服务的无缝移动成为研究的重点，其中安全问题的解决将得益于切换技术和位置管理技术的进一步研究。另外，由于物联网接入方式将主要依靠移动通信网络。移动网络中移动站与固定网络端之间的所有通信都是通过无线接口来传输的。然而无线接口是开放的，任何使用无线设备的个体均可以通过窃听无线信道而获得其中传输的信息，甚至可以修改、插入、删除或重传无线接口中传输的消息，达到假冒移动用户身份以欺骗网络端的目的。因此移动通信网络存在无线窃听、身份假冒和数据篡改等不安全的因素。

　　（1）移动通信安全

　　移动通信的发展大致经历了三代。第一代模拟蜂窝移动通信系统几乎没有采取安全措施，移动台把其电子序列号（ESN）和网络分配的移动台识别号（MIN）以明文方式传送至网络，若二者相符，即可实现用户的接入，结果造成大量的克隆手机，使用户和运营商深受其害；第二代数字蜂窝移动通信系统（2G）主要有基于时分多址（TDMA）的 GSM 系统、DAMPS 系统及基于码分多址（CDMA）的 CDMAone 系统，这两类系统的安全机制的实现虽然有很大区别，但是，它们都是基于私钥密码体制，采用共享秘密数据（私钥）的安全协议，来实现对接入用户的认证和数据信息的保密，因而在身份认证及加密算法等方面存在着许多安全隐患；第三代移动通信系统（3G）在 2G 的基础上进行了改进，继承了 2G 系统安全的优点，同时针对 3G 系统的新特性，定义了更加完善的安全特征与鉴权服务。未来的移动通信系统除了能够提供传统的语音、数据、多媒体业务外，还应当能支持电子商务、电子支付、股票交易、互联网业务等，个人智能终端将获得广泛使用，移动通信网络最终会演变成开放式的网络，能向用户提供开放式的应用程序接口，以满足用户的个性化需求。因此，网络的开放性以及无线传输的特性，使安全问题将成为整个移动通信系统的核心问题之一。

移动通信系统的安全威胁产生的原因来自于网络协议和系统的弱点，攻击者可以利用网络协议和系统的弱点非授权访问和处理敏感数据，或是干扰、滥用网络服务，对用户和网络资源造成损失。按照攻击的物理位置，对移动通信系统的安全威胁可以分为无线链路的威胁、对服务网络的威胁和对移动终端的威胁。主要威胁方式有以下几种。

a. 窃听，即在无线链路或服务网内窃听用户数据、信令数据及控制数据。

b. 伪装，即伪装成网络单元截取用户数据、信令数据及控制数据，伪终端欺骗网络获取服务。

c. 流量分析，即主动或被动流量分析以获取信息的时间、速率、长度、来源及目的地。

d. 破坏数据的完整性，即修改、插入、重放、删除用户数据或信令数据以破坏数据的完整性。

e. 拒绝服务，即在物理上或协议上干扰用户数据、信令数据及控制数据在无线链路上的正确传输，以实现拒绝服务攻击。

f. 否认，即用户否认业务费用、业务数据来源及发送或接收到的其他用户的数据，网络单元否认提供的网络服务。

g. 非授权访问服务，即用户滥用权限获取对非授权服务的访问，服务网滥用权限获取对非授权服务的访问。

h. 资源耗尽，即通过使网络服务过载耗尽网络资源，使合法用户无法访问。

随着网络规模的不断发展和网络新业务的应用，还会有新的攻击类型出现。

① GSM 的网络安全

a. GSM 的鉴权过程。当移动台请求服务时，首先向移动交换中心的访问位置寄存器发送一个需要接入网络的请求。移动台如果在访问位置寄存器中没有登记，当它请求服务时，访问位置寄存器就向移动台所属的鉴权中心（AUC）请求鉴权三元组（随机数 RAND 期望响应 SRES 会话密钥 Kc）。鉴权中心 AUC 接着会给访问位置寄存器下发鉴权三元组。当访问位置寄存器有了鉴权三元组后，会给移动台发送一个随机数（RAND）。当移动台收到 RAND 后，会与手机里的 SIM 卡中固化的共享密钥 Ki 和认证算法 A3 进行加密运算，得出一个应答结果 SRES，并送回移动交换中心/访问位置寄存器。同时，访问位置寄存器也进行同样的运算，也得到一个相应的 SRES。访问位置寄存器将收到的 SRES 和访问位置寄存器中计算的 SRES' 进行比较，若相同，则鉴权成功，可继续进行移动台所请求的服务；反之，则拒绝为该移动台提供服务。

b. GSM 的加密过程。当网络对移动台鉴权通过后，移动台会继续用 RAND 与手机里的 SIM 卡中固化的共享密钥 Ki 和认证算法 A8 进行加密运算，得出一个会话密钥（Kc）。同时，访问位置寄存器也进行同样的运算，也会得到一个同样的 Kc。当双方需要通话时，在无线空口就用 Kc 加密，到对方端口后，就可以运用同样的 Kc 解密。这样，不仅保证了每次通话的安全性，而且完成了整个鉴权加密工作。

c. GSM 系统存在的安全隐患。GSM 系统采取了安全与加密措施，但也存在着安全缺陷。首先，加密不是端到端的，只在无线信道部分加密（即在移动台和 BTS 之间）。在固定网中没有加密（采用明文传输），给攻击者提供了机会。其次，用户与网络之间的认证是单向的，只有网络对移动台的认证，没有用户对网络的认证，这种认证对于中间人攻击和假基站攻击是很难进行预防的。再次，GSM 中使用的加密密钥长度是 64bit，可以在较短时间内被破解。最后，用户信息与信令信息缺乏完整性认证。因此，整个信息的传送即使被攻击者窃听、修改也不会被察觉。

② 第三代移动通信系统（3G）的安全　3G 的安全建立在第二代移动通信系统的安全基础上，采纳了第二代系统内已经证明是必要的和加强的安全元素，并确定和校正了第二代系统中已认识到的缺点。相对于 2G 系统，3G 系统主要进行了如下改进。

a. 实现了双向鉴权认证。不但提供基站对 MS 的认证，也提供了 MS 对基站的认证，可有效防止伪基站的攻击和抹机盗打现象发生。

b. 提供了接入链路信令数据的完整性保护。

c. 密钥长度增加为 128bit，改进了算法。

d. 3GPP 接入链路数据加密延伸至无线接入控制器 RNC。

e. 3G 的安全机制还具有可拓展性，为将来引入新业务提供了安全保护措施。

f. 3G 能向用户提供安全可视性操作，用户可随时查看自己所用的安全模式及安全级别。

在密钥长度、算法选定、鉴别机制和数据完整性检验等方面，3G 的安全性能远远优于 2G。但 3G 仍然存在下列安全缺陷。

a. 没有建立公钥密码体制，难以实现用户数字签名。随着移动终端存储器容量的增大和 CPU 处理能力的提高以及无线传输带宽的增加，必须着手建设无线公钥基础设施（WP-KI）。

b. 密码学的最新成果（如 ECC 椭圆曲线密码算法）并未在 3G 中得到应用。

c. 密钥产生机制和认证协议有一定的安全隐患。

(2) Wi-Fi 安全

① Wi-Fi 安全威胁　与有线网络相比，WLAN 由于传输媒介的开放性、用户的移动性，经常遇到各方面的威胁：

a. 广播监听　如果 AP 连接的是共享式 HUB，由于它的开放性，以及以太网 HUB 向所有与之连接的设备发送广播数据包而不去验证接收对象，这样，通过 HUB 连接的网络数据就有可能被其他网络连接者监听。

b. MAC 欺骗　WLAN 的一个安全访问方式是指令 AP 仅向已知地址列表中设备传送数据包。攻击者通过监测手段，定位网络中的某些 MAC 地址，并利用这些地址来发送攻击信息，达到盗用、堵塞、篡改等目的。

c. 拒绝服务（Dos）攻击　拒绝服务（Dos）采用的攻击方式是利用非法的数据流覆盖所有的频段，导致服务器负荷超载，使得合法的业务需求无法被接收或者是正常的数据流不能到达用户或接入点。因此，能够采用简单的技术对 2.46Hz 的频段实施泛洪（flooding）攻击，达到破坏信号的目的，甚至导致网络完全中断。另外，微波炉、婴儿监视器、无绳电话等工作在 2.4GHz 频段上的设备都会干扰这个频率上的无线网络，甚至导致网络瘫痪。

d. AP 伪装　由于任何声称是一个 AP 且广播正确服务装置的识别都是网络认证的一部分，并 IEEE802.11 协议没有任何功能要求一个 AP 证明它确实是一个 AP。因此，攻击者可以通过利用未经认证的 AP 伪装到网络中，轻易地假装成一个 AP。

伪造 AP 的方式一般有以下两种：

一种假 AP 的方式是采用伪装的方式，利用专用软件将攻击者指定的某个终端设备（包括计算机）伪装成 AP。另一种是攻击者拿一个真实的 AP，而就会有一些客户端就会无意识地连接到这个 AP 上来。

② Wi-Fi 的无线加密方式　Wi-Fi 的无线加密方式主要有以下三种。

a. WEP 协议　WEP（Wired Equivalent Privacy，有线等效保密）算法在 802.11 协议中是一种可选的数据链路层安全机制，用来进行访问控制、数据加密等。WEP 协议是对在两台设备间无线传输的数据进行加密的方式，用以防止非法用户窃听或侵入无线网络。在发送方，数据通过 WEP 使用共享的密钥进行加密；在接收方，加密了的数据通过 WEP 使用共享的相同密钥进行解密。WEP 是 1999 年 9 月通过的 IEEE 802.11 标准的一部分，使用 RC4（Rivest Cipher）串流加密技术达到机密性，并使用 CRC-32 校验达到资料正确性。WEP 是最基本的加密技术，手机用户、笔记型计算机与无线网络的 AP（Access Point）拥有相同的密钥，才能解读互相传递的数据。密钥分为 64bits 及 128bits 两种，最多可设定四组不同的密钥。当用户端进入 WLAN 前必须输入正确的密钥才能进行连接。

b. WPA 协议　由于 WEP 有一些缺陷，因此国际上提出了一系列解决方案，其中的 WPA（WiFi Protected Access）就是其中一种。它使用 TKIP（Temporal Key Integrity Protocol，临时密钥完整性协议），它使用的加密算法还是加密算法 RC4，所以不需要修改原来无线设备的硬件。WPA 的加密方式需要四次握手，使用了多至 48 位的初始化向量（IV）防止 IV 重复、MIC（Message Integrated Code，信息编码完整性）机制以及动态密钥管理机制等一系列的规则来加强通信安全。四次握手协议用于协商单播密钥，其主要目的是确定申请者和认证方得到的 PMK（主密钥）是相同且是最新的，以保证可以获得最新的临时会话密钥 PTK。

为了满足不同安全要求用户的需要，WPA 中规定了两种应用模式：企业模式，家庭模式（包括小型办公室）。WPA 的认证也分别有两种不同的方式。对于大型企业的应用，常采用 "802.1x＋EAP" 的方式，用户提供认证所需的凭证。但对于一些中小型的企业网络或者家庭用户，WPA 也提供一种简化的模式，它不需要专门的认证服务器。这种模式叫做 "WPA 预共享密钥（WPA-PSK）"，它仅要求在每个 WLAN 节点（AP、无线路由器、网卡等）预先输入一个密钥即可实现。无线 AP 与笔记型计算机必须设定相同的 Key，计算机才可以连入无线 AP。但其进入 WLAN 时以更长词组或字串作为密钥。动态生成密钥，无线网卡和 AP 定期协商生成密钥，按照一定的时间频率更改。

c. WPA2 协议　WPA2 作为 IEEE 802.11i 安全增强功能的产品的认证计划，有两种风格：WPA2 个人版和 WPA2 企业版。与 WPA 相比，WPA2 在计数模式中使用 CCMP（密码块链接消息认证编码协议），并且基于 AES（高级加密算法，Advanced Encryption Standard）进行认证和数据加密。在个人版中，预共享密钥与 SSID 组合来创建成对的主密钥（PMK）。客户端和 AP 使用 PMK 来交换消息以创建成对的临时密钥（PTK）。在企业版中，在成功认证后使用 EAP 方法，客户端和 AP 都收 801.11z 服务器接收消息，并用于创建 PMK。然后交换消息以创建 PTK。PTK 被用以加密和解密消息。

③ Wi-Fi 设备使用方法　综上所述，Wi-Fi 设备本身的安全级别还是很高。在工作和生活中采取以下方法，安全性会更高。

首先，不要使用来源不明的 Wi-Fi。防范钓鱼 Wi-Fi 最重要的一点是尽量不要使用来源不明的 Wi-Fi，尤其是免费而又不需密码的 Wi-Fi。攻击者会利用用户图省事、贪图便宜的心理，自建 Wi-Fi 热点，名称与正确 Wi-Fi 名称很接近，并且不设密码，用户可以轻松接入。这样一来，一旦用户进入了该黑客建立的网络渠道中，所有在网上的操作信息都会被对方知道。即使是自己建立的无线网络，也要使用复杂度较高的接入密码，修改默认热点名称、修改无线设备管理密码等。其次，登录网站不要选 "记住密码"。Wi-Fi 网络环境安全性很难检测，在使用非加密的 Wi-Fi 网络或者陌生的 Wi-Fi 网络时，智能手机用户最好安装安全防范软件，做好防范准备。在登陆一些应用时，不要贪图一时的使用方便而选择"记住密码"，因为这样会增加自身密码被窃取的概率。再次，关闭 Wi-Fi 自动连接。目前，大部分手机的网络设置中，都有 Wi-Fi 自动连接的功能，只要周围一旦有免费的 Wi-Fi 信号，手机就会自动连接。最好把 Wi-Fi 连接设置为手动，只有自己想用的时候才开启，不要设置自动连接。最后，尽量不要在公共网络上使用网上银行等服务。在连接公共 Wi-Fi 连接时，一定要加强安全警惕性，尽量不要在公共 Wi-Fi 网络中使用网络银行、信用卡等服务，因为一旦这些财物数据被截获，很可能给受害人带来巨大的损失。

（3）物联网核心网络安全

进行数据传输的网络相关安全问题主要依赖于传统网络技术，其面临的最大问题是现有的网络地址空间短缺。主要的解决方法寄希望于正在推进的 IPv6 技术。IPv6 采纳 IPsec 协议，在 IP 层上对数据包进行了高强度的安全处理，提供数据源地址验证、无连接数据完整性、数据机密性、抗重播和有限业务流加密等安全服务。但任何技术都不是完美的，实际上 IPv4 网络环境中大部分安全风险在 IPv6 网络环境中仍将存在，而且某些安全风险随着 IPv6 新特性的引入将变得更加严重：首先，拒绝服务攻击（DDoS）等异常流量攻击仍然猖獗，甚至更为严重，主要包括 TCP-flood、UDP-flood 等现有 DDoS 攻击，以及 IPv6 协议本身机制的缺陷所引起的攻击。其次，针对域名服务器（DNS）的攻击仍将继续存在，而且在 IPv6 网络中提供域名服务的 DNS 更容易成为黑客攻击的目标。第三，IPv6 协议作为网络层的协议，仅对网络层安全有影响，其他（包括物理层、数据链路层、传输层、应用层等）各层的安全风险在 IPv6 网络中仍将保持不变。此外采用 IPv6 替换 IPv4 协议需要一段时间，向 IPv6 过渡只能采用逐步演进的办法，为解决两者间互通所采取的各种措施将带来新的安全风险。

9.5.4　处理层的安全需求和安全框架

处理层是信息到达智能处理平台的处理过程，包括如何从网络中接收信息。在从网络中接收信息的过程中，需要判断哪些信息是真正有用的信息，哪些是垃圾信息甚至是恶意信息。在来自于网络的信息中，有些属于一般性数据，用于某些应用过程的输入；而有些可能是操作指令。在这些操作指令中，又有一些可能是多种原因造成的错误指令，如指令发出者的操作失误、网络传输错误、得到恶意修改等，或者是攻击者的恶意指令。如何通过密码技术等手段甄别出真正有用的信息，又如何识别并有效防范恶意信息和指令带来的威胁是物联网处理层的重大安全挑战。

（1）处理层的安全挑战和安全需求

物联网处理层的重要特征是智能，智能的技术实现少不了自动处理技术，其目的是使处理过程方便迅速，而非智能的处理手段可能无法应对海量数据。但自动过程对恶意数据特别是恶意指令信息的判断能力是有限的，而智能也仅限于按照一定规则进行过滤和判断，攻击者很容易避开这些规则，正如垃圾邮件过滤一样，这么多年来一直是一个棘手的问题。因此处理层的安全挑战包括如下几个方面：

a. 来自于超大量终端的海量数据的识别和处理；

b. 智能变为低能；

c. 自动变为失控（可控性是信息安全的重要指标之一）；

d. 灾难控制和恢复；

e. 非法人为干预（内部攻击）；

f. 设备（特别是移动设备）的丢失。

物联网时代需要处理的信息是海量的，需要处理的平台也是分布式的。当不同性质的数据通过一个处理平台处理时，该平台需要多个功能各异的处理平台协同处理。但首先应该知道将哪些数据分配到哪个处理平台，因此数据类别分类是必须的。同时，安全的要求使得许多信息都是以加密形式存在的，因此如何快速有效地处理海量加密数据是智能处理阶段遇到的一个重大挑战。

在物联网环境中，因为自动处理过程的数据量非常庞大，即使失误概率非常小，失误的情况还是很多。在处理发生失误而使攻击者攻击成功后，如何将攻击所造成的损失降低到最小程度，并尽快从灾难中恢复到正常工作状态，是物联网智能处理层的另一重要问题。

（2）处理层的安全架构

为了满足物联网智能处理层的基本安全需求，需要如下的安全机制。

a. 可靠的认证机制和密钥管理方案；

b. 高强度数据机密性和完整性服务；

c. 可靠的密钥管理机制，包括 PKI 和对称密钥的有机结合机制；

d. 可靠的高智能处理手段；

e. 入侵检测和病毒检测；

f. 恶意指令分析和预防，访问控制及灾难恢复机制；

g. 保密日志跟踪和行为分析，恶意行为模型的建立；

h. 密文查询、秘密数据挖掘、安全多方计算、安全云计算技术等；

i. 移动设备文件（包括秘密文件）的可备份和恢复；

j. 移动设备识别、定位和追踪机制。

（3）统一安全管理平台

物联网涉及多领域、多行业，除了在少数较为成熟的领域之外，物联网的发展目前呈现出应用碎片化、体系复杂化、深度定制化等特点，限制了应用的规模化发展。而标准化可以统一繁多的物联网技术体制，规范复杂方案的实施，实现多系统间的互操作，进而加快物联网产业化进程。与物联网标准化及产业化推进密切相关的是，国内各地均在建设物联网共性平台，甚至是针对具体行业的共性平台，期望以此实现物联网应用的大融合。

物联网要有统一体系架构。物联网不缺乏单个应用，要把它规模发展必须要有统一的架构做基础，需要构建统一的业务管理平台。目前的物联网发展现实，表明了各行业的应用方案及自身特性差异显著，目前已经广泛应用在各行业信息化中相对独立的体系会继续存在和持续发展下去。统一的物联网模块是物联网终端降低成本广泛应用的关键。传感器本身是多种多样的，要想让传感器的信息接入到网上，建立标准化的传感器节点，通过提供标准接口接入五花八门的传感器。物联网发展需要构建统一的体系架构、统一的通信协议、统一的业务管理平台、统一终端模块推进物联网广泛化应用。

庞大且多样化的物联网必然需要一个强大而统一的安全管理平台，如何对物联网机器的日志等安全信息进行管理成为新的问题，并且可能割裂网络与业务平台之间的信任关系，导致新一轮安全问题的产生。传统的认证是区分不同层次的，网络层的认证负责网络层的身份鉴别，业务层的认证负责业务层的身份鉴别，两者独立存在。但是大多数情况下，物联网机器都是拥有专门的用途，因此其业务应用与网络通信紧紧地绑在一起，很难独立存在。由于网络层的认证是不可缺少的，其业务层的认证机制就不再是必需的，而是可以根据业务由谁来提供和业务的安全敏感程度来设计。

物联网应用层充分体现物联网智能处理的特点，其涉及业务管理、中间件、数据挖掘等技术。其广域范围的海量数据信息处理和业务控制策略将在安全性和可靠性方面面临巨大挑战，特别是业务控制、管理和认证机制、中间件以及隐私保护等安全问题显得尤为突出。

（4）中间件

如果把物联网系统和人体做比较，感知层好比人体的四肢，传输层好比人的身体和内脏，那么应用层就好比人的大脑，软件和中间件是物联网系统的灵魂和中枢神经。能否有效阻止黑客入侵、防止信息灾难事故、简化网络应用、进行身份认证、身份鉴别、数字签名防止抵赖和篡改、交易数据的加密解密等，是保障网络安全的重要手段。安全中间件能提供完备的信息安全基础构架，屏蔽安全技术的复杂性，使设计开发人员无须具备专业的安全知识背景就能够构造高安全性的应用。安全中间件在分布式网络应用环境中，提供了网络安全技术，屏蔽了操作系统和网络协议的差异。安全中间件是实施安全策略、实现安全服务的基础架构。

安全中间件产品一般基于 PKI（Public Key Infrastructure 公开密钥基础设施）体系思想，对 PKI 基本功能如对称加密与解密、非对称加密与解密、信息摘要、单向散列、数字签名、签名验证、证书认证，以及密钥生成、存储、销毁，进一步扩充组合形成新的 PKI 功能逻辑，进而形成系统安全服务接口、应用安全服务接口、储存安全服务接口和通信安全服务接口。

目前，使用最多的几种中间件系统是：OMG（Object Management Group，对象管理组织）的 CORBA、Microsoft 公司的 DCOM、Sun 公司的 J2EE/EJB 以及被视为下一代分布式系统核心技术的 Web Services。

CORBA（Common Object Request Broker Architecture，公共对象请求代理体系结构）是由 OMG 组织制订的一种标准的面向对象应用程序体系规范。或者说 CORBA 体系结构是 OMG 为解决分布式处理环境（DCE）中，硬件和软件系统的互联而提出的一种解决方案；OMG 组织是一个国际性的非盈利组织，其职责是为应用开发提供一个公共框架，制订工业指南和对象管理规范，加快对象技术的发展。

DCOM（分布式组件对象模型）是一系列微软的概念和程序接口，利用这个接口，客户端程序对象能够请求来自网络中另一台计算机上的服务器程序对象。DCOM 基于组件对象模型（COM），COM 提供了一套允许同一台计算机上的客户端和服务器之间进行通信的接口（运行在 Windows95 或者其后的版本上）。

Microsoft 的分布式 COM（DCOM）扩展了组件对象模型技术（COM），使其能够支持在局域网、广域网甚至 Internet 上不同计算机的对象之间的通信。使用 DCOM，应用程序就可以在位置上达到分布性，从而满足客户和应用的需求。因为 DCOM 是世界上领先的组件技术 COM 的无缝扩展，所以可以将基于 COM 的应用、组件、工具以及知识转移到标准化的分布式计算领域中来。在做分布式计算时，DCOM 处理网络协议的低层次的细节问题，从而能够集中精力解决用户所要求的问题。

在物联网中，中间件处于物联网的集成服务器端和感知层、传输层的嵌入式设备中。服务器端中间件称为物联网业务基础中间件，一般都是基于传统的中间件（应用服务器、ESB/MQ 等），加入设备连接和图形化组态展示模块构建；嵌入式中间件是一些支持不同通信协议的模块和运行环境。中间件的特点是其固化了很多通用功能，但在具体应用中多半需要二次开发来实现个性化的行业业务需求，因此所有物联网中间件都要提供快速开发工具。

9.5.5　应用层安全

物联网应用是信息技术与行业专业技术的紧密结合的产物。应用层所涉及的某些安全问题通过前面几个逻辑层的安全解决方案可能仍然无法解决。在这些问题中，隐私保护就是典型的一种。无论感知层、传输层还是处理层，都不涉及隐私保护的问题，但它却是一些特殊应用场景的实际需求，即应用层的特殊安全需求。物联网的数据共享有多种情况，涉及到不同权限的数据访问。此外，在应用层还将涉及到知识产权保护、计算机取证、计算机数据销毁等安全需求和相应技术。

（1）应用层安全概述

应用层的安全挑战和安全需求主要来自以下几个方面：

a. 如何根据不同访问权限对同一数据库内容进行筛选；

b. 如何提供用户隐私信息保护，同时又能正确认证；

c. 如何解决信息泄露追踪问题；

d. 如何进行计算机取证；

e. 如何销毁计算机数据；

f. 如何保护电子产品和软件的知识产权。

由于物联网需要根据不同应用需求对共享数据分配不同的访问权限，而且不同权限访问同一数据可能得到不同的结果。例如，道路交通监控视频数据在用于城市规划时只需要很低的分辨率即可，因为城市规划需要的是交通堵塞的大概情况；在用于交通管制时就需要清晰一些，因为需要知道交通实际情况，以便能及时发现哪里发生了交通事故，以及交通事故的基本情况等；在用于公安侦查时可能需要更清晰的图像，以便能准确识别汽车牌照等信息。因此如何以安全方式处理信息是应用中的一项挑战。

随着个人和商业信息的网络化，越来越多的信息被认为是用户隐私信息。需要隐私保护的应用至少包括如下几种。

a. 移动用户既需要知道（或被合法知道）其位置信息，又不愿意非法用户获取该信息。

b. 用户既需要证明自己合法使用某种业务，又不想让他人知道自己在使用某种业务，如在线游戏。

c. 病人急救时需要及时获得该病人的电子病历信息，但又要保护该病历信息不被非法获取，包括病历数据管理员。事实上，电子病历数据库的管理人员可能有机会获得电子病历的内容，但隐私保护采用某些管理和技术手段使病历内容与病人身份信息在电子病历数据库中无关联。

d. 许多业务需要匿名性，如网络投票。很多情况下，用户信息是认证过程的必须信息，如何对这些信息提供隐私保护，是一个具有挑战性的问题，但又是必须要解决的问题。例如，医疗病历的管理系统需要病人的相关信息来获取正确的病历数据，但又要避免该病历数据跟病人的身份信息相关联。在应用过程中，主治医生知道病人的病历数据，这种情况下对隐私信息的保护具有一定困难性，但可以通过密码技术手段掌握医生泄露病人病历信息的证据。

在使用互联网的商业活动中，特别是在物联网环境的商业活动中，无论采取了什么技术措施，都难免恶意行为的发生。如果能根据恶意行为所造成后果的严重程度给予相应的惩罚，那么就可以减少恶意行为的发生。技术上，这需要搜集相关证据。因此，计算机取证就显得非常重要，当然这有一定的技术难度，主要是因为计算机平台种类太多，包括多种计算机操作系统、虚拟操作系统、移动设备操作系统等。与计算机取证相对应的是数据销毁。数据销毁的目的是销毁那些在密码算法或密码协议实施过程中所产生的临时中间变量，一旦密码算法或密码协议实施完毕，这些中间变量将不再有用。但这些中间变量如果落入攻击者手里，可能为攻击者提供重要的参数，从而增大成功攻击的可能性。因此，这些临时中间变量需要及时安全地从计算机内存和存储单元中删除。计算机数据销毁技术不可避免地会被计算机犯罪提供证据销毁工具，从而增大计算机取证的难度。因此如何处理好计算机取证和计算机数据销毁这对矛盾是一项具有挑战性的技术难题，也是物联网应用中需要解决的问题。

物联网的主要市场将是商业应用，在商业应用中存在大量需要保护的知识产权产品，包括电子产品和软件等。在物联网的应用中，对电子产品的知识产权保护将会提高到一个新的高度，对应的技术要求也是一项新的挑战。

（2）应用层的安全机制

基于物联网综合应用层的安全挑战和安全需求，需要如下的安全机制：

a. 有效的数据库访问控制和内容筛选机制；

b. 不同场景的隐私信息保护技术；

c. 叛逆追踪和其他信息泄露追踪机制；

d. 有效的计算机取证技术；

e. 安全的计算机数据销毁技术；

f. 安全的电子产品和软件的知识产权保护技术。

针对这些安全架构，需要发展相关的密码技术，包括访问控制、匿名签名、匿名认证、密文验证（包括同态加密）、门限密码、叛逆追踪、数字水印和指纹技术等。

9.5.6　物联网安全的非技术因素

物联网的信息安全问题将不仅仅是技术问题，还会涉及到如下所述的许多非技术因素。

（1）教育

让用户意识到信息安全的重要性和如何正确使用物联网服务以减少机密信息的泄露机会。

（2）管理

严谨的科学管理方法将使信息安全隐患降低到最小，特别应注意信息安全管理。

（3）信息安全管理

找到信息系统安全方面最薄弱环节并进行加强，以提高系统的整体安全程度，包括资源管理、物理安全管理、人力安全管理等。

（4）口令管理

许多系统的安全隐患来自于账户口令的管理。

因此，在物联网的设计和使用过程中，除了需要加强技术手段提高信息安全的保护力度外，还应注重对信息安全有影响的非技术因素，从整体上降低信息被非法获取和使用的概率。

物联网是一种全新的应用，物联网的发展需要社会各方共同参与和协作，集中优势资源，朝着规模化、智能化和协同化方向发展。特别是在物联网的信息安全保护方面，需要国家的政策以及相关立法走在前面，以便引导物联网朝着健康稳定快速的方向发展。

本 章 小 结

物联网安全研究是一个新兴的领域，越来越受到关注，各种安全机制也在不断成熟，但对于建立一个更优的物联网安全体系，目前的技术仍然存在很大的缺口，需要进一步深入研究与检验，以适应未来物联网通信安全的需要，同时促进关键技术的进一步革新和突破。

本章以物联网体系架构为层次，分别对每层涉及到的关键技术安全问题进行了详细的阐述，随着 RFID 技术、传感器技术、移动通信网络和云计算等技术的不断发展和完善，物联网的安全问题更是不容忽视。从技术角度来说，未来的物联网安全研究将主要集中在开放的物联网安全体系、物联网个体隐私保护模式、终端安全功能、物联网安全相关法律的制订等几个方面。物联网技术发展趋势是：从信息化向智能化过渡，这也是网络从虚拟走向现实，从局域走向泛在的过程。伴随着信息化的发展，物联网的应用会更加深化，更加安全，实现进一步的智能化。

习　题

一、填空题

1. 从保护要素的角度来看，物联网的保护要素仍然是＿＿＿＿、＿＿＿＿、＿＿＿＿与＿＿＿＿，由此可以形成一个物联网安全体系。

2. 女巫攻击（Sybil）指恶意的节点向网络中的其他节点非法地提供＿＿＿＿。

3. 入侵容忍路由协议（INSENS）是一种面向无线传感器网络的＿＿＿＿协议。

4. 云计算的虚拟化安全问题主要集中在以下几点：＿＿＿＿、＿＿＿＿、＿＿＿＿、＿＿＿＿、＿＿＿＿。

5. 最常用的几种中间件系统是：＿＿＿＿、＿＿＿＿、＿＿＿＿。

6. Wi-Fi 的无线加密方式主要有＿＿＿＿、＿＿＿＿、＿＿＿＿三种。

二、简答题

1. 什么是信息安全？

2. 无线传感器网络的安全策略有哪些？

3. 云计算面临的安全挑战在哪些方面？

4. 物联网的 RFID 技术的安全问题有哪些？

5. 物联网安全体系是如何构建的？

6. 物联网感知层主要涉及哪些感知技术安全？

7. 云计算安全组织和标准有哪些？

8. 移动通信技术的安全防范措施有哪些？

附 录

IPSO联盟32家承办方的简要介绍

IPSO 联盟 32 家承办方的简要介绍

序号	成员	国籍	公司介绍
1	Arch Rock 公司	美国	成立于 2005 年 5 月,公司的技术研发依靠于美国加州大学伯克利分校和 Intel 公司。2010 年 1 月,公司推出 PHYNETTM 基于 IP 无线传感器网络技术,目前支持 IBM 系统主动能源管理器(AEM),可向用户显示电力和热能数据
2	ATMEL 公司	美国	世界上高级半导体产品设计、制造和行销的领先者,产品包括微处理器、可编程逻辑器件、非易失性存储器、安全芯片、混合信号及 RF 射频集成电路。通过这些核心技术的组合,ATMEL 生产出了各种通用目的及特定应用的系统级芯片
3	Augustasystems 公司	美国	一家企业网络解决方案的软件和边缘设备提供商,该公司的 EgeFrontier 中间件用于处理来源于企业边缘设备的数据信息。边缘设备(EdgeDevice)包括监控摄像机、RFID 入口控制卡和用于跟踪环境条件的无线传感器等
4	BOSCH 公司	德国	该公司的产品组合包括:先进的 IP 闭路电视系统解决方案以及安防系统
5	CISCO 公司	美国	该公司拥有全球最大的互联网商务站点,公司全球业务 90% 以上的交易在网上完成。全球 500 强企业中,已有 300 多家企业是其客户。该公司在 2009 年《财富》美国 500 强中排名第 57 位
6	Convergence Wireless 公司	美国	专利及专利衍生创新技术——室内无线和电力线技术使现有建筑和家庭设备升级,实现能源节约和家庭自动化。公司近期获得美国能源部下属 Lawrence Berkeley 国家实验室的资金,以自主其专利技术研发,即提供节能和需求响应方案
7	Duke Energy 公司	美国	美国主要的电及天然气供应商。在美国控制着长达 1.2 万英里的洲际管道输送系统,是美国最大的液化气供应商和天然气站。公司的商业电站遍及美国
8	DUST NET WORKS 公司	美国	基于标准的无线传感器网络产品的领先供应商。ELPRO Technologies、艾默生、Endress+Jaiser、Pepper1+Fuchs 和 MACTek 五家公司都采用 Dust Networks 的 WirelessHART SmartMesh IA-510TM;这些互操作设备可无缝集成到现有的 HART 工厂环境中
9	Echelon 公司	美国	公司推出新一代控制网络系统和相关产品:LonWorks 2.0 平台,它为那些用在楼宇、工厂、城市基础设施、家庭和其他智能化、互联、节能应用的日常设备的构建提供空前的成本效益
10	Eka systems 公司	美国	Eka 系统将电表、水表、燃气表和控制仪器与高效数据网络可靠联接。该 EkaNetTM 智能网络提供高度安全的仪表、辅助仪表和智能电网通信系统设备的自适应无线网络技术
11	eDF 公司	法国	法国电力公司,负责全法发、输、配电业务的国有企业。作为一家在核能、热能、水电和可再生能源方面具有世界级工业竞争力的大型企业,可以提供包括电力投资、工程设计以及电力管理与配送在内的一体化解决方案

序号	成员	国籍	公司介绍
12	Ember 公司	英国	公司开发 ZigBee 无线网络技术,帮助能源技术(enertech)领域的企业将建筑和家庭变得更加智能、消耗更少的能源、运营更为高效,并且保障人们的舒适和安全。Ember 的低功耗无线技术能够被嵌入到众多设备中,成为一个自组织 mesh 网络的一部分
13	Ericsson 公司	瑞典	全球唯一能够提供所有国际主要第二代和第三代移动通信标准设备的厂商
14	Freescale 公司	美国	智能电网和节能技术研发,有助于降低能耗、节能并消除浪费,建立安全连接的智能电网那个;保证智能移动设备始终在线、始终接通、延长电池使用寿命;降低油耗、减少混合动力车尾气排放。产品包括智能能源和智能计量、电子式配热表、高级暖气表
15	Fujitsu 公司	日本	2010 年 3 月 26 日,与富士电机控股有限公司及其下属富士电气系统有限公司建立智能电网开发合作伙伴关系,旨在推动基于智能电网解决方案
16	GainSpan 公司	美国	美国加州硅谷的风险公司,开发出了面向传感器网络用途的节能无线 LAN 用 IC,目前开始向部分厂商供应样品,其特点是能够大幅降低待机时的耗电
17	Ip infusion 公司	美国	爱立信子公司,面向下一代网络(NGN)设备制造商和融合性 IP 服务提供商的智能软件供应商,发布了支持 IPv4 和 IPv6 互通的创新网络隧道技术
18	Intel 公司	美国	英特尔公司与本地电力设施和电表厂商合作,采用家庭自动化组件,开发基于个人计算机的家庭能源管理系统(HEMS)
19	Jennic 公司	美国	提出工业界首款大型 ZigBee 网络评估系统,让用户可以在真实的工业环境、办公室和家庭娱乐环境中快速评估并配置节点以及上级无线传感器网络。产品结合了无线传感器节点、软件和网络监控工具,可即装即用
20	Landis+Gyr 公司	美国	全球领先的能源计量设备、系统和服务的供应商。产品包括电能表、气表、超声波热能表、预付费系统、负荷管理系统、先进计量系统
21	Mocana 公司	美国	提供网络及应用服务全方位及最完整的 Internet 网络安全解决方案——Device Security Framework(DSF)。DSF 可扩展的弹性架构保证所有网络连接设备的资料与通信安全。其客户包括 Dell、Cisco、Avaya、Nortel Newwork,Honeywell 等
22	National instruments 公司	美国	2010 年 6 月,公司发布用于 PROFIBUS,基金会现场总线和 DeviceNet 的新接口模块,工程师可以通过该接口模块将 LabVIEW、可编程自动控制器以及嵌入式系统,与现有工业网络连接。利用新接口模块,工业控制工程师能够为现有系统增加高速测量与分析、高级控制、网络连接和数据记录的功能,从而改善机器性能和质量
23	NIVIS 公司	美国	无线网络技术的领先开发与集成企业 Nivis 与 Freescale 计划联合各自技术,为工业和商业应用传感器网络提供全有线到无线平台。硬件/软件联合平台解决方案包括传感器界面、无线模块、路由器/网关、安全管理器和先进的管理器功能,以支持工业和商业领域新兴的无线标准
24	Primex Wireless 公司	加拿大	公司的最成功技术是无线 GPS 时钟系列
25	SAP 公司	德国	全球最大的企业管理和协同化电子商务解决方案供应商、全球第三大独立软件供应商
26	Sensinode 公司	美国	其 NanoStack 2.0 软件已做好准备部署在德州仪器新的 2.4GHz,IEEE 802.15.4 标准的片上系统——CC2530。加上德州仪器新的设备,Sensinode 的互联网协议(IP)基无线传感器网络现场验证软件,为公用事业 OEM 制造商和集成商提供强大的用于先进计量基础设施和智能能源产品的平台
27	SiCS 公司	瑞典	瑞典计算机科学研究所,致力于传感器网络、计算机云计算等技术研究领域
28	Sigma 公司	美国	通过收购 Zensys 公司,掌握了智能家居的关键技术之一——Z-wave 无线网络生态系统。Z-wave 转换器可将任何电子设备转变成智能网络设备,通过无线控制和监测,与家用电器无线联接

序号	成员	国籍	公司介绍
29	Silverspring 公司	美国	Google 组建了一个风险基金会 Google Venture,专门对处于创业初期的企业进行投资,目前已定投资 Pixazza Inc 网络相片营销服务机构以及公用事业效率改进公司 Silver Spring 进行投资。该公司是一个致力于提高公用事业效率的公司
30	Sun microsystems 公司	美国	被 Oracle 公司收购。1995 年开发 Java 技术,在业内以富有创造性著称。目前是唯一一家自己生产电脑和操作系统及其芯片的公司
31	Tridium 公司	美国	公司于 2005 年被 Honeywell 收购。其 Vykon 能源管理套件是一个先进的,基于 Web 技术的互联网能源管理解决方案,它可以收集、分析和通信最新的能源信息。VESAX 为能源管理用户提供收集、分析和降低能源成本所需的所有工具
32	WATTECO 公司	法国	公司的 WPC 技术是能源管理和利用电线进行低数据流通信的一项重要 ishu 突破。WPC 技术可以利用脉冲信号在家庭中进行两点之间的通信,从而把电气设备转变成通信设备

参 考 文 献

[1] 刘华君，刘传清. 物联网技术 [M]. 北京：电子工业出版社，2010.

[2] 燕庆明. 物联网技术概论 [M]. 西安：电子科技大学出版社，2012.

[3] 马建编. 物联网技术概论 [M]. 北京：机械工业出版社，2011.

[4] 沈玉龙，裴庆祺等. 无线传感器网络安全技术概论 [M]. 北京：人民邮电出版社，2010.

[5] 卢建军. 物联网概论 [M]. 北京：中国铁道出版社，2012.

[6] 许力. 无线传感器网络安全和优化 [M]. 北京：电子工业出版社，2010.

[7] 郑军，张宝贤. 无线传感器网络技术 [M]. 北京：机械工业出版社，2012.

[8] 张楠. 无线传感器网络安全技术研究 [M]. 成都：西南交通大学出版社，2010.

[9] 周贤伟. 无线传感器网络与安全 [M]. 北京：国防工业出版社，2007.

[10] 何清. 物联网与数据挖掘云服务 [J]. 智能系统学报，Vol. 7 No. 3，2012 (6).

[11] 范伟，李晓明. 物联网数据特性对建模和挖掘的挑战 [J]. 中国计算机学会通信，2010 (9).

[12] 王惠莅，杨晨，杨建军. 云计算安全和标准研究 [J]. 信息技术与信息化，2012 (5).

[13] 陆刚等，6LoWPAN 邻居发现协议的研究 [J]. 计算机应用与软件，2008 (4).

[14] 项力，吴学智，王斌. 基于云计算的下一代数据中心设计 [J]. 通信技术，2012 (6).

[15] 马媛. 基于 Hadoop 的云计算平台安全机制研究 [J]. 信息安全与通信保密，2012 (6).

[16] 陈剑锋，王强，王剑锋. 云计算虚拟环境的形式化安全验证 [J]. 信息安全与通信保密，2012 (4).

[17] 杜庆灵. 企业信息管理云平台的设计与实现 [J]. 通信技术，2012，45 (6)：110-112.

[18] Romer K. Time synchronization in adhoc networks. ACM Int'l symp mobile AD Hoc Net- working and computing (MobiHoc)，Long Beach，USA，2001.

[19] Elson J，Griod L，Esrein D. Fine-grained network time synchronization using reference broadcasts. In：Proc 5th symp operating systems design and implementation，Boston，MA，2002.

[20] Sichitiu M L，Veeraritiphan C，Simple accurate time synchronization for wireless sensor networks. In：Proceedings of IEEE wireless communication and networking conference，2003.